KB124685

인듀어
Endure

호기심과 엄격함, 명확한 사고력을 지녔고
서로 다른 관점을 존중할 줄 아는
내가 쓴 모든 글의 모델인 나의 부모님 모이라Moira와 로저Roger에게

ALEX HUTCHINSON

알렉스 허친슨

서유라 옮김 | 말콤 글래드웰 서문

Endure

몸에서 마음까지, 인간의 한계를 깨는 위대한 질문

다산
초당

일러두기 ─────────────────────

1 본문의 고딕체는 원서에서 이탤릭체로 강조한 부분입니다.

2 단행본은 『』, 신문, 잡지 등은 《 》, 논문, 작품, 편명 등은 〈 〉로 표기했습니다.

3 본문의 주와 본문 괄호 안에 있는 설명은 저자의 글입니다. 역자의 설명은 옮긴이 주로 표기했습니다.

4 본문에서 언급하는 단행본이 국내에서 출간된 경우 국역본 제목으로 표기했고, 출간되지 않은 도서의 경우 직역한 제목과 영어로 된 제목을 병기했습니다.

5 한국 독자들의 이해를 돕기 위해 원서에서 사용한 갤런, 마일, 화씨 등 미국 단위계는 리터, 킬로미터, 섭씨 등 미터법 단위로 바꾸었습니다. 다만 마일 거리가 기준인 경기의 기록은 마일로 표기하였습니다.

히말라야에 오르는 매 순간이 한계에 대한 도전이었지만 가장 힘들었던 순간은 안나푸르나 그 자체였다. 아끼는 동료를 세 명이나 잃었고 네 번째 등정에서는 발이 부러졌다. 의사는 걷는 것도 쉽지 않을 거라 했지만 끊임없는 재활훈련 끝에 다시 도전했고 마침내 성공했다. 극한 추위와 고통은 괴로웠으나 어려움을 이겨 내고 고난의 시간을 견뎌 냈을 때 결국 나 자신의 한계를 초월할 수 있다는 것을 배웠다.

내가 몸으로 겪으며 알게 된 것들을 물리학 박사이자 캐나다 육상 국가대표였던 저자가 과학적으로 정확하게 설명해 주는 이 책은 자못 흥미롭다. 올림픽 메달리스트와 극지방 탐험가부터 자동차 아래에 깔린 아이를 보고 괴력을 발휘하는 사람까지 한계에 도전하는 사람들의 감동적인 이야기가 가득하다. 내가 산을 오를 때 필요했던 한계 극복의 힘은 삶을 살아가는 데 필요한 지구력과 다르지 않다. 세계 최초 히말라야 8,000미터 16좌 등정의 비결이 무엇이냐고 묻는 사람들에게 이 책이 답이 될 것 같다.

– 엄홍길

손기정 선수는 10대 시절 지구력을 기르기 위해 주머니에 모래를 채워 넣고 등에는 돌멩이가 든 보자기를 두른 채 달리는 훈련을 했다고 한다. 이 단순하면서도 혹독한 훈련은 그를 세계에서 가장 빠른 마라토너로 만들어 주었고, 그는 (어쩔 수 없이 일장기를 달고 출전해야 했던) 1936년 베를린 올림픽에서 금메달을 목에 걸며 민족의 영웅이 되었다. 그로부터 수십 년이 지난 지금까지도, 대한민국의 마라토너들은 손기정 선수의 영광을 재현하고 있다. 1950년에는 대한민국 선수 세 명이 보스턴 마라톤에서 1, 2, 3위를 휩쓸었고, 1992년에는 황영조 선수가 올림픽 금메달을 따냈으며, 평범한 시민의 신분으로 매년 10회 이상 마라톤 대회에 출전하는 심재덕 씨 같은 아마추어 선수들도 있다.

마라톤에서 우승을 거머쥐는 데 필요한 진짜 능력은 무엇일까? 42.195킬로미터 달리기를 단순히 신체 능력에 관한 것이라고 생각하는 것은 꽤 솔깃한 일이다. 근육에 산소를 전달할 충분한 양의 혈액을 공급하는 강한 심장만 있다면 두 다리는 계속해서 최대한 빨리 달릴 수 있을 테니 말이다. 하지만 세계 정상급 선수들의 몸을 분석한 과학자들은 연구실에서 진행된 신체 능력 테스트로 올림픽 금메달리스트와 메달을 따지 못한 선수들의 차이를 구별할 수 없다 사실을 확인했다. 심장이나 근육만 가지고는 인간이 가진 지구력의 한계를 정의할 수 없었던 것이다.

최근에 진행된 일련의 실험들은 지구력의 한계를 결정하는 기관이 뇌라는 증거를 속속 내놓으며 과학자들을 설득하고 있다. 오랜 투쟁의 역사 속에 끈기와 지구력을 존중하는 문화를 갖게 된 한국인들에게 이러한 통찰은 아마도 놀라운 일이 아닐 것이다. 이 책에는 역사상 가장 뛰어난 운동선수와 모험가 들이 세운 위대한 업적들, 그리고 그들이 이루어 낸 성취의 원리를 하나씩 밝혀내는 과학자들의 노력이 가득 담겨 있다. 독자 여러분이 이 흥미로운 이야기들을 진심으로 즐길 수 있었으면 하는 바람이다. 더불어, 이 책의 마지막 장을 덮을 때, 1936년 올림픽에서 금메달을 거머쥔 손기정 선수가 했던 말이 여러분의 가슴에 와닿길 바란다.

"인간의 몸이 할 수 있는 일은 어느 정도까지뿐이다. 그다음은 마음과 정신의 영역이다."

알렉스 허친슨

인간의 진화론적 정체성은 달리기에 있다

김소영 카이스트 과학기술정책대학원장

'그럼에도' 달리기

수많은 삶의 선택에는 '그래서' 하는 게 있고 '그럼에도' 하는 게 있다. 젊어서는 '그럼에도' 하는 게 많다. 돈도 안 되는데 예술을 한다고 어른들 보기에 험난한 길을 택하는가 하면, 언제 끝날지도 언제 나아질지도 모르는 문제를 붙잡고 학생운동, 사회운동을 한다. 나이 들어서는 '그래서' 하는 게 많아진다. 애들을 좋은 학교에 보내기 위해 일하는 곳, 사는 곳을 바꾸거나, 돈을 벌어서 혹은 돈을 벌려고 더 큰 자동차, 더 넓은 아파트를 구한다.

나 역시 젊어서 '그럼에도' 하는 선택이 많았다. 1990년대 후반 유학을 갈 때, 박사 인력 과잉으로 유학 갔다 와도 예전과 달리 별

볼 일 없을 거라고 많은 선배들이 조언해 주었음에도 불구하고 그
냥 떠났다.

아마 처음으로 '그래서' 한 선택은 달리기인 것 같다. 유학을 간
곳이 대도시 인근이었는데 대도시라고 해도 서울 같은 메가시티가
아니라 서울에 비하면 한참 시골 같은 분위기였다. 사는 곳이 너무
조용하고 시간도 너무 고요히 흘러 공부만 하다가는 나도 모르게
아인슈타인이 되어 버릴 것 같았다. 그러니까 공부 말고는 할 게 없
어서 달리게 되었다.

이렇게 시작한 달리기를 벌써 20년이 넘게 해 왔다. 20주년이
되는 2016년을 앞두고는 새로운 도전을 하나 했다. 여태까지 하프
와 풀 마라톤, 트레이닝용 단거리 및 인터벌 러닝 등 여러 가지를 해
보았는데 안 해 본 게 뭐가 있을까 하다가 '매일 달리기^{Streak running}'
를 발견했다. 2015년 1월 1일 그날 새벽 온도가 영하 10도였는데도
5시쯤 뛰러 나갔다. 그러고는 12월 31일 해가 기울기 전 마지막으
로 달려 1년 동안의 매일 달리기를 마쳤다.

매일 달리기는 최소한 1마일(1.6킬로미터)을 매일 달리는 것이 기
준이라 뛰는 거리로 보면 사실 아무것도 아닌데 '매일' 달리는 것이
문제였다. 해외 출장을 갈 때는 날짜가 바뀌는 경계가 애매해 기내
뒤쪽 화장실 근처에서 제자리 뛰기를 하다가 승무원에게 걸린 적도
있었다.

기록을 보니 가장 오래 매일 달린 기간은 1970년 보스턴 마라
톤 우승자인 론 힐^{Ron Hill}이 세운 52년 39일이다. 2017년 1월 29일

당시 78세였던 론 힐은 매일 달리기를 하던 중 400미터 즈음에서 심장에 심각한 이상을 느끼고 가까스로 800미터를 더 뛰어 마지막 1마일을 채웠다.

마라톤이 육체적 지구력을 시험하는 것이라면 매일 달리기는 정신적 지구력을 시험하는 일이었다. 매일 달리려면 막연히 달리기가 중요하다고 생각하는 게 아니라 진짜로 달리기를 최우선 순위에 놓고 나머지 생활을 조직해야 하기 때문이다. 아무리 바빠도 달리기를 할 물리적인 시간을 빼 두어야 한다. 보통 한 번에 3~5킬로미터를 달리는데 이 자체는 한 시간도 안 되는 거리지만 달리기 준비로 앞뒤에 들어가는 시간을 계산하면 최소 한 시간 반 이상은 매일 저축하듯이 따로 떼어 내야 했다.

결과적으로 매일 달리기는 '그래서' 시작한 달리기를 '그럼에도' 하는 달리기로 바꾸어 놓았다. 아무리 중요한 과제나 회의가 있어도, 일이 산더미처럼 밀려 있어도 단 3킬로미터라도 잠깐 달리는 것은 건드릴 수 없는 거의 성스러운 영역이 되었다.

하지만 돌아보니 유학 첫해 공부 말고 할 게 없어서 시작한 때를 빼고는 '그래서' 달린 적은 거의 없었다. 두 번째 해부터는 애를 연달아 셋 낳았고 남편과 친정어머니 도움이 컸지만 육아와 조교 일을 병행하면서 논문도 마무리해야 했다. 공부 말고는 할 게 없어 시작한 달리기를 할 게 너무 많아 공부할 시간이 모자람에도 멈추지 못하게 된 것이다.

'어쨌든' 달리기

『인듀어』는 나를 비롯하여 '그럼에도' 불구하고 운동화 끈을 고쳐 매고 뛰러 나가는 수많은 사람들에게 도대체 어쩌다 우리는 이렇게 되었는지 되돌아보는 시간을 선물한다.

달리기를 비롯해 사이클링, 수영, 등반 등 혼자서 오래 할 수 있는 운동은 본질적으로 정직하다. 물론 계주나 계영, 투르 드 프랑스처럼 이 운동들도 그룹을 지어 경쟁하기도 하지만, 축구나 농구, 아이스하키 등 팀을 짜서 전략을 세우고 조직을 위해 누군가 희생할수도 있는 집단 운동에 비해 혼자 오래 견뎌야 하는 운동은 정직하다. 그중에서도 달리기는 가장 정직하다. 오롯이 자신의 몸으로만하는 것이기에.

어쩌면 살아가는 것은 아무리 가족과 조직과 국가와 사회의 외피를 쓰고 있어도 결국 어느 순간에는 혼자 오래 견뎌야 한다는 점에서 달리기와 비슷하다. 그리고 "우리가 견뎌야 하는 시간은 몇 초일 수도, 때로는 몇 년일 수도 있다"(42쪽).

『인듀어』의 저자 알렉스 허친슨은 달리기 잡지 중 가장 유명한《러너스 월드》를 비롯해《뉴욕 타임스》,《뉴요커》에 정기적으로 기고하는 스포츠과학 저널리스트로서 케임브리지대학교에서 물리학박사 학위를 받았다. 그 자신이 연구자이자 달리기 선수로, 이 책은시중에 범람하는 다른 운동 서적과 달리 과학자가 과학의 수수께끼를 풀어내는 느낌과 스포츠팬이 위대한 선수와 기록에 경외를 보내는 느낌이 묘하게 어우러져 있다.

『인듀어』에는 근본적으로 두 가지 질문이 존재한다. 도대체 인간은 얼마나 오래 견딜 수 있는가? 그 오래 견디는 힘과 정신은 어디서 오는 것일까?

언뜻 보면 첫 번째 질문은 두 번째 질문에 비해 답하기 쉬울 것 같다. 60년 전 사람을 달로 보내고 이제 화성도 가 보자는 마당에, 2011년 스티브 잡스가 10만 달러를 들여 진행한 개인유전체 분석이 100달러로 진입한 시대에, 인공지능이 논리를 넘어 직관을 다루는 바둑까지 정복하는 형국에 이 정도 의문은 금방 풀 수 있지 않을까? 정신이나 마음은 몰라도 인간의 몸은 손으로 만질 수 있는 물리적 기계나 다름없는데 "아무리 위대한 기계라도 최대 용량이라는 한계를 지니고 있기 마련"(83쪽)이므로.

아쉽게도 아니 놀랍게도 인간이 얼마나 오래 버틸 수 있는지는 연구를 하면 할수록 미궁에 빠지는 모양새다. 무엇보다 가장 어려운 점이 인간의 한계를 측정하려면 운동경기나 실험에서 한계에 도달해야 하는데 한계에 도달한다는 것 자체가 한계가 아님을 반증하기 때문이다. 마치 미적분의 극한 성질에서 x가 0으로 무한히 가까워지지만 0 자체는 아닌 것처럼. 18세기 말 영국 시인 윌리엄 블레이크William Blake의 〈지옥의 격언Proverbs of Hell〉에 나오는 표현대로 어느 정도가 충분한지 알려면 충분하고도 넘쳐야만 알 수 있는데(You never know what is enough unless you know what is more than enough), 한계를 넘으면 죽음이니 한계를 안다는 것은 불가능할지도 모른다.

그렇다면 역사적으로 회자되는 극지 탐험이나 울트라마라톤, 에베레스트 등반, 그 외의 온갖 극한 스포츠에서 자신의 한계를 시험하다 죽은 사람보다 살아 돌아오는 사람이 절대적으로 많은 사실에 주목할 필요가 있다. 운동생리학계에서 가장 치열한 논쟁을 일으킨 남아프리카공화국 스포츠생리학자 팀 녹스 박사의 '중앙통제자 Central governor' 이론에 따르면 인간의 뇌는 죽음에 이를 정도의 한계에 다다르지 않도록 신체 활동의 역치를 설정하고 관장한다. 마라토너들이 정말로 한계까지 달렸다면 결승선에 다가와 스퍼트를 하거나 우승 후 국기를 두르고 경기장을 한 바퀴 도는 게 말이 되지 않는다. 정말 극한에 이르렀다면 더는 한 발자국도 내디딜 수 없어야 하지 않는가.

　두 번째 질문은 좀 더 분석적으로 접근할 수 있다. 오래 견디는 힘은 통증 역치, 근육 피로도, 최대산소섭취량, 더위 내성, 수분 섭취, 영양 등 몇 가지 요인과 상관관계를 갖고 있는데 이들 요인을 하나씩 살펴보면 당연하다고 여겼던 관계가 사라지거나 뒤집히기 일쑤다.

　예컨대 수분 섭취의 경우 2퍼센트 법칙이라는 오랜 가설이 있는데 이는 수분 손실이 체중의 2퍼센트에 달하면 경기력이 급격히 저하된다는 것이다. 하지만 이 가설은 극심한 탈수에도 불구하고 갈증을 느끼지 못하는 소위 '수의(隨意)탈수증'을 설명하기 어려울뿐더러 여러 후속 연구에서 경기력 저하 역시 2퍼센트보다 더 많은 탈수에도 별 영향이 없는 것으로 나타났다. 그 외에도 일정 정도 탈수로 인한 체중 감소는 산악 사이클과 같은 장거리 경기에서 오히려 이점이 된다는 등 수분 섭취의 중요성에 대한 통념은 빠르게 뒤집히고 있다.

재미있는 것은 탈수와 갈증의 관계다. 흔히 탈수가 일어나면 갈증이 생기고, 갈증을 느끼면 당연히 탈수 때문이라고 생각하기 쉽지만 수의탈수증에서 엿볼 수 있듯이 탈수와 갈증은 별개라는 것이다. 진화론적 관점에서 탈수와 갈증의 분리는 아프리카 사바나 초원에서 먹잇감보다 더 오래 달려 먹잇감을 잡았던 원시인들에게 아주 요긴한 이점으로 작용했다. 탈수가 곧바로 갈증으로 이어지지 않음으로써 장시간 달리기로 인한 수분 손실에도 땀 속 염분 농도를 유지할 수 있기 때문이다.

이 책의 저자 알렉스 허친슨은 이렇듯 두 가지 질문에 답하기 위해 약 10년 동안 전 세계의 연구실을 방문해 수백 명의 과학자와 운동선수를 만나 몸과 마음이 어떻게 상호작용하는지, 이 두 가지 요소가 '지구력의 비밀'에 미치는 영향이 무엇인지를 확인했다. 저자의 안내에 따라 과학계의 최신 이론과 인간이 한계에 도전해 온 역사 사이를 누비다 보면 한 사람이 가진 잠재력을 최대한 발휘할 수 있는 방법에 대한 실마리를 얻게 된다. 그리고 결국엔 달리기에 필요한 지구력이 일상생활의 다른 부분에 필요한 지구력과 크게 다르지 않다는 사실 또한 이해하게 될 것이다.

인간이 얼마나 오래 버틸 수 있든 도대체 그 버티는 힘은 어디서 오는 것이든 한 가지 확실한 것은 인간은 어쨌든 오래 달릴 수 있다는 것이다.

'그래서' 달리기

다시 첫 번째 질문으로 돌아가 보자. 그럼 우리는 영영 인간의 한계를 알 수 없는 것일까? 이 책의 목차를 보면 처음과 마지막 장의 제목이 똑같다. '2시간의 벽 2017년 5월 6일' 도대체 그날 무슨 일이 있었던 것일까?

그날은 정확히 63년 전인 1954년 영국의 로저 배니스터가 세계 최초로 1마일을 4분 안에 주파한 날이었다. 이날 새벽 전 세계 1300만 명이 지켜보는 가운데 이탈리아 밀라노 근처 포뮬러원 경기장에서 나이키의 특급 프로젝트 〈브레이킹2〉의 달리기 경기가 열렸다. 저자 알렉스 허친슨은 전 세계에서 〈브레이킹2〉에 초청된 단 두 명의 저널리스트 중 한 사람으로 경기 해설을 맡았다.

나이키는 〈브레이킹2〉 프로젝트를 2016년 12월에 기획했지만 그 기원을 거슬러 올라가면 1991년 발표된 마이클 조이너 박사의 논문에서 비롯되었음을 알 수 있다. 미네소타대학교 메이요 클리닉에서 레지던트를 수료한 조이너는 당시 생리학계에서 장거리 달리기의 한계를 결정한다고 파악한 세 가지 요인(유산소 능력, 달리기 효율, 젖산역치)에서 완벽한 선수가 존재한다면 얼마나 빠른 기록을 낼 수 있을지 계산해 보았다. 결과는 1시간57분58초. 현재 세계 최고 마라톤 기록은 2014년 베를린 마라톤에서 케냐의 데니스 키메토 선수가 세운 2시간02분57초다. 조이너가 도출한 기록과 2분 9초의 차이가 난다.

나이키의 〈브레이킹2〉 프로젝트는 한마디로 인간과 기술과 환경을 최상의 조건에 두었을 때 마라톤 최고 기록이 얼마까지 가능한지 확인하려는 실험이었다. 이를 위해 현재 최다 마라톤 기록 보유자인 케냐의 엘리우드 킵초게 선수를 비롯한 세 명의 엘리트 마라토너, 공기역학에 따라 편대를 이룬 수십 명의 페이스메이커, 생리화학자와 공학자 들이 공동 설계하고 제작한 운동화, 테슬라 전기차를 이용한 시간 계측과 구간별 기록 모니터링, 속도 손실을 최소화하면서 최적의 수분 공급을 위해 운동장 곡선 구간마다 배치된 스태프 등 수백만 달러를 들여 최상의 조건을 마련했다. 한마디로 달 탐사Moonshot 프로젝트의 마라톤 버전이나 다름없었다.

결과는 킵초게가 2시간25초로 결승선을 끊어 2시간 이내 주파 목표 달성에 실패했다. 하지만 데니스 키메토의 2014년 세계최고기록을 무려 2분 32초나 단축하였다. 기록을 찾아보면 2002년 시카고 마라톤에서 세계기록을 경신한 게 2시간5분38초로 키메토의 2014년 기록과 대략 2분 30초 차이가 나는데 이만큼을 줄이는 데 12년이 걸린 셈이다. 최상의 조건을 마련했을 때 킵초게는 3년 만에 비슷한 규모로 기록을 줄인 것이다.

하지만 이 엄청난 기록은 비공인 기록으로 남게 되었다. 〈브레이킹2〉 프로젝트가 완벽한 조건을 마련하기 위해 세계육상연맹의 규정을 따르지 않았기 때문이다. 예컨대 〈브레이킹2〉 프로젝트에서는 페이스메이커들을 경기 중간에 교체했는데 연맹에서는 이를 금지한다. 따라서 실제 마라톤 경기 중반을 넘어서면 페이스메이커들의 효과는 거의 사라지고 만다.

사실 과학을 가장한 나이키의 홍보 전략에 불과하다는 비판을 받음에도 불구하고 〈브레이킹2〉 프로젝트가 놀라운 것은 비공인 기록이 될 것을 알면서도 실험이자 모험을 시도했다는 점이다. 프로젝트팀은 이 실험을 마라톤 버전의 달 탐사 모험으로 곧잘 비유했다. 프로젝트 이름도 우주 공간에 처음 보낸 원숭이의 이름을 따 에이블Able로 지었다. (종국엔 서구 과학자들이 동아프리카 선수들을 극한의 상황에 내모는 이미지를 연상시킬 수 있어 이름을 바꾸었지만.)

2016년 리우올림픽 마라톤 우승자이자 2013년 이후 전 세계 마라톤을 석권해 온 킵초게는 결승선을 통과한 후 아쉬운 미소를 지으면서 이렇게 말한다. "하지만 뭐, 우리는 사람이잖아요(But you know, we're human)"(449쪽). 잘 알려진 킵초게의 모토는 그 어떤 인간도 한계가 없다는 것이다(no human is limited). 나는 이 표현이 누구에게도 한계란 존재하지 않는다는 당위적이고 수사적인 표현이라기보다(no human has a limit) 인간은 그 누구도 다른 누구에게 자의적으로 한계를 그어서는 안 된다는 선언으로 읽고 싶다.

우연히도 케냐행 왕복 비행기 안에서 이 책을 읽었다. 어쩌다 보니 학교 일 때문에 일곱 번째로 나이로비를 방문하는 길이었다. 현재 전 세계 마라톤 기록 100개 중 60개를 케냐 선수들이 보유하고 있다(나머지 35개는 에티오피아 선수들이 갖고 있다). 동아프리카 선수들이 유독 장거리에 뛰어난 이유는 크리스토퍼 맥두걸Christopher McDougall의 『본 투 런』이나 데이비드 엡스타인David Epstein의 『스포츠 유전자』에 잘 나와 있지만, 우리의 진화론적 정체성은 달리기, 그것도 아주아주 오래 달리는 데 있다.

처음 케냐를 방문했을 때 공항에서 시내로 가는 고속도로에서 깜짝 놀랐었다. 고속도로라는 이름만 붙었지 사실상 왕복 2차선 도로였는데 아직 동트지도 않는 새벽에 줄지은 사람들이 도로에 바짝 붙어 빠른 속도로 걷고 있었다. 안내하던 사람에게 물으니 나이로비 시내까지 다들 이렇게 도로 옆 흙길을 두세 시간씩 걸어서 일하러 다닌다는 것이다. 킵초게도 어린 시절 매일 몇 마일씩 뛰어 학교를 다녔다.

어쩌면 이들에게 달리기란 '그래서' 하는 것일지 모른다. 시대를 통틀어 가장 위대한 달리기 선수로 불리는 체코의 에밀 자토펙Emil Zatopek은 참으로 단순명료하게 우리의 진화론적 정체성을 표현했다. "새는 날고, 물고기는 헤엄치고, 사람은 달린다." 우린 사람이다. 고로 우린 달린다.

책을 덮으며 귀국하는 비행기에서 고대해 보았다. 언젠가 나는 공부 말고는 할 게 없어 시작한 달리기로 돌아갈 수 있을 것이다. 그것은 삶을 가장 단순한 형태로 만들어 가는 작업이기도 하다. 달릴 때 나는 새처럼 가볍게 날고 물고기처럼 부드럽게 헤엄친다. 어느 순간 마우리츠 에셔Maurits Escher의 〈물고기와 새Bird Fish〉 그림으로 빨려 들어가 새는 헤엄치기 시작하고 물고기는 날기 시작한다. 사람 이어서 달린다.

잠재력을 폭발시키는 우리 안의 숨은 열쇠

말콤 글래드웰 전 세계 베스트셀러 『아웃라이어』 저자

달리기 선수라면 누구나 논리적으로 설명하기 어려운 경기를 한 적이 있을 것이다. 나에게는 그런 경험이 두 번 있었다. 첫 번째 경험은 만 열세 살, 고등학교 1학년일 때 찾아왔다. 당시 나는 한 달도 채 훈련받지 못하고 캐나다 온타리오주 케임브리지에서 열리는 크로스컨트리 경기에 참가해 나보다 두 살 많은 소년들과 경쟁해야 했다. 그중에는 지역의 또래 선수들 중에서 가장 뛰어나다고 평가받는 장거리 주자도 끼어 있었다. 40년이 지난 지금도 그날의 경기가 생생하게 기억난다. 나는 경주가 시작됨과 동시에 선두 그룹으로 치고 들어가서 경기 내내 한 번도 뒤처지지 않았다. 그리고 설명이 안 되는 좋은 기록으로 결승선을 통과했다. **'설명이 안 되는'**이라는 표현을 쓴 까닭은, 고교 시절 내내 꽤 괜찮은 중거리 주자로 활동했음에

도 불구하고 그날이 내 달리기 인생에서 최고의 경기였기 때문이다. 1,500미터 이상 경기에서 그날만큼의 기량을 발휘할 기회는 지금까지도 찾아오지 않았다.

여기에는 단 한 번의 예외가 있다. 2년 전, 51세의 나이에 나는 마치 마법과 같은 경험을 했다. 뉴저지에서 열렸던 5,000미터 마라톤 경기에 참가했을 때인데, 이날 나는 석사 학위를 따고 다시 달리기를 시작한 뒤로 세웠던 개인최고기록을 60초 이상 앞당기며 결승선을 통과했다. 뉴저지의 여름 하늘 아래서 내 몸은 40년 전 케임브리지에서 달리던 열세 살 소년이 되었다. 가슴은 희망으로 부풀었고, 실력에 대한 자부심이 넘쳐흘렀다. 그 후의 이야기가 궁금한가? 내 기록은 즉시 보통 때로 돌아갔다.

강박증에 걸린 사람처럼 (특히 **달리기**에 미쳐 사는 사람으로서), 나는 그 두 번의 이례적인 경주에서 대체 무슨 일이 일어난 것인지 알아내기 위해 고민하고 또 고민했다. 10대 시절 작성했던 훈련 일지를 들여다보며 작은 힌트라도 발견하려고 애쓰기도 했다. 열세 살에 받았던 훈련에 비밀이 숨어 있지는 않을까? 뭔가 특별한 행동을 했었나? 비교적 최근이었던 5,000미터 경기의 훈련 기록은 훨씬 자세하게 남아 있었다. 경기 전 몇 달 동안의 연습 패턴은 GPS와 연결된 디지털 장비를 통해 상세히 기록된 것은 물론, 심지어 경기 중의 시간대별 페이스와 각 바퀴별 랩타임을 포함한 세부 내용까지 확인할 수 있었다.

나는 다음 경기를 준비하면서 뉴저지 경기의 훈련 패턴을 그대로 모방했다. 머릿속엔 온통 그 놀라운 기록을 다시 한 번 세우고 싶다는 생각뿐이었다. 하지만 원하던 결과는 찾아오지 않았다. 내 자신이 지구력이 발휘되는 원리를 제대로 이해하지 못하고 있는 건 아닌가 하는 의구심이 들었다. 이쯤 되면 독자 여러분도 내가 무슨 말을 하려는지 눈치 챘을 것이다. 나는 알렉스 허친슨이 쓴 『인듀어』에 꼭 맞는 독자였던 것이다.

저자 알렉스에 대해서 몇 가지 짚고 넘어가자. 그와 나는 같은 캐나다인이고, 같은 달리기 선수다. 엄밀히 말해 그가 나보다 더 제대로 된 캐나다인이고(그는 지금도 캐나다에 살고 있지만 나는 고국을 떠났다) **훨씬** 더 뛰어난 선수이긴 하지만.

한번은 그가 친구들과 함께하는 아마추어 경기에 나를 초대했었다. 우리는 토요일 아침에 만나 토론토 북부의 국립묘지를 끼고 달렸다. 그 경주에서 내가 꼴찌를 했었는지, 아니면 배려 넘치는 친구 한 명이 끝까지 내 페이스에 맞춰 준 덕분에 뒤에서 2등을 했었는지는 조금 헷갈린다. 하지만 확실한 것은 첫 번째 모퉁이를 돌기도 전에 알렉스가 내 시야에서 사라졌다는 것이다. 이 책에서 알렉스는 지구력의 비밀에 과학자이자 스포츠 팬이자 인간의 성과를 관찰하는 연구자의 입장으로 접근한다. 물론 한 사람의 달리기 선수로서도. 그 역시 논리적으로 설명하기 어려운 경기를 경험한 적이 있으니 말이다.

하지만 이 책이 달리기에 관한 책은 **아니라는** 사실을 분명히 해 두고 싶다. 이미 세상에는 달리기 관련 서적이 너무나 많이 나와 있다. 러너^{Runner}로서 나 역시 그중 여러 권을 사서 읽어 보았다. 그런 책들은 대개 달리기 유경험자가 다른 유경험자에게 전하는 조언으로 이루어져 있다. 땅에 발가락부터 내딛는 앞축 주법과 뒤꿈치부터 내딛는 뒤축 주법 중에서 어떤 것이 더 효과적인가? 1분에 180보를 뛰는 페이스를 만들려면 어떤 훈련이 필요한가? 이런 질문들은 오직 본인의 발바닥에만 관심이 있는 달리기 선수들에게나 중요한 의미를 지닐 것이다. 하지만 『인듀어』는 보다 많은 독자들에게 도움이 될 만한 내용을 담고 있다.

이 책에서 내가 가장 좋아하는 부분은 세계적인 사이클 선수 옌스 보이트가 1시간의 벽을 깨기 위해 노력하는 내용이 담긴 5장이다. 통증을 잘 견디기로 유명한 선수인 보이트도 마침내 기록을 세우고 사이클에서 내려왔을 때 매우 힘겨워하고 있었다고 저자는 말한다. "그가 의식의 한계까지 밀어붙였던 통증이 한순간에 밀려온 것이다." 이것은 사이클에 관한 이야기다. 하지만 알렉스는 이 일화를 바탕으로 우리의 몸이 우리의 마음과 어떻게 상호작용을 하는지 파헤치는 심층적인 질문을 던진다.

인간의 성취는 대개 불편함을 견뎌 냈을 때 찾아온다. 그렇다면 성취와 고통 사이에는 구체적으로 어떤 **관계**가 있는 것일까? 몸을 보호하려는 뇌의 신호와 계속 나아가려는 의지는 서로 어떤 영향을 주고받을까? 이런 질문들을 이해하기 위해 직접 열정적인 사이클 선수가 되어 인간의 한계를 체험할 필요는 없다. 굳이 따지자면, 이 책은 당신에게 광적인 사이클 선수가 되지 말라고 말리는 쪽에 가

깝다. "모든 게 너무나 고통스러웠습니다." 보이트는 말한다. "공기
역학적인 자세를 유지하기 위해 머리를 바짝 숙이느라 목이 아팠고,
상체를 같은 자세로 지탱하느라 팔꿈치에도 고통이 밀려왔어요. 폐
는 더 많은 공기를 갈망하며 타들어 갔고, 심장은 터질 듯이 뛰었죠.
등은 말 그대로 불타는 것 같았어요. 게다가 엉덩이 통증은 또 얼마
나 심했는지! 그야말로 통증의 지옥이었다고밖에 설명할 수 없어
요." 오, 세상에. 나는 이 문단을 읽는 것만으로도 마치 내가 그의 통
증을 대신 느끼는 것처럼 고통스러웠다.

과연 이 책은 설명하기 어려운 기록에 대한 비밀을 풀었을까?
어떤 점에서는 그렇다고 말할 수 있다. 적어도 나는 내 문제를 깨달
았으니까. 나는 지금까지 말도 안 되게 단순한 지구력 이론 몇 가지
만을 가지고 내 기록의 원인을 분석하려고 했었다. 이미 세운 기록
을 결과로 놓고, 시간을 돌려 그 결과물이 나오는 데 투입된 노력을
역으로 확인하는 것이 바로 내 방식이었다. 내가 경기 전날 하루만
휴식을 취했던가? 아니면 이틀을 쉬었나? 경기 일주일 전 훈련에서
세운 기록은 몇 분이었지? 혹시 훈련 간격이 영향을 미친 건 아닐
까? GPS가 탑재된 스포츠 시계는 우리가 이런 식으로 사고하도록
부추긴다. 우리 몸의 움직임과 그 원인을 간단한 지표 몇 가지만으
로 분석할 수 있다고 여기게끔 만드는 것이다. 하지만 내가 장담하
건데, 『인듀어』를 읽고 나면 결코 이런 단순화의 오류를 범하지 않
을 것이다.

인간의 지구력에는 GPS 지표로 설명할 수 없는 부분이 너무나 많다. 다행스럽게도, 우리에게는 그 미스터리를 설명해 줄 알렉스 허친슨이 있다.

목차

2시간의 벽

이탈리아 밀라노 북동부에 위치한 국립 몬차 자동차경주장 Autodromo Nazionale Monza은 한때 왕립공원이었던 삼림지대에 자리 잡은 유서 깊은 포뮬러원[F1] 트랙이다. 이곳의 중계석은 작은 콘크리트 구조물로 트랙을 내려다보는 곳에 위치하고 있다. 나는 전망 좋고 독립된 이 공간을 차지하고 앉아서 전 세계 1300만 명의 시청자들[1]에게 매끄러운 마라톤 해설을 들려주기 위해 최선을 다하고 있었다. 시청자 중 상당수는 이 경기를 보기 위해 한밤중에 침대에서 몸을 일으켜 졸린 눈을 부비며 텔레비전 앞에 앉아 있을 터였다. 하지만 나는 점점 조바심이 나기 시작했다.

내 발 밑에서 펼쳐지고 있는 이 경기는 수개월에 걸친 예측과 열띤 토론의 결과를 모두 뒤집고 누구도 상상하지 못한 방향으로 나아가고 있었다. 올림픽 금메달리스트인 엘리우드 킵초게^{Eliud} ^{Kipchoge} 선수는 그를 향한 맞바람을 막기 위해 정교하게 짜인 대형으로 앞서 달리는 주자들 뒤에서 벌써 1시간 40분 째 F1트랙을 도는 중이었고, 현재 페이스를 유지한다면 42.195킬로미터를 2시간 안에 주파할 가능성이 높았다. 마라톤 세계신기록이 2시간02분57초라는 점은 차치하고도 기록을 1초 단축하는 것이 얼마나 어려운 일인지 너무나 잘 알기 때문에 나는 이미 놀람과 경외 이상의 감정에 휩싸여 있었다. 눈앞의 대형 스크린에는 킵초게의 기록에 대한 자세한 분석이 실시간으로 표시되고 있었지만 이런 전문적인 수치는 더 이상 중요하지 않았다. 나는 당장이라도 중계석을 빠져나가 트랙 옆으로 달려가고 싶었다. 그곳에서 관중들과 함께 환호성을 지르고, 킵초게가 스쳐 지나가며 내뿜는 거친 숨소리를 들으며 미지의 세계로 달려 나가는 그의 눈동자를 들여다보고 싶었다.

1991년, 애리조나대학교 육상 선수 출신이자 미네소타 메이요 클리닉^{Mayo Clinic}에서 레지던트를 수료한 마이클 조이너^{Michael Joyner} 박사가 파격적인 사고실험을 발표했다. 당시 생리학계에서는 마라톤 선수의 한계가 세 가지 요인에 의해 결정된다고 보았다. 첫 번째 요소는 최대산소섭취량^{VO₂Max}이라고도 불리는 유산소 능력^{aerobic} ^{capacity}으로 자동차로 치면 엔진의 성능과 비슷한 역할을 한다. 두 번째 요소인 달리기 효율^{running economy}은 자동차의 연비처럼 주행 효율 정도를 측정하는 기준이다. 마지막 요소인 젖산역치^{Lactate}

Threshold는 인간의 몸이 얼마나 오랫동안 엔진의 힘을 감당할 수 있는지를 결정한다. 생리학자들은 실험을 통해 일류 장거리선수들이 이 세 가지 측정값에서 하나같이 평균보다 높은 수치를 기록했으며, 대부분 그중에서 한두 가지 아주 뛰어난 요소를 가지고 있다는 사실을 확인했다. 조이너 박사는 이런 연구 결과를 보며 생각했다.[2] '만약 유산소 능력, 달리기 효율, 젖산역치 모두 우월한 선수가 존재한다면 얼마나 빠른 기록을 낼 수 있을까?' 그의 계산에 따르면 이 가상의 선수는 42.195킬로미터 마라톤을 1시간57분58초에 주파할 수 있다.

조이너 박사의 논문이《응용생리학 저널Journal of Applied Physiology》에 게재되었을 때, 대부분의 학자들은 미심쩍다는 반응을 보였다. "많은 사람들이 머리를 긁적였죠."[3] 그는 그때를 회상하며 이렇게 말했다. 당시 마라톤 세계신기록은 1988년에 에티오피아의 벨라이네 덴시모Belayneh Densimo 선수가 세운 2시간06분50초였고, 그 누구도 42.195킬로미터를 2시간 안에 뛸 수 있다는 생각을 하지 않았다. 그가 맨 처음 이 아이디어를 떠올렸던 1980년대 중반에는 터무니없는 발상이라며 논문 출간조차 거절당했을 정도였다. 하지만 그 터무니없어 보이는 숫자가 단순히 **예언**에 불과한 것은 아니었다고 조이너는 강조했다. 그의 주장은 동료 과학자들에 대한 도전이었다. 어떤 면에서 보면 그가 계산한 시간은 과학계가 인간 지구력의 한계를 수치화하기 위해 노력했던 지난 100년의 세월이 빚어낸 결실이었다. 그의 가설에 따르면 인간이 마라톤에서 낼 수 있는 가장 빠른 기록은 1시간57분58초였다. 그렇다면 이론과 현실의 괴리는 어떻게 설명할 것인가? 완벽한 신체 조건을 가진 선수가 태어나서 가장 완벽한 경기를 펼치기를 그저 기다릴 수밖에 없는가? 아니면 우리가 지구력에 대해 뭔가 오해하는 부분이 있는 것일까?

시간은 흘러 1999년, 모로코의 할리드 하누치Khalid Khannouchi 선수가 세계 최초로 2시간06분의 벽을 넘어섰다. 4년 후에는 케냐의 폴 터갓Paul Tergat 선수가 2시간05분 미만의 기록을 세웠고, 그로부터 5년 후에는 에티오피아의 하일레 게브르셀라시에Haile Gebrselassie 선수가 2시간04분의 벽을 깼다. 2011년 조이너가 두 명의 동료와 함께 《응용생리학 저널》에 〈마라톤을 2시간 안에 뛸 선수는 언제 나타날까?The Two-Hour Marathon: Who and When?〉라는 제목의 업데이트된 논문을 게시하였을 때[4] 더 이상 그의 주장은 터무니없어 보이지 않았다. 심지어 저널 측은 그의 가설을 입증하는 데 도움이 될 만한 다른 연구자들의 후속 답변 38개를 추가로 게재하는 이례적인 결정을 내리기까지 했다. 2014년 말 케냐의 데니스 키메토Dennis Kimetto 선수가 2시간2분대의 기록을 냈을 때, 영국의 스포츠 과학자 야니스 피츠일라디스Yannis Pitsiladis가 이끄는 컨소시엄은 2시간의 벽을 5년 안에 넘어서겠다는 계획을 발표했다.

그러나 여전히 2분57초를 단축시키는 것은 쉽지 않은 도전이다. 2014년, 나는 달리기 전문 잡지 《러너스 월드Runner's World》로부터 마라톤을 2시간 안에 완주하는 데 필요한 생리학적, 심리학적, 환경적 요소가 무엇인지 종합적으로 분석해 달라는 요청을 받았다.[5]

산더미 같은 자료를 분석하고 조이너 박사를 포함한 전 세계의 전문가들을 인터뷰한 끝에, 차트와 그래프, 전문가들의 주장, 그리고 나의 예측을 담은 열 쪽 가량의 기고문을 완성했다. 결론은 2시간의 벽이 2075년은 되어야 무너지리라는 것이었다.

2년 뒤, 2016년《러너스 월드》의 데이비드 윌리^{David Willey} 편집장으로부터 예기치 못한 전화를 받았을 때 이 글이 불현듯 생각났다. 그는 세계 최대 스포츠 브랜드⁶인 나이키가 2시간 이내 완주를 목표로 하는 '일급 기밀' 프로젝트를 6개월 안에 공개할 것이라는 정보를 전한 뒤, 우리가 〈브레이킹2^{Breaking2}〉라고 명명된 나이키의 프로젝트를 곁에서 지켜볼 기회를 제안받았다고 전했다. 기쁨과 당황 중에 어떤 것이 더 제대로 된 반응이었는지 판단할 수는 없었지만, 어쨌든 절대 거절할 수 없는 기회임은 분명했다. 나는 미국 오리건주 비버턴에 위치한 나이키 본사로의 초대에 응하기로 했다. 그로부터 몇 주 후 그들이 나를 지목한 진짜 의도를 알게 되었다. 몇 년전 2시간의 벽에 관한 기고문을 썼던 나는, 그들의 입장에서 〈브레이킹2〉 프로젝트가 과장된 마케팅 전략이라고 비판할 만한 여지를 충분히 갖춘 인물이었던 것이다.

중계방송의 게스트 코너가 끝나갈 무렵, 킵초게는 37킬로미터 지점을 돌고 있었다. 그날은 2017년 5월 6일로, 로저 배니스터^{Roger Bannister}가 세계 최초로 1마일(약 1.6킬로미터)을 4분 안에 주파한 지 정확히 63년째 되는 날이었다. 당장 트랙 옆으로 뛰어나가고 싶어 미칠 지경이었지만 횃대처럼 높이 솟아 있는 중계석에서 한달음에 내려갈 방법을 찾을 수가 없었다. 추락 위험을 감수하고 철책에 매달려 볼까도 생각했지만, 경비 요원들의 살벌한 눈초리를 받고는 이내 생각을 접었다. 나는 어쩔 수 없이 중계석과 경기장 건물을 연결하는 복도를 향해 몸을 돌렸다. 그 복도가 곳곳에 막다른 길과 표지판 없는 문으로 가득한 미로라는 사실을 알고 있었지만, 길을 안내해 줄 누군가를 기다릴 시간이 없었다. 나는 뛰기 시작했다.

1부

몸에서 마음까지,

지구력의 비밀을 찾아서

1장

견디기 힘든 1분의 시간

만약 네가 견디기 힘든 1분의 시간을

최선을 다해 뛰는 60초로 채울 수 있다면

이 세상과 그에 속한 모든 것이 네 것이 되리라.[7]

-러디어드 키플링Rudyard Kipling

얼어붙을 듯 추웠던 1996년 2월의 어느 토요일 밤, 나는 퀘벡주 셔브룩 지역의 대학가에서 새삼스레 존 랜디John Landy에 관해 깊은 생각에 잠겨 있었다. 지구력에 대한 커다란 수수께끼 중 하나인 이 다부진 체격의 호주인은 스포츠계에서 가장 유명한 2인자인 동시에 역사상 두 번째로 1마일(약 1,600미터)을 4분 안에 주파한 선수였다. 1954년 봄, 랜디보다 46일 앞서 세계 최초로 1마일 4분의 벽을 넘어선 로저 배니스터는 수년에 걸친 혼신의 노력과 수백 년에 걸친 기록 경쟁의 역사, 수천 년에 걸친 진화의 과정을 등에 업고 결승선을 통과했다. 수없이 많은 포스터와 캐나다 밴쿠버에 세워진 실물보다 큰 사이즈의 동상으로 우리 머릿속에 각인된 존 랜디의 모습은 같은 해 여름, 4분 안쪽의 기록을 갖고 있던 단 두 명의 선수가 처음이자 마지막으로 맞붙었던 영연방 경기 대회Empire Games에서 나온 것이다. 경기 내내 선두를 지키던 랜디는 마지막 직선 코스에 진입하면서 왼쪽 어깨 너머로 시선을 돌렸고, 그 순간 오른쪽으로 치고 나온 배니스터에게 추월당하고 말았다. 눈 깜짝할 사이에 벌어진 이 역전의 순간은 어느 영국 신문에 실린 헤드라인처럼 그를 전형적인 '비운의 패배자'[8]로 만들기에 충분했다.

하지만 랜디의 수수께끼는 그의 기량이 모자라다는 데서 나온 것이 아니라, 그가 탁월한 선수라는 점에서 나왔다. 줄곧 기록 단축을 시도해 왔던 그는 여섯 차례의 서로 다른 경기에서 4분02초로 결승선을 통과하자 마침내 이렇게 선언하기에 이르렀다. "솔직히 말하자면 1마일을 4분 안에 뛰는 것은 제 능력을 벗어나는 일 같습니다.[9] 남들 눈에는 2초 단축이 쉬운 일처럼 보일지 몰라도, 제게는 돌로 된 벽을 깨는 것만큼이나 까마득한 목표예요." 그러나 배니스터가 최초로 4분의 장벽을 넘은 지 두 달도 되지 않아, 랜디는 3분57초90이라는 기록을 세우며(기록을 0.2초 단위로 올리던 당시의 규칙에 따라 그의 공식 기록은 3분58초가 되었다) 개인 최고기록을 4초 가까이 단축하고 1마일을 4분에 뛰는 페이스보다 약 14미터 앞서서 결승선을 통과했다. 깜짝 놀랄 정도로 갑작스러운 데다가 고통과 환희가 동시에 느껴지는 변화였다.

나는 많은 1마일 주자들과 마찬가지로 배니스터의 신봉자였고, 거의 외울 정도로 읽어서 너덜너덜해진 그의 자서전은 언제나 내 침대 옆 탁자 위의 한 자리를 차지하고 있었다. 하지만 1996년의 그 겨울, 거울 속에 비친 내 모습은 배니스터보다 점점 더 랜디에 가깝게 느껴졌다. 나는 열다섯 살 이후로 1마일보다 평균 기록이 약 17초 빠른 1,500미터 종목에서 4분의 벽을 깨기 위해 줄곧 노력해왔다. 고등학생 때 4분02초라는 기록을 세웠지만 랜디와 마찬가지로 스스로의 한계에 부딪쳤고, 이후 4년 내내 비슷한 기록을 벗어나지 못했다. 어느새 스무 살의 맥길대학교 3학년이 된 나는 정말 진지하게 내 몸이 이미 기록 단축에 필요한 기량을 전부 써 버렸을 가능성을 검토하고 있었다. 기록이 잘 나오지 않기로 유명한 트랙에서 열릴 아무 의미 없는 상반기 경기를 치르기 위해 육상부원들과 함께 몬트리올에서 셔브룩으로 향하는 장거리 버스에 탔을 때, 차창 밖에 몰아치는 눈보라를 바라보며 내 오랜 꿈인 존 랜디식의 변화가 과연 찾아오긴 할지 고민했던 기억도 난다.

출처가 불분명하긴 했지만, 우리는 경기가 치러질 셔브룩의 실내 트랙이 공과대학 학생들의 손으로 설계된 것이라는 소문을 들었다. 설계자들은 200미터 길이의 원형 트랙에 가장 적합한 각도를 찾아내기 위해 세계 정상급 200미터 선수들의 구심 가속도에 대응하는 수치들을 계산에 넣었으나, 안타깝게도 육상에는 트랙을 두 바퀴 이상 도는 종목들도 많다는 중요한 사실을 놓치고 말았다. 그 결과 트랙의 경사가 경륜장에 맞먹을 만큼 가팔라서 바깥쪽 레인에서 뛰던 주자들이 자기도 모르게 안쪽으로 굴러떨어지는 일이 허다했다. 나 같은 중거리 선수들에게는 트랙 안쪽 레인마저 발목에 무리가 올 정도로 불편했고, 1마일 이상 뛰는 경기는 아예 그보다 더 안쪽에 있는 몸풀기용 코스에서 진행해야 했다.

내 개인 최고기록인 4분01초70을 기준으로 삼았을 때, 4분의 벽을 넘기 위해서는 완벽하게 계산된 달리기를 통해 트랙 한 바퀴를 돌 때마다 약 0.2초씩 기록을 단축시켜야 했다. 나는 놀이공원 수준의 트랙에다 치열한 경쟁 분위기조차 찾아볼 수 없는 이번 경기에 최선을 다할 필요가 없다고 판단했다. 대신 가능한 한 가벼운 마음으로 달리면서 다음 주에 열릴 경기를 위해 힘을 아껴 놓을 생각이었다.

그러나 내 경기 바로 직전에 열린 여자 1,500미터 경주에서 놀라운 일이 벌어졌다. 같은 육상부 소속인 탬브라 던^{Tambra Dunn}이 출발 신호와 함께 대담하게 튀어나가 초반부터 엄청난 격차로 선두를 차지하더니 기계처럼 규칙적인 랩타임을 찍으며 마침내 놀라운 개인 최고기록과 함께 전미 대학 선수권대회 출전을 확정지었다. 그 순간 내 강박적인 계산과 지나치게 세밀한 전략이 모두 긴장 탓에 나온 바보짓처럼 느껴졌다. 달리기 위해 이곳까지 왔다면, 그냥 최선을 다해 달리면 되는 일 아닌가?

지구력이란 무엇인가

'지구력의 한계'에 도달한다는 것은 지루할 정도로 빤하지만 막상 설명하기에는 쉽지 않은 개념이다. 만약 1996년 당시 누군가 내게 4분의 벽을 넘지 못한 이유가 뭐냐고 물었다면, 나는 최대심장 박동 수, 폐활량, 지근섬유 slow-twitch muscle fibers, 젖산 축적 lactic acid accumulation 등 육상 잡지에서 본 온갖 과학 용어들을 갖다 대며 변명을 늘어놓았을 것이다. 하지만 보다 정밀한 연구 결과에 따르면 이러한 요소들 중 어느 하나도 결정적인 이유가 되지 못했다. 심장 박동 수가 최대치에 한참 못 미쳐도, 젖산 농도가 정상 범주에 들어 있어도, 근육이 필요한 만큼 제대로 수축하는 상태에서도 인간은 한계에 부딪칠 수 있다. 생리학자들은 당혹스러운 와중에도 인내를 향한 인간의 의지가 특정한 생리적 변인에 전적으로 묶여 있지 않다는 사실을 확인했다.

그들의 연구가 쉽지 않은 이유 중 하나는 지구력이라는 개념이 다양한 기능을 갖춘 스위스 군용 칼과 같기 때문이다. 지구력은 인간이 마라톤을 완주하기 위해 꼭 필요한 능력인 동시에, 악을 쓰는 아이들과 함께 국제선 비행기의 이코노미 좌석에 끼어 있을 때 정신을 잃지 않도록 도와주는 힘이기도 하다. 후자의 상황에 **지구력**이라는 단어를 사용하는 것이 다소 비유적인 표현처럼 들릴 수도 있지만, 사실 육체적 지구력과 정신적 지구력 사이에는 생각만큼 명확한 경계가 그어져 있지 않다. 안타까운 실패로 끝난 어니스트 섀클턴Earnest Shackleton의 남극 원정[10]과 1915년 그의 탐험선 인듀어런스호(인듀어런스Endurance는 '지구력'이라는 뜻이다 – 옮긴이)가 빙산에 부딪쳐 난파되었을 때 원정대가 생존을 위해 견뎌야 했던 2년의 시간을 생각해 보자. 그들을 지탱한 힘은 이코노미석의 아이 떼를 견디게 해 주는 정신적 지구력이었을까? 아니면 순수한 육체적 지구력이었을까? 애초에 한 사람이 둘 중 하나만 가지는 것이 가능할까?

나는 과학자 새뮤얼 마코라Samuele Marcora의 정의가 지구력의 복합적인 성격을 가장 잘 보여 준다고 생각한다. 그는 지구력이 '그만두고 싶다는 욕망과 계속해서 싸우며 현재 상태를 유지하는 힘'[11]이라고 보았다. 정확히 말하면 그의 발언은 지구력이 아니라 '노력Effort'에 대한 것이지만(노력과 지구력의 구체적인 차이는 4장에서 더 자세히 다룰 예정이다), 지구력의 육체적 측면과 정신적 측면을 한 번에 설명하는 데는 이만한 정의가 없다. 중요한 것은 멈추거나 물러서라고, 혹은 포기하라고 속삭이는 본능의 지시를 거부하고 더디게 가는 시간의 흐름을 받아들이는 것이다. 자제력Self-Control이 날아오는 주먹 앞에서 움찔하지 않게 해 주는 힘이라면, 지구력Endurance은 뜨거운 불가에서 손가락을 떼지 않고 계속 견딜 수 있게 해 주는 힘이다. 그야말로 견디기 힘든 1분의 시간을 최선을 다해 뛰는 60초로 채울 수 있게 해 주는 능력인 것이다.

우리가 견뎌야 하는 시간은 몇 초일 수도, 때로는 몇 년일 수도 있다. 2015년 미국 프로농구리그NBA 플레이오프가 진행되는 동안 르브론 제임스Lebron James 선수가 상대해야 했던 가장 큰 적은[12](골든스테이트팀의 수비수 안드레 이궈달라^{Andre Iguodala}의 존재를 감안하고라도) 바로 피로였다. 그는 이전 다섯 시즌 동안 총 17,860분의 출전 시간을 기록하며 다른 선수들보다 약 2,000분 이상 코트를 누볐다. 치열하게 진행되던 준결승 연장전에서 갑자기 선수 교체를 요청하더니 이내 마음을 바꾸고 코트로 돌아와 경기 종료 12.8초 전에 3점 슛을 성공시키고, 휘슬이 울리자마자 기절하듯 쓰러진 그 유명한 에피소드도 바로 이 플레이오프에서 나온 것이다. 결승 4차전이 시작될 무렵 그는 거의 움직이기도 힘든 상태였다. 마지막 쿼터에서 무득점을 기록한 그는 마침내 체력의 한계를 인정했다. "저는 완전히 탈진해 버렸어요." 이것은 그에게 숨 쉴 힘도 남아 있지 않다는 뜻이 아니라 며칠, 몇 주, 몇 달에 걸쳐 조금씩 쌓인 피로가 마침내 그의 지구력의 한계를 넘어섰다는 뜻이다.

한편, 육상계에서는 세계에서 가장 뛰어난 달리기 선수들이 전 100미터 세계신기록 보유자인 모리스 그린^{Maurice Greene}과 같은 어려움을 극복하기 위해 노력하고 있다. 그린 선수의 코치인 존 스미스^{John Smith}는 그가 처한 상황을 표현하기 위해 '감속단계^{Negative Acceleration Phase}'[13]라는 완곡한 표현을 사용했다. 100미터를 완주하는 데 걸리는 시간은 보통 10초 전후이지만, 대부분의 선수들은 50~60미터 부근에서 최고 속도를 기록한 뒤 정점을 잠깐 유지하다가 감속기에 들어간다. 우사인 볼트^{Usain Bolt} 선수가 레이스 막바지에 경쟁자들을 치고 나올 수 있는 비결은 무엇일까? 정답은 바로 지구력이다. 다시 말해, 그가 다른 선수들보다 감속기를 약간 천천히 맞이하거나, 감속기 이후에 줄어드는 속도의 폭이 조금 더 작은 덕분이다. 9초58로 100미터 세계신기록[14]을 세웠던 2009년 베를린 세계육상선수권대회에서 그의 80~100미터 구간 속도는 60~80미터 구간에 비해 약 0.05초 느렸지만, 여전히 나머지 선수들을 가볍게 제칠 수 있을 정도로 빨랐다.

볼트는 같은 대회에서 19초19의 기록으로 200미터 세계신기록도 갈아 치웠다. 여기서 주목할 점은 그가 초반 100미터를 9초92만에 주파했다는 사실이다. 본인의 100미터 기록에는 살짝 못 미친다 해도 200미터 경기의 초반 코스가 곡선으로 되어 있다는 사실을 감안할 때 이는 가히 놀라운 속도다. 겉으로는 거의 드러나지 않았지만 그는 최상의 경기력을 유지하기 위해 200미터 내내 세심하게 에너지를 분배하고 페이스를 조절하며 달린 것이다. 이것은 지구력의 생리학적 측면과 심리학적 측면이 밀접하게 연결되어 있다는 증거이기도 하다. 의식적으로든 무의식적으로든 10초 이상 지속되는 활동에는 반드시 결정의 순간이 찾아온다. 그 순간 우리는 남은 힘을 어떤 타이밍에 얼마나 세게 밀어붙일 것인지 판단해야 한다. 연구 결과에 따르면 역도와 같은 운동에서도 페이스 조절이 필요하다.[15] 사람들은 역기를 들었다 내려놓는 5초 남짓한 순간이 순수한 근력에 의해 좌우될 것이라고 생각하지만, 선수가 낼 수 있는 근력의 최대치는 그가 남은 힘을 얼마나 잘 분배하느냐에 달려 있다.

페이스 조절의 중요성이야말로 장거리선수들이 '스플릿Split'이라고 불리는 에너지 분할에 그토록 집착하는 이유다. 수많은 팬을 거느린 존 파커 주니어 John L. Parker Jr.의 스포츠 소설 『달리기의 추억 Once a Runner』에는 이런 표현이 등장한다. "달리기 선수들은 모두 구두쇠다. 그들은 가진 자원을 아끼고 또 아끼며, 앞으로 써야 할 에너지가 얼마나 남았는지 끊임없이 계산하며 달린다. 그들의 최대 목표는 결승선을 통과하는 바로 그 순간 남은 에너지를 마지막 한 푼까지 소진하는 것이다." 인간이 자기 몸의 페이스를 조절하는 원리는 상상 이상으로 복잡하다(구체적인 조절 과정은 뒷부분에서 자세히 설명할 예정이다). 우리는 실제로 느끼는 몸 상태와 더불어 이 정도 시점에서 느낄 것이라고 예상한 몸 상태를 종합적으로 고려하여 지금 이 순간을 계속 견딜 수 있을지 없을지를 판단한다.

셔브룩 경기에 참가할 당시, 4분의 벽을 넘기 위해 바퀴당 정확히 32초 이하의 랩타임을 기록해야만 했던 나는 똑같은 페이스로 달리는 훈련을 수도 없이 받았다. 그렇기 때문에 첫 번째 바퀴를 돌고 들어왔을 때 들려온 시간기록원의 외침은 나를 경악하게 만들었다. "27초!"

나는 두 번째 바퀴에 진입하면서 두 가지의 모순된 근거를 바탕으로 결정을 내려야 했다. 이론적으로 보면 지나치게 빠른 페이스를 조금 늦춰야 했지만, 한편으로는 오늘따라 이상하게 몸 상태가 좋은 것 같기도 했다. 결국 나는 속도를 늦추라는 이성의 외침을 무시한 채 두 번째 바퀴를 57초에 주파했고, 여전히 최상의 컨디션을 유지했다. 이 시점에서는 뭔가 특별한 일이 일어나고 있다는 예감이

들었다.

세 바퀴째부터 나는 더 이상 스플릿에 신경을 쓰지 않았다. 내 중간 기록은 이미 4분 페이스를 훌쩍 뛰어넘는 수준이었고, 내가 아는 한 이런 상황에 대입할 수 있는 이론은 없었다. 나는 무작정 달렸다. 경기를 마치기 전에 중력이 다시 제 역할을 시작하여 내 발목을 잡지 않기를 간절히 바라면서.

마침내 나는 3분52초70으로 기존 기록을 9초나 단축시킨 개인 최고기록을 달성하며 결승선을 통과했다. 그 단 한 번의 경기에서 5년 전 처음 달리기를 시작한 이래 지속적으로 경험한 성장을 모두 뛰어넘는 결과를 낸 것이다. 경기를 마친 후 기계적으로 훈련 일지를 확인했지만, 올해의 전반적인 경기력이 작년보다 조금 향상되었다는 것 외에는 갑작스러운 변화의 힌트를 찾아볼 수 없었다.

나는 내 랩타임을 측정해 준 팀 동기와 함께 기록 분석에 들어갔다. 그런데 그의 스톱워치는 내가 들은 것과 전혀 다른 정보를 담고 있었다. 내 첫 번째 랩타임은 27초가 아니라 30초였고, 두 번째는 57초가 아니라 60초였다. 어쩌면 시간기록원이 경기 시작 3초 후에 스톱워치를 켰을 수도 있다. 아니면 그가 프랑스 출신이라 시계에 찍힌 숫자를 영어로 번역하는 과정에서 몇 초쯤 오차가 생겼을지도 모른다. 이유야 어찌됐든 그는 내가 실제보다 더 빠른 속도와 좋은 컨디션으로 달리고 있다고 믿게 만들었고, 덕분에 나는 4분의 벽이라는 압박감에서 벗어나 누구도 예상하지 못한 결과를 냈다.

심리적 관점에서의 한계

로저 배니스터의 성공 이후, 1마일을 4분 안에 주파하는 선수들이 비처럼 쏟아졌다(많은 사람들이 실제로 이런 표현을 썼다). 이러한 현상에 대한 세간의 관점을 가장 잘 보여 주는 책은 짐 브로Jim Brault와 케빈 시먼Kevin Seaman이 2006년에 발간한 자기계발서 『승리를 가져다주는 마음가짐The Winning Mind Set』일 것이다. 그들은 이 책에서 1마일 4분의 벽이 신념의 힘을 증명하는 전형적인 사례라고 소개했다. "1년도 안 되어 37명의 선수들이 배니스터와 같은 일을 해냈다. 그리고 이후 몇 년에 걸쳐 300명이 넘는 주자들이 1마일을 4분 안에 주파했다."

동기부여 세미나 혹은 인터넷에 퍼진 온갖 글에서도 이와 비슷한 수준으로 과장된(다시 말해 근거 없는) 관점들을 찾아볼 수 있다. 배니스터가 지금껏 불가능하다고 여겼던 도전에 성공한 순간, 사람들의 진정한 잠재력을 가로막던 정신적 장애물이 갑자기 사라졌다는 것이다.

이런 관점을 지닌 사람들은 '마라톤을 2시간 안에 완주할 수 있는가?'[16]라는 주제로 토론이 한창인 요즘에도 2시간의 벽을 심리적인 측면에서 바라봐야 한다고 주장한다. 반면 회의론자들은 믿음에는 아무런 실질적 힘이 없다고 주장한다. 그들은 인간의 신체가 그렇게 오랜 시간 동안 그렇게 빨리 달릴 수 없도록 만들어졌다고 생각한다. 마라톤 종목의 논란은 60여 년 전에 1마일의 논란이 그러했듯 지구력과 인간의 한계에 대한 다양한 이론을 실험대에 올릴 명분을 마련해 주었다. 그러나 의미 있는 결과를 내고 싶다면 먼저 진실을 바로잡아야 할 것이다. 우선, 배니스터의 성공 이후 1년 내에 1마일을 3분대에 주파한 선수는 존 랜디 한 명뿐이며, 다음 해에도 단 네 명만이 그들의 뒤를 이었다. 스페인의 스타 주자 호세 루이스 곤살레스José Luis González가 300번째로 1마일 3분대 기록 명단에 이름을 올린 것[17]은 그로부터 20년이나 지난 1979년이었다.

게다가 수많은 좌절 끝에 얻어 낸 랜디의 갑작스러운 성공 뒤에는 단순히 정신적 장애물이 사라진 것 이상의 이유가 있었다. 그가 아깝게 4분의 벽을 넘지 못했던 여섯 차례의 경기는 모두 경쟁자가 드물고 날씨가 적합하지 않은 호주에서 치러졌다. 1954년 봄 그는 마침내 트랙 상태가 좋고 쟁쟁한 경쟁자들이 많은 유럽으로 떠났지만, 도착한 지 3일 만에 배니스터에게 선수를 빼앗기고 말았다. 그는 헬싱키에서 처음으로 페이스메이커와 함께 달리는 경험을 했고, 첫 1.5바퀴를 뛰는 동안 그보다 빠른 속도로 경기를 리드해 준 이 지역 출신 선수 뒤에서 페이스를 조절할 수 있었다. 무엇보다 그는 유럽에서 제대로 된 경쟁 상대를 만났다. 배니스터가 4분의 벽을 깰 당시 보조를 맞췄던 두 명의 선수 중 한 명인 크리스 채터웨이Chris Chataway는 랜디가 마지막 바퀴를 돌 때까지도 근소한 차이로 그를 바짝 따라붙었다. 이 모든 사실을 종합할 때, 랜디가 배니스터의 존재와 상관없이 언젠가 4분의 벽을 넘어섰을 것이라는 예측은 충분히 가능하다.

하지만 나 자신의 경험만 놓고 봐도 마음의 힘을 완전히 무시하기는 어렵다. 셔브룩 다음에 참가한 경기에서 나는 3분49초의 기록을 얻었다. 그다음 시합에서는 스스로도 어리둥절할 정도로 빠른 기록인 3분44초 만에 결승선을 통과하며 올림픽 국가대표 선발전 출전 자격까지 얻었다. 이 세 번의 경기에서 나는 마치 다른 사람이 된 것 같았다. 1996년 1,500미터 국가대표 선발전 결승이 열리던 날, 나는 출발선에 서서 방송국의 집중 조명을 받는 와중에도(내 옆에는 당시 캐나다 신기록 보유자인 그레이엄 후드Graham Hood가 서 있었다) 내가 어떻게 이 자리까지 왔는지 전혀 확신하지 못한 상태였다. 아직도 유튜브에 남아 있는 그 영상을 보면 패닉에 빠진 눈동자를 굴리며 현실을 받아들이지 못하는 내 모습을 그대로 확인할 수 있다.[18]

나는 이후 10년 동안 또 다른 성과를 이끌어 내기 위해 노력했지만 끝내 들쑥날쑥한 결과 이상을 얻지 못했다. 내 한계를 만들어 낸 것이 나 자신이라는 사실을 안다고 해서(혹은 그렇게 믿는다고 해서) 치열한 경기가 조금이라도 수월해지는 일은 없었다. 인간의 한계란 마음가짐 하나로 그렇게 쉽게 바뀌는 것이 아니다. 그 10년의 세월 동안 내가 마음가짐 덕분에 좋은 결과를 얻은 적도 있겠지만, 당황과 좌절을 이기지 못하고 평소보다 못한 결과를 낸 적도 많았다. 미국의 올림픽 국가대표 이안 돕슨Ian Dobson은 기록의 기복을 놓고 이렇게 말했다. "이론대로라면 자로 잰 듯 일정해야겠죠.[19] 하지만 현실은 그렇지 않아요."

나 역시 단 한 번이라도 내 한계를 확인하고 싶어서 온갖 노력을 기울였다. 내 몸이 낼 수 있는 최대한의 기량이 어느 정도인지 알게 되면 미련 없이 달리기를 그만둘 수 있을 것 같았다.

비밀에 다가가다

2004년 올림픽 국가대표 선발전을 석 달 앞두고 엉치뼈 골절을 당한 스물여덟 살의 나는 드디어 다른 길을 찾기로 마음먹었고, 학교로 돌아가 언론학 학위를 딴 뒤 캐나다 오타와의 한 신문사에 취재기자로 입사했다. 하지만 내 머릿속에는 여전히 사라지지 않는 의문이 남아 있었다. 어째서 매번 똑같은 기록이 나오지 않았던 걸까? 내가 그토록 오랫동안 4분의 벽을 넘지 못하다가 어느 날 갑자기 넘어선 이유는 또 뭐였을까? 나는 신문사를 그만두고 프리랜서 기자로 전향해 지구력이 필요한 운동에 관한 글을 쓰기 시작했다. 내 글의 주제는 선수들의 승패 자체보다 그 원인에 집중되어 있었다. 관련 자료들을 파헤치던 나는 과학자들 사이에서도 내가 의문을 품었던 바로 그 질문을 놓고 활발한(때로는 과격한) 논의가 진행되고 있다는 사실을 알게 되었다.

생리학자들은 20세기의 대부분을 '인체가 피로를 느끼는 원리'라는 연구 주제에 매달려 보냈다. 때로는 개구리 뒷다리를 잘라 낸 뒤 절단된 근육의 경련이 멈출 때까지 전기 충격을 가하기도 했고, 때로는 실험을 위해 직접 무거운 장비를 짊어지고 안데스산맥 꼭대기로 향하기도 했다. 수천 명의 실험 참가자들에게 지쳐서 나가떨어 질 때까지 트레드밀을 뛰거나 더운 방 안에서 견디라고 요구하기도 했고, 상상할 수 있는 모든 종류의 약물을 처방하기도 했다. 그 결과 그들은 인간의 한계에 대해 기계적인(거의 수학적이라고도 할 수 있는) 관 점을 갖게 되었다. 인간의 몸이 마치 액셀 페달에 벽돌을 올려놓은 자동차처럼 연료가 바닥나거나 냉각기가 과열로 고장 날 때까지 움 직이다가 멈추는 시스템으로 되어 있다는 결론을 내린 것이다.

하지만 이것만으로는 부족했다. 뇌의 활동을 보다 정밀하게 분 석하고 조작하는 기술이 개발된 후에야 그들은 인간이 한계를 향해 나아갈 때 뉴런과 시냅스에 어떤 변화가 일어나는지 약간의 힌트를 얻게 되었다. 비밀을 풀 열쇠는 배고픔이나 목마름, 젖산 축적으로 인한 근육의 피로 그 자체가 아니라 뇌가 그러한 신호들을 어떻게 해석하느냐에 달려 있었다.

뇌의 역할에 대한 새로운 발견은 우리에게 새로운(때로는 걱정스 럽기까지 한) 기회를 열어 주었다. 미국 캘리포니아주 샌타모니카에 본사를 둔 에너지음료 회사 레드불은 제품 경쟁력을 올릴 방법을 찾기 위해 일류 사이클 선수와 트라이애슬론 선수들의 뇌에 전극을 연결하고 전기 자극을 가하는 경두개직류자극Transcranial Direct-Current Stimulation, tDCS 실험을 기획했다. 영국 육군은 부대원들의 지구력을 향상시키기 위해 컴퓨터 기반의 뇌 훈련 연구를 지원했고, 실제로 놀라운 성과를 얻었다. 심지어 무의식적으로 접한 자극이 경기력에 영향을 미친다는 사실도 밝혀졌다. 사이클 선수들의 시야에 1,000

분의 1초 속도로 웃는 얼굴과 찡그린 얼굴 사진을 노출시켰을 때, 웃는 얼굴 사진이 찡그린 얼굴 사진보다 경기력을 12퍼센트 향상시킨다는 연구 결과가 나온 것이다.

나는 지난 10년 동안 호주와 유럽, 남아프리카, 그리고 북아메리카 대륙 전체에 퍼져 있는 연구실을 돌아다니며 수백 명의 과학자, 코치, 운동선수를 만났고, 지구력의 비밀을 풀기 위해 노력하는 사람이 나 혼자가 아니라는 사실을 확인했다. 나는 먼저 뇌가 지구력에 미치는 영향이 생각보다 클 것이라는 예감에서부터 출발하기로 했다. 내 가설은 결국 사실로 밝혀졌지만, 흔한 자기계발서의 주제처럼 '모든 것은 마음먹기에 달렸다'는 식의 단순한 원리는 아니었다. 우리의 몸과 뇌는 근본적으로 밀접하게 연결되어 있고, 인간이 특정한 상황에서 한계를 맞이하는 원인을 밝혀내기 위해서는 반드시 두 요소를 동시에 고려해야 했다. 2장 이후에서 더 자세히 다룰 예정이지만, 과학자들은 실제로 몸과 뇌를 아우르는 연구를 진행했고, 놀라운 결과를 얻어 냈다. 인간은 아직 진짜 한계의 근처에도 도달하지 않았던 것이다.

2장

인체의 작동 원리

56일 동안 힘겨운 스키 여정을 거친[20] 헨리 위슬리 ^Henry Worsley^ 는 GPS 장비의 디지털 액정을 확인한 뒤 그 자리에 멈춰 섰다. "바로 여기야." 그는 씩 웃으며 말한 뒤 바람이 눈을 쌓아 만든 둔덕에 스키 폴 한쪽을 꽂아 넣었다. "우리가 해냈어!" 2009년 1월 9일 이른 저녁, 위슬리는 100년 전 영국 탐험가 어니스트 섀클턴이 에드워드 7세의 이름으로 영국 국기를 꽂은 남위 88도23분, 동위 162도의 남극 고원에 도착했다. 1909년 당시만 해도 남극점에서 고작 180킬로미터 떨어진 그 땅은[21] 인간이 도달한 역사상 최남단 지점이었다. 위슬리는 영국 특수부대 ^SAS^ 에서 산전수전을 다 겪은 베테랑 출신이었지만, 섀클턴을 우상처럼 숭배해 온 지난 세월을 떠올리니 고글 뒤에서 흐르는 기쁨과 안도의 눈물을 멈출 수 없었다. 그것은 그가 열 살 이후 처음 보인 눈물이었다(훗날 그는 "체력적으로 힘든 상태가 감성을 더 자극했던 것 같습니다"라고 당시 상황을 설명했다). 그의 곁을 지키던 동료 윌 고우^{Will Gow}와 헨리 애덤스^{Henry Adams}는 그와 함께 텐트를 치고 주전자에 물을 끓였다. 그날의 기온은 영하 35도였다.

그러나 워슬리와 달리 섀클턴에게 남위 88도23분이라는 결과물은 씁쓸한 실패를 의미했다. 6년 전 섀클턴은 로버트 팔콘 스콧^{Robert Falcon Scott}이 이끄는 디스커버리^{Discovery}호 원정에 참가해 남위 82도17분(남극에서 620킬로미터 떨어진 지점-옮긴이)에 도착하며 최남단 탐험 기록을 세운 세 명 중 한 명이 되었다. 그러나 남극점을 향해 가던 중 탈진으로 목숨이 위험해졌고 스콧이 그의 약한 체력 때문에 다른 구성원들이 피해를 입었다고 주장하면서 그를 강제로 영국으로 보내버리는 바람에 불명예를 안은 채 집으로 돌아와야만 했다. 섀클턴은 스콧이 실패한 남극점 정복에 성공함으로써 자신의 결백을 증명하기로 마음먹었고 1908년부터 1909년에 걸친 생애 두 번째 남극 원정을 기획했다. 하지만 그의 원정은 처음부터 순탄치 못했다. 마지막 남은 만주산 조랑말 삭스^{Socks}가 비어드모어 빙하^{Beardmore Glacier}(남극대륙에 있는 세계 최대의 빙하-옮긴이)의 깊은 틈 속으로 추락해 사라진 원정 6주차, 그들에게는 남은 식량도 거의 없었고 성공 가능성은 계속해서 줄어들고 있었다. 섀클턴은 갈 수 있는 한 멀리까지 나아가기로 결심했지만, 결국 실패를 인정할 수밖에 없었다. 1월 9일 그의 일기에는 이렇게 적혀 있다. "마침내 복귀를 결정했다. 어떤 후회가 남을지는 모르겠지만, 우리는 최선을 다했다."

그로부터 100년 후, 워슬리는 섀클턴의 이러한 결정을 리더로서 그의 진가를 보여 주는 완벽한 예로 여겼다. "섀클턴의 복귀 결정은[22] 탐험 역사상 가장 현명한 판단이었습니다." 그는 주장했다. 워슬리는 섀클턴의 세 번째 탐험인 인듀어런스호 원정에 함께했던 항해사의 후손이었고 애덤스는 당시 부지휘관의 증손자였으며 고우는 섀클턴의 후손이었다. 세 사람은 인듀어런스호 원정대가 거쳤던 1,320킬로미터의 여정을 외부 도움 없이 성공시킴으로써 선조들의 영광을 기리기로 마음먹었다. 그 후에는 남극까지 남은 180킬로미터를 마저 완주하여 선조들이 못 이룬 꿈을 대신 이룬 뒤 트윈오터Twin Otter 항공기를 타고 집까지 돌아올 계획이었다. 100년 전의 섀클턴과 그의 동료들은 베이스캠프로 돌아가기 위해 1,320킬로미터를 걸어서 되돌아와야 했고, 그 길은 당시의 모든 원정대가 겪었듯 시시각각 죽음과 사투를 벌이는 절박한 여정이었다.

남극점 정복을 포기하고 복귀 여정에 오른 섀클턴과 동료들을 위협한 것은 강추위만이 아니었다. 그들이 등반한 해발 3,000미터에는 공기가 평지의 3분의 2 수준밖에 없었다. 또한 조랑말을 모두 잃어버려 230킬로그램 이상의 짐 썰매를 손수 끄느라 근육에 엄청난 무리를 가한 것은 물론이고, 현대의 극지방 탐험가들에게 하루 섭취량으로 권장하는 6,000~10,000칼로리의 절반에 불과한 식량으로 4개월을 버텨야 했다.[23] 그 4개월 동안 그들이 소모한 열량은 약 100만 칼로리로, 1911~1912년에 걸쳐 남극점에 도달한 스콧 원정대가 탐험 기간 내내 소모한 열량과 거의 맞먹는 수준이었다. 남아

프리카공화국의 과학자 팀 녹스^Tim Noakes는 이 두 원정을 '인간 역사상 육체적 지구력의 힘이 가장 크게 발휘된 사례'로 꼽았다.

섀클턴은 지구력 발휘에 필요한 복잡한 조건을 제대로 이해하지 못했다. 영양분을 제대로 섭취해야 한다는 것은 알았지만, 그밖에 인간의 몸 안에서 일어나는 작용들은 당시까지만 해도 철저히 베일에 싸여 있었다. 하지만 계몽의 순간은 시시각각 다가왔다. 1907년 8월 섀클턴이 님로드^Nimrod호를 타고 영국의 와이트섬을 출발하여 남극대륙을 향해 떠나기 불과 몇 달 전, 케임브리지대학교 연구팀은 근지구력^Muscular Endurance에 명백한 악영향을 미치는 젖산의 작용에 대한 논문[24]을 발표하며 특히 운동계에서 큰 반향을 불러일으켰다. 이후 한 세기가 지나는 동안 젖산에 대한 관점은 많이 바뀌었지만(관련 지식이 전혀 없는 독자들을 위해 설명하자면, 인체에서 발견되는 물질은 정확히 말해 젖산^Lactic Acid이 아니라 음이온에 해당하는 젖산염^Lactate인 것으로 밝혀졌다)[25] 그들의 논문은 지구력 연구의 새로운 지평을 열어주었다. 일단 기계가 작동하는 원리를 알게 되면 그 기계의 궁극적인 한계를 계산해 내기가 한층 수월해질 테니 말이다.

인체라는 기계

19세기에 활동한 스웨덴 출신 화학자 옌스 야코브 베르셀리우스^Jöns Jacob Berzelius는 현대식 화학기호 표기법(H_2O, CO_2 등)을 고안한 인물로 잘 알려져 있다. 그뿐만 아니라 그는 1807년 상한 우유에서 발견된 물질이 피로한 근육에서도 동일하게 검출된다는 사실을 밝혀낸 최초의 과학자이기도 하다. 베르셀리우스는 이 **젖산**이 사냥당해 죽은 사슴의 근육에 다량 함유되어 있으며,[26] 오래 쫓길수록 근육에 젖산 함유량이 높다는 사실을 확인했다(지금은 근육과 혈액에서 분리된 젖산염이 양성자와 결합하면서 젖산을 생성한다는 사실이 밝혀졌지만, 당시는 '산Acid'이라는 물질이 정확히 어떤 성질을 갖고 있는지 규명되기 거의 100년 전이었다.[27] 따라서 이미 양성자와 결합한 상태의 젖산염을 추출한 베르셀리우스와 그의 제자들은 피로를 유발하는 물질이 젖산이라고 생각할 수밖에 없었다. 젖산과 젖산염에 대한 더 많은 이야기가 남아 있지만 앞으로 젖산과 젖산염을 언급할 때마다 이런 역사적 맥락을 설명하지는 않겠다).

그 당시는 근육의 작동 원리에 대한 지식이 거의 없던 시절로 근육에서 검출된 젖산이 구체적으로 어떤 역할을 하는지는 정확히 확인할 수 없었다. 베르셀리우스 본인조차 생물이 일반적인 화학의 영역 밖에 존재하는 초자연적인 힘인 '생기Vital Force'에 의해 움직인다고 믿고 있던 때였으니 말이다.[28] 하지만 이러한 생기론Vitalism은 점차 생물도 기계와 같은 원리로 움직인다는 기계론Mechanism에 자리를 내주었다. 기계론에 따르면 인간의 몸은 아주 복잡하다는 특징을 제외하면 기본적으로 진자나 증기기관과 다를 바 없는 원리로 만들어져 있었다. 19세기에 진행된 일련의 실험은 이따금씩 어설프거나 우스운 결과를 도출하는 와중에도 인체라는 기계의 작동 원리에 조금씩 다가갔다. 가령 1865년에는 두 명의 독일 과학자가 베르너 알프스 정상인 해발 2,681미터의 파울호른까지 오르면서 중간중간 자신들의 소변을 채취하여[29] 질소 함량을 측정하였고, 그 결과 단백질만으로는 장시간 육체 활동에 필요한 에너지를 모두 공급할 수 없다는 결론을 얻었다. 이러한 연구 결과가 계속 발표되자 한때는 이단으로 여겨졌던, 인간의 한계가 화학과 수학으로 간단히 계산할 수 있는 문제라는 가설이 점차 힘을 얻게 되었다.

요즘에는 운동선수들의 훈련 시간 중에도 간단한 주삿바늘 테스트만으로 근육 속 젖산염 농도를 측정할 수 있다(심지어 어떤 회사들은 피부에 부착하는 패치로 땀 성분을 분석하여 젖산염 변화량을 실시간으로 확인할 수 있다고[30] 주장한다). 하지만 19세기에는 젖산이라는 물질의 존재를 인정하는 것만으로도 기존의 믿음에 도전장을 던지는 것으로 간주됐다. 베르셀리우스는 1808년에 발간한 저서 『동물화학 강의Lectures in Animal Chemistry』 중 여섯 페이지를 온전히 할애하여 죽은 지 얼마 안 된 짐승의 살을 다지고, 튼튼한 무명천에 넣어 짜내고, 이렇게 추출한 액체를 가열하여 수분을 제거하고, 다양한 화학 처리 과정을 거쳐 마침내 납과 알코올의 용해액 아래로 가라앉은 침전물을 분리하여 '젖산의 성질을 그대로 보존하고 있는 갈색의 걸쭉하고 윤기 나는 액체를 추출하는 방법'에 대해 설명하고 있다.

이 같은 설명을 따라 많은 과학자들이 실험을 진행했지만 놀랄 것도 없이 들쭉날쭉하고 애매한 결과를 손에 넣고 혼란에 빠졌다. 혼돈의 상태는 케임브리지대학교의 프레더릭 홉킨스Frederick Hopkins 와 월터 플레처Walter Fletcher가 문제 해결에 나선 1907년까지 계속되었다. 두 사람이 발표한 논문의 서문에는 이런 문장이 실려 있다. "한 과학자가 주장하고 다른 어떤 과학자도 반박하지 않은 '근육 내 젖산 형성 과정'이 실제로는 유의미한 성과를 전혀 가져다주지 못했다는 사실을 모르는 사람은 없다." 비타민을 공동 발견한 공로를 인정받아 노벨상을 수상한 홉킨스는 실험을 꼼꼼하게 기획하기로 유명한 과학자였다. 플레처는 뛰어난 육상선수로, 케임브리지대학교 트리니티칼리지의 오래된 괘종시계가 열두 시 종을 다 치기 전에 학교 안뜰을 둘러싼 320미터의 길을 달려서 주파한 최초의 학생이었다(그렇다. 영화 〈불의 전차Chariots of Fire〉에도 나오는 그 유명한 도전이다. 비록 플레처가 지름길을 이용했다는 소문[31]이 있긴 하지만).

홉킨스와 플레처는 어떤 실험을 진행하든 실험 대상이 된 근육 샘플을 바로바로 차가운 알코올에 담갔다. 산성도를 측정하기 위해 샘플을 막자사발에 넣고 빻는다는 점은 베르셀리우스의 실험과 동일했지만, 알코올의 결정적인 역할 덕분에 실험의 매 단계에서 근육의 젖산 농도를 어느 정도 일정하게 유지할 수 있었다. 이러한 최신 기법을 사용하는 한편, 그들은 근육 피로를 측정하기 위해 10~15쌍의 개구리 다리를 아연 갈고리로 길게 연결하여 체인 형태로 만들었다. 체인의 한쪽 끝에 전류를 흘리면 연결된 다리 전체를 동시에 수축시킬 수 있었다. 두 시간 동안 간헐적으로 수축과 이완을 반복한 근육은 미세한 경련조차 일으킬 수 없을 정도로 탈진한 상태가 되었다.

실험 결과는 분명했다. 피로한 근육에서는 휴식 상태에 있던 근육에 비해 약 세 배가량의 젖산이 검출되었고, 이는 젖산이 피로의 부산물(혹은 원인)이라는 베르셀리우스의 주장을 입증하는 것처럼 보였다. 여기에 더해, 홉킨스와 플레처는 피로한 근육에 산소를 공급하면 젖산 농도가 감소하고 산소를 제거하면 젖산 농도가 증가한다는 예상치 못한 결과까지 도출했다. 마침내 근육 피로의 원리가 현대 과학의 조명을 받은 순간이었다. 이 시점부터는 새로운 연구 자료들이 빠른 속도로 쌓여 가기 시작했다.

산소의 중요성은 바로 다음 해인 1908년 런던호스피탈메디컬칼리지의 레너드 힐Leonard Hill이 《영국 의학 저널British Medical Journal》에 게재한 논문을 통해 정확히 확인되었다.[32] 그는 육상 선수와 수영 선수, 육체노동자, 말에게 순수한 산소를 공급한 결과 놀라운 결과를 얻어 냈다. 육상 선수는 실험 거리인 0.75마일(약 1,210미터)을 개인 최고기록인 38초에 주파했고, 마차용 말은 평소 기록인 3분30초를 훨씬 앞서는 2분8초 만에 가파른 언덕을 올랐을 뿐만 아니라 정상에서도 헐떡이지 않는 모습을 보인 것이다.

힐의 동료 중 한 명은 역사상 두 번째로 영국해협 횡단을 시도한 장거리 수영 선수 자베즈 울피Jabez Wolffe의 도전에 동행하기도 했다. 열세 시간도 넘는 장시간 수영 끝에 거의 포기 직전까지 갔던 울피는 긴 튜브로 산소를 공급받자마자 즉시 체력을 회복했다. "울피 선수를 따라가던 보트는 다시 노를 저으며 선수와 보조를 맞춰야 했다. 산소를 마시기 직전까지만 해도 그와 보트는 둘 다 물살에 떠내려가고 있을 뿐이었다"라고 힐은 기록했다. (온몸에 위스키와 테레

빈유를 듬뿍 바르고 머리에 올리브유를 문질렀음에도 불구하고, 울피는 프랑스 해변을 약 400미터 앞둔 지점에서 살을 에는 추위를 견디지 못하고 보트로 올라와야 했다. 참고로, 그는 총 22차례 영국해협 횡단을 시도했으나[33] 끝내 성공하지 못했다.)

근수축Muscle Contraction에 대한 비밀이 하나둘씩 풀려 가면서 우리는 새로운 궁금증과 맞닥뜨리게 되었다. 인간의 궁극적인 한계는 과연 어디까지일까? 19세기의 학자들은 일명 '자연의 법칙'이 개개인의 잠재적 신체 능력을 좌우한다고 생각했다. "모든 생명체는 태어날 때부터 성장과 발달의 한계를 가지고 있으며,[34] 그 이상의 성과를 내는 것은 불가능하다." 1883년 스코틀랜드의 내과 의사 토머스 클라우턴은 이렇게 주장했다. "대장장이의 팔근육은 특정한 한계 이상으로 성장할 수 없으며, 크리켓 선수의 순발력도 정해진 범위 이상으로 발전할 수 없다." 하지만 그 '정해진 범위'가 대체 어디까지란 말인가? 지구력의 한계에 대해 최초로 신뢰할 만한 측정 기준을 제시한 사람은 플레처의 케임브리지대학교 후배인 아치볼드 비비안 힐Archibald Vivian Hill이었다(자신의 이름을 싫어했던[35] 그는 본명보다 A.V.라는 약칭으로 더 잘 알려져 있다).

한 사람의 최대 지구력을 측정하는 가장 좋은 방법은 매우 단순하다. 달리기를 시켜 보면 되니까. 하지만 사실 달리기 기록은 페이스를 포함한 여러 가지 요소들에 의해 좌우된다. 만약 당신이 세상에서 제일가는 지구력을 가지고 있다 해도, 초반 질주를 제어할 수 없는 낙천적인 기질의 소유자라면(혹은 초반에 힘을 다 써 버릴까 봐 두려워하는 염세주의자라면) 경주 기록만 보고는 당신의 신체 능력을 온전히 측정할 수 없다.

물론 이런 불확실성은 탈진하기까지 걸리는 시간을 재는 방법으로 어느 정도 보완할 수 있다. 기록을 재는 대신 속도가 일정하게 설정된 트레드밀 위에서 얼마나 오랫동안 뛸 수 있는지 측정하는 것이다. 사이클 페달을 밟으며 일정 수준 이상의 전기를 얼마나 오랫동안 생산할 수 있는지 측정하는 것도 한 방법이다. 실제로 많은 연구자들이 이러한 방식을 채택하고 있지만, 여전히 보완해야 할 부분은 남아 있다. 가장 큰 맹점은 인간의 한계가 동기부여에 따라 크게 달라진다는 사실이다. 더불어 어젯밤 얼마나 숙면을 취했는지, 실험 전에 식사를 얼마나 든든히 했는지, 신발은 얼마나 편한지를 비롯해 수많은 요소들이 인간의 의지에 영향을 미친다. 이렇게 얻은 결과는 참가자의 실험 당일 컨디션을 알려줄 뿐, 그의 궁극적인 한계를 설명해 주는 지표라고 보기 어렵다.

1923년 맨체스터대학교에 자리를 잡은 레너드 힐과 그의 동료 하틀리 럽턴Hartley Lupton은[36] 오늘날 VO$_2$Max라는 약어로 더 잘 알려진 '최대산소섭취량Maximal Oxygen Intake'에 관한 논문 시리즈를 발표했다. (현대 과학자들은 VO$_2$Max를 최대산소흡수량Maximal Oxygen Uptake이라고 부른다. 중요한 것은 산소를 얼마나 많이 들이마시느냐가 아니라 그중에서 근육이 흡수하여 사용하는 양이 얼마나 되는지 여부이기 때문이다.) 힐은 근수축 시 발생하는 열 측정법에 대한 근육 생리학 연구로 1922년 이미 노벨상을 공동 수상한 과학자인 동시에 열정적인 달리기 선수이기도 했다(앞으로 살펴볼 기회가 있겠지만, 달리기는 많은 생리학자들이 공통적으로 가지고 있는 취미다). 근육의 산소 소모라는 주제에 관한 한, 그는 과학자인 동시에 최고의 실험 참가자였던 셈이다. 1923년 발표한 논문에 따르면 그는 서른다섯 살에도 매일 아침 식사 전에 1마일(1.6킬로미터)씩 천천히 뛰는 훈련을 꾸준히 받았고, 육상경기와 크로스컨트리경기에도 지속적으로 참가했다. "솔직히 말하자면, 내가 트랙과 필드 위에서 맞이한 갈등과 실패, 탈진과 고통은[37] 내가 이 논문을 통해 밝히고자 하는 여러 가지 질문을 이끌어 낸 원동력이었다."

힐과 그의 동료들은 힐의 자택 정원에 마련된 둘레 85미터의 짧은 잔디 트랙(참고로 일반적인 트랙 둘레는 400미터다)에서[38] 등에 산소소모량 측정기와 연결된 공기주머니를 메고 달리는 실험을 했다. 측정 결과, 달리는 사람이 섭취하는 산소량은 특정 수준에 다다를 때까지 속도가 빨라질수록 함께 늘어났다. 하지만 어느 시점이 되면 산소섭취량은 '어떤 노력으로도 더 늘릴 수 없는 최대치'[39]에 도달했고, 그 이후로는 속도가 상승해도 더 이상 속도 증가분을 따라오지 못했다. 이 정체기가 바로 그 사람의 VO_2Max이자 이론상 객관적인 지구력의 한계 지점이었다. 인간의 의지도, 날씨도, 달의 공전 주기도, 그 외에 어떤 요인도 이 수치에 영향을 미칠 수 없었다. 힐은 이 최대산소섭취량이 심장과 순환계의 궁극적인 한계를 반영하는 지표라고 보았고, 운동선수들에게 달린 뛰어난 '엔진'의 크기 또한 같은 지표를 활용하여 측정할 수 있을 것이라고 추론했다.

VO_2Max는 거리를 막론하고 이론상으로나마 모든 달리기 선수가 낼 수 있는 기록의 한계를 계산할 수 있는 방법이었다. 느린 속

도의 달리기는 기본적으로 유산소 운동(다시 말해 산소를 필요로 하는 운동)이다. 우리 몸에 음식의 형태로 저장된 영양소가 근육이 사용할 수 있는 에너지로 전환되려면 반드시 산소가 필요하기 때문이다. VO_2Max는 기본적으로 한 사람이 낼 수 있는 유산소 운동 능력의 한계를 보여 준다. 빠른 속도의 달리기를 할 때는 다리가 유산소 운동으로 감당할 수 없는 에너지를 요구하기 때문에 에너지원을 빠르게 소모하는 무산소 운동(산소를 필요로 하지 않는 운동)을 동원해야 한다. 하지만 홉킨스와 플레처가 1907년에 증명했듯이 근육을 산소 없이 수축시키는 과정에서는 필연적으로 젖산이 생성된다. 힐은 높은 젖산 수치를 견디는 능력(현대 과학자들은 이것을 유산소 능력이라고 부른다) 또한 지구력을 결정하는 중요한 요인 중 하나이며, 특히 지속 시간이 10분 미만인 종목에서는 더욱 결정적인 역할을 한다고 결론 내렸다.

힐은 자신이 최고 수준의 선수는 아니었다고 겸손하게 말했지만 그가 논문에서 밝힌 그의 20대 시절 종목별 최고기록은 4분의 1마일(400미터) 53초, 2분의 1마일(800미터) 2분03초, 1마일(1.6킬로미터) 4분45초, 2마일(3.2킬로미터) 10분30초로 시대를 감안했을 때 꽤 빠른 수준이었다. (좀 더 정확하게 말하자면, 힐은 당시 과학계의 풍속에 따라 이것이 자신의 기록이라고 밝히는 대신 우연히 자신과 나이와 기록이 똑같은 'H'라는 익명 참가자의 것이라고 말했다.) 정원의 트랙에서 수차례 테스트를 진행한 결과, 힐 자신의 VO_2Max는 1분에 4.0리터였으며 젖산 축적에 대해서는 '산소부채Oxygen Debt(격렬한 운동 뒤에 평소보다 더 많은 산소를 소모하는 현상 – 옮긴이)'가 10리터에 이를 때까지 견딜 수 있는 것으로 확인되었다. 그는 운동 효율이 반영된 이 측정값들을 활용하여 자신의 종목별 최고기록을 예측하는 그래프를 놀라울 정도로 정확하게 그려냈다.

결과물을 발표하는 그의 태도는 열정적이었다. "우리의 몸은 에너지 소비량을 정밀하게 측정할 수 있는 기계와 같다." 그는 1926년 과학 잡지 《사이언티픽 아메리칸Scientific American》에 실린 기고문 〈육상경기에 대한 과학적 연구The Scientific Study of Athletics〉에서 이렇게 선언했다. 그가 달리기와 수영, 사이클, 조정, 스케이트 종목의 세계신기록을 100야드(91미터)부터 100마일(160킬로미터)까지 거리별로 분석한 논문[40]을 발표한 것도 이 시기였다. 가장 짧은 단거리 경주의 경우, 세계신기록 그래프는 '근육 점성도Muscle Viscosity'에 의해 가장 크게 좌우되었다. 힐은 코넬대학교에 재직할 당시 근육 점성도를 측정하기 위해 단거리선수들의 가슴 주변에 자기를 띠는 무딘 톱날을 감은 뒤 철사로 둘둘 감은 전자석이 쭉 나열된 트랙을 달리게 하는 실험을 했다(시간을 정확히 측정하기 위해 창의적으로 고안한 전자식 타이머의 초창기 버전이라고 보면 된다). 중거리 종목의 경우, 예상대로 젖산과 VO_2Max가 기록에 가장 큰 영향을 미쳤다.

그런데 장거리 종목의 세계신기록 그래프는 예상과 달랐다. 힐의 계산에 따르면 충분히 느린 속도로 달리는 경우 심장과 폐가 근육이 유산소 운동을 하는 데 필요한 만큼의 산소를 충분히 공급할 수 있었고, 따라서 선수가 일정한 페이스로 달린다면 언제까지나 지치지 않고 속도를 유지할 수 있어야 했다. 하지만 장거리선수들의 기록은 거리가 길어질수록 꾸준히 낮아졌다. 100마일 종목의 기록은 50마일 기록보다 훨씬 떨어졌고, 50마일 기록은 25마일 기록에 한참 못 미쳤다. 마침내 힐은 자신의 계산이 완벽하지 않음을 인정했다. "산소섭취량과 산소부채만으로는 거리에 따른 지속적인 기록 감소를 설명할 수 없다." 그는 논문에서 자신이 예상한 초장거리 기록 그래프를 거의 수평에 가까운 점선으로 표현하며, 실제 선수들의 기록이 이에 미치지 못하는 가장 큰 이유가 '최고의 선수들조차 자신의 한계를 10마일(16킬로미터) 안에 가두고 있기 때문'이라고 결론 지었다.

인간의 한계는 계산될 수 있다

워슬리와 그의 동료들은 135킬로그램에 이르는 썰매를 끌면서 총 1,480킬로미터를 스키로 달려 마침내 남극점에 도착했다. 여정 마지막 주에 진입했을 때 워슬리는 스스로 생각했던 자신의 능력이 현실과 한참 다르다는 사실을 깨달았다. 48세의 그는 고우나 애덤스보다 10살가량 나이가 많았고, 매일같이 두 사람의 속도를 따라잡는 것만으로도 벅찼다. 목표까지 200킬로미터가 남은 2009년 새해 첫날, 그는 짐 일부를 들어 주겠다는 애덤스의 제안을 거절하고 대신에 위급 상황을 대비한 비상식량을 눈 속에 파묻었다. 혹시 모를 위험을 떠안고 8킬로그램의 무게를 덜어낸 것이다. 그는 당시를 이렇게 회상했다. "그 즈음부터 저는 매 시간 제 자신의 한계와 싸우며 체력 저하를 민감하게 의식하기 시작했죠." 뒤처지는 것은 일상이 되었고, 캠프에 도착하는 시간도 매일 동료들보다 15분 정도 늦었다.

남극점 도착 하루 전날, 워슬리는 원정 내내 잠들기 전마다 치러 왔던 의식인 고독한 산책길에 올랐다. 이 고요한 순간에 그는 지금까지 지나온 삐죽삐죽한 빙산을 되돌아보거나 앞으로 넘어야 할 거대한 산맥을 가늠했고, 때로는 끝없이 펼쳐진 허공을 멍하니 바라보기도 했다. 마지막 밤에 그를 맞이한 풍경은 극지방의 장대한 석양이었다. 다이아몬드처럼 빛나는 태양은 백열등을 연상시키는 뜨겁고 새하얀 햇무리에 둘러싸여 있었고, 햇빛이 얼음 표면의 안개에 굴절되면서 생긴 작은 무지개들이 지표면을 수놓았다. 긴 여정을 달려오는 동안 온전한 무지개를 본 것은 이번이 처음이었다. 워슬리의 눈에는 그 풍경이 하나의 계시처럼 느껴졌다. 남극대륙이 마침내 그에게 정복을 허락한 것이다.

다음 날 원정대는 길고 험난했던 지난 여정에 비하면 맥이 빠질 만큼 평탄한 마지막 8킬로미터를 지나 아문센스콧기지 대원들의 따뜻한 환대를 받았다. 하지만 워슬리는 이번이 자신의 마지막 남극 여정이 아니라는 사실을 직감적으로 알 수 있었다. 그는 미국의 해군 특수부대Navy SEAL나 육군 특수임무부대Delta Force에 해당하는 영국 특수부대 소속으로 발칸반도와 아프가니스탄 작전에서도 활약한 엘리트 군인이었다. 평소에는 할리 데이비슨을 몰고 교도소 수감자들에게 자수를 가르치며[41] 한때 보스니아 군중들의 돌팔매질을 마주한 경험도 있었다. 하지만 그의 넋을 완전히 빼놓은 것은 남극이 처음이었다. 남극은 그에게 남은 힘의 최후의 한 조각까지 바치라고 요구했고, 그 결과 스스로 생각했던 한계의 지평을 한 단계 넓혀 주었다. 지구력의 한계에 도전했던 그 많은 도전들 가운데, 그는 마침내 자신에게 걸맞은 적수를 만난 것이다. 그는 남극에 마음을 빼앗겼다.

2008~2009년 원정의 약 3년 뒤인 2011년 말, 워슬리는 스콧과 아문센의 정복 대결 100주년을 맞이하여 다시 한 번 남극으로 떠났다. 잘 알려진 것과 같이 아문센의 스키 원정대는 썰매를 끌다가 종국에는 식량이 되어 준 52마리의 개를 데리고 동쪽 루트로 진입하여 1911년 12월 14일 남극점을 정복했다. 스콧 원정대는 비효율적인 루트와 얼음과 추위에 약한 만주산 조랑말을 선택하는 등 섀클턴과 같은 실수를 한데다, 기계식 썰매까지 말을 듣지 않아 아문센보다 34일 늦게 남극점에 도착했다. 그곳에는 아문센의 빈 텐트와 친절한 편지가 남아 있었다. ("우리를 제외하면 당신이 이곳에 처음 닿는 사람일 테니 부탁 하나만 드리지요. 이 편지를 노르웨이의 호콘 7세 Haakon VII 폐하께 전달해 주시겠습니까? 우리가 남기고 간 물자는 자유롭게 사용해도 좋습니다. 바깥에 세워 둔 썰매도 유용할 것 같군요. 여러분의 무사 귀환을 진심으로 빕니다……")[42] 상대적으로 평탄했던 아문센의 귀환 여정과 달리, 스콧의 비극은 지금부터 시작이었다. 험한 날씨와 계속되는 온갖 악재, 조악한 장비, 여기

에 '과학적'이라고 생각했던 열량 계산마저 오류투성이로 밝혀지면서[43] 스콧과 그의 대원들은 도저히 제대로 된 원정을 할 수 없는 상태가 되었다. 굶주림과 추위에 맞서 싸우며 힘겹게 나아가던 그들은 결국 베이스캠프를 18킬로미터 남긴 채 전원 사망하고 말았다.

그로부터 100년 후, 위슬리는 여섯 명의 군인으로 구성된 팀을 이끌고 아문센과 같은 길을 따라 남극을 정복하며 세계 최초로 두 가지 루트를 모두 정복한 탐험가가 되었다. 하지만 그의 모험은 아직 끝나지 않았다. 2015년 그는 섀클턴의 가장 유명한(동시에 가장 가혹한) 원정인 '남극대륙 횡단 탐험Imperial Trans-Antarctic Expedition' 100주년을 기념하여 다시 한 번 남극 탐험을 준비했다.

1909년 남극점 도달 직전에 포기를 결정한 섀클턴의 신중한 판단력은 본인과 대원들의 목숨을 살렸지만, 그들의 여정은 끝까지 아찔할 만큼 아슬아슬했다. 원정대를 고향까지 실어다 줄 선박은 베이스캠프에서 3월 1일까지만 그들을 기다린 뒤 떠나기로 되어 있었다. 섀클턴과 동료들이 베이스캠프 근처에 도착한 것은 2월 28일 늦은 오후였고, 그나마 나무로 된 기상관측소에 불을 붙여서 구조 신호를 보낸 덕분에 겨우 배를 잡아탈 수 있었다. 삶과 죽음의 경계에서 겨우 살아 돌아온 데다 1911년에 아문센이 남극점을 정복했다는 소식까지 들려오자 섀클턴은 두 번 다시 남극 땅을 밟지 않기로 마음먹었다. 하지만 위슬리와 마찬가지로, 섀클턴은 이미 남극에 마음을 빼앗긴 상태였다.

섀클턴은 세계 최초로 남극대륙을 횡단한다는 계획을 세우고 남아메리카대륙 근처의 웨델해에서 출발해 뉴질랜드 근방의 로스해로 향하는 여정을 준비했다. 그러나 탐험선 인듀어런스호는 출발하자마자 웨델해의 빙하에 막혀 제대로 나아가지 못했고, 섀클턴과 대원들은 1915년 겨울을 꽁꽁 언 바다 위에서 보내야 했다. 10개월 뒤 인듀어런스호가 난파되면서, 오늘까지 전설로 회자되는 섀클턴의 놀라운 리더십이 발휘되었다. 원정대가 겪은 모험의 절정은 지붕조차 없는 조각배로 노를 저어 1,300킬로미터에 달하는 거친 바다를 건너 바위투성이의 사우스조지아 제도로 건너가는 위험천만한 항해였다. 그들은 그곳에 있는 작은 포경선 기지에서 구조 신호를 보내 무사히 고향으로 돌아올 수 있었다. 이 위대한 항해의 성공 뒤에는 헨리 워슬리의 선조이자 그의 모험심에 불을 붙인 장본인인 항해사 프랭크 워슬리Frank Worsely가 있었다. 비록 원정 자체는 완전한 실패로 끝났지만, 3년에 걸친 그들의 생존기와 다시 한 번 대원들의 목숨을 지킨 섀클턴의 리더십은 탐험 역사가 시작된 이래 인간의 지구력을 증명하는 가장 위대한 사례로 지금까지도 회자되고 있다. (하지만 대원 중 세 명은 탐험 루트의 완료 지점에 보급품을 가져다 놓는 또 다른 여정에서 안타깝게 목숨을 잃었다.) 에베레스트산을 정복한 산악인 에드먼드 힐러리Edmund Percival Hillary는 남극대륙 횡단 탐험이야말로 '역사상 가장 위대한 생존기'라고 평가했다.

워슬리는 자신의 영웅이 끝내 못 이룬 꿈을 대신 이루기로 마음먹었다. 하지만 이번 원정의 난도는 지금까지와는 차원이 달랐다. 두 차례의 남극점 탐험에서 비행기를 타고 귀환했던 워슬리는 실제로 선조들이 거쳤던 여정의 절반밖에 걷지 않은 셈이었다. 대륙 횡단이라는 목표는 그가 감당해야 할 거리와 짐이 두 배로 늘어난다는 사실을 의미했고, 이는 용기보다는 무모함에 가까운 도전이었다. 1909년 섀클턴이 탐험을 포기한 이유는 남극점에 닿지 못할 것 같아서가 아니라 집으로 돌아가지 못할 가능성이 두려웠기 때문이었다. 1912년 스콧은 비슷한 선택의 기로에서 탐험을 강행했다가 전원 사망이라는 엄청난 대가를 치렀다. 워슬리는 이번 원정에서 동료도, 동력도, 지원도 없이 모든 짐을 직접 짊어지고 1,600킬로미터가 넘는 남극대륙을 홀로 횡단할 예정이었다. 그는 11월 13일 남극대륙 북서쪽 끝인 버크너섬을 출발점으로 150킬로그램에 달하는 썰매를 끌며 꽁꽁 언 바다를 건너는 스키 여정을 시작했다.[44]

워슬리는 탐험 기간 내내 주기적으로 음성 일기를 업로드했는데 그날 밤엔 지난 두 번의 원정으로 이미 너무나 익숙해진 소리를 묘사했다. "스키 폴이 바스락대며 눈 속에 꽂히는 소리, 썰매가 쿵하고 코너에 부딪히는 소리, 스키가 설원을 가르며 미끄러지는 소리……. 그렇게 달리다 멈추는 순간, 믿기지 않는 정적이 찾아온다."

인간의 한계를 계산하려던 A.V.힐의 시도가 처음부터 환영받았던 것은 아니다. 그는 1924년 필라델피아의 프랭클린연구소에서 '근육의 작동 원리The Mechanism of Muscle'라는 주제로 강연을 했던 날을 아직도 생생히 기억한다. "강연이 막바지에 이를 무렵 한 노신사가 짜증이 가득 찬 목소리로 질문을 던지더군요. 그는 제 연구에 도

대체 어떤 쓸모가 있는지 알려 달라고 했어요." 그가 맨 처음 떠올린 답변은 운동선수의 한계를 측정하는 실험에서 어떤 효용을 얻을 수 있는지 일일이 설명하는 것이었다. 하지만 그는 이내 마음을 바꾸고 이렇게 대답했다. "솔직히 말씀드리자면, 우리가 이 연구를 하는 이유는 쓸모 있기 때문이 아니라 재미있기 때문입니다."[45] 그의 답변은 그대로 다음 날 신문의 헤드라인이 되었다. '우리의 연구 목적은 재미다Scientist Does It Because It's Amusing'

그러나 힐의 연구는 처음부터 실용적인 효용과 상업적인 가치를 모두 지니고 있었다. 영국의 산업피로연구위원회Industrial Fatigue Research Board는 그의 VO_2Max 연구비를 지원했을 뿐 아니라[46] 그와 함께 책을 쓴 두 명의 공동 저자까지 프로젝트의 일원으로 받아들였다. 어떻게 하면 노동자들의 육체적 한계를 정확히 측정하고 확장시켜 그들의 생산성을 최대한 뽑아낼 수 있을까? 세계 곳곳에 있는 다른 기관들 또한 얼마 지나지 않아 같은 연구에 착수했다. 가령 1927년 설립된[47] 하버드피로연구소Harvard Fatigue Laboratory는 '산업위생Industrial Hygiene'을 중심으로 피로의 다양한 원인과 징후를 연구함으로써 피로가 업무 성과에 미치는 영향을 확인하고자 했다. 하버드피로연구소의 획기적인 연구 결과는 뛰어난 운동선수들을 대상으로 한 실험에서 나왔지만, 그 연구의 궁극적인 목적이 산업 생산성 향상이라는 사실은 경영대학원 지하에 자리 잡은 연구소의 위치만 봐도 한눈에 알 수 있었다.

연구소장 데이비드 브루스 딜David Bruce Dill은 힐의 연구에서 영감을 받았다고 밝히며,[48] 세계 정상급 운동선수들을 최고의 자리에 올려놓은 원동력이 평범한 사람들의 한계와도 무관하지 않다고 주장했다. 그는 1930년 《하버드 크림슨Harvard Crimson》에 실린 기고문 〈피로연구소가 밝혀낸 클레어런스 디마 선수의 지구력의 비밀Secret of Clarence DeMar's Endurance Discovered in the Fatigue Laboratory〉을 통해 스물네 명의 실험 참가자에게 20분 동안 트레드밀을 뛰게 한 후 혈액 샘플을 분석한 결과를 전했다. 분석 결과, 보스턴 마라톤에서 일곱 차례나 우승을 거머쥔 클레어런스 디마Clarence DeMar 선수의 샘플에서는 '혈액 속으로 녹아들어가 피로를 생성하거나 유도하는 물질'인 젖산이 거의 발견되지 않았다. 뒤이은 연구에서 딜은 하버드대학교 미식축구팀 선수들을 대상으로[49] 식이요법을 실시한 뒤 경기 전후와 경기 중의 혈당치를 나누어 분석했다. 〈인간의 힘으로 만들어 낸 신기록들New Records in Human Power〉[50]이라는 제목의 논문에서는 각각 1마일과 2마일 부문의 세계신기록 보유자인 글렌 커닝엄Glenn Cunningham과 던 래시Don Lash의 놀라운 산소처리용량Oxygen Processing Capacity 수치를 공개하기도 했다.

　하지만 트랙이나 필드 위에서 발휘되는 지구력에 관한 연구가 과연 일반 산업 현장에까지 적용될 수 있을까? 딜과 그의 동료들은 확실히 그렇다고 생각했다. 그들은 디마와 같이 피로의 징후 없이 먼 거리를 묵묵히 달려 내는 선수들의 생화학적 '정상상태Steady State'와 스트레스를 주는 환경에서도 성과 저하 없이 오랜 시간 일할 수 있는 단련된 노동자의 역량 사이에 명백한 공통점이 있다는 사실을 증명해 냈다.

　당시 노동환경 전문가들은 직장 내 피로를 바라보는 두 가지 관점을 놓고 논쟁을 벌였다. MIT의 역사학자 로빈 셰플러Robin Scheffler가 정리했듯이,[51] 프레더릭 윈슬로 테일러Frederic Winslow Taylor 같은 업무 효율 전문가들은 생산성의 한계를 만들어 내는 주된 요인이 비효율적인 업무 환경과 노동자들의 의지 부족이라고 보는 반면 노동 개혁론자들은 인간의 몸이 마치 기계의 엔진과 같기 때문에 일정한 주기의 휴식(예를 들면 주말) 없이 계속 일하는 것은 불가능하다고 주장했다. 하버드피로연구소가 내놓은 보고서는 피로가 생리학적으로 필연적인 현상이라는 사실을 인정하면서도, 노동자들이 '생리화학적 평형Physiochemical Equilibrium' 상태를 유지할 수만 있다면 젖산 축적 없이 장거리를 달리는 디마 선수처럼 피로 누적 없이 장시간 일할 수 있다는 중립적인 결론을 내렸다.

　이러한 결과를 이끌어 내기까지, 딜은 산소가 부족한 해발 6,100미터의 광산부터 찌는 듯이 더운 파나마운하지대까지 극단적이면서도 다양한 작업환경에 처한 노동자들을 조사했다. 그중에서 가장 유명한 실험은 대공황의 타개책으로 수천 명의 인부를 고용하기 위해 시작된 모하비사막의 후버댐 공사 현장에서 진행되었다. 공사 첫 해인 1931년에는 열세 명의 인부가 열사병으로 사망했다.[52] 그다음 해에 도착한 딜 연구팀은 혹독한 육체노동을 3교대로 버텨 내는 노동자들의 상태를 조사했고, 그들의 체액에서 나트륨을 비롯한 전해질이 심각하게 부족하다는 사실을 확인했다. 다시 말해,

후버댐 공사 현장의 노동환경은 생리화학적 평형과 거리가 멀었다. 딜과 동료들은 건설 회사의 담당 의사를 설득해 '물을 충분히 마실 것'이라고만 써 있던 인부 식당 안내문에 '음식에 소금을 충분히 뿌릴 것'이라는 문구를 추가하도록 했다. 이후 4년 동안 계속된 공사에서 더 이상 열사병 사망자는 나오지 않았다. 이 사실이 대대적으로 보도되면서 노동자들의 체온 상승과 탈수를 예방하는 데 소금의 역할이 집중 조명을 받게 되었다. (비록 딜 본인은 1931년과 1932년 사이에 열사병이 사라진 가장 큰 원인이 인부 숙소를 뜨거운 계곡 바닥의 텐트에서 에어컨 설비를 갖춘 고원지대의 기숙사로 옮긴 것이라고 몇 번이나 강조했지만.)

'인간의 작동 원리는 기계와 같다'는 힐의 주장에 끝까지 반박하던 소수 의견은 제2차 세계대전이 발발한 1939년을 기점으로 완전히 사라졌다. 육해공군이 세계 각지에서 전투를 벌이는 동안, 하버드를 비롯한 연구 기관들은 더위와 습도, 고도, 탈수, 굶주림 등 다양한 요인이 전투력에 미치는 영향과 이 같은 환경 아래서 군인들의 지구력을 향상시키는 방법을 연구했다. 연구진은 신체 능력의 미묘한 변화를 알려 줄 객관적 지표를 필요로 했고, 힐이 고안한 VO_2Max는 그들의 요구에 딱 맞아떨어졌다.

그중에서도 가장 악명 높은 실험은[53] 미네소타대학교의 신체위생연구소Laboratory of Physical Hygiene에서 36명의 양심적 병역 거부자들(징집 의무를 거부하는 대신 혹독한 실험에 자진해 참여한 청년들)을 대상으로 진행되었다. 전투식량 케이레이션K-Ration의 개발자이자 훗날 식이 지방과 심장 질환 사이의 연관성을 발견한 것으로 유명한 과학자 앤설 키스^{Ancel Keys}의 지휘 아래, 미네소타 기아 실험^{Minnesota Starvation Study}의 연구팀은 6개월에 걸친 인공적 '반기아^{Semi-Starvation}' 상태를 조성했다. 실험 참가자들은 그 기간 동안 하루 평균 1,570칼로리만을 섭취하며 주당 15시간의 노동과 35킬로미터의 행군을 견뎌야 했다.

기존의 VO_2Max 실험은 참가자들에게 단순히 지쳐 나가떨어질 때까지 달려 달라고 요청하는 수준이었다. 하지만 수개월에 걸친 굶주림이라는 물리적, 생리학적 고통을 가하면 "최대산소섭취량을 확인할 때 인간의 의지라는 변수가 개입할 틈이 생기지 않을 것이다"[54]라고 키스의 동료인 헨리 롱스트릿 테일러^{Henry Longstreet Taylor}는 무미건조하게 기록했다. 테일러를 포함한 세 명의 과학자들은 인간의 지구력을 객관적으로 측정하기 위해 '개인적 동기와 외부적 기술이 방해 요소로 작용하지 않는' 실험을 설계하는 데 착수했다. 그들은 온도가 세심하게 유지되는 방 안에서 참가자들에게 규칙적인 준비운동을 시킨 뒤 시간이 갈수록 경사가 올라가는 트레드밀에서 달릴 것을 요구했다. 실험은 1년 이상 계속되었지만, 참가자들의 VO_2Max는 매번 놀랍도록 일정했다. 한번 고정된 VO_2Max는 컨디션과 기록에 상관없이 변하지 않는다는 사실이 증명된 것이다. 1955년에 발표한 논문에서 테일러의 실험 과정이 자세히 공개된 이후, 바야흐로 VO_2Max의 시대가 시작되었다.

1960년대에 들어서 지구력을 과학적으로 측정할 수 있다는 믿음이 커져 가자 미묘한 변화가 생겼다. 과거 최고의 육상 선수들을 불러들여 생리학적 지표를 측정했던 과학자들이 이제는 평범한 선수들을 생리학적으로 분석해 정상급 선수가 될 잠재력이 있는지 측정하기 시작한 것이다. 남아프리카공화국의 과학자 시릴 윈덤Cyril Wyndham은 이렇게 주장했다. "올림픽 결선에 진출할 정도의 선수라면 기본적으로 최소한의 생리학적 조건은 갖추고 있다고 봐야 한다."[55] 그는 자국 선수들을 세계 대회에 내보냈다가 기대에 못 미치는 성적을 얻어 오느니, 출전 자격을 부여하기 전에 연구실에서 신체 능력 테스트를 거치는 편이 낫다고 보았다. "우리나라에서 제일가는 선수들을 생리학적으로 분석하면 그들이 세계신기록을 달성할 만큼 충분한 '마력Horse-Power'을 지니고 있는지 확인할 수 있을 것이다."

현대에 들어서 인체를 기계와 동일시하는 관점은 힐이 맨 처음 제시했던 것과 조금 다른 방향으로 나아가고 있다. "물론 선수들의 내부에는 단순한 화학작용을 뛰어넘는 무언가가 있습니다."[56] 힐 또한 '정신적인' 요소의 중요성을 기꺼이 인정했다. "가령 경험이나 결단력 같은 자질들은[57] 한 선수가 다른 경쟁자들보다 더 오래 탈진 상태를 견디게 해 주는 원동력이 되죠." 그러나 측정할 수 없는 요소보다 눈에 보이는 요소에 더 강하게 매달리는 것은 어쩔 수 없는 인간의 본능이다. 과학자들은 점차 VO$_2$Max에 에너지 절약이나 분배 능력과 같은 다양한 요소들을 더해 기존의 지구력 측정 모델을 정교하게 다듬어 나갔다. 마치 자동차의 성능을 측정할 때 단순히 마력뿐 아니라 연비와 연료통의 크기 같은 추가 요소들을 함께 고려하는 것과 같은 원리였다.

마이클 조이너가 육상 선수가 낼 수 있는 가장 빠른 기록에 대해 그 유명한 1991년 사고실험을 진행한 것도 이런 맥락에서였다. 1970년대 후반, 지루한 걸 참지 못하는 대학생이었던 조이너는 애리조나대학교를 자퇴하는 것을 진지하게 고려하고 있었다.[58] 195센티미터의 신장에 마라톤을 2시간25분에 달릴 정도로 지구력이 뛰어난 자신의 신체 조건을 봤을 때 그는 꽤 멋진 소방관이 될 수 있을 것 같았다. 조이너가 10킬로미터 경주에 참가했다가 막판에 운동스포츠과학연구소Exercise and Sport Science Laboratory 소속의 대학원생에게 추월당한 것은 그 즈음의 일이었다. 경기가 끝난 후 그 대학원생은 조이너를 찾아와 자신의 연구소에서 진행하고 있는 프로젝트의 피실험자 모집에 자원할 것을 권유했다. 그 프로젝트는 훗날 혈중 젖산염 수치를 크게 올리지 않으면서 달릴 수 있는 최대 속도인 '젖산역치'가 마라톤 기록을 놀라울 정도로 정확히 예측하는 지표라는 사실을 밝혀낸 바로 그 실험이었다. 설득에 넘어간 조이너는 얼마 후 실험 참가자로 지원했고, 그를 메이요 클리닉의 의사 겸 연구원이자 인간의 한계 분야에서 가장 많이 인용되는 권위자로 만들어 준 미지의 분야에 처음으로 발을 딛게 되었다.

조이너는 연구소에서 목격한 초창기 젖산역치 연구를 통해 생리학자들의 예측 능력을 짧게나마 접할 수 있었다. 좁은 연구실 안에서 진행된 실험으로 실제 경주에서 누가 우승할지, 혹은 결승선을 통과하는 순서가 어떻게 될지 예측할 수 있다는 사실은 그의 심장을 두근거리게 만들었다. 그로부터 10년 후, 그는 사고의 영역을 논리의 한계까지 확장시킨 결과 1시간57분58초라는 매우 구체적인 숫자를 세상에 내놓았다. 사람들은 그 숫자를 일종의 도발로 받아들였고, 터무니없다며 코웃음을 쳤다. 조이너는 해당 논문의 결론을 이렇게 내렸다. "둘 중 하나다. 이러한 결과를 현실로 만들어 줄 유전적 요인을 갖고 태어나기가 지극히 어렵거나, 인간의 한계를 결정짓는 요인들에 대해 우리가 뭔가 잘못 알고 있거나."

최대 용량이라는 벽

단독 남극 횡단을 시작한 지 56일째, 위슬리의 무리한 여정은 결국 문제를 일으키고 말았다. 아침에 눈을 뜬 그는 몸 상태가 지난 어떤 날보다도 좋지 않으며, 간밤에 찾아온 간헐적인 복통 때문에 체력이 상당히 저하되었다는 사실을 깨달았다. 평소처럼 스키를 타기 시작했지만 한 시간 만에 멈춰 선 그는 결국 수면과 휴식을 취하며 남은 하루를 보냈다. "때로는 몸이 건네는 말을 들어야 한다." 그날의 음성 일기에 남겨진 메시지였다.

하지만 그에게는 아직 320킬로미터 이상의 여정이 남아 있었고, 이것도 이미 예정보다 상당히 지체된 상황이었다. 한밤중에 일어난 그는 텐트를 접어서 챙긴 뒤 밤 12시 10분에도 대낮처럼 밝은 극지방의 백야 속에서 다시 한 번 발걸음을 옮겼다. 그는 해발 3,000미터 이상의 높이를 자랑하는 거대한 얼음산 타이탄 돔^{Titan Dome}의 경사면을 올라 고지대로 진입할 예정이었다. 희박한 공기 때문에 몇 걸음마다 한 번씩 숨을 골라야 했고, 자꾸만 썰매를 집어삼키는 눈더미와 싸우느라 몇 시간 동안은 앞으로 나아가기조차 힘들었다. 오후 4시 무렵, 16시간 동안 26킬로미터를 전진한 워슬리는 또 한 번 체력의 한계를 맞이했다. 출발 당시의 목표는 남극점에서 가장 가까운 남위 89도에서 남위 88도까지 나아가는 것이었지만, 결국 그는 목표 지점을 1.6킬로미터 앞둔 채 멈춰 서야 했다. "나는 모든 힘을 다 써버렸다. 내 연료 탱크는 텅 비었다."

다음 날인 1월 9일은 1909년 섀클턴이 남극 원정을 포기하고 귀환하기로 결정한 날이었다. "죽은 사자보다 산 당나귀가 낫지 않소?" 무사히 집으로 돌아온 섀클턴은 아내에게 이렇게 말했다. 워슬리는 당시 섀클턴이 돌아선 지점으로부터 불과 48킬로미터 떨어진 곳에 있었다. 그는 그 위대한 결정의 100주년을 기념하여, 며칠 전 꽁꽁 언 에너지바를 먹다가 부러진 앞니 사이로 작은 시가 한 개비를 피우고 남극대륙을 건너오는 내내 소중히 간직했던 로열 브라클라 스카치 위스키 한 모금을 마셨다.

섀클턴의 원정과 비교했을 때 워슬리가 지닌 기술적 이점은 한두 가지가 아니었지만, 그중에서도 으뜸은 단연 버튼 하나로 구조 요청을 할 수 있는 이리듐 위성 전화였다. 하지만 위성 전화의 존재는 축복인 동시에 저주이기도 했다. 자신의 한계와 마주한 섀클턴이 귀환을 결심한 이유는 지금 돌아서지 않으면 영영 돌아갈 방법이 없다는 사실을 잘 알았기 때문이었다. 언제든 도움을 요청할 수 있다는 조건은 워슬리가 섀클턴보다 훨씬 더 아슬아슬한 여정을 감수하도록 만들었다. 그는 매일같이 모든 힘이 바닥날 때까지 스키를 탔으며, 12시간에서 14시간, 길게는 16시간까지도 멈추지 않고 전진했다. 체력이 저하되고 체중이 23킬로그램이나 줄어들고 성공 가능성이 점점 희박해지는 와중에도 그는 멈출 줄을 몰랐다.

결국 워슬리는 자신이 예정된 날짜 안에 송환 비행기가 기다리는 도착점에 다다르지 못하리라는 사실을 인정할 수밖에 없었다. 하루에 16시간씩 전진하면서 늦어진 시간을 따라잡으려고 노력했지만, 그에게는 발이 푹푹 빠지는 눈 바닥과 화이트아웃(눈과 햇빛의 난반사로 방향 감각을 상실하는 상태 – 옮긴이) 속에서 제대로 된 경로를 따라갈 힘이 더 이상 남아 있지 않았다. 목표를 대륙 횡단에서 섀클턴 빙하 Shackleton Glacier 도달로 수정할까도 생각했지만, 이내 그마저도 어렵다는 사실이 분명해졌다. 그는 탐험 70일째인 1월 21일에 구조 요청을 보냈다. "나의 영웅 어니스트 섀클턴은 1909년 1월 9일 북극점에서 97해리(약 180킬로미터) 떨어진 지점에 서서 자신이 최선을 다했노라고 말했다." 그는 음성 일기에 이렇게 기록했다. "슬프지만, 오늘 나는 이 자리에서 나 또한 최선을 다했다고 말하려 한다. 내 여정은 이렇게 끝난다. 나는 주어진 시간과 육체적 지구력을 모두 소모했고, 지금 당장 스키로 한 발짝을 내디딜 기운조차 없다."

긴급 구조된 그는 다음 날 6시간 비행을 거쳐 남극 탐험 수송기지가 있는 유니언 빙하Union Glacier로 옮겨졌고, 그곳에서 칠레 푼타아레나스 지역의 병원으로 이송되어 탈진과 탈수 증상의 치료를 받았다. 탐험가로서는 실망스러운 결과였지만, 어쨌든 워슬리는 '산 당나귀가 낫다'는 섀클턴의 조언을 지키는 데 성공한 셈이었다. 그러나 결과는 예상치 못한 국면으로 진입했다. 병원에 있던 워슬리가 갑작스레 세균성 복막염 증상을 보여 황급히 수술실로 옮겨진 것이다. 1월 24일, 헨리 워슬리는 부인과 두 명의 자녀를 뒤로 한 채 55세의 나이로 세상을 떠났다. 사인은 장기 부전이었다.

누군가 스키를 타다가 눈사태를 만나거나, 서핑을 즐기다가 상어 떼의 습격을 받거나, 윙슈트 플라이(특수한 슈트를 입은 채 낙하산 없이 고공에서 뛰어내리는 익스트림 스포츠 - 옮긴이)에 도전했다가 돌풍을 만나 추락하는 사건은 언제나 뉴스거리가 된다. 이 모든 '극단적인' 죽음과 마찬가지로, 워슬리의 비극 또한 전 세계로 보도되고 회자되었다. 하지만 이번 사건은 뭔가 달랐다. 그의 죽음에는 눈사태도, 굶주린 포식자도, 아찔한 속도와 높이도 없었다. 그는 얼어 죽은 것도 조난당한 것도 아니었고, 썰매에는 충분한 식량이 남아 있었다. 그를 한계로 내몬 것이 정확히 무엇이었는지[59] 이제는 확인할 길이 없지만, 적어도 그가 한계까지 자발적으로 걸어 들어갔다는 사실만은 분명했다. 사람들은 그의 비극에서 특별한 무언가를 느끼며 매료되었다. 영국의 일간지 《가디언Guardian》은 이런 질문을 던졌다. "지구력의 한계를 탐험하는 그 여정에서, 워슬리는 자신이 한계를 초월했다는 사실조차 깨닫지 못했던 것일까?"[60]

한편으로 워슬리의 죽음은 인간의 한계를 수학적으로 계산할 수 있다는 주장을 뒷받침하는 것처럼 보인다. "인간의 몸은 물리적, 화학적 동력으로 움직이는 기계와 같다.[61] 따라서 언젠가는 인간의 작동 원리가 물리적, 화학적으로 밝혀질 것이다." 힐이 1927년 예언한 내용이다. 아무리 위대한 기계라도 최대 용량이라는 한계를 지니고 있기 마련이다. 워슬리는 남극 단독 횡단이라는 목표 앞에서 자신의 한계를 뛰어넘는 도전을 감행했지만, 그토록 강한 의지와 끈기도 타고난 최대 용량을 바꿀 수는 없었던 것이다.

하지만 이러한 주장이 사실이라면, 어째서 지구력의 한계를 넘어선 죽음은 그토록 드문 것일까? 올림픽에 출전한 마라톤 선수나 해협을 건너는 수영 선수나 애팔래치아산맥을 넘는 산악인들이 사망했다는 소식은 거의 들을 수 없지 않은가? 이것이 바로 남아프리카공화국의 젊은 의사 팀 녹스가 1996년 인생에서 가장 중요한 경험이자 특별하고도 영광스러운 기회인 1996년 미국대학스포츠의학회American College of Sports Medicine 강연을 준비하면서 떠올렸던 질문이었다. "문득 '어라, 잠깐만'이라는 생각이 머리를 스쳤어요.[62] 스포츠가 흥미로운 이유는 선수들이 툭하면 열사병으로 죽어 나가기 때문도 아니고, 에베레스트산 정복에 도전했다가 돌아오지 못하는 사람들이 1년에 한두 명씩 나오기 때문도 아니죠." 그는 당시에 떠오른 영감을 이렇게 회상했다. "진짜 흥미로운 것은 대다수의 도전자들이 죽지 않는다는 사실이에요."

3장

무의식의 중앙통제자

디안 반 데런Diane Van Deren은 페리를 놓치지 않기 위해 58킬로미터를 8시간 안에 달려야만 했다.[63] 울트라트레일 종목의 베테랑 선수인 그녀에게 이는 평소였다면 그다지 어려운 목표가 아니었겠지만, 지금은 사정이 좀 달랐다. 그녀는 달리기에 적합하지 않은 지형과 쏟아지는 폭우, 열대성 폭풍우와 맞물린 돌풍, 게다가 지난 19일간 노스캐롤라이나 지역을 횡단하며 산에서 바다로 이어지는 1,450킬로미터의 트레일을 견디느라 생긴 끔찍한 물집과 피로에 시달리는 상태였다. 이 와중에 난데없이 오른쪽에서 들려온 '야만적이고 사나운' 굉음은 그녀를 소스라치게 만들었다. "이게 무슨 소리죠?" 그녀는 트레일 가이드이자 지역 의류 회사 소유주인 척 밀삽스Chuck Millsaps에게 소리쳐 물었다. "그냥 비행기 소리일 거예요." 그는 그녀를 안심시켰다. 하지만 혹시 모를 위험 상황에 대비해, 두 사람은 바람이 몰아치는 다리를 건너기 전에 서로의 몸을 끈으로 연결하기로 했다.

반 데런은 이 모든 혼란을 뚫고 어떻게든 1,000마일(1,600킬로미터) 트레일 부문의 세계신기록을 세우기 위해 고군분투 중이었다. 하지만 1시에 시더아일랜드를 떠나 오크라코크로 향하는 페리에 탑승하지 못하면 24일3시간50분이라는 목표 기록은 그녀의 손을 떠나 버릴 것이었다. 콜로라도 출신의 52세 여성인 그녀는 사람을 서서히 극한의 고통으로 몰아넣는 초장거리 트레일의 최고 전문가였다. 20킬로그램의 썰매를 끌며 430마일(690킬로미터)의 꽁꽁 언 툰드라지대를 건너는 유콘 북극 울트라 대회^{Yukon Artic Ultra}에서 우승하고(2등이 누구였냐고? 음, 사실 그녀 말고는 그 어떤 여성도 완주하지 못했다), 메이요 클리닉에서 인간의 한계를 측정하는 실험으로 진행한 6,960미터 높이의 아콩카과산 등반에 성공했을 뿐만 아니라 그밖에도 전 세계를 돌며 100마일(160킬로미터) 이상 종목에서 수차례 우승을 차지한 선수가 바로 그녀였다. 그렇지만 일단 지금 페리를 잡으려면 이미 녹초가 된 다리를 끌고 전력 질주에 가까운 속도로 달려야 했다. 그녀는 하루에 1~3시간씩 눈을 붙이며 3주에 가까운 시간을 새벽부터 밤까지 쉬지 않고 달렸다. 노스페이스에서 나온 지원팀이 그녀의 입에 음식물을 쑤셔 넣거나 물집투성이 발에 테이핑을 할 시간도 거의 없었다.

하지만 그녀에게는 한 가지 장점(이랄까, 적어도 수많은 울트라트레일 도전자들을 포기하게 만드는 물리적 한계를 그녀는 극복할 수 있게 해 주는 신체적 특징)이 있었다. 그녀는 서른일곱 살에 측두엽에서 골프공 크기의 조직을 들어내는 뇌수술을 받았다. 몇 년간 일주일에 두세 번씩 그녀를 괴롭혀 온 간질 발작을 치료하기 위한 결단이었다. 수술은 성공했고 발작은 멈췄지만 기억력 감퇴와 방향 감각 및 시간 감각 손상이라는 신경학적 후유증이 찾아왔다. 2011년《러너스 월드》는 그녀에게 '방향을 잃은 급행열차The Disoriented Express'라는 별명을 붙이면서 "그녀는 수백 마일을 달리면서도 종종 자신이 얼마나 오래 달렸는지 잊어 버린다"라고 말했다. 누가 봐도 심각한 장애지만, 달리기 선수로서 그녀의 커리어는 수술 후에 시작되었다. 다시 말해, 그녀의 특별한 지구력은 뇌와 연관이 있다.

모두 틀렸어, 문제는 뇌야

'뇌가 지구력에 미치는 영향'은 스포츠과학 분야에서 가장 논쟁적인 주제일 것이다. 물론 아무도 뇌가 그 어떤 영향도 미치지 않는다고는 생각하지 않는다. 인체와 기계의 작동 원리를 동일시하는 관점의 A.V.힐과 다른 과학자들 역시 육상 기록이 단순히 빠른 속도에만 좌우되지 않는다는 사실에 동의했다. 올바른 전략적 판단을 내리지 못하거나, 페이스 조절에 실패하거나 아니면 단순히 고통을 참으려는 의지가 없는 경우에는 제아무리 발이 빠른 선수라도 좋은 기록을 내지 못했다. 이런 관점에서 보면 인간의 한계를 결정하는 것은 몸이지만 그 한계에 얼마나 가까이 다가갈지 결정하는 것은 뇌라는 결론을 내릴 수 있을 것이다. 하지만 1990년대 후반 남아프리카공화국의 의사이자 과학자인 팀 녹스는 이러한 결론이 지나치게 성급하다고 비판하면서, 뇌야말로 인간이 오랜 시간 운동을 할 때 찾아오는 육체적 한계를 설정하고 관장하는 유일한 기관이라고 주장했다. 충격적이면서도 심오한 통찰이 담긴 그의 주장은 20년 후 그 진위를 두고 운동생리학계에서 가장 치열한 논쟁을 불러일으켰다.

이 논쟁의 분위기는 녹스 본인과도 어느 정도 닮아 있었다. 과거의 인습에 본능적으로 저항하는 성격 탓에 그는 지난 40년간 동료 과학자들과 끊임없이 크고 작은 마찰을 빚어 왔다. "아마도 녹스에게 가장 큰 적은 녹스 자신일 거예요." 전 미국 스포츠의학회 회장이자 현 위스콘신대학교 라크로스캠퍼스 인적수행연구소Human Performance Laboratory 소장이며 녹스의 절친한 친구이기도 한 칼 포스터Carl Foster는 그를 이렇게 평가했다. "그는 매우 강한 성격을 지녔어요. 보통 사람 같으면 이렇게 훌륭하고 혁신적인 아이디어를 떠올렸을 때 '여러분, 제가 더 좋은 방법을 찾아냈습니다!'라고 말하겠죠. 하지만 녹스는 이렇게 말합니다. '당신들은 모두 틀렸어'"(녹스 본인은 자신이 결코 그런 말을 한 적이 없다고 반박했다. 그는 친절하게도 이메일을 통해 정확한 사실을 짚어 주었다. "물론 저는 그들이 모두 틀렸다는 사실을 압니다. 하지만 실제로 그런 말을 하진 않았어요. 그저 내 믿음이 옳다고 얘기했을 뿐이죠.") 어찌 됐든, 포스터는 만약 누군가가 교과서에 실릴 만한 세기의 발견을 하고자 한다면 '이 정도의 분란은 아마도 필수적일 것'이라고 인정했다.

녹스는 학창 시절 케이프타운대학교에 다니며 조정 선수로 활동했다.[64] 훈련이 강풍으로 취소된 1970년대 초반의 어느 날 아침, 그의 인생은 전환점을 맞게 된다. 팀 동료들은 모두 귀가했지만 녹스는 남아서 근처의 호숫가를 달리기로 마음먹었다. 40분쯤 달렸을까, 그는 일명 러너스 하이Runner's High라고 불리는 좀처럼 맛보기 힘든 희열을 느꼈다. 그 순간 그의 마음속에서 달리기라는 새로운 종목에 대한 열망과 함께 이토록 행복한 기분을 느끼게 해 주는 뇌의 화학작용에 감사하는 감정이 생겨났다. 그리고 그날의 경험은 궁극적으로 그의 진로를 '달리기를 연구하는 임상의학자'로 바꾸어 놓았다. 그는 마라톤과 울트라마라톤(42.195킬로미터의 정규 마라톤보다 더 긴 장거리 종목을 통칭하는 용어)을 총 70회 이상 완주했으며, 남아프리카공화국에서 열리는 90킬로미터 길이의 컴래드 마라톤Comrades Marathon 결승선도 일곱 차례나 넘었다.

한편, 포스터의 표현을 빌리자면 '패러다임을 뒤흔드는' 녹스의 성향은 연구 생활 초기부터 눈에 띄기 시작했다. 1976년 뉴욕 마라톤을 앞두고 전 세계 스포츠과학자들이 한자리에 모이는 역사적인 학회[65]가 열렸을 때, 당시 미국에 조깅 붐이 한창인 터라 참석자 대부분은 '달리기가 건강에 미치는 이로운 영향'을 주제로 강연을 준비했다. 하지만 녹스는 숙련된 마라토너가 심근경색으로 고통

받는 사례를 소개하며 장거리선수들이 심장 질환에 강하다는 당시의 통념에 도전장을 내밀었다. 1981년에는 컴래드 마라톤 도중에 의식을 잃은 46세의 여성 환자 엘리너 새들러Eleanor Sadler의 사례[66]를 보고하기도 했다. 당시 그녀가 진단받은 질환명은 저나트륨혈증Hyponatremia으로, 일반적으로 물을 너무 조금 마셔서 쓰러지는 다른 마라토너들과 반대로 물을 너무 많이 마셔서 생긴 문제였다. 학계가 운동 중 지나친 수분 섭취의 위험성을 제대로 인정한 것은 몇 명의 사망자가 더 나오고[67] 그로부터 20년이 지난 뒤였다.

새들러의 사례를 발표한 그 해에 녹스는 케이프타운대학교의 생리학과 건물 지하에 고정식 사이클 한 대와 낡아 빠진 트레드밀 한 대를 갖춘 스포츠과학 전용 연구소를 공동 설립해 그곳으로 운동선수들을 데려와 최대산소섭취량을 측정하기 시작했다. "1981년에 스포츠과학자 행세를 하려면 VO_2Max 측정 장비를 갖추고 VO_2Max를 측정해야 했거든요"라고 그는 말한다. 그가 A.V.힐의 측정법에 의구심을 갖기까지는 그리 오랜 시간이 걸리지 않았다. 그는 연구소 설립 초기에 한 시간 미만의 간격을 두고 육상 스타인 리키 로빈슨Ricky Robinson과 컴래드 마라톤 챔피언 출신인 이자벨 로슈-켈리Isavel Roche-Kelly의 VO_2Max를 연달아 측정했고, 그들이 엄청난 속도 차이에도 불구하고 똑같은 VO_2Max를 기록한다는 사실을 밝혀냈다. 녹스가 내린 결론은 다음과 같다. "VO_2Max라는 개념은 아무짝에도 쓸모가 없다. 1마일을 4분 안에 뛰는 선수의 신체 능력이 5분에 걸려 뛰는 선수와 똑같다는 것은 말이 되지 않기 때문이다."

그는 이후 10년 동안 지구력을 측정하는 더 나은 방법을 찾아 헤맸다. 로빈슨과 로슈-켈리 선수가 테스트를 마치고 트레드밀에서 내려왔을 때 나온 실험 결과의 명백한 한계 또한 설명하려고 애썼다. 힐과 그의 후계자들이 주목한 것은 산소였다. 그들은 인간이 한계에 다다르면 더 이상 심장이 근육에 산소를 공급할 수 없거나, 아니면 근육이 혈액에서 더 많은 산소를 추출할 수 없게 된다고 보았다. 1980년대 후반까지만 해도 녹스는 VO_2Max가 가진 모순의 비밀이 근섬유 수축에 숨어 있다고 생각했으나,[68] 이 첫 번째 아이디어는 이내 흐지부지되었다.

1985년에 출간한 녹스의 944쪽짜리 교양과학도서 『달리기의 제왕』이 대부분의 가정에서 문 닫힘 방지용 받침대로 사용되는 스테디셀러로 자리매김하면서,[69] 녹스는 1990년대를 대표하는 세계적인 달리기 전문가로 떠올랐다. 마침내 그는 1996년 미국 스포츠의학회 연례 학술대회의 J. B. 울프 기념 강연[70] 연사로 초청되었다. 운동생리학자에게 이보다 큰 영광은 없었다. 널리 알려진 그의 평판에 걸맞게, 녹스는 그 자리에 모인 유수의 학자들 앞에서 '실증적으로 입증되지도 않은' 데다가 '추잡하고 조악하기 이를 데 없는' 옛 이론 체계에 목을 매달고 있는 학계의 분위기를 비판하기로 마음먹었다. 헨리 워슬리의 죽음처럼 체력 고갈로 사망에 이르는 사례는 매우 드물다는 그의 결정적인 통찰 또한 이 강연을 준비하는 과정에서 나온 것이었다.

그는 우리의 한계가 어디든, 그 한계선을 넘지 못하도록 막는 기관이 존재한다는 사실을 깨달았다. 그리고 추론 결과, 그 기관은 분명 뇌였다.

뇌 수술로 인한 신체적 변화

어떤 면에서 보면 뇌 연구의 역사는 불운한 사고와 질병으로 뒤덮여 있다. 예를 들어, 1848년 철도 공사 현장의 감독관으로 일하던 스물다섯 살의 피니어스 게이지Phineas Gage는 실수로 발파된 폭약 때문에 110센티미터 길이의 철근이 턱부터 정수리까지 관통하는 사고를 겪었다. 그의 생존 자체도 믿기 어렵지만, 더 놀라운 것은 사고 이후 그의 성격이 180도 바뀌었다는 사실이다. 한때 친절하고 믿음직스러운 동료였던 그는 전두엽 부상과 함께 야비하고 교활한 인간으로 변했다. 그를 치료했던 의사는 그의 친구들에게 "이 사람은 더 이상 예전의 게이지가 아닙니다"[71]라고 설명해야 했다. 게이지의 사례가 보고된 후, 과학자들은 머리의 각기 다른 부위에 부상을 입은 환자들의 변화를 관찰하며 뇌의 역할을 상당 부분 밝혀낼 수 있었다. 지금은 고인이 된 신경과 전문의 올리버 색스Oliver Sacks는 신기하면서도 서글픈 환자들의 사연을 인간적이고 따뜻한 시선으로 기록해 연대기 형식으로 정리하기도 했다.

디안 반 데런의 경우, 첫 번째 위험 신호는 그녀가 생후 16개월일 때 찾아왔다. 발작을 멈추지 않아 병원에 실려 간 그녀는 온몸에 얼음 팩을 두르고도 한 시간 가까이 경기를 일으켰다. 다행히 그 이후로는 특별한 증상이 나타나지 않았고, 테니스계의 스타로 성장한 그녀는 무사히 결혼을 하고 아이를 낳았다. 하지만 셋째 아이를 임신 중이던 스물아홉 살의 어느 날 또 다시 발작이 찾아왔다. 그날을 시작으로 발작은 날이 갈수록 심해졌다. 콜로라도대학교의 신경과 전문가들에게 치료를 받던 그녀는 결국 발작의 근원으로 지목된 오른쪽 측두엽 일부를 절개하는 수술에 동의했다. 수술은 성공했고, 발작은 멈추었다. 하지만 그녀는 대가를 치러야 했다.

데런은 수술을 받기 전부터 달리기에 발작을 완화시키는 효과가 있다는 사실을 알고 있었다. 발작이 닥쳐오리라는 몸의 신호가 감지될 때면 그녀는 집 밖으로 나가 몇 시간이고 달리면서 '전조증상'을 잠재웠다. 수술이 성공적으로 끝난 후에도 그녀는 달리기를 계속했을 뿐 아니라 집이 위치한 덴버의 남부 지역을 중심으로 점점 활동 반경을 넓혀 나갔다. 얼마 안 가 그녀의 주행거리는 숙련된 마라토너조차 놀랄 정도로 길어졌고, 2002년 그녀는 생애 첫 울트라마라톤에 도전했다. 50마일(80킬로미터)을 달려야 하는 그 대회에 참가한 선수 중 초심자는 그녀를 포함해 단 두 명뿐이었다. 그러나 50마일 경주는 100마일 경주로 가기 위한 징검다리에 불과했고, 100마일 역시 가뿐히 완주한 그녀는 유콘 북극 울트라 대회처럼 며칠에 걸쳐 달리는 경기로 눈을 돌렸다. 그리고 2012년, 마침내 노스캐롤라이나의 산과 바다를 건너며 3주에 걸쳐 달리는 울트라트레일에 도전장을 내밀었다.

도전 종료를 며칠 앞둔 시점에 데런의 발은 더 이상 움직이기 힘들 정도로 망가진 상태였다. 그녀는 매일 아침 기어서 트레일을 시작했고, 진통 호르몬인 엔도르핀이 감각을 마비시킨 다음에야 겨우 두 발로 일어설 수 있었다. 그 후로는 한 발짝씩 뛰어서 1마일씩 거리를 줄여 나가는 과정의 연속이었다. 그렇게 도전 20일 차 오후 12시 20분을 맞이했다. 1시에 출발하는 오크라코크행 페리를 타려면 아직도 4마일(6.5킬로미터)을 더 달려야 했으므로, 그녀와 밀삽스는 속도를 올리기로 했다. 출항을 1분 남기고 겨우 배를 잡아탄 그들은 항해사에게서 몇 시간 전에 데런을 놀라게 했던 '비행기 소리'의 정체를 전해 들었다. "지금 불고 있는 토네이도를 아슬아슬하게 피하신 모양이네요."[72] 그가 감탄하는 목소리로 말했다. 그로부터 이틀 후, 데런은 26미터 높이의 모래 언덕으로 이루어진 자키스 릿지 주립공원 Jockey's Ridge State Park을 지나 22일5시간3분이라는 신기록을 세우며 무사히 트레일을 완료했다. "제 인생에서 가장 힘든 도전이었어요."[73] 그녀가 결승선에 모여 있던 팬들에게 한 말이다.

덴버의 크레이그병원에서 반 데런의 치료를 담당했던 신경심리학자 돈 거버 Don Gerber는 《러너스 월드》와의 인터뷰에서 '뇌 수술이 그녀의 달리기 능력을 향상시켰을 수도 있다'고 인정했다. "수술로 일부가 제거된 반 데런의 뇌가 보통 사람들과 다른 방식으로 통증을 해석할 가능성이 있다"는 것이 그의 설명이었다.

정작 반 데런 본인은 후속 인터뷰를 통해 그의 추론을 반박했다. "사람들은 제게 말하죠. '세상에, 통증을 느끼지 않는다면서요?

그것 참 부럽네요!' 젠장, 내가 고통을 느끼지 못한다고요?[74] 말도 안 되는 소리 말아요. 전 그저 묵묵히 참고 견디는 것뿐이에요." 실제로 그녀가 노스캐롤라이나의 도전에서 엄청난 통증을 견뎌 냈다는 사실은 분명하다.

하지만 그녀가 초장거리를 달릴 때 느끼는 감각이 우리와 다를 것이라는 의구심은 여전히 남아 있다. 지도를 읽을 수도, 현재 위치를 확인할 수도 없는 그녀는 앞으로 남은 거리가 얼마나 되는지 계산할 수가 없다. 기억력 장애 때문에 지금까지 쏟은 에너지가 얼마나 되는지 확인할 수도 없다. 그녀는 종종 이런 농담을 던지곤 했다. "제가 2주 내내 달렸다고 해도, 누군가 오늘이 경기 첫날이라고 말한다면 전 이렇게 대답할 거예요. '좋아요! 그럼 시작해 볼까요?'"[75] 과거나 미래에 집착하는 대신, 그녀는 한 걸음씩 다리를 앞으로 내디디며 지금 당장 할 일에 온 신경을 집중한다. 시간의 흐름을 감지하는 것이 절반쯤 불가능한 만큼 페이스 조절이라는 의식적 계산(혹은 족쇄)에서도 자유롭다. 그녀는 언제나 토끼처럼 달리며, 한 순간도 거북이가 되지 않는다. 이솝우화와 정반대되는 장점을 가진 셈이다.

지구력의 중앙통제자

마음과 근육의 힘겨운 싸움을 직접 체험하고 싶은 사람에게 세상에서 가장 큰 규모와 오랜 역사, 높은 인지도를 자랑하는 울트라

마라톤인 컴래드 마라톤[76]보다 더 좋은 기회는 없을 것이다. 이 대회는 긴 거리만큼이나 12시간이라는 가혹한 시간제한 규정으로도 유명하다. 항구도시 더반의 크리켓 경기장에 위치한 결승선을 통과했다는 것은 작열하는 남아프리카공화국의 태양 아래 90킬로미터에 이르는 경사진 지형을 달리며 오르막길에서는 타는 듯한 폐의 허덕임을, 내리막길에서는 터질 듯한 대퇴근의 비명을 견뎌 냈다는 뜻이다. (컴래드 마라톤은 매년 주행 방향을 반대로 바꿔서 운영하며, 반대쪽 결승선은 내륙지역인 피터마리츠버그에 위치한다.)

나는 2010년 관중석에서 이 대회를 지켜보았다. 심판은 결승선에 자리를 잡고 달려오는 선수들을 등진 채 신호용 권총을 하늘 높이 치켜들었고, 수천 명의 관중들은 제한 시간까지 마지막 몇 초의 초읽기에 들어갔다. 컴래드 마라톤의 완주자로 공식적으로 인정받고 영광스러운 완주 메달을 목에 걸기 위해서는 제한 시간 종료를 알리는 총성이 울리기 전에 결승선을 통과해야 했다. 멀지 않은 거리에 있던 주자들이 녹초가 된 다리를 이끌고 최후의 전력 질주를 위해 마지막 힘을 쥐어짜는 모습이 보였다. 총성이 울린 순간, 11시간59분59초의 기록을 인정받은 마지막 완주자가 비틀거리며 결승선을 넘었다. 그보다 불과 한 걸음 늦게 도착한 선수는 서로 팔짱을 낀 채 일렬로 서서 결승선을 막은 경기 진행 요원들에게 거칠게 항의했지만, 되돌아오는 것은 관중석의 야유 섞인 부부젤라 소리뿐이었다.

내가 남아프리카공화국으로 향한 것은 학계의 통념에 반대

되는 팀 녹스의 아이디어를 주제로 글을 써 달라는 《아웃사이드
Outside》의 요청 때문이었다. 우리는 독자들의 관심을 끌기 위해 컴
래드 마라톤의 첫 출전자이자 최근 50킬로미터 부문에서 2시간47
분17초로 미국 신기록을 세운 조쉬 콕스Josh Cox 선수의 인터뷰를 미
끼로 사용할 계획이었다. 만약 콕스가 완주에 성공한다면 그는 (그리
고 우리와 함께 관중석에서 이 경기를 지켜본 녹스는) 마라토너가 극복해야 했
던 한계에 대해 생생하게 증언할 수 있을 것이고, 혹시 실패하기라
도 한다면 이야기는 더욱 흥미진진해질 터였다. "이런 경기가 보장
하는 단 한 가지 보상은 바로 통증이에요." 콕스는 대회 하루 전날
카페에서 만난 우리를 향해 거의 예언하는 듯이 말했다. "완주하고
싶다면 그 아픔을 환영할 줄 알아야 해요. 반갑게 인사하며 맞이하
는 거죠." 하지만 그의 의지는 경기가 시작한 지 얼마 안 되어 찾아
온 위경련과 설사의 벽에 부딪쳤고, 그는 거의 달려 보지도 못한 채
경기를 종료했다. 마라토너에게 흔히 찾아오는 시련이었지만, 우리
가 다루고자 하는 종류의 한계는 아니었다(이 기획은 결국 휴지통으로 들
어갔다).

하지만 이 실패는 내게 현대 운동생리학의 성지에 방문할 구실
을 선물해 주었다. 경기 다음 날 나는 남아프리카공화국의 반대편
끝자락으로 날아가 케이프타운대학교에 위치한 팀 녹스의 연구실
을 찾았고, 그곳에 일주일간 머물며 그의 연구를 지켜보기로 했다.
60세를 맞은 녹스의 관자놀이 부근은 희끗희끗했고, 입가에는 불신
부터 기쁨까지 모든 감정을 표현하는 희미한 미소가 시종일관 걸려

있었다. 그는 얘기를 할 때 다분히 의도적인 감탄사("흐음")를 섞어서 문장의 흐름을 조절했다. 4층에 자리 잡은 그의 연구실에 들어서자 테이블산Table Mountain 능선이 내다보이는 그림 같은 전망과 함께 박물관을 연상케 하는 스포츠 관련 컬렉션이 눈에 들어왔다. 벽에는 선수들의 사인이 들어간 럭비 셔츠와 액자에 담긴 스포츠 관련 기사가 잔뜩 걸려 있었고, 너덜너덜해진 오니츠카타이거 러닝화는 긴 트로피 케이스에 담긴 채 전시되어 있었다. 녹스와 나는 중앙통제자Central Governor 이론으로 잘 알려진 학설에 대해 거의 4시간 동안 쉬지 않고 대화를 나누었다(내가 점심을 들며 잠시 쉬어가자고 제안했을 때 그는 "저는 보통 점심을 거릅니다"라고 대답했다. "원한다면 당신은 얼마든지 드세요"라는 말을 덧붙이면서).

　1996년 미국 스포츠의학회의 연단에서 녹스는 A.V.힐이 고안한 VO₂Max 개념이 완전히 틀렸다고 주장했다. 그의 지적에 따르면 육체적 피로는 심장이 근육에 충분한 양의 산소를 전달하지 못해서 생기는 일이 아니었다. 만약 그렇다면 심장 자체는 물론이고 어쩌면 뇌까지도 치명적 결과를 초래하는 산소 부족에 시달릴 수 있다고 추론했기 때문이다. 그는 이러한 추론에 대한 증거로 1996년 올림픽 금메달리스트인 남아프리카공화국 출신 마라토너 조시아 투과니Josia Thugwane의 사진을 제시했다. 사진 속 투과니 선수는 불과 3초 차이로 은메달을 목에 건 한국의 이봉주 선수와 함께 트랙을 돌며 세리머니를 하고 있었다. "이 선수가 살아 있는 것이 보입니까?" 그가 이봉주 선수를 가리키며 물었다. "그게 무슨 뜻일까요? 이 선수가 더 빨리 달릴 수 있었다는 뜻입니다."

하지만 산소에 대한 힐의 생각이 틀렸다면, 인간의 지구력을 좌우하는 것은 대체 무엇이란 말인가? 녹스는 이 문제에 반드시 뇌가 연관되어 있다고 생각했고 1998년 발표한 논문에서는 A.V.힐이 70여 년 전에 먼저 언급한 표현들을 조합하여 '중앙통제자'라는 용어를 사용하기도 했다.[77] 하지만 세부적인 부분은 여전히 불명확했다. 그는 이후 10년에 걸쳐 케이프타운대학교의 앨런 세인트 클래어 깁슨Alan St. Clair Gibson[78]이나 찰스스튜어트대학교의 프랭크 마리노 Frank Marino[79] 같은 공동 연구자들, 그리고 자신의 연구실에서 일하는 박사 후 연구원Postdocs(박사 학위 취득 후 대학이나 연구소에서 경력을 쌓는 과정 중인 연구원-옮긴이)과 여러 학생들의 도움을 받아 두 가지 핵심 원칙으로 구성된 논리를 선보였다. 첫째, 인간이 운동 중에 한계에 부딪치는 것은 근육 이상 때문이 아니라 뇌가 진짜 위급한 사태가 오는 것을 막기 위해 근육에 내린 명령 때문이다. 둘째, 뇌는 현재 투입된 노력을 고려해 앞으로 얼마나 많은 근육을 동원할지 조절하는 방식으로 한계의 범위를 설정한다(이 부분에 대해서는 6장에서 더 자세히 설명하도록 하겠다).

첫 번째 원칙은(녹스와 동료들은 뇌의 이러한 작용을 '선행 규제Anticipatory Regulation'라고 불렀다) 굉장히 섬세한 내용인 관계로 추가 설명이 필요할 것 같다. 녹스 전에도 과학자들은 뇌가 다른 기관에서 보내는 위급 신호를 감지하고 그 수준이 일정 수위를 넘어서면 신체 작동을 일시 정지시킬 것이라고 보았다. 이 이론에 따르면, 뜨거운 방 안에서 장시간 트레드밀을 뛰는 사람의 뇌는 심부 체온^{core temperature}이 40도라는 결정적 수준[80]에 도달한 순간 근육의 움직임을 멈춰야 한다. 하지만 녹스는 여기서 한 걸음 더 나아갔다. 현실 세계에서 어떤 선수가 땡볕 아래서 10킬로미터 달리기에 도전한다면, 그의 뇌는 위험한 수준에 도달하기 전에 개입을 하기 시작할 것이다. 심부 체온이 40도 근처까지 올라가거나 달리다가 의식을 잃는 일은 없다. 대신 그보다 훨씬 낮은 온도에서부터 서서히 페이스가 떨어진다.

여기서 가장 큰 논쟁이 되는 부분은 페이스 조절이 온전히 인간의 의지대로 되지 않는다는 주장이다. 다시 말해, 녹스의 주장이 옳다면 인간의 뇌는 주인이 실제로 생리학적 위험에 노출되기 전부터 속도를 늦추도록 만든다. 녹스의 제자인 로스 터커^{Ross Tucker}는 한 실험에서 사이클 선수들에게 더운 방 안에서 처음부터 느린 속도로 사이클을 타라고 주문을 했고, 페달을 밟는 순간부터 그들이 동원하는 근육의 양이 점점 줄어들기 시작한다는 사실을 밝혀냈다.[81] 참가자들은 자신이 일정한 노력을 기울이고 있다고 생각했지만(이 부분은 그들이 제출한 설문지에 의해 확인되었다) 실제로는 중앙통제자의 본능적인 경고에 따라 평소보다 적은 양의 다리 근섬유만이 수축 활동을 하고 있었다. 나는 케이프타운대학교에서 터커를 만나 뇌의 역할에 대한 기존 관점과 새로운 관점의 차이를 직접 들을 수 있었다. "기존 과학자들이 뇌를 차단기라고 생각한 반면, 저희는 밝기 조절 장치라고 생각한 거죠."

페이스 조절의 비밀

논쟁에 집착하다 보면 본질을 잊기 쉽다. 일주일의 방문 기간 동안 나는 여러 학생과 박사 후 연구원, 공동 연구자들을 만나 뇌 중심 이론에 힘을 싣는 다양한 근거들을 접했다. 그들은 지금까지 기존 이론으로 설명되지 않는 변칙적 현상이 너무 많았다고 설명했다. 가령 높은 고도에서 운동을 할 때 혈중 젖산염 수치가 이상하리만큼 낮게 측정되는 현상[82]은 힐이 제시한 모델로는 결코 설명할 수 없었다. 새로운 실험 결과 또한 끊임없이 쏟아지고 있었다. 가령 뇌를 속이기 위해 스포츠음료를 입에 머금기만 했다가 뱉어 낼 경우, 일시적으로 운동 능력이 상승했고[83] 타이레놀처럼 뇌를 교란시키는 약물을 복용하면 심장이나 근육에 어떤 영향도 미치지 않은 채지구력이 향상되었다.[84] 심각한 수준의 탈수 상태임에도 불구하고 세계신기록을 세운 마라토너들의 사례[85]도 지속적으로 보고되고 있었다.

그중에서도 가장 유력하고 설득력 있는 근거가 뭐냐는 질문에 녹스는 망설임 없이 대답했다. "그야 당연히 막판 스퍼트죠." 컴래드 마라톤에 출전한 선수들은 90킬로미터의 살인적인 코스를 달린 후에도 제한 시간이 임박했다는 사실을 안 순간 속도를 올린다. 생리학계의 기존 통념에 따르면 피로는 주행거리에 따라 누적되어야 했다. 달리면 달릴수록 축적된 에너지가 줄어들고 근섬유가 정상적으로 수축할 수 없기 때문이다. 그렇다면 결승선이 눈에 들어온 순간 갑자기 빨라지는 속도의 원동력은 무엇이란 말인가? 완주가 임박하면 자연스레 솟아 나오는 힘을 왜 그전까지는 발휘할 수 없는 것일까? "이런 현상이야말로 피로에 대한 우리의 생각이 완전히 틀렸다는 사실을 증명합니다." 녹스가 말했다. 긴 시간 동안 근육의 움직임을 통제하다가 결승선을 보고 위험이 지나갔다고 판단한 순간 저장해 둔 에너지를 방출하는 것이 그가 생각하는 뇌의 역할이었다.

나는 과학 이론을 이성적으로 판단하기 위해서는 개인의 주장보다 객관적 근거에 초점을 맞춰야 한다고 생각한다. 하지만 녹스의 말을 듣는 동안 내 고개는 절로 끄덕여지고 있었다. 그가 열거한 사례들이 개인적인 경험을 상기시켰기 때문이다. 20대 중반 부상으로 몇 년간 힘든 시기를 보낸 나는 1,500미터에서 5,000미터로 주종목을 바꿨다. 내 장거리 패턴을 보면 매번 후반으로 갈수록 속도가 급격히 떨어지다가 마지막 바퀴에서 이상할 정도로 빠른 기록을 냈다. 나를 포함한 누구도 마지막 바퀴와 이전 바퀴의 랩타임이 그렇게까지 차이가 나는 이유를 설명하지 못했다. 나는 처음에는 경험 부족을 핑계로 삼았고 나중에는 집중력 부족을 탓했다. 그 두 가지 모두 그럴듯한 이유였지만, 뭔가 더 본질적인 이유가 있으리라는 생각은 끝까지 내 머릿속을 떠나지 않았다.

2003년 캘리포니아주 팔로앨토 경기에 참가한 나는 신선한 저녁 공기를 들이마시며 5,000미터 개인 최고기록을 달성하기 위해 마음을 달리 먹기로 결심했다. 마지막 1,000미터를 기어갈지라도 이번 경기를 4,000미터 종목이라고 생각하고 평소보다 일찍 막판 스퍼트를 내기로 결정한 것이다. 목표는 1,000미터당 2분45초의 기록을 세우는 것이었고, 실제로 경기가 시작된 뒤 1,000미터 구간에서는 2분45초, 다음 구간에서 2분45초, 그다음 구간에서는 2분47초의 기록을 달성했다. 결전의 순간이 다가왔다. 나는 4,000미터 구간에 진입하자마자 마지막 힘을 쥐어짜서 달리기 시작했다. 하지만 중력은 언제나처럼 내 발목을 옭아맸고, 내가 달성한 구간 기록은 2분53초라는 실망스러운 수준이었다. 이 정도가 내 다리로 낼 수 있는 가장 빠른 속도였던 것이다. 심지어 마지막 구간의 기록은 4,000미터 기록에도 훨씬 못 미쳤다. 제 능력을 벗어나는 도전의 대가는 형편없는 결과로 돌아왔다.

대부분의 트랙 경주에서는 각 선수가 마지막 400미터 구간에 진입하는 순간 벨이 울린다. 선수들에게 그 소리는 고통이 거의 끝나 간다는 사실을 알리는 파블로프의 종소리나 다름없다. 그날, 나는 그 벨소리를 들으며 내 다리에 또 한 번 야릇한 변화가 일어나는 것을 느꼈다. 열 명 이상의 주자들을 제치며 골인한 내 마지막 400미터 기록은 지금까지의 평균 기록을 10초 이상 단축한 57초대였다. 제대로 스퍼트를 올린 것이 마지막 한 바퀴뿐이었음에도 불구하고, 그날 내가 세운 마지막 1,000미터 기록 또한 개인 최고기록을 넘어선 2분43초대였다. 여기서 강조하고 싶은 것은, 내가 마지막에서 두 바퀴째까지도 온 힘을 다해 달렸다는 사실이다. 관중석에서 경기를 관람한 친구 한 명은 내가 막판 스퍼트를 내기 전에 살짝 속도를 줄이는 장면이 인상 깊었다고 말했다. "어, 그게 아니라……." 나는 입을 열었다. 하지만 딱히 설명할 말이 없었다. 나 자신조차도 이해할 수 없는 현상이었으니까.

　이런 경험을 한 사람은 나 혼자가 아니었다. 녹스는 본인과 터커, 마이클 램버트Michael Lambert가 2006년 공동 발간한 논문을 보여주었다. 그 안에는 현대에 들어 800미터, 1마일, 5,000미터, 10,000미터 종목에서 세계신기록을 달성한 거의 모든 선수들의 페이스 조절 패턴[86]이 망라되어 있었다. 그중에서도 1마일 이상 종목의 신기록 보유자들은 놀라울 만큼 일정한 패턴을 보였다. 그들은 하나같이 초반에 빠르게 치고 나온 뒤 경기 후반까지 일정한 페이스를 유지했다. 게다가 이미 어떤 연습 기록보다 빠르게 달리고 있었음에도 불구하고, 산소 부족에 허덕이는 근육이 피로물질의 홍수 속에서 허우적거리는 악조건을 무릅쓰고 마지막 바퀴에서 가속을 붙여 결국 신기록을 달성했다. 1920년 이후 5,000미터 및 10,000미터 신기록을 달성한 선수 중 무려 66명이 마지막 바퀴에서 (스타트를 제외하고) 가장 빠르거나 두 번째로 빠른 속도를 냈다. 나는 지금까지 내 페이스 패턴을 기술 부족 탓으로 돌렸지만, 사실 세계 정상급 선수들이 인생 최고의 경기를 펼친 날조차 패턴만큼은 나와 크게 다르지 않았다. 이것은 막판 스퍼트라는 현상이 단순한 페이스 조절 실패 이상의 의미를 지닐 가능성을 암시했다.

　에식스대학교의 도미닉 미클라이트Dominic Micklewright 교수는 페이스 조절이 선수의 선택만큼 본능에 의해서도 큰 폭으로 좌우된다는 증거가 많다고 주장했다. 미클라이트는 학자로서 매우 특이한

세계신기록 수립 선수들의 페이스 조절 패턴

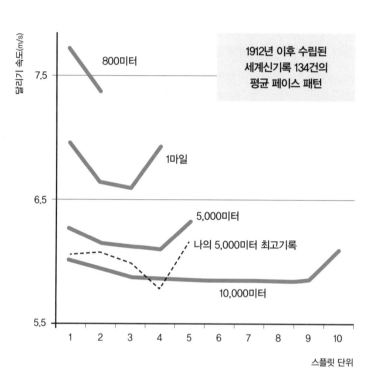

1912년 이후 수립된
세계신기록 134건의
평균 페이스 패턴

800미터

1마일

5,000미터

나의 5,000미터 최고기록

10,000미터

스플릿 단위

2006년 《국제 운동생리학 및 경기력 저널International Journal of Sports Physiology and Performance》에 발표된 논문에 따르면 세계신기록 보유자들은 초반의 빠른 스타트와 막판의 스퍼트를 포함하여 놀라울 만큼 일정한 페이스 패턴을 보였다. 800미터 종목에서는 대부분의 선수들이 마지막 전력 질주를 하지 않는데, 이 유명한 현상의 원인에 대해서는 6장에서 자세히 살펴볼 예정이다. 위 표에 제시된 스플릿 단위는 800미터와 1마일 종목의 경우 400미터, 5,000미터와 10,000미터 종목의 경우 1,000미터를 기준으로 했다.

경력을 가졌다. 그는 고등학교를 졸업한 후 곧바로 영국 해군에 입대했고, 7년 동안 핵잠수함의 다이버로 복무한 뒤 제대 후 9년동안 런던에서 경찰관으로 근무했다. 그가 스포츠와 운동 심리학을 전공으로 선택한 것은 그 후의 일이지만, 사실 페이스 조절에 대한 그의 관심은 해군에서 다이버 훈련을 받을 때 처음 생겼다. 그는 영국의 남쪽 해안에 있는 홀시섬Horsea Island에서 지름 1,200미터의 해수 호수를 산소통 없이 잠영으로 건너는 훈련을 받았다. "머리를 물 위로 내밀었다가 걸리면 노로 뒤통수를 얻어맞거나 벌칙으로 추가 훈련을 받았죠."[87] 이렇게 강력한 유인이 있다면 누구나 에너지와 산소를 최대한 아껴 쓰기 위해 노력할 것이다.

2012년 미클라이트는 5~14세 어린이 참가자 100명 이상을 대상으로 인지능력 시험을 진행한 뒤[88] 그 결과를 바탕으로 아이들을 스위스의 심리학자 장 피아제Jean Piaget가 주장한 네 가지 인지발달 단계로 분류했다. 분류를 마친 참가자들은 약 4분 길이의 달리기 경주에 참여했다. 피아제의 인지발달단계 중 1~2단계에 해당하는 어린 참가자들은 대부분 '신나는 인생, 일단 달리고 보자!'는 식의 무계획적인 패턴을 보이며 경기 시작과 동시에 최고 속도를 기록한 뒤 지속적으로 느려졌다. 반면 상대적으로 성숙한 3~4단계의 참가자들은 세계신기록 보유자들과 유사한 U자 형태의 패턴을 보이며 빠른 출발과 지속적인 페이스 저하, 막판 스퍼트를 기록했다. 다시 말해 11~12세의 어느 지점에서 우리의 뇌는 이미 미래에 사용할 에너지를 예측하여 근육 사용량을 제한하는 방법을 배우는 것이다. 미클라이트는 이러한 본능이 식량을 찾을 때까지 비축된 에너지로 버텨야 했던 원시시대 생활양식의 유물이라고 추측했다.

물론 막판 스퍼트를 포함한 선수들의 페이스 조절 패턴이 반드시 뇌 중심 이론의 근거가 되는 것은 아니다. 가령 선수들이 마지막에 전력으로 달릴 수 있는 까닭을 강력하지만 그만큼 한정된 동력원인 무산소 에너지가 경기 막바지에서야 발현되기 때문이라고 볼 수도 있다. 여기서 말하는 무산소 에너지란 주로 1분 미만의 단거리 달리기를 할 때 사용되는 폭발적인 동력원이다. 하지만 막판 스퍼트가 단순히 생리학적인 현상이 아니라는 증거는 곳곳에서 발견되고 있다.

2014년 서던캘리포니아대학교와 캘리포니아대학교 버클리캠퍼스, 시카고대학교 공동 연구팀은 40년 동안 전 세계 마라톤 주자 900만여 명이 세운 완주 시간 데이터[89]를 수집하였다. 900만 개의 기록을 종합한 그래프는 얼핏 평범한 정규분포의 형태와 다르지 않았으나, 자세히 들여다보면 중간중간 뾰족한 꼭짓점 몇 개가 튀어나와 있었다. 각 완주 시간대(3시간, 4시간, 5시간)를 중심으로, 해당 시간 직전에는 기대보다 많은 완주자가 골인한 반면 그 직후에는 적은 수만이 결승선을 넘은 것이다. 각 시간대의 30분 직전에는 정각보단 적지만 그래도 눈에 띄는 꼭짓점들이 형성되어 있었고, 10분 단위로 보면 완주자 수에 유의미한 변화가 보이지 않았다. 엄청난 대사를 요구하는 마라톤이 선수들의 몸에 비축된 에너지를 대부분 고갈시키는 만큼, 경기가 후반부에 이를수록 속도가 떨어지는 것은 자연스러운 현상이다. 그러나 강력한 동기만 주어진다면 많은 선수들이 마지막 순간에 속도를 올릴 수 있다. 그리고 우리 몸에서 42.195킬로미터를 4시간 안에 완주하고 싶다는 추상적인 유인에 반응하는 기관은 오직 뇌뿐이다.

특이점은 이것뿐만이 아니다. 선수들 각각의 페이스를 살펴보면 완주 기록이 좋을수록 막판 스퍼트를 올릴 확률이 줄어든다는 사실을 확인할 수 있다. 3시간 안에 결승선을 통과한 선수들 중에서는 약 30퍼센트만이 마지막에 속도를 올렸지만, 4시간 미만 완주자의 35퍼센트, 5시간 미만 완주자의 40퍼센트 이상은 막판 전력 질주로 달성된 기록이었다. 가능한 해석 중 하나는 숙련된 선수들이 오랜 훈련을 거치는 동안 그들의 중앙통제자가 에너지 저장분을 최대한 조금만 남겨 놓도록 재조정되었다는 것이다. 이러한 추론이 사실이라면, 인간이 훈련을 통해 디안 반 데런과 같이 '오직 현재만 생각하며 달리는' 기술을 습득하는 것이 더디게라도 가능하다는 결론이 나온다. 나 또한 5,000미터 경주가 4,000미터인 것처럼 뇌를 속이려는 시도를 해 본 적이 있지 않은가. 반 데런의 불운이자 행운은 그녀가 노력 없이도 남은 거리를 잊어버릴 수 있다는 사실이었다.

한계 결정의 원리

녹스의 중앙통제자 이론은 공개된 순간부터 큰 논쟁을 불러일으켰다. 녹스는 1996년 강연 이후 사람들이 '엄청나게 화를 냈다'고 회상한다. 그로부터 20년 이상의 세월이 흐른 지금도 이 논쟁은 반박과 재반박 사이에서 표류하고 있다. 녹스는 2008년 《영국 스포츠의학 저널British Journal of Sports Medicine》에 게재한 논문에서 VO$_2$Max 중심의 생리학 이론이 '인간의 운동을 뇌 없이 분석하려 하는 모델'[90]이라고 비판했다. 토론토대학교의 명예교수 로이 셰퍼드Roy Shephard는 《스포츠의학Sports Medicine》에 실린 기고문 〈드디어 '중앙통제자'를 떠나보낼 때가 왔는가?Is It Time to Retire the 'Central Governor'?〉를 통해 녹스의 주장을 즉시 반박했다. 몇 차례의 설전이 오간 끝에, 셰퍼드는 "내 북아메리카 출신 동료들이 자주 쓰는 표현을 빌리자면, 이제는 '증명을 하든가 닥치든가' 할 때인 것 같다"[91]라는 결론을 내렸다.

녹스를 둘러싼 논쟁은 그가 케이프타운대학교 교수직에서 은퇴한 2014년을 기점으로 더욱 거세졌다. 그는 수분 공급을 주제로 한 저서 『물에 빠진 선수들Waterlogged』을 통해 자신의 동료와 공동 연구자를 포함한 전 세계의 유명 연구자들이 스포츠음료 회사와 상업적 이해관계로 엮여 있다고 비난했다. 현재 그는 저탄수화물 고지방low-carb high-fat, LCHF 식이요법의 신봉자가 되어 자신이 직접 쓴 『달리기의 제왕』에 소개된 탄수화물 식단조차 부정하고 있으며, 최근에는 모유 수유 중인 여성에게 '아이가 젖을 떼면 저탄수화물 고지방 이유식을 먹이라'는 취지의 트윗을 남겼다가 징계위원회에 회부되어[92] 의사 면허를 박탈당할 뻔했다.

일반적인 경우라면 중앙통제자 논쟁은 새롭게 촉발된 논란들 사이에 묻혀 기억 속으로 사라졌을 것이다. 하지만 녹스를 포함한 일부 생리학자들은 현역에서 은퇴한 다음에도 결코 고집을 꺾지 않았다. 그러기는커녕 미국 스포츠생리학회American Society of Exercise Physiologists의 공동 설립자인 로버트 로버그스Robert Robergs는 이렇게 말한다. "저를 포함한 신세대 생리학자들은 녹스의 도전적인 주장 중 일부가 옳다는 사실을 깨닫기 시작했어요." 지금은 뇌가 지구력의 한계를 결정하는 중심 기관이라는 이론에 누구도 이견을 제시하지 않는다. 하지만 그 원리에 대해서는 여전히 의견이 분분하다.

논쟁을 종식시키는 방법 중 하나는 실험 참가자가 힘든 운동을 하는 동안 그의 뇌를 직접 분석하는 것이다. 이 기술은 바로 얼마 전까지만 해도 전혀 방법이 없었지만, 최근 들어서는 매우 어렵지만 아예 불가능하지 않은 정도까지 발전했다. 과학자들은 기능적 자기공명영상Functional magnetic Resonance Imaging, fMRI 덕분에 뇌 속의 혈액 흐름을 상당히 정확하게 관찰할 수 있게 되었다. 하지만 fMRI는 1~2초 내에 일어나는 변화까지 잡아낼 정도로 민감한 기술이 아닐 뿐더러 뇌 촬영이 진행되는 동안 피실험자가 내내 거대한 기계 안에 꼼짝없이 누워 있어야 한다는 한계를 지니고 있다. 다시 말해, 이 기술로도 격렬한 운동 중에 일어나는 뇌 변화를 관찰하긴 어렵다는 뜻이다. 내가 케이프타운에 머무는 동안, 녹스는 내게 아주 복잡한 기계장치 실험이 담긴 영상[93]을 보여 주었다. 브라질의 공동 연구자가 고안했다는 그 기묘한 기계는 기계 안에 들어간 실험 참가자

가 3미터 길이의 축을 통해 장치 밖에 있는 자전거의 페달을 돌리면
서도(MRI 장비 안에는 쇠붙이를 가지고 들어갈 수 없다) 커다란 쿠션으로 머
리를 단단히 고정해 원통 안에 가만히 누워 있을 수 있도록 설계되
었다. 하지만 2015년에 발표된 첫 번째 실험 보고서에 따르면 연구
진은 실험 참가자가 탈진 상태에 이를 때까지 페달을 밟도록 만드
는 데 실패했고 결과적으로 뇌의 비밀 또한 풀어내지 못했다.

EEG라고 불리는 뇌파 검사Electroencephalography에 눈을 돌린 과
학자들도 있었다.[94] 그들은 피실험자의 머리에 전극을 붙이는 방식
으로 뇌의 전기신호를 측정했다. EEG의 최대 강점은 뇌의 변화를
실시간으로 관찰할 수 있다는 것이지만, 이 장치는 너무나 민감한
나머지 실험 대상이 눈을 깜빡이거나 잠시 시선을 돌린 것만으로도
측정값에 오류가 발생했다. 어쨌든 이러한 연구들은 적어도 뇌가 피
로에 미치는 영향에 대해 유의미한 통찰을 제공해 주었으며, (12장에
서 본격적으로 살펴보겠지만) 뇌에 전기 자극을 가하면 지구력이 향상된
다는 중대한 발견을 하는 데도 큰 영향을 미쳤다.

하지만 이런 식의 접근으로도 지구력의 중앙통제자가 정확히
어디인지는 확인할 수 없었다. "중앙통제자 이론이 이슈가 된 이유
중 하나는 마치 뇌에 지구력을 관장하는 특정 부위가 있다는 듯이
알려졌기 때문이에요. 사람들은 그 부위만 찾아내면 모든 비밀이 풀
릴 거라고 생각했고, 연구가 더디게 진전되는 이유를 이해하지 못했
죠." 터커는 말했다. 그러나 그의 추측에 따르면 지구력을 관장하는

주체는 단순히 뇌에 달린 버튼 하나가 아니라 뇌의 거의 모든 부분이 관여하는 복잡한 체계고, 이러한 체계의 존재(혹은 부재)를 증명하는 것은 엄청나게 난해한 도전이었다.

결과론적인 관점에서 봤을 때, 중앙통제자의 존재를 증명하는 가장 확실한 증거는 사람들이 이 이론을 처음 들었을 때 가장 먼저 떠올릴 질문과도 직결된다. 지구력이란 조절 가능한 것인가? 과학의 힘으로 뇌가 저장해 놓은 비상용 에너지를 조금이나마 당겨쓰는 것이 가능한가? 일부 뛰어난 운동선수들이 남들에 비해 신체의 잠재력을 더 많이 쥐어짤 수 있다는 사실에는 의심의 여지가 없으며, 쓰지도 못한 에너지를 잔뜩 비축한 채 결승선을 통과하는 사람들 중 대부분은 할 수만 있다면 기꺼이 자신의 여유 에너지 창고의 수위를 줄이려고 할 것이다. 하지만 우리가 근육의 잠재력을 최대한 사용할 수 없는 것이 정말 뇌의 무의식적인 결정 때문일까? 혹시 뇌 중심 이론의 반대자들이 주장하는 것처럼 단순히 선수의 의지력 부족 때문은 아닐까?

4장

자발적인 포기

마르코 폴로^{Marco Polo} 시대부터 지금까지 실크로드 원정이 수월했던 적은 한 번도 없었다. 런던에서 베이징까지 20,920킬로미터 거리를 오토바이로 달려간 새뮤얼 마코라의 여정[95] 또한 예외는 아니었다. 폴로와 달리 용이나 개 얼굴을 한 남자와 마주치지는 않았지만, 마코라와 동료들은 17시간 동안 낡은 구소련제 화물 수송기를 타고 카스피해를 건너가거나 덜컹거리는 비포장도로를 달려 투르크메니스탄, 우즈베키스탄, 타지키스탄, 키르기스스탄의 꽉 막힌 출입국시스템을 통과하는 모험을 했다(그는 애정을 듬뿍 담아 그들을 '어쩌고저쩌고 스탄 놈들'이라고 불렀다). 때로는 해발 5,090미터에 이르는 티베트고원의 희박한 공기 속에서 2주 내내 끝없이 펼쳐진 모래와 진흙길을 달렸고, 중국 진입을 목전에 둔 여행 막바지에는 쏟아지는 장

4장

자발적인 포기

마르코 폴로^{Marco Polo} 시대부터 지금까지 실크로드 원정이 수월했던 적은 한 번도 없었다.

맛비를 뚫고 달렸다. 그에 더해 우즈베키스탄에서 뚝 부러진 발목과 에베레스트 베이스캠프에서 산산이 부서진 갈비뼈는 온몸을 탈탈 털리게 만드는 중앙아시아의 굽잇길을 통과하는 동안 한층 더 고통스럽게 느껴졌다.

그러나 이러한 스트레스 요인들은 처음부터 계산해 둔 것이었다. 어떻게 보면 이 모든 변수야말로 켄트대학교 지구력연구소의 운동과학자 마코라가 오토바이 모험 여행 전문 회사 글로브버스터즈 GlobeBusters에서 기획한 이번 탐험에 합류한 이유였다. 그는 자신의 오토바이인 BMW R1200GS모델 트리플 블랙 에디션 뒤편에 '짐칸 속의 연구소lab in a pannier'라고 이름 붙인 가방을 실었다. 그 속에는 온갖 휴대용 실험 장비들이 쑤셔 넣어졌는데, 신체 내부의 온도를 측정하는 체온 측정용 알약부터 손가락에 꽂아 혈중 산소 포화도를 잴 때 쓰는 옥시미터Oximeter, 근육 피로도를 측정하는 악력기, 인지적 피로도Cognitive Fatigue를 잴 때 사용하는 휴대용 반응시간 측정기, 몸에 묶어 심전도와 호흡량을 측정하는 바이오하니스Bioharness 기기까지 각종 다양한 장비들이 포함되어 있었다. 이 장비들은 마코라 본인을 포함해 총 열네 명의 여행자들이 자발적으로 실험용 쥐가되어 하루하루 여행이 주는 육체적, 정신적 피로를 측정하는 데 사용되었다.

오토바이 탐험을 향한 마코라의 열정은 10대 때 시작되었다. 이탈리아 밀라노의 외곽 지역에서 살던 열네 살 소년은 여자친구를 만나기 위해 홀로 160킬로미터를 달려 스위스 국경 지대인 마조레

호수까지 찾아가곤 했다. 아직 법적으로 오토바이 운전이 허가되지 않은 나이였던지라 50cc짜리 비포장도로용 오토바이 팬틱 카발레로Fantic Caballero의 연료 탱크에 지도를 묶고 고속도로 대신 좁은 시골길을 택해야 했다.

그는 오토바이만큼이나 무동력 수단인 자전거에도 흥미를 느꼈고, 더 넓게는 지구력이라는 수수께끼의 힘에도 강하게 끌렸다. 그렇게 운동심리학자의 길을 택한 마코라는 초창기에 마페이 스포츠 서비스Mapei Sport Service에서 컨설턴트로 근무했다. 마페이 스포츠 서비스는 1990년대부터 2000년대에 걸쳐 세계 최강의 로드사이클링팀에게 과학적 자문을 제공하고 산악자전거와 축구에 대한 실험 보고서를 다수 발표한 권위 있는 연구 센터다. 수천 명의 다른 생리학자들과 마찬가지로, 사방에 조금씩 흩어진 가능성을 끌어모아 인간의 한계를 확장하는 것이야말로 당시 마코라의 가장 큰 관심사였다.

이 시기에 그가 진로를 완전히 새로운 방향으로 바꾼 것은, 대부분의 이탈리아 남자들이 그렇듯 인생에서 가장 중요한 존재인 어머니 때문이었다. 2001년 마코라의 어머니는 혈전성 혈소판감소성 자반증Thrombotic Thrombocytopenic Purpura 진단을 받았다. 전신에 퍼진 혈관 속에 혈소판이 응고된 혈전이 생기는 희귀 질환이었다. 발병과 동시에 신장 기능에 문제가 생긴 그녀는 7년간의 투석 끝에 신장 이식을 받았다. 어머니를 포함해 같은 병의 환자들이 겪는 증상 중에서 가장 마코라의 시선을 끈 것은 바로 극단적인 피로였다. 그들은 컨디션이 수시로 바뀌며 자주 피로를 호소했지만, 이와 연결된 구체적인 신체 이상은 전혀 발견되지 않았다. 마치 만성피로증후군 Chronic Fatigue Syndrome을 연상시키는 수수께끼 증상이었다. 그러나 운동생리학자 아들의 얕은 지식으로는 어머니의 심신을 갉아먹는 피로를 해결할 도리가 없었다.

이 수수께끼는 마코라를 뇌 연구의 세계로 이끌었다. 그는 어머니의 병을 치료하기 위해 뇌 전문가들이 이미 잘 알고 있는 사실부터 공부하기로 마음먹었고, 2006년 당시 재직 중이던 영국의 뱅거대학교에서 안식년을 받은 뒤 같은 학교의 심리학과 수업을 듣기 시작했다. 이후 몇 년에 걸쳐 운동생리학과 동기심리학, 인지신경과학을 통합하는 데 성공한 그는 지구력에 '정신생물학적 Psycho-Biological'으로 접근한 새로운 모델을 내놓았다. 그가 봤을 때 운동선수들이 속도를 올리거나 내리거나 경기를 포기하기로 결정하는 것은 근육의 한계 때문이 아니라 자발적인 선택에 의한 것이었다. 다시 말해, 마라톤 선수부터 모터사이클 선수까지 인간이 피로를 느끼는 원인은 궁극적으로 뇌와 관련되어 있었다. 그는 모험가 동료들과 함께 실크로드를 달리면서 몸과 마음이 '떼려야 뗄 수 없는 관계'라는 가설을 입증할 증거들을 수집했다. 뇌를 지구력의 핵심으로 본다는 점에서 그가 세운 가설은 녹스의 중앙통제자 이론과 닮았지만, 두 사람의 주장에는 몇 가지 결정적인 차이가 있었다.

노력이 최대치에 이르렀다는 판단

2011년 호주에서 살고 있던 나는 시드니에서 블루마운틴산맥을 지나 배서스트 지역까지 향하는 193킬로미터 거리의 자동차 여행을 했다.[96] 내가 호주의 옛 골드러시 타운이자 한산한 교외 지역인 배서스트를 목적지로 삼은 이유는 찰스스튜어트대학교에서 열린 국제 학회에 참석하기 위해서였다. '피로의 미래: 문제의 정의'라는 이번 학회의 주제는 얼핏 들어도 지구력 연구의 가장 기본적인 개념을 둘러싸고 계속되는 논쟁과 혼란을 연상시켰다. "저는 '피로'라는 단어를 사용할 때마다 다른 사람의 말을 인용하죠." 한 참석자는 이런 농담을 던졌다. "사실 저도 그게 뭔지 정확히 모르거든요." 세계 각지에서 모여든 과학자들은 저마다 옳다고 생각하는 아이디어를 발표하며 이 긴 논쟁에 마침표를 찍으려고 노력했다. 그중에서 나를 이 학회로 끌어들인 것은 특별 강연자로 지정된 새뮤얼 마코라였다.

마코라는 2년 전 정신적 피로에 대한 연구로 과학계뿐만 아니라 일반 독자들을 대상으로 한 《뉴욕 타임스》의 시선까지 끌었다.[97] 그는 열여섯 명의 실험 참가자들을 데리고 고정된 사이클 위에서 진행되는 탈진 테스트를 총 2회에 걸쳐 진행했다. 첫 번째 실험에서 참가자들은 90분 동안 사이클을 타면서 정신적 피로를 유발하는 컴퓨터 작업, 즉 화면에 나타난 글자의 명령에 따라 최대한 빨리 버튼을 클릭하는 테스트를 받았다. 평상시라면 그다지 어려운 작업이 아니었겠지만 90분 내내, 그것도 사이클을 타면서 계속 한 화면에 몰두하는 것은 분명 무척 지치는 작업이었다. 두 번째 실험이 진행되기 전에는 감정적으로 중립 상태를 만들기 위해 특별히 선별된 다큐멘터리 두 편(《월드 클래스 기차들 – 베니스 심플론 오리엔트 익스프레스 열차 World Class Trains-The Venice Simplon Orient Express》와 〈페라리의 역사 –그 완전한 이야기The History of Ferrari-The Definitive Story〉)을 감상하는 90분짜리 세션이 마련되어 있었다.

어떤 사람들에게는 이 실험의 결과가 너무 뻔하게 느껴질 수도 있다. 하지만 교과서에 익숙한 생리학자들에게 마코라가 도출한 결과는 도저히 이해할 수 없는 현상으로 느껴졌다. 참가자들은 정신적 소모를 유발하는 컴퓨터 작업을 진행했을 때 평균 15.1퍼센트 일찍 사이클 실험을 포기했다. 순수하게 사이클만 탔을 때 평균 12분 34초를 버텨 냈던 그들이 컴퓨터 작업을 병행했을 때는 평균 10분 40초 만에 탈진해 버린 것이다. 이러한 현상은 당시까지 알려진 그 어떤 생리학적 피로 요인으로도 설명되지 않았다. 두 번의 실험이 진행되는 동안 혈압과 심장 박동 수, 산소 소비량, 젖산염 수치를 포함한 참가자들의 대사 측정값은 정확하게 일치했다. 두 실험 직전에 설문지로 측정한 심리학적 동기 레벨 또한 같은 값을 나타냈다(가장 좋은 성과를 낸 참가자에게 50파운드를 지급한다는 사전 고지도 동기부여에 도움이 되었다). 두 실험의 유일한 차이는 정신적으로 소모되는 작업을 하는 경우 첫 페달을 밟는 순간부터 운동 강도가 더 높게 느껴졌다는 것뿐이었다. 뇌가 피로하면 자전거 타기가 더 힘들어진다는 결론이 나온 것이다.

운동 강도를 확인하기 위해 마코라가 사용한 측정 수단은 스웨덴 심리학자 군나르 보그$^{Gunnar Borg}$가 1960년대에 처음으로 개발하고 사용한 운동자각도 측정법 '보그 스케일$^{Borg Scale}$'이었다. 요즘에는 많은 응용 버전이 나와 있지만, 보그가 맨 처음 제안한 방식은 운동자각도를 최솟값인 6단계(전혀 힘이 들지 않는다)부터 최댓값인 20단계('매우, 매우 힘들다'인 19단계를 넘어선 최대치) 사이로 구분하는 것이었다. 연구 결과 이 숫자들은 참가자의 심장 박동 수를 10으로 나눈 수치와 대략 일치하는 것으로 나타났다. 예를 들어 '조금 힘들다'를 나타내는 13~14단계를 선택한 순간의 심장 박동 수는 대개 1분에 130~140회 사이였다. 하지만 보그는 자신이 개발한 측정법이 심장 박동 수 측정기가 고장 났을 때 급하게 활용할 수 있는 대체재 이상의 가치를 지녔다고 생각했다. 그는 "내가 봤을 때 운동자각도는 인간의 육체적 피로를 가장 정확히 측정할 수 있는 지표다"[98]라고 기록하면서, 보그 스케일이야말로 근육과 관절, 심혈관계와 호흡계, 중추신경계를 모두 아우르는 정보를 담고 있다고 주장했다.

마코라는 배서스트 강연에서 보그의 논의를 한층 발전시켰다. 그는 운동자각도(이 책에서는 노력의 감각을 이렇게 부를 것이다)가 단순히 몸의 나머지 부분에서 일어나는 일들을 반영하는 지표가 아니라고 주장했다. 그가 생각하는 운동자각도는 포기의 유일한 결정권자이자 단 하나의 필수 요소였다. 운동의 강도가 약하다고 느낄 때는 더 빨리 달릴 수 있지만 너무 힘들다고 느끼면 멈추게 된다. 당연한 소리처럼 들릴지 모르겠지만, 사실 이것은 굉장히 심오한 성찰이다. 세상에는 사람의 운동자각도를 변화시키는 방법이 얼마든지 있으며, 같은 방법을 활용하면 근육에 영향을 미치지 않고도 육체적 한계를 변화시킬 수 있기 때문이다. 이것이 바로 마코라의 핵심 주장이었다. 정신적 피로는 운동자각도를 상승시키고(그의 실험에 따르면 보그 스케일 기준으로 1~2단계 올라간다) 그 결과 지구력은 감소된다. 사이클 선수가 경기를 포기하는 것은 당연히 그의 운동자각도가 최대치인 20단계에 이르렀을 때이지만, 정신적 피로에 시달리는 상황에서는 그 최대치에 좀 더 빨리 도달하게 된다.

노력Effort이 마코라의 정신생물학적 모델에서 마이너스 요소를 담당한다면, 동기Motivation는 플러스 요소를 담당한다. 인간은 보통 상황에서 보그 스케일의 20단계까지 노력하려 하지 않는다. 운동선수들이 연습 중에 세계신기록은 물론이고 개인 최고기록을 경신하는 것조차 매우 드문 까닭이 여기에 있다. 마코라는 강연에서 이 현상을 설명하기 위해 프랑스 과학자 미셸 카바낙Michel Cabanac이 1986년 진행했던 유명한 실험[99]을 예로 들었다. 카바낙은 실험 참가자들에게 벽에 등을 기댄 채 의자 없이 다리를 구부리고 버티라는 주문을 했고, 매 20초마다 더 큰 보상을 약속했다. 20초마다 주어지는 보상이 0.2프랑이었을 때 평균 2분 남짓 버티던 그들의 대퇴근은 보상이 7.8프랑으로 늘어난 순간 마법처럼 두 배 이상을 버텨 냈다. 그들이 주저앉는 시점이 순수하게 근육의 능력에 의해 결정된다면, 도대

포기의 원인

전통적 모델

근육 피로

지속 불가

노력의 감각

정신생리학적 모델

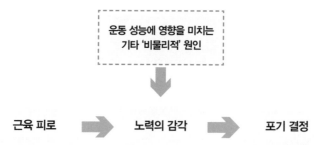

운동 성능에 영향을 미치는
기타 '비물리적' 원인

근육 피로 → 노력의 감각 → 포기 결정

인체를 기계와 동일시하는 전통적인 지구력 모델(위)은 속도 저하나 포기의 직접적 원인이 근육에 찾아온 육체적 피로라고 보았다. 전통적 모델에서 노력의 강도에 대한 감각은 운동 과정에서 생산된 부산물에 불과했다. 하지만 새뮤얼 마코라의 정신생물학적 모델(아래)은 노력한다는 느낌을 유발하는 모든 요소(정신적 피로나 의식하지 못한 사이에 지나간 메시지 등)가 근육의 상태와 무관하게 지구력에 영향을 미친다고 보았다.

체 어떻게 근육은 보상액의 차이를 구분해 낸 것일까?

　마코라는 뛰어난 럭비 선수들을 대상으로 진행한 탈진 테스트를 통해 마음이 근육에 미치는 영향을 직접 확인하기도 했다.[100] 선수들은 최대 에너지의 약 80퍼센트에 해당하는 강도이자 평균 242와트의 전력을 생산하는 수준으로 약 10분 동안 사이클 페달을 밟았으며, 완전히 탈진한 상태가 확인되면 금전적 보상을 약속받았다. 그들이 포기를 선언한 순간(정확히 말하면 선언한 지 3~4초 이내에), 연구진은 딱 5초만 더 힘껏 페달을 밟아서 얼마나 많은 전력을 추가로 생산할 수 있는지 확인해 달라고 부탁했다. 놀랍게도 242와트는 무리라고 장담했던 선수들이 마지막 5초 동안 평균 731와트의 전력을 생산했다. 선수들이 포기한 이유는 근육이 물리적으로 운동을 계속할 수 없는 상태에 이르렀기 때문이 아니라 노력이 최대치에 이르렀다는 자각 때문이라는 것이 마코라 연구팀의 해석이었다.

　배서스트의 운동생리학 학회에서 자신의 가설을 설명하는 마코라의 모습은 매우 인상적이었다. 멋들어진 턱수염을 기른 그는 대부분 운동복을 차려입은 전직 운동선수들 앞에서 주름 하나 없이 다린 셔츠를 입고 학회가 끝나면 오토바이를 타고 호주의 그레이트 오션로드Great Ocean Road를 달릴 계획이라고 말하며 청중의 이목을 끌었다. 바로 다음 순간, 그는 최근 발표된 한 논문에서 가져온 엄청나게 복잡한 순서도[101]를 스크린에 띄웠다. 심장 박동 수부터 미토콘드리아 밀도와 효소 활성도까지 총 44개의 박스로 이루어진 그 순서도는 지구력과 피로에 대한 전통적 모델을 묘사하고 있었다. 마코라는 그 순서도가 상대성이론과 양자역학 방정식과 마찬가지라고 설명했다. "물리학자들은 단 두 개의 이론으로 우주 전체를 설명할 수 있어요. 하지만 거기서 만족하지 않죠. 지구력의 원리는 매우 복잡하지만, 우주 전체에 비할 정도는 아니잖아요!"

마코라는 무엇이든 우리 뇌의 '노력 다이얼Effort Dial'을 돌릴 수만 있다면 지구력에 영향을 미칠 수 있다는 간단한 발상의 전환을 한 것이다. 탈수나 근육 피로, 터질 듯 뛰는 심장을 포함해 어떤 요소라도 운동을 하는 사람에게 힘들다는 느낌을 줄 수 있었다. 운동선수들은 이러한 몸의 신호에 적응하도록 훈련을 받고, 시간이 갈수록 더 적은 힘으로 같은 페이스를 유지할 수 있게 된다. 그러나 정신적 피로처럼 상대적으로 불분명한 요소들 또한 노력의 감각에 영향을 미친다. 가령 마라톤을 하면서 몇 시간 동안 같은 페이스를 유지하도록 집중하는 행위는 뇌에 적지 않은 부담을 준다. 마코라 가설은 보다 급진적인 아이디어로 발전할 가능성을 품고 있다. 만약 정신적 피로에 익숙해지도록 뇌를 훈련할 수 있다면, 몸을 단련했을 때와 마찬가지로 똑같은 페이스를 유지하는 데 보다 적은 힘이 들 것이기 때문이다. "말도 안 되는 소리처럼 들릴 수도 있지만, 저는 이 추상적인 가설 너머에 있는 가능성이 보입니다." 마코라는 말했다. "만약 제가 누군가에게 컴퓨터 앞에 앉아서 키보드를 두드리는 훈련만으로 육체적 지구력을 향상시켜 주겠다고 제안한다면⋯⋯. 글쎄요, 완전히 미친 사람 취급을 당하겠죠. 하지만 피로를 유발하는 요소는 체계적인 반복 훈련을 통해 극복이 가능합니다. 이게 바로 육체적 훈련의 원리죠. 저는 같은 원리를 정신적 피로에도 적용할 수 있다고 추론한 겁니다."

나는 예상보다 훨씬 대담한 그의 발언에 감탄했고, 강연이 끝난 뒤 휴식 시간에 그를 찾아가 더 자세한 이야기를 들려 달라고 부탁했다. 그는 현재 설계 중인 뇌 지구력 훈련Brain Endurance Training이라고 부르는 실험에 대해 이야기해 주었다. 그것은 몇 주에 걸쳐 정신적 피로를 유발하는 컴퓨터 작업을 함으로써 육체적 훈련 없이 지구력을 향상시키는 실험이었다. 나는 실험의 세부적인 내용을 알려 달라고 그를 조르며 혹시 나도 참여할 수 있는지 물었다. 그는 끝없이 이어지는 내 질문에 참을성 있게 대답하며 이런 경고를 덧붙였다. "피로 실험에 참여한 사람들은 이 실험을 그다지 좋아하지 않아요. 굉장히 힘든 실험이거든요. 실험이 끝날 즈음에는 모두들 연구진을 증오하죠."

육체와 정신의 상관관계

봄 학기가 끝나갈 무렵인 1889년 6월, 토리노대학교 생리학과의 안젤로 모소Angelo Mosso 교수는 학기 말 구술시험 기간 동안 동료 교수들을 대상으로 일련의 실험을 진행했다.[102] 그는 2킬로그램짜리 추를 매달은 줄을 동료 교수들의 가운뎃손가락에 건 뒤 손가락을 구부렸다 폈다 하면서 추를 들어 올려 보라고 요청했고, 이후에는 반복적인 전기 충격을 이용해 손가락 근육이 자동으로 수축 및 이완하도록 만들었다. 실험 결과 3~4시간에 걸쳐 학생들을 들들 볶은 뒤에 측정한 손가락 근육의 최대 수축 횟수는 평상시보다 훨씬 적게 나타났다. 이는 '지적인 노동'이 근지구력에 영향을 미친다는 명백한 근거였다.

〈피로La Fatica〉라는 제목의 원고에 담겨 1891년 출간된 그의 실험 결과는 정신적 피로가 인체에 미치는 영향에 대한 최초의 학문적 논증이었다. A.V.힐이나 데이비드 브루스 딜 같은 후대의 피로 연구자들과 마찬가지로, 모소는 자신의 연구를 산업계의 노동환경과 연결시켰다. 가난한 목수의 아들로 태어난 그는 시칠리아섬의 목장이나 유황 광산의 노동환경이 얼마나 열악한지, 특히 아동 노동자들에게 얼마나 혹독한지 잘 알고 있었다. 그들이 받는 비인간적인 대우를 두고 '노예보다 비참하고 지하 감옥보다 끔찍하다'는 말이 괜히 나오는 게 아니었다. 모로는 정신적 피로가 육체적 능력을 저하시키는 것과 마찬가지로 육체적 피로가 과로에 시달리는 어린 광부들의 정신적 성장을 방해한다고 보았다. "그런 환경에서 살아남은 아이들이 악랄하고 비열하며 잔인한 어른이 되는 것은 당연한 일이다"라는 것이 그의 주장이었다. 그는 피로의 악영향을 정확히 측정함으로써 9~11세 아동들의 노동시간을 하루에 8시간 이하로 제한하는 등 약자를 위한 법안이 통과되는 데 기여하고자 했다.

120년 후 마코라의 주장과 달리, 정신적 피로에 대한 모로의 연구 결과는 당시 사람들에게 그다지 충격으로 다가가지 않았다. 인체를 기계와 동일시하는 관점이 아직 등장하기 전이었던 만큼, 육체적 능력이 근육만큼이나 의지에 의해 좌우된다는 생각이 자연스럽게 받아들여졌던 것이다. 하지만 시간이 지나면서 모로의 통찰은 사람들의 뇌리에서 점점 사라졌고,[103] 뇌가 지구력에 영향을 미친다는 이론 또한 운동생리학 교과서에서 사라져갔다. 그의 바통을 넘겨받아 연구를 계속한 것은 1800년대 후반부터 스포츠에 눈을 돌리기 시작한 심리학계였다.[104]

1898년 인디애나대학교의 심리학자 노먼 트리플릿Norman Triplett은 '어째서 사이클 선수들은 혼자 달릴 때보다 함께 달릴 때 더 좋은 기록을 낼까?'라는 주제로 연구를 진행했고,[105] 훗날 다른 분야와 뚜렷하게 구분되는 최초의 스포츠심리학 연구자로 이름을 남겼다. 트리플릿은 공기역학의 영향력(그는 이 부분을 흡입 이론Suction Theory과 쉼터 이론Shelter Theory으로 설명했다) 외에도 몸과 마음을 연결하는 '뇌의 걱정Brain Worry'이나 혈액을 '오염'시켜 결과적으로 뇌를 무감각하게 만들고 근육에 대한 판단력과 지배력을 잃게 만드는 과도한 운동의 악영향 등 사이클 선수에게 영향을 미칠 수 있는 다양한 심리학적 요소들을 조명했다. 심지어 그는 앞선 경쟁자를 바짝 따라가던 선수가 눈앞에서 반복되는 상대방의 바퀴 움직임에 '근육의 환희'를 맛보는 최면에 걸리고, 결과적으로 평소보다 좋은 기록을 낼 수 있다는 아이디어까지 내놓았다. 물론 스포츠심리학 분야가 처음부터 순조롭게 성장했던 것은 아니었다. 1925년 미국의 일리노이대학교에 최초로 설립된 스포츠심리학 연구소는 관심 부족과 자금

난에 시달리다가 1932년 흐지부지 문을 닫았다. 하지만 20세기 중후반을 거치면서 스포츠심리학은 뇌가 지구력에 미치는 영향에 대한 독보적인 지식을 바탕으로 꼭 필요한 세부 전공으로 자리 잡게 되었다.

1990년대의 어느 날, 대학 육상팀 선수로 활동하던 나는 그룹 훈련 자리에서 동료들과 함께 낄낄대고 있었다. 그날 초빙된 스포츠심리학자는 우리의 신체 능력을 최고로 끌어내 준다며 시각화나 긴장 완화에 도움이 되는 온갖 훈련 기술들을 꺼내 놓았다. 예를 들어, 우리는 경기 중에 찾아오는 부정적인 생각을 막기 위해 다섯 단계(인지Recognize, 거부Refuse, 진정Relax, 재구성Reframe, 복귀Resume)에 걸쳐 자기 자신과 대화를 나누는 기술을 배웠다. 그는 길고 힘든 훈련 도중에 누군가가 페이스를 잃으면 주변에서 이 다섯 단계에 해당하는 말들을 외쳐 주어야 한다고 강조했다. 하지만 우리는 그의 조언을 농담으로 받아들였다. 그날 배운 기술을 진지하게 활용하는 선수도 없었다. 우리 머릿속의 '승리'란 최상의 컨디션인 근육에 최대한의 산소를 공급했을 때 얻을 수 있는 단순하고 명백한 결과물이었기 때문이다.

운동생리학자의 길을 걸어온 마코라가 경력 중반에 얻은 안식년을 심리학 공부에 투자한 이유는 이처럼 따로따로 분리된 두 분야의 지식을 하나로 결합하기 위해서였다. 지구력에 대한 보편적 이론을 정립하기 위해서는 먼저 정신적 요소와 육체적 요소(가령 자신과의 대화와 스포츠음료)가 기록 향상에 미치는 영향력을 동시에 설명하는 학문적 토대가 있어야 한다는 것이 그의 생각이었다. 그가 스포츠심리학의 전통적인 기술과 생리학의 실질적인 실험 결과를 통합하여 내놓은 정신생물학적 모델은 별안간 매우 설득력 있는 이론으로 자리 잡았다. 어쨌든 마코라가 지구력의 최고 결정권자라고 생각한 노력의 감각은 근본적으로 심리학적인 개념이었다.

1988년 만하임대학교와 일리노이대학교에서 공동으로 진행한 실험[106]에서, 연구진은 실험 참가자들에게 펜을 나눠 준 뒤 강아지가 뼈다귀를 물 때처럼 가로로 물거나(이 경우 얼굴 근육이 미소를 지을 때와 동일한 모양으로 당겨진다) 빨대로 음료를 마실 때처럼 세로로 물어 달라고(이 경우 찡그릴 때와 같은 근육이 활성화된다) 요청했다. 참가자들은 이렇게 펜을 문 상태에서 여러 편의 만화를 감상한 뒤 얼마나 재미있었는지 점수를 매겨 평가했다. 이미 예상했을지 모르겠지만, 억지로라도 미소를 지은 상태에서 만화를 본 사람들이 10점 만점에 평균 1점 더 높은 점수를 주었다. 이것은 찰스 다윈Charles Darwin 으로까지 거슬러 올라가는 안면 피드백 가설Facial Feedback Hypothesis을 증명하는 실험이었다. 감정이 육체적 반응을 이끌어 내는 것과 마찬가지로, 육체적 반응 또한 감정을 강화시키거나 심지어 만들어 낼 수도 있다는 것이다. 이 실험 이후 안면 피드백 이론을 보다 다양한 정신적 상태에 적용하는 후속 실험들이 진행되었다. 예를 들어, 미소는 사람을 기분 좋게 만드는 데서 그치지 않고 노력에 긍정적 영향을 미치는 안정감과 긴장 완화를 유도하는 것으로 밝혀졌다.

이러한 가설을 운동에 필요한 노력에도 적용할 수 있을까? 마코라는 실험 참가자들에게 사이클을 타거나 다리로 추를 들어 올리라고 요청한 뒤 얼굴에 붙인 근전도 전극EMG electrodes을 통해 힘든 운동에 따르는 노력과 찡그리는 얼굴 근육 사이의 상관관계를 확인했다.[107] 이후 타이완의 과학자들은 비슷한 환경에서 턱을 앙다무는 근육을 관찰하는 후속 실험을 진행했다.[108] 그 결과 그들은 경험 많은 코치들이 훈련 중에 "표정을 푸세요", "턱에 힘을 빼세요"라고 말하는 것이 그냥 하는 소리가 아니라는 사실을 밝혀냈다. 표정 완화의 중요성을 누구보다 강조한 인물로 손꼽히는 전설적인 육상 코치 버드 윈터Bud Winter[109]는 제2차 세계대전 중에 전투기 조종사로 복무하면서 이러한 기술을 갈고닦았다. "저 선수의 아랫입술을 보세요." 1959년 훈련장을 찾은《스포츠 일러스트레이티드Sports Illustrated》기자와 인터뷰를 하던 그는 바로 옆을 쏜살같이 스쳐 지나가는 스타 육상 선수를 가리키며 말했다. "아랫입술이 자연스럽게 이완된 상태에서 달리면 상반신 근육 또한 이완되죠." 그런 다음 그는 가장 이상적인 달리기 표정을 직접 지어 보였다. "이런 식으로 힘을 빼야 하는 거예요." 그가 완전히 느슨해진 아랫입술을 손가락으로 튕기며 말했다.

사실 미소를 포함한 여러 가지 표정들은 이보다 더 복잡한 영향을 미칠 수 있다. 마코라는 본인의 연구 성과 중 가장 천재적이라고 평가받는 실험을 통해 이 사실을 증명해 냈다. 그는 뱅거대학교의 앤서니 블랜치필드Anthony Blanchfield, 제임스 하디James Hardy와 공동 진행한 실험에서 열세 명의 실험 참가자들에게 미리 정해진 페이스대로 가능한 한 오래 사이클 페달을 밟아 달라고 요청했다. 이 같은 탈진 테스트는 육체적 한계를 측정하는 일반적인 방법이었지만, 이번 실험에는 참가자들이 모르는 심리적 변수가 숨겨져 있었다. 그들이 열심히 페달을 밟는 동안, 사이클에 달린 스크린에서는 주기적으로 슬픈 얼굴 혹은 행복한 얼굴이 담긴 사진이 0.016초 동안 스쳐 지나갔다. 0.016초는 통상적인 눈 깜빡임보다 10~20배 짧은, 사람이 인지할 수 없는 찰나의 순간이다. 슬픈 얼굴 사진을 본 참가자들은 평균 22분 즈음에서 사이클을 멈췄다.[110] 반면 행복한 얼굴 사진을 본 참가자들은 3분 이상 더 오래 버텼을 뿐 아니라 각 시간대별 노력의 강도 또한 낮게 나타났다. 미소 짓는 표정을 무의식중에 보는 것만으로도 긴장이 완화되고, 결과적으로 사이클링 같은 작업이 더 수월하게 느껴지는 인식의 변화가 일어난 것이다.

　이런 실험 결과들을 염두에 두고 보면 노력의 감각을 인위적으로 변화시킬 수 있다는 스포츠심리학의 주장이 더 이상 허황되게 들리지 않는다. 마코라는 이러한 주장을 실제로 증명하기 위해 자기 자신과의 대화를 활용한 간단한 실험[111]을 설계했다. 그렇다. 20여 년 전 나와 동료들이 비웃었던 바로 그 실험이었다. 연구진은 스물네 명의 참가자에게 사이클링을 이용한 탈진 테스트를 진행했고, 실험이 끝난 후에는 그중 절반에게만 긍정적인 자신과의 대화 요령을 알려 주었다. 그들은 2주 후에 있을 다음 실험까지 운동이나 연습을 하면서 초반에는 "기분 좋아!", 후반에는 "할 수 있어!" 같은 문장들을 내뱉은 뒤 어떤 말을 할 때 가장 편안하고 힘이 나는지 확인해 달라는 요청을 받았다. 두 번째 실험에서 자신과의 대화를 나눈 그룹이 나머지 절반보다 18초가량 더 오래 버텨 냈고, 실험 내내 운동 자각도 또한 천천히 올라간 것은 이제 딱히 놀랍지 않은 결과다. 찡 그리거나 미소 짓는 표정과 마찬가지로, 머릿속에 어떤 말을 떠올리느냐에 따라 그 말과 관련된 기분이 실제로 느껴지는 것이다.

충동을 억제하려는 의지

　유럽과 중앙아시아 대륙을 덜컹거리며 건너는 동안 마코라와 동료들의 몸은 점점 건강해졌다. 측정 결과 체중은 줄었고 악력은 늘어났으며 유산소 운동 능력도 향상되었다. 하지만 계속해서 쌓이는 피로만큼은 막을 수 없었다. 마코라는 매일 여정이 시작되기 전후에 동료들을 대상으로 PVT^Psychomotor Vigilance Test라고 불리는 대표적인 피로도 측정 검사를 실시했다. 실험 참가자들은 불규칙적으로 깜빡이는 불빛을 볼 때마다 한 손에 들어오는 작은 휴대용 기기의 버튼을 최대한 빨리 눌러야 했다. 그들의 평균적인 반응시간은 아침에 0.30초에서 9시간 이상 오토바이를 탄 저녁에는 0.35초까지 떨어졌다. 0.05초는 산길 모퉁이에서 절벽을 만나거나 운전 중에 갑자기 튀어나온 염소를 피하는 상황에서 생사를 가를 수도 있는 결정적인 시간의 차이였다. 희박한 공기가 정신적 피로도를 증가시켰던 티베트고원에서는 저녁에 측정한 PVT 결과가 평균 0.45초까지 늘어나기도 했다.

다행히도 마코라는 강력한 대비책을 가지고 있었다. 짐칸 속의 연구소에 씹는 순간 100밀리그램의 카페인이 즉시 흡수되는 군대용 에너지 껌을 챙겨 온 것이다. 그가 준비한 껌 중 절반은 즉각적인 에너지 충전용 연료였고, 나머지 절반은 플라세보 효과를 노린 평범한 껌이었다. 매일 점심을 먹은 후, 마코라는 똑같은 포장지로 싸고 무작위로 섞은 껌을 여섯 개씩 씹었다. 본인조차도 자신이 카페인을 섭취했는지 안 했는지 알 수 없도록 하기 위해서였다. 껌을 씹기 시작한 이후의 PVT 결과는 놀라웠다. 껌을 씹은 날에는 아침과 저녁의 반응시간 차이가 거의 나타나지 않은 것이다.

카페인의 피로 회복 효과를 모르는 사람은 없다. 굳이 커피를 떠올리지 않더라도, 카페인 알약은 운동선수들이 합법적으로 섭취할 수 있는 가장 흔한 보충제다.[112] 하지만 마코라는 카페인의 피로 회복 원리조차 결국에는 노력의 강도에 대한 감각으로 귀결된다고 보았다. 카페인이 힘과 지구력을 향상시키는 원리에 대해서는 다양한 가설이 존재한다. 어떤 이들은 카페인에 근육을 직접 수축시키는 작용이 있다고 주장하고, 또 다른 이들은 카페인이 지방을 산화시켜 대사 에너지를 추가적으로 생성해 낸다고 주장한다. 그중에서도 마코라가 지지하는 가설은 카페인이 뇌의 수용기를 차단시켜 피로와 연관된 신경조절물질인 아데노신을 감지하지 못하도록 만든다는 것이다. 이에 따라 정신적 피로를 피할 수 있게 되면 노력 감각 수준을 낮게 유지할 수 있고 더 힘껏 더 오래 힘을 다하는 것이 가능해진다.

마코라는 오토바이 탐험에 수반되는 조건이 일반적인 지구력 실험과 완전히 다른 대신 군대에서 겪는 상황과 매우 유사하다고 보았다. 오토바이 탐험가와 군인은 공통적으로 부피가 크고 통풍에 약한 장비를 착용한 채 몇 시간이고 일정 수준 이상의 육체노동을 하며 집중력을 유지해야 한다. 게다가 두 경우 모두 잠깐의 방심이 비극적인 사고를 불러올 수 있다. 사실 군대용 에너지 껌부터 뇌 지구력 훈련 예산에 이르기까지 마코라의 연구 비용은 대부분 군인들의 육체적, 정신적 피로에 큰 관심을 갖고 있는 영국 국방부에서 지원하고 있었다.

오토바이 탐험가와 군인에게 공통적으로 필요한 지속적인 주의력은 의도적으로 충동을 억제하는 인지 과정인 '반응 억제^{Response Inhibition}'와 밀접하게 연결되어 있다. 반응 억제는 스탠퍼드대학교의 심리학자 월터 미셸^{Walter Mischel}이 1960년대에 진행한 유명한 '마시멜로 테스트'[113]와도 관련이 있다. 실험 설계자들은 미취학 아동에게 마시멜로를 주고 지금 당장 먹어도 좋지만 15분을 기다리면 마시멜로를 한 개 더 주겠다고 제안했다. 수십 년에 걸친 추적 조사 결과, 눈앞의 유혹을 견딘 아이들은 더 좋은 시험 성적과 더 높은 교육 수준, 더 낮은 비만도를 가진 어른으로 자라났다. 다른 실험에 따르면 낮은 반응 억제력을 가진 사람들은 이혼이나 마약 중독 같은 일에 연관될 확률이 더 높다고 한다.

마시멜로 테스트에서 좋은 결과를 보인 아이들에게 지구력 종목에서 최고의 운동선수가 될 자질이 얼마나 있는지 확인한 사람은 없지만, 분명 상당히 높을 것이다. 딴생각을 하고 싶은 욕구를 계속해서 억눌러야 하는 오토바이 탐험가와 군인에게 충동을 억제하는 능력은 매우 중요한 자질이다. 마라톤을 포함하여 지구력을 요하는 종목의 선수들 또한 언제나 같은 도전에 직면해 있다. 이런 식으로 생각하면 쉽다. 당신이 양초의 불꽃에 손가락을 갖다 댄다면, 당신의 본능은 열기를 느낀 순간 손을 떼려고 할 것이다. 자신을 한계까지 밀어붙인다는 것은 본능에 순응하여 손가락을 떼는 대신 불꽃에 더 가까이 대고, 몇 초가 아니라 몇 분, 길면 몇 시간 동안 버티려고 노력하는 것이다.

2014년 마코라와 동료 연구자들은 반응 억제 능력을 측정하는 테스트[114]인 '스트룹 과제Stroop Task'를 활용하여 특별한 실험을 기획했다. 연구진은 실험 참가자들에게 화면에 떠오르는 다양한 색깔의 단어들을 보며 글자색에 해당하는 버튼을 누르라고 지시했다. 이 과제가 생각보다 까다로운 이유는 제시되는 단어 자체가 색깔을 의미하기 때문이다. 예를 들면 초록색이라는 단어가 파란색 글자로 표시되었을 때, 참가자는 초록색에 해당하는 버튼을 누르고 싶은 최초의 충동을 억누르고 파란색 버튼을 눌러야 했다. 마코라는 총 두 번에 걸쳐 실험을 진행했다. 첫 번째 실험에서는 단어의 의미와 글자색이 어긋나는 일반적인 반응 억제 능력 측정용 과제를 준비했고, 두 번째 실험에서는 앞선 실험과 결과를 비교하기 위해 화면에 의미와 글자색이 일치하는 단어들을 표시했다. 참가자들은 각각 30분 길이의 인지 과제를 마친 뒤 트레드밀 위에서 5,000미터를 최대한 빨리 달렸다.

실험 결과는 명확했다. 참가자들은 본인이 정신적으로 피로하다는 사실을 자각하지 못한 상태에서도 첫 번째 실험을 마친 뒤에 진행한 달리기에서 더 느린 스타트 속도와 더 높은 운동자각도를 보였다. 같은 거리를 완주하는 데 걸린 시간 또한 6퍼센트가량 길게 나타났다. 반응 억제 능력이 지구력을 발휘하는 데 꼭 필요한 정신적 요소이며, 낭비하면 고갈되는 한정된 자원인 것으로 밝혀진 것이다. 불꽃에 손가락을 대고 버티는 행위(혹은 복잡한 컴퓨터 과제에 집중하는 행위)는 노력을 수반하며, 이 노력의 속성은 걷거나 뛸 때 필요한 물리적인 노력과 다르지 않았다.

최고의 운동선수들이 뛰어난 신체 능력만큼이나 우월한 정신 능력으로 존경받는 것은 어제오늘 일이 아니다. 마코라와 협업하는 호주 스포츠선수촌Australian Institute of Sport, AIS은 인근에 위치한 캔버라대학교 연구팀과 함께 반응 억제 능력이라는 지표를 활용하여 이 상투적인 생각이 사실인지 확인해 보기로 했다. 비교를 위해, 공동 연구팀은 일류 프로 사이클 선수 열한 명과 아마추어 선수 아홉 명을 섭외했다. 첫 번째 실험에서 선수들은 반응 억제 능력 소모를 위해 30분 동안 스트룹 테스트를 거쳤고, 비교를 위해 두 번째 실험에서는 10분 동안 빈 화면에 표시된 검은색 X 표시를 멍하니 바라보았다. 각각의 화면 테스트가 끝난 후에는 20분 동안 사이클을 타는 과정이 기다리고 있었다.

가장 먼저 확인된 흥미로운 발견은 프로 선수들의 스트룹 과제 결과가 아마추어들보다 월등히 높다는 것이었다.[115] 프로들은 30분 동안 진행된 테스트에서 평균 705점을 기록하며 평균 576점인 아마추어 그룹을 큰 폭으로 앞질렀다. 젖산역치나 심장의 크기, 근육에 에너지를 공급하는 모세혈관의 수 등 프로 선수를 일반인과 차별화하는 신체적 특성 목록에 반응 억제 능력이 추가된 것이다.

다음 발견 또한 이 못지않게 흥미로웠다. 아마추어 선수들은 스트룹 과제로 정신적 능력을 소모한 뒤에 진행한 사이클 테스트에서 빈 화면을 바라보았을 때보다 약 4.4퍼센트 낮은 성과를 보였다. 반면 프로들의 기록은 전혀 달라지지 않았다. 그들은 적어도 30분 길이의 복잡한 컴퓨터 과제가 유발하는 정신적 피로에 저항할 수 있었고, 따라서 컨디션이 좋을 때와 같은 기록을 낼 수 있었던 것이다.

이 결과는 크게 두 가지로 해석할 수 있다. 우선 프로 선수 집단은 애초에 우월한 반응 억제 능력을 타고났으며 그 결과 일류 운동선수로 거듭날 수 있었다는 추측이 가능하다. 하지만 육체적 피로가 반복된 훈련으로 극복 가능하듯이, 오랜 세월에 걸친 운동이 그들의 반응 억제 능력을 강화했다고 추론할 수도 있다. 어느 쪽이 정답일까? 나는 두 해석 모두 일리가 있다고 생각했다. 실제로 지금까지 나온 증거들 또한 반응 억제 능력이 선천적인 동시에 후천적으로도 개선 가능한 부분이라는 가설을 뒷받침한다. 그렇다면 이 가설은 아주 본질적인 질문으로 귀결된다. 정신적 지구력을 향상시키는 가장 좋은 방법은 과연 무엇일까? 마코라는 2011년 배서스트 강연에서

스트룹 과제처럼 정교하게 설계된 프로그램으로 뇌 지구력 훈련 커리큘럼을 짜고 이를 반복해서 실시하면 운동선수들의 경기력을 향상시킬 수 있다고 주장했다. 11장에서 좀 더 자세히 설명하겠지만, 나는 켄트대학교에서 진행하는 마코라의 뇌 훈련 캠프에 찾아가 12주 동안 직접 프로그램에 참여한 뒤 마라톤 경기에 도전했다. 마코라는 그 후로도 군대의 지원으로 몇 가지 새로운 실험을 설계했고, 첫 번째 결과물을 통해 자신이 엄청난 발견을 목전에 두고 있을 가능성을 암시했다.

지구력의 비밀을 둘러싼 논의들

이 장에서 나열한 연구들은 뇌와 노력의 감각을 무시한 채 지구력의 한계를 논할 수 없다는 사실을 분명히 보여 주었다. 하지만 마코라의 정신생물학적 모델이 반드시 참이라는 보장은 없다. 사실 학계에는 그가 이 모델의 선구자가 아니라고 주장하는 학자들도 있다. 2010년에 만났던 팀 녹스만 해도 마코라의 연구를 어떻게 보고 있냐는 내 질문에 그의 모델은 자신의 중앙통제자 모델을 살짝 변형한 것에 불과하다고 답했다. "정신생물학적 모델의 유일한 차별성이라곤, 물론 마코라도 분명히 구분하겠지만 모든 것이 의식적으로 조절된다는 주장뿐입니다."

두 진영은 의식적 조절과 무의식적 조절이라는 주장을 내세워

팽팽하게 대립했지만, 사실 그들의 주장 사이에는 생각만큼 명확한 경계선이 존재하지는 않는다. 마코라는 속도를 올리거나 내리고, 경기를 멈추거나 계속하는 선수의 결정이 언제나 자발적 의지에 의해 이루어진다고 주장했지만 그 또한 이러한 '결정'이 도저히 견딜 수 없을 만큼 높은 운동자각도에 따라 좌우될 수 있다는 사실을 인정했다. 더욱이 마코라 자신이 빠르게 지나가는 사진 실험을 통해 입증했듯이, 우리가 의식적으로 인지하지 못하는 요소들이 결정에 영향을 미치는 경우도 얼마든지 있었다. 녹스와 동료들 또한 노력과 동기의 중요성, 의식적인 결정의 중요성에 대해 이의를 제기하지 않는다. 마라톤 선수가 초반 100미터에 전력 질주 하지 않는 것은 결코 중앙통제자의 무의식적인 명령 때문만이 아니다(초반에 모든 힘을 쏟아붓고 나중에 대가를 치르는 몇몇 열정적인 영혼들이 몸소 증명해 준 사실이다).

물론 녹스와 마코라의 이론에는 명백한 차이가 있으며, 그 차이는 대부분의 사람들이 살면서 한 번도 경험하지 못하는 '완전히 한계에 이른 탈진 상태'를 놓고 가장 극명하게 벌어진다. 당신이 헬스클럽에 가서 트레드밀을 시속 16킬로미터로 맞춰 놓은 채 가능한 한 오래 달리기로 마음먹었다고 상상해 보자. 평범한 사람이라면 노력의 감각이 참기 어려울 만큼 커졌을 때 지극히 자발적으로 트레드밀에서 내려올 것이다. 하지만 올림픽 마라톤 경기에서 마지막 1킬로미터를 앞두고 엎치락뒤치락 달리고 있던 두 선수 중 한 명이 갑자기 속도를 늦춘다면, 누구도 그 선수가 단순히 노력의 감각이 너무 커서, 혹은 동기가 부족해서 그런 행동을 했다고 생각하지는 않을 것이다. 이때 선수의 뇌가 심각한 장기 손상을 막기 위해 의식적 욕구를 무시하고 근육의 움직임을 제한한다고 보는 것이 바로 녹스의 관점이다. 이것은 단순히 무의식적일 뿐 아니라 의식적 결정에 철저히 반하는 과정이다. 살면서 한 번이라도 진지하게 달려 본 사람이라면 복잡하게 생각할 것도 없이 녹스의 관점이 **설득력** 있다고 느낄 것이다.

물론 선수가 노력과 동기를 최대로 발휘한 결과 순수한 육체적 한계에 다다랐다는 설명도 가능하다. A.V.힐이 거의 한 세기 전에 주장한 것과 같은 근육 피로와 산소 운반 능력의 한계가 하필 마지막 1킬로미터 부근에서 찾아오는 바람에 더 이상 속도를 낼 수 없게 된 것이다. 맨 처음 이 책을 기획했던 2009년 당시에 내 계획은 순수하게 팀 녹스와 그의 아이디어가 어떻게 몸을 중심으로 생각하던 기존의 지구력 이론을 뒤집어 놓았는지 조명하는 것이었다. 하지만 그 과정에서 마코라의 연구를 접했고, 지구력의 비밀을 완벽히 파헤치기 위해서는 심리적 요소도 빼놓을 수 없다는 사실을 깨달았다. 이후 이 분야에 깊이 파고드는 동안, 나는 여전히 두 사람 모두의 이론에 반대하며 지구력의 뿌리를 심장과 폐, 근육에 두는 생리학자들이 있다는 사실도 알게 되었다. 그중 한 사람은 폴라 래드클리프Paula Jane Radcliffe 선수가 마라톤 세계신기록을 세우는 데 결정적인 도움을 주었을 뿐만 아니라 〈브레이킹2〉 연구실에서 엘리우드 킵초게 선수가 1시간대 기록을 세울 가능성을 찾아낸 장본인인 엑서터대학교의 생리학자 앤드류 존스Andrew Jones였다. 당연한 일이지만, 그들 또한 자신이 지지하는 가설을 뒷받침할 만한 강력한 증거를 가지고 있었다.

도대체 누구의 가설이 옳은 것일까? 간결하게 대답하자면, 지금 이 순간까지도 격렬한 논쟁이 벌어지고 있으며 여전히 의견 일치의 기미는 보이지 않는다. 조금 더 길게 (그리고 내 딴에는 재미있게) 대답하자면, 위에서 제시한 트레드밀 달리기와 올림픽 마라톤의 비교와 마찬가지로, 상황에 따라 가장 적절한 이론이 달라질 수 있다. 2부에서 좀 더 자세히 다룰 예정이지만, 우리는 서로 다른 상황에서 통증이나 산소, 더위, 갈증, 연료와 같은 구체적인 요소들이 지구력의 한계에 어떤 영향을 미치는지 살펴볼 것이다. 스포츠음료를 삼키지 않고 뱉었을 때에도 지구력이 향상되었다는 실험 결과처럼 녹스의 이론을 뒷받침하는 다양한 예시도 추가적으로 들여다볼 것이다. 아이가 차에 깔렸을 때 이성을 잃은 엄마가 차를 들어 올리는 기적이 정말 가능한지도 알아볼 것이다. 여기에 더해, 우리는 운동선수들의 척추에 특정한 약물을 주입해 뇌가 걸어 놓은 자물쇠를 해제하면 근육을 한계치까지 사용할 수 있다는 가설이 사실인지 확인할 것이다. 결론을 살짝 공개하자면, 이 꿈의 시나리오는 악몽에 더 가까운 것으로 밝혀졌다.

2시간의 벽

건물 현관에 노숙인 한 명이 잠들어 있었다. 코끝까지 채운 지저분한 갈색 침낭으로 겨우 이슬비를 피한 그의 머리맡에는 흐린 날씨를 비웃기라도 하듯 형광 노란색 끈이 잘 어울리는 화사한 색깔의 나이키 운동화가 깨끗하고 보송보송한 상태로 놓여 있었다.

'정말이지 포틀랜드다운 광경이로군.' 나는 뛰면서 생각했다. 몇 블록을 더 달린 뒤, 다시 시내의 호텔로 돌아와 샤워를 하고 데이비드 윌리 편집장을 만나 깔끔하면서도 웅장한 나이키의 본사 건물로 향했다. 우리는 이곳에서 이 회사가 도대체 어떻게 마라톤 기록에 대한 내 예측을 반세기 이상 앞당기려 하는 것인지 확인할 예정이었다.

〈브레이킹2〉 프로젝트가 마케팅 부서의 일시적인 광고 전략이 아니라는 사실은 금방 확인됐다. 보안 검색대를 통과해 나이키스 포츠연구소^{Nike Sport Research Lap}(안내원은 이곳이 엄격한 출입 제한구역이며 본사에서 일하는 직원들도 대다수 출입 금지라는 사실을 숨도 쉬지 않고 설명했다) 에 들어선 우리는 2레인짜리 고무 트랙이 그려진 거대한 벽화를 지나쳐 걸어갔다.[116] 그 끝에는 득점 전광판에 사용되는 픽셀 폰트로 '1:59:59'라는 문구가 새겨져 있었다. 2년 가까운 시간 동안 약 스무 명의 연구원들이 이 비밀 프로젝트에 하루 종일 매달렸다. 정확한 예산을 공개하지는 않았지만 분명 수백, 수천만 달러의 자본이 투입 됐을 터였다.

그들은 인간의 한계에 도전하는 이 프로젝트를 위해 현존하는 모든 과학 기술을 시험하고 있었다. 밤늦게까지 이어진 여러 회의에 참석하는 동안 나는 나이키에서 가장 뛰어난 생리학자와 생체역학자, 제품 디자이너들을 만나 그들이 탈진한 근육에서 마지막 한 방울의 힘을 짜내기 위해 얼마나 오랜 세월을 투자했는지 전해 들었다. 다행히도 '불필요한 움직임과 에너지 낭비를 막기 위해 선수의 팔을 몸통에 완전히 고정시킨다'는 식의 지나치게 극단적인 아이디어들은 반려 서류 보관실에 켜켜이 쌓여 있다고 했다.

그들은 전 미국 국가대표 육상 선수인 맷 테겐캠프^{Matt Tegenkamp}와 진행한 실험에서 특수 제작된 압박붕대가 경기력을 상당한 수준으로 향상시킨다는 사실을 밝혀냈다. "하지만 테겐캠프 선수는 절대 그 붕대를 착용하지 않을 거예요." 연구소장인 매슈 너스^{Matthew Nurse}는 말했다. "그걸 두르면 슬랩스틱 코미디에 나오는 바보 캐릭터처럼 보이거든요." 한편, 운동화팀에서는 심사숙고 끝에 최소한으로 꼭 필요한 것들만 남기기로 하고 '마라톤 전용 스파이크 슈즈'의 시험용 샘플들을 내놓았다. 그 샘플들 중 하나는 무게를 줄이기 위해 뒤꿈치 굽을 완전히 제거한 상태였는데, 이 신발의 유일한 단점은 착용해 본 선수들이 하나같이 질색하는 반응을 보였다는 것뿐이다.

마침내 연구진은 '최고의 선수 선발, 효율적인 주행 환경 및 코스 제작, 최적화된 훈련 프로그램 적용, 적정량의 에너지와 수분 공급, 최첨단 기술이 적용된 운동복과 운동화 제공'이라는 다섯 가지 핵심 요소에 집중하기로 했다. 그들은 현존 최고기록인 데니스 키메토 선수의 2시간2분57초를 기준으로 이 다섯 가지 척도를 어떻게 향상시킬 수 있을지 연구했으며, 실제로 우리에게 그 결과를 보여주었다.

개중에는 성과가 미미한 분야도 있었다. 가령 의류생리학자 댄 주덜슨Dan Judelson은 느슨한 반바지를 타이트한 소재로, 매끈한 상의를 돌기가 추가된 소재로 바꾸고 허벅지에 공기역학적인 테이핑을 하면 기록을 '최소 1초에서 최대 60초까지' 단축할 수 있다고 말했다. "고작 1초를 단축시키는 것이라 할지라도 굉장히 중요한 일이에요. 할 수 있는 모든 시도를 하지 않은 상태에서 2시간00분01초의 결과가 나온다면 얼마나 안타깝겠어요?"

이와 달리 적어도 두 가지 분야에서는 주목할 만한 성과가 있었다. 첫째, 그들은 신기술을 적용한 최첨단 마라톤화를 개발해 냈다. 얼핏 보기엔 너무 두꺼워 보이는 이 신발의 밑창은 무게와 탄성 면에서 기존의 모든 기록을 압도하는 발포성 신소재로 되어 있었고, 가운데 부분에 덧댄 곡선 형태의 단단한 탄소섬유판은 지나치게 물 렁한 신발을 신고 달릴 때 발생할 수 있는 에너지 낭비를 방지하는 효과가 있었다.

콜로라도대학교에서 비밀리에 진행한 실제 착용 실험 결과, 이 신발은 선수의 달리기 효율을 평균 4퍼센트가량 올려 주는 것으로 확인됐다. 실험 결과[117]가 공개되면 치열한 논쟁이 예상될 정도로 엄청난 수치였다. 이토록 급작스러운 기술의 도약을 믿지 않거나, 믿는다 해도 대회에서 금지시켜야 한다고 주장하는 사람이 분명 나 올 것이었다. 하지만 현재로서 이 신발은 어떤 규정도 위반하지 않 았다. 그 순간 내 머릿속에 나이키의 프로젝트가 성공할지도 모른다 는 생각이 처음으로 떠올랐다.

두 번째 성과는 공기저항과 연관되어 있다. 나는 2014년 기고 문에서 마라톤을 2시간에 완주할 수 있는 선수가 완벽한 무풍 조건 에서 달린다 해도 공기저항 때문에 약 100초의 시간을 손해 볼 것 이라고 계산했다.[118] 지나친 과장처럼 들리는가? 마라톤을 2시간 안 에 완주하려면 약 1.6킬로미터를 4분35초 안에 주파해야 하며, 이는 보통 사람들에게 전력 질주에 해당하는 속도라는 사실을 잊지 말자. 1970년에 발표된 연구 결과에 따르면 앞선 주자의 바로 뒤에 따라 붙어 달리는 방식으로 공기저항을 피하는 것이 가능했지만,[119] 경기 내내 누군가의 뒤에 바짝 붙어 달리는 것은 현실적으로 거의 불가능했다. 게다가 경기 중간에 페이스메이커를 투입해 세운 기록은 공식 기록으로 인정되지 않는 만큼, 공식적으로 2시간의 벽을 깨기 위해서는 나이키가 선택한 선수의 바로 앞에 혼자서도 2시간 이내의 기록을 낼 수 있는 페이스메이커가(물론 페이스메이커'들'이면 더 좋고) 달려야 한다는 모순이 생겼다.

결국 나이키는 다음과 같은 해결책을 내놓는 것으로 논의를 마무리했다. 공식적인 세계신기록 수립을 포기하고, 여러 명으로 구성된 페이스메이커팀을 경기 내내 교대로 투입하여 선수의 공기저항을 줄여 주는 것이다.

그러나 도전하는 선수 본인이 세계신기록 수준의 실력을 갖추지 못했다면 이 모든 지원도 아무런 의미가 없다. 〈브레이킹2〉팀은 앤드류 존스를 포함한 외부 자문단과 함께 18개월에 걸쳐 정상급 마라토너들을 대상으로 도전자 선발에 들어갔다. 주요 선발 기준은 1991년 마이클 조이너가 강조했던 세 가지 조건인 최대산소섭취량과 달리기 효율, 젖산역치였다.

존스는 말쑥한 옷차림과 사근사근한 말투를 갖춘 영국 웨일스 사람으로, 위대한 마라토너 폴라 래드클리프에게 래드클리프가 조숙한 10대이고 존스가 대학원생이었을 때부터 조언을 제공한 것으로 유명한 인물이다. 래드클리프가 마라톤 선수로 데뷔를 준비하고 있던 2002년, 존스는 그녀에게 2시간18분대의 기록을 세울 수 있을 거라고 말했다. 당시 세계신기록이 2시간18분47초였다는 사실을 감안하면 상당히 대담한 예측이었지만, 실제로 그녀는 런던에서 열린 경기를 2시간18분56초 만에 완주했다. 같은 해 말에 열린 시카고 경기에서 존스는 2시간17분대의 기록을 예상했고, 래드클리프는 2시간17분18초 만에 결승선을 넘었다. 이듬해 봄에 2시간16분대에 진입한 그녀는 마침내 런던 대회에서 2시간15분25초라는 기록을 세웠고, 이 세계신기록은 지금까지도 깨지지 않고 있다. A.V.힐이 살아 있었다면 참으로 뿌듯해했을 결과였다.

이러한 경험은 존스에게, 그리고 비버턴에서 그의 경험담을 들은 나에게 트레드밀 테스트로 불가능해 보이는 경기 결과를 정확히 예측할 수 있다는 자신감을 심어 주었다. 하지만 그는 눈에 보이지 않는 다른 요소들의 중요성 또한 강조했다. "통증을 견디는 그녀의 인내력은 전례 없는 수준이었죠." 그는 회상했다. 따라서 〈브레이킹2〉팀은 트레드밀 테스트 외에도 트랙 테스트나 기존 경기 기록 분석 등 직관적으로 필요하다고 판단한 평가 기준을 다양하게 적용했다. 선수의 자신감이나 이번 도전에 대한 반응, 그 외에 여러 가지 마음가짐과 생각들 또한 프로젝트를 성공시킬 인재인지 가늠하는 기준이 되었다.

나이키 본사에서 최종 테스트와 훈련을 받을 최후의 3인 명단에는 누구나 예측했던 선수와 의외의 선수가 골고루 이름을 올렸다. 32세의 엘리우드 킵초게는 직전 올림픽의 금메달리스트로, 역사상 세 번째로 빠른 마라토너이자 당시 기준으로 모두가 세계 최고라고 입을 모으는 케냐 선수였다. 에리트레아 출신으로 하프 마라톤 세계신기록 보유자인 34세의 제르세나이 타데세$^{Zersenay\ Tadese}$는 연구소에서 테스트를 진행한 선수들 가운데 달리기 효율이 가장 뛰어난 선수 중 하나였다. 마지막 후보인 렐리사 데시사$^{Lelisa\ Desisa}$는 26세의 에티오피아 출신으로, 보스턴 마라톤 대회에서 두 차례나 우승을 거머쥐었으며 경쟁 경주에서 그 누구보다 큰 투지를 불태우는 선수였다.

우리는 연구진이 며칠에 걸쳐 후보들의 잠재력을 관찰하는 모습을 지켜보았다. 그들은 각각의 후보에게 민소매 티셔츠와 반바지만 입힌 뒤 도전 예정일의 기온으로 예상한 약 10도의 추운 방 안에 넣고 몸 여기저기에 부착된 온도계를 통해 추위에 대한 반응을 측정했다. 각 선수에게 꼭 맞는 탄소섬유판의 경도를 찾아내기 위해 서로 다른 버전의 신소재 운동화를 착용시킨 뒤 달리기 효율을 확인하기도 했다. 킵초게가 트레드밀 위에 조심스레 발끝을 올려놓은 순간, 연구진들은 그를 관찰하기 위해 사방에서 기계를 빙 둘러싸고 모여들었다.

태어나서 두 번째로 트레드밀을 경험한다는 킵초게의 모습은 (첫 번째 경험은 3인의 최종 후보를 선발하는 테스트 자리에서였다) 마치 빙판 위에서 허우적대는 새끼 사슴을 연상시켰다. 아무래도 트레드밀 자체에 익숙하지 않아서인지, 훗날 존스가 귀띔해 준 그의 기록은 놀랄 만큼 평범한 수준이었다. 하지만 연구진은 그가 올림픽 금메달리스트라는 점을 감안하여 그저 그런 트레드밀 기록을 눈감아 주기로 했다.

언어의 장벽에 가로막히는 바람에 타데세와 데시사가 이 모든 테스트 과정을 어떻게 생각하는지 정확히 알 수 없었다. 두 사람은 통역사와 함께한 대화에서도 교묘하게 대답을 피했다. 하지만 그들이 2시간 이내 마라톤 완주를 성공하기 힘든 목표로 여기면서도, 나이키의 도움(과 어마어마한 경제적 지원)과 함께라면 도전해볼 만하다고 여기는 느낌만큼은 전달됐다.

반면 유창한 영어를 구사하는 킵초게의 태도는 사뭇 달랐다. 비록 그가 몸을 앞으로 숙이고 귀를 바짝 기울여야 들릴 만큼 조용한 어조로 이야기했지만, 그의 말 한 마디 한 마디(그리고 훗날 나와 데이비드가 특별한 오라를 풍겼다고 입을 모은 그의 태도)에는 평온하면서도 굳건한 자신감이 가득 차 있었다. '저 자신감은 올림픽 금메달이 가져다 준 선물일까?' 나는 생각했다. '아니면 애초에 금메달을 목에 걸기 위해 필요한 자질일까?'

포틀랜드에서 일주일을 보낸 최종 후보들은 각각 케냐, 에리트레아, 에티오피아에 있는 집으로 돌아갔다. 현존하는 대다수의 세계 정상급 장거리선수들과 마찬가지로 세 후보는 모두 해발 1,800미터의 그레이트리프트밸리Great Rift Valley를 낀 동아프리카의 산악지대 출신이었다.

고지대의 희박한 공기는 달리기에 좋지 않은 조건이었지만, 역설적이게도 더 힘껏 달리게 하고 폐에서 근육으로 산소를 실어 나르는 적혈구의 수를 늘려 주는 등 달리기에 적합하도록 적응하게 만드는 촉매제 역할을 하기도 했다. 게다가 이러한 환경에서 태어난 사람들은 누구나 뛰어난 폐활량Lung Volume을 비롯해 산소 활용에 유리한 신체 조건을 타고났다. 미국 역사상 두 번째로 빠른 여성 마라토너인 셜레인 플래너건Shalane Flanagan은 해발 1,600미터의 볼더 Boulder 지역에서 태어났으며 미국에서 태어난 남성 마라토너 중 가장 빠른 기록을 가진 라이언 홀Ryan Hall 또한 해발 2,060미터의 빅베어레이크Big Bear Lake 지방에서 자랐다.[120]

1월 말, 열두 명의 연구진으로 구성된 나이키의 조사단은 킵초게와 데시사, 타데세 선수의 홈 트레이닝 환경을 확인하기 위해 2주 일정으로 그들의 거주지를 방문했다. 조사단은 한계 확장을 위해 최첨단 기술을 활용하면서도 혹독한 기초 훈련과 소박한 일상의 조화를 추구하는 아프리카 마라톤 선수들의 훈련 방식을 보고 깊은 인상을 받았다. "올림픽 금메달리스트가 훈련을 마치고 우물로 가 물을 긷는 모습은 절로 겸손한 마음을 불러일으키더군요." 〈브레이킹 2〉의 외부 자문 과학자인 필립 스키바Philip Skiba가 스마트폰으로 호텔 체크인을 하던 내게 조용히 말했다.

이번 출장의 목표는 절반은 선수들과 신뢰 관계를 형성하기 위함이었고 절반은 여러 가지 과학적 측정값을 얻어 가기 위함이었다. 브렛 커비Brett Kirby 팀장이 이끄는 생리학자팀은 즉석에서 휴대용 풍속계를 조립해 선수들이 맞바람을 피할 수 있도록 앞선 선수의 뒤에 바짝 붙을 타이밍을 정확히 알려 주었을 뿐만 아니라 달리기 전후로 다리에 축적된 탄수화물의 양을 측정해 주는 휴대용 초음파

기기로 각 선수의 에너지 저장고가 얼마나 빨리 바닥나는지 확인시켜 주었다.

조사단이 가져온 장비 중에는 2시간 완주 페이스의 혹독한 훈련을 하는 동안 몸에 부착하는 근육 산소포화도 센서도 있었다. 존스가 전해 준 이 센서의 측정값에 따르면, 킵초게의 몸은 매우 빠른 속도에서도 오랫동안 '안정된 신체 활동'을 유지할 수 있는 것으로 나타났다. 과거 하버드피로연구소에서 연구한 클레어런스 디마의 몸과 마찬가지로 말이다.

조사단이 해결해야 할 최우선 과제는 선수가 달리는 동안 마실 음료와 섭취 방법을 결정하는 것이었다. 5킬로미터마다 급수대를 제공하는 일반적인 마라톤 대회[121]와 달리, 〈브레이킹2〉 프로젝트는 자전거로 선수를 따라가며 약 3킬로미터에 한 번씩 에너지음료를 공급할 예정이었다. 그들의 계산에 따르면 이 방법은 음료를 한 번 마실 때마다 약 7초의 시간을 절약해 주었다. 또한 음료로 한 시간 기준으로 약 60~90그램의 탄수화물을 공급한다는 목표를 세우고 있었다.

물론, 말처럼 간단한 일은 아니었다. 이는 보통의 마라톤 선수들이 경기 중에 보충하는 것보다 훨씬 더 많은 양으로, 전체 완주 시간으로 계산해 보면 달리면서 삶은 스파게티 네 컵 정도를 급하게 먹어 치우는 수준의 열량이었다. 많은 연습이 필요한 과제라는 점에 모두들 동의했다. 먼저 연구진은 35킬로미터를 달리는 데시사를 따라가면서 주기적으로 음료를 공급하는 실험을 진행했다. 데시사는 다음 날 자신이 음료를 '아주 많이' 섭취한 것 같다고 보고했지만, 사실은 준비한 1,500밀리리터 중 고작 400밀리리터밖에 마시지 않았다.

출장이 막바지에 이를 무렵 조사단은 조심스럽게 프로젝트에 대한 낙관적인 예측을 내놓기 시작했다. 2시간 이내 완주를 가로막고 있던 근육, 산소, 온도, 갈증, 에너지 등의 생리학적 장애물들이 하나씩 사라지는 것을 느꼈기 때문이다.

그즈음 킵초게는 보다 미묘한 변화를 느끼고 있었다. 카프타갓 인근의 선수단 캠프에 머물고 있는 그와 통화를 하던 중, 나는 킵초게에게 이 거대한 도전을 앞두고 평소와 다르게 준비하고 있는 것이 있는지 물었다. 그의 가장 최근 경기가 59분 44초 만에 완주해 우승을 차지한 델리의 하프 마라톤이었으니, 얼마 뒤면 그 두 배의 거리를 거의 똑같은 페이스로 뛰어야만 했다. 그는 지난 몇 년간의 훈련과 별로 다르지 않은 방식으로 훈련을 하는 중이라고 대답하며, "하지만 마음가짐만은 달라요"라고 덧붙였다. 그에게 이 프로젝트는 다분히 정신적인 도전이며, 이 모든 것이 지나친 망상에서 빚어진 실수라고 비웃는 회의주의자들에 대한 저항이었다. "대부분의 사람들은 1시간대의 기록으로 결승선을 통과하기 전에 죽을 확률이 더 높다고 말합니다." 그는 케냐 선수들의 반응을 묻는 내 질문에 이렇게 답했다. "하지만 저는 그들이 틀렸다는 사실을 증명해 낼 거예요."

그러나 이는 단순히 생리학적 한계를 확장하고 심리학적 강인함을 갖춘다고 해서 달성할 수 있는 일이 아니었다. 무엇보다도 킵초게 선수는 피할 수 없는 극심한 통증을 이겨 내야만 했다.

2부

무엇이 인간을 포기하게 만드는가

5장

통증

옌스 보이트Jens Voigt는 요크셔의 바위투성이 황야를 가로지르는 2014년 투르 드 프랑스Tour de France 대회에서 초반부터 공격적인 질주를 시작했다.[122] 42세의 독일 출신인 이 베테랑 선수는 이번 경기에 참가한 최고령 선수로 17회 연속으로 출전하면서 최다 참가 기록을 세웠다. 하지만 그가 달리는 모습을 보면 단순히 최다 기록을 세우기 위해 참가한 것이 아니라는 사실을 분명히 알 수 있었다. 그를 포함한 세 명의 선두 그룹은 이번 코스의 첫 번째 언덕 구간에 진입하기도 전에 벌써 후발 주자들을 큰 격차로 따돌렸다. 앞으로 남은 거리가 160킬로미터도 넘는다는 사실을 감안할 때, 이 세 선수가 끝까지 우위를 지킬 가능성은 거의 없었다. 하지만 확률을 무시하고 거침없이 질주하는 이 대담함이야말로 평소에는 매우 겸손한 보이트를 사이클 팬들의 우상으로 만들어 준 원동력이었다.

하지만 현실은 첫 오르막에서부터 그의 발목을 잡았다. 그와 함께 선두 그룹에 있던 두 선수가 자전거 몇 대 길이에 해당하는 격차를 벌리며 그를 따돌린 뒤 자기들끼리 산악왕Best Climber 자리를 놓고 경쟁을 벌이기 시작한 것이다(투르 드 프랑스는 종합 우승자와 별도로 포인트 우승자와 산악왕 등을 선발하며, 각 부문 수상자들에게는 서로 다른 디자인의 저지 운동복을 수여한다 - 옮긴이). 보이트는 자신이 우승은 물론이고 앞으로 남은 언덕 구간에서 그들을 따라잡아 산악왕 자리를 차지하기도 어려우리라는 사실을 깨달았다. 그의 팀 코치는 무전기를 통해 속도를 늦추고 에너지를 아끼라고 조언했다. "저는 '절대 안 돼요. 다른 방법이 없어요. 산악왕 저지를 손에 넣으려면 지금 달려야 해요'라고 대답했죠." 보이트는 당시의 대화를 이렇게 회상했다. 그는 에너지를 두 배로 끌어모아 다음 언덕 구간 전에 경쟁자 두 명을 제쳤고, 비록 우승하진 못했지만 오르막 구간에 가장 강한 선수이자 가장 치열한 선수에게 수여하는 물방울무늬 저지를 차지했다. '다리야, 닥쳐!Shut up, legs!' 라는 유행어(과거 덴마크의 한 방송국 리포터가 특유의 전력 질주를 할 때 찾아오는 근육 피로를 어떻게 극복하는지 물었을 때 그가 한 대답이다)[123]를 가진 선수다운 경기가 아닐 수 없었다.

압도적인 신체 능력이나 안장 위에서 보이는 품위로 인기를 얻는 일반적인 유명 사이클 선수들과 달리, 보이트를 18년간의 선수 생활 동안 특별한 존재로 만든 것은 통증을 대하는 그의 태도였다. 《사이클링 위클리Cycling Weekly》는 그를 이렇게 평가했다. "통증과 싸워서 억누르고, 궁극적으로는 극복해야 할 하나의 정신 상태로 받아들이는 그의 태도야말로 사이클 팬들이 그를 '도로 위의 철인'으로 칭송하는 이유일 것이다."[124] 보이트는 엘리트 육성을 위해 세워진 동독의 엄격한 스포츠아카데미에서 목표 달성만을 위해 노력했던 자신의 어린 시절이 이 같은 태도에 큰 영향을 미쳤을 것이라고 생각했다. 그의 회고록(제목은 물론 『다리야, 닥쳐!Shut Up, Legs!』다)에는 다음과 같은 구절이 등장한다. "그 시절을 보내면서 통증에 대한 내 역치가 남들보다 높아졌다고 생각한다.", "내 통증역치Pain Threshold는 대부분의 사람들보다 10~20퍼센트 정도 높은 것 같다. 이 사실을 과학적으로 증명할 수 있을지는 모르겠지만, 적어도 나는 확실히 알 수 있다."

대중적인 인식(그리고 사전) 속에서 지구력과 통증은 떼려야 뗄 수 없는 관계를 맺고 있다. '고통 없이는 얻는 것도 없다'는 모토가 적용되지 않는 종목은 없겠지만, 독일 울름대학병원University Hospitals Ulm에서 운동선수들의 통증을 연구하는 볼프강 프로인트Wolfgang Freund 연구원은 기술 종목의 경우 육체적인 고통 때문에 받는 압박이 상대적으로 덜하다고 말한다. "가령 세계 최고의 축구 스타인 아르헨티나의 디에고 마라도나Diego Maradona 선수를 보면 적어도 정상급 축구 선수는 매일같이 통증과 싸울 필요가 없다는 생각이 들죠." 하지만 사이클을 포함한 지구력 종목 선수들에게 통증이란 피할 수 없는 숙명이며, 이 숙명을 어떻게 통제하는지에 따라 경기 결과가 결정된다. 프로인트는 2013년 인상적인 논문을 발표했다.[125] 쉬는 날 없이 약 64일에 걸쳐 4,500킬로미터를 달리는 울트라마라톤이자 통증과의 전쟁인 '트랜스 유럽 풋 레이스TransEurope Footrace'에 출전한 선수들의 통증내성Pain Tolerance을 연구한 논문이었다. 그는 열한 명의 선수들에게 손을 얼음물에 담그고 3분간 버틴 뒤 느껴지는 고통의 정도를 점수로 평가해 달라고 요청했다. 선수들이 매긴 점수는 10점 만점에 평균 6점이었다. 반면 일반인으로 구성된 대조군 중에서 3분을 버틴 사람은 고작 세 명에 불과했고, 나머지는 평균 96초 만에 최고 점수인 10점을 매긴 뒤 실험을 포기했다.

이 같은 실험 결과는 다른 신체 조건이 똑같다면 남들보다 통증을 조금 더 잘 견디는 사람에게 금메달이 돌아간다는 가설을 뒷받침한다. 잘 훈련된 운동선수가 보통 사람보다 통증을 잘 견딘다는 연구는 이 외에도 여럿 보고되었으며, 육체적 고통을 수반한 집중 훈련을 지속적으로 받으면 통증내성이 올라간다는 사실을 입증한 실험도 있다. 하지만 실제로 근육에 찾아온 통증과 머리로 느끼는 통증 사이에는 생각보다 큰 괴리가 존재한다. "통증의 정체성은 하나가 아닙니다." 맥길대학교 통증유전학연구소Pain Genetics Lab의 제프리 모길Jeffrey Mogil 소장은 이렇게 설명한다. 통증은 시각이나 촉각 같은 감각이자 분노나 슬픔 같은 감정이며 배고픔과 같이 특정한 행동을 유발하는 충동이다. 이처럼 복합적인 통증의 특성은 운동선수가 처한 상황과 맞물려 다양한 영향력을 발휘한다. 때로는 잘 뛰던 선수를 멈추게 만들지만, 때로는 평소보다 더 좋은 기록을 유도할 수도 있는 것이다.

　사이클 선수로서 보이트의 경력은 대부분 자신보다 팀 리더에게 더 큰 영광을 안겨 주기 위한 고통과 인내의 시간으로 채워져 있었다. 2000년 올림픽에서는 얀 울리히 Jan Ullrich 선수가 보이트의 도움을 받아 금메달을 목에 걸었으며 그 외에도 이반 바소 Ivan Basso, 앤디 슐렉 Andy Schleck 을 포함한 여러 선수가 유럽 유수의 사이클 대회에서 우승을 차지했다. 사이클은 기본적으로 복잡한 팀 전술을 필요로 하며, 지형과 공기역학의 영향력이 절대적인 만큼 시간보다는 장소에 훨씬 민감한 스포츠다. 하지만 선수가 이 모든 조건을 무시하고 오직 기본적인 질문에 집중한다면 사정은 달라진다. 나는 60분 안에 페달을 얼마나 많이 밟을 수 있는가? 그만큼의 페달을 밟기 위해 얼마나 큰 통증을 참을 수 있는가? 2014년 프로로서 마지막 시즌을 준비하던 보이트가 스스로에게 이런 질문을 던지는 장면은 어렵지 않게 상상할 수 있다. 그가 최후의 경기로 선택한 종목인 아워 레코드 Hour Record (선수가 실내 트랙에서 혼자 한 시간 동안 달린 거리를 측정하는 사이클 종목 – 옮긴이) 에서 60분 동안 달려낸 거리는 지금까지도 경건하게 회자되고 있다. "가장 단순한 것이 가장 아름답습니다."[126] 그는 말한다. "자전거 하나, 보호구 하나, 선수 한 명. 이게 전부예요. 전략이니 팀워크니 보너스 시간이니 그런 것들은 아무 의미도 없죠. 아워 레코드는 그동안 선수가 얼마나 많은 고통을 견뎌 냈는지에 대한 기록이에요. 그야말로 진실의 60분이죠."

고통을 대하는 태도

세계 최초의 아워 레코드 기록[127]은 1893년 파리의 벨로드롬 버펄로 트랙Vélodrome Buffalo Track(버펄로 빌Buffalo Bill이 서커스 공연을 했던 자리에 만들어진 트랙)에서 세워진 35.325킬로미터다. 이 첫 번째 기록을 세운 사람은 오만한 성격으로 유명했던 신문기자 겸 편집장이자 그로부터 약 10년 뒤 투르 드 프랑스 경기를 창설하는 인물인 앙리 데그랑주Henri Desgrange다. 이후 아워 레코드는 뛰어난 기량을 가진 선수들이 한 번씩 거쳐 가는 하나의 의식이 되었으며, 그 이면에서 수없이 많은 전설을 만들어 냈다. 예를 들어 제1차 세계대전이 벌어지기 3년 전, 두 명의 프랑스 선수가 서로 주거니 받거니 하며 다섯 차례나 신기록을 달성하는 에피소드가 있었다. 두 사람은 매번 다음 번 기록 경신(과 상금)을 염두에 두며 앞선 기록을 너무 많이 뛰어넘지 않도록 주의했다고 전해진다. 제2차 세계대전이 한창이던 1942년, 이탈리아의 스타 선수 파우스토 코피Fausto Coppi가 폭격으로 아수라장이 된 밀라노에서 믿을 수 없는 경기를 펼치며 신기록을 수립한 전설 같은 이야기도 있다. 1967년 자크 앙크틸Jacques Anquetil 선수가 세운 신기록은 그가 경기 후 위원회의 소변검사 제의를 분개하며 거절하는 바람에(소변검사는 그 시절 막 등장하여 선수들에게 낯선 제도였다) 공식 기록으로 인정받지 못했다.

그중에서도 가장 유명한 기록은 사이클의 황금기를 이끌며 대부분의 사이클 팬들에게 역사상 최고의 선수로 인정받는 벨기에

의 에디 메르크스^{Eddie Merckx} 선수가 1972년에 세운 신기록일 것이다.[128] 그가 10월 말 멕시코시티의 희박한 공기 속에서 세계신기록을 달성한 아워 레이스는 그해 139번째로 출전한 경기였다. 그는 그중에서 투르 드 프랑스와 지로 디탈리아^{Giro d'Italia} 종합 우승을 포함하여 총 51차례 우승을 거머쥐었다. 그가 아워 레코드 기록 수립을 위해 짧게나마 준비를 할 수 있었던 것은 투르 드 프랑스에서 얻은 엉덩이 부상을 치료하느라 빡빡한 경기 스케줄을 약간 미룬 덕분이었다.

메르크스는 기왕 산꼭대기에 있는 특별 경기장까지 날아가 1시간 동안 달릴 거라면 처음부터 끝까지 기존의 어떤 선수보다 빠른 랩타임을 기록해 보겠다고 결심했다. 그의 친구가 현존하는 스타트 기록이 얼마나 빠른지 얘기해 주었을 때 그는 이렇게 대답했다. "잘 됐군. 초반 몇 킬로미터는 정말 죽도록 달려야겠네." 예기치 못한 비로 며칠 지연되었다가 겨우 열린 경기에서 그는 자신의 다짐을 실행에 옮겼다. 초반 1킬로미터와 5킬로미터를 신기록에 육박하는 랩타임으로 주파하고, 10킬로미터와 20킬로미터 구간에서는 실제로 세계신기록을 세운 것이다. 그가 여기까지 쓴 시간은 30분도 채 되지 않았다. 경기가 후반부로 갈수록 그의 투지는 고통에 조금씩 침식당했고 막바지에는 안장 위에서 살짝 비틀거리기도 했지만, 결과적으로 그는 49,431미터를 달리며 덴마크의 올레 리터^{Ole Ritter} 선수가 세운 직전 최고기록을 800미터나 경신하는 대기록을 수립했다. 사이클 저널리스트 마이클 허친슨^{Michael Hutchinson}은 당시 자전거에서 내려오는 메르크스의 모습이 한 척의 난파선 같았다고 회상한다. "그는 움직이지도, 말을 하지도 못했어요. 얼마쯤 시간이 지난 뒤 그가 겨우겨우 내뱉은 단어는 '끔찍했다'였죠. 분명 경험하지 않은 사람은 결코 알 수 없는 그런 종류의 고통이겠죠."

영상으로 기록된 그의 도전을 보고 있자니, 그가 무시무시한 통증과 싸우고 있다는 사실이 실감나게 다가왔다. 하지만 그가 느낀 통증이 직전 신기록 보유자인 리터나 80년 전에 최초의 기록을 세웠던 라그랑주Lagrange의 육체적 고통보다 컸다고 확신할 수 있을까? 2015년 영국의 기자 겸 사이클 팬인 사이먼 어스본Simon Usborne이 아워 레이스에 대한 특집 기사[129]를 쓰면서 42,879미터를 달릴 때 느꼈던 고통은 그보다 덜할까? (어스본은 사이클을 타는 그 며칠 동안 '죽음보다 더한 고통'을 느꼈으며, 30년 이상 늙은 것 같다고 털어놓았다) 평범한 일반인 남녀가 한 시간 동안 있는 힘을 다해 사이클을 탈 때 느끼는 통증의 크기는 또 어떨까? 우리가 찾아내야 할 문제의 핵심은 바로 여기에 있었다.

운동선수들의 통증 지각Pain Perception에 대해 최초로 연구한 학자 중 한 명인[130] 스코틀랜드 스털링대학교의 생리학자 카렐 기스버스Karel Gijsbers는 (대학원생 한 명과 함께) 1891년 영향력 있는 학술지 《영국 의학 저널》에 논문을 게재했다. 연구진은 스코틀랜드 국가대표 수영 선수 서른 명을 대상으로 몇 가지의 통증 실험을 진행한 뒤, 대조를 위해 아마추어 수영팀 선수 서른 명과 비운동선수 스물여섯 명에게 같은 실험을 했다. 실험 참가자들은 팔에 피가 통하지 않도록 혈압 측정용 띠를 꽉 동여맨 뒤 1초에 한 번씩 주먹을 쥐었다 펴라는 지시를 받았다. 그렇게 측정된 '통증역치'는 참가자들이 단순한 불편함을 넘어서 통증을 느끼기 시작한 순간까지 주먹을 쥐었다 편 숫자였고, '통증내성'은 참가자가 포기를 선언한 순간까지 주먹을 쥔 숫자였다.

첫 번째 발견은 통증역치가 실험 집단에 상관없이 평균 50회 전후로 거의 동일했다는 사실이었다. 메르크스가 몸소 증명해 보였듯이 정상급 운동선수라고 해서 통증에 면역이 되어 있는 것은 아니다. 그들 또한 여느 일반인과 똑같이 육체적 고통을 느낀다. 하지만 통증내성 부분에서는 세 집단이 극적인 차이를 보였다. 국가대표팀이 포기를 선언하기까지 평균 132회 주먹을 쥔 반면 아마추어팀은 평균 89회, 비운동선수 집단은 평균 70회 만에 연구진에게 자비를 호소했다. 기스버스는 이러한 차이가 국가대표 선수들이 일상적으로 받는 집중적이면서도 고통스러운 훈련 때문일 것이라고 추론했다. 어쩌면 엔도르핀 같은 화학물질이 분비되기 때문일 수도 있고, 어쩌면 단순한 생리적 적응 과정의 일환일 수도 있었다. 그는 논문에 슬쩍 이런 각주를 끼워 넣었다. "강력한 동기를 가진 운동선수들이 통증에서 기묘한 만족감을 느낀다는 연구 보고도 있다."

잇따른 후속 연구들 또한 그의 추론을 뒷받침했다. 운동선수들, 그중에서도 지구력 종목의 선수들은 보편적으로 통증을 기꺼이 감수하는 경향을 보였던 것이다. 볼프강 프로인트의 논문을 비롯해 유사한 결론을 가진 보고가 쏟아져 나오자, 필연적으로 닭이 먼저냐,

달걀이 먼저냐 하는 식의 질문이 수면 위로 떠올랐다. 뛰어난 운동 선수들은 훈련을 통해 통증을 이겨 내는 법을 배우는 것일까? 아니면 선천적으로 우월한 통증내성을 타고나는 것일까? 진실은 분명히 그 사이 어딘가에 존재할 테지만, 기스버스의 흥미로운 각주는 그가 전자를 지지한다는 인상을 풍긴다. 그는 엘리트 수영 선수들을 대상으로 1년에 세 번 똑같은 실험을 실시했고, 그 결과 그들이 경기 시즌인 6월에 가장 높은 통증내성 수치를 보이며 시즌 오프 직후인 10월에 가장 낮은 수치를 보인다는 사실을 밝혀냈다. 경기는 없지만 정규 훈련이 한창인 3월에는 중간 정도의 수치가 기록되었다.

이처럼 측정 시기에 따라 규칙적으로 변화한 측정값은 통증내성이 훈련과 무관하지 않다는 가설을 이끌어 냈다. 그리고 2017년 영국 옥스퍼드브룩스대학교의 마틴 모리스^{Martyn Morris}와 토머스 오리어리^{Thomas O'Leary}는 이 가설이 옳다는 사실을 증명해 냈다.[131] 두 사람이 채택한 실험 방법은 기본적으로 기스버스와 동일했다. 팔의 혈액 흐름을 차단한 채 주먹을 쥐었다 펴도록 지시한 것이다. 실험 참가자들은 중간 난이도의 지속적인 사이클링과 고난이도의 간헐적인 종합 체력 훈련으로 구분된 6주간의 훈련 프로그램에 나뉘어 투입되었고, 각각 프로그램 시작, 중간, 종료 후 3회에 걸쳐 통증내성 테스트를 받았다. 난이도와 횟수를 종합한 두 프로그램의 전체 운동량은 거의 비슷했으며, 6주의 프로그램을 마친 후 최대산소섭취량과 젖산역치를 측정한 결과 참가자 전원의 체력이 향상된 것으로 확인되었다.

하지만 두 그룹의 실험 결과에는 두 가지 중대한 차이점이 있었다. 첫째, 간헐적으로 고난도 훈련을 받은 그룹의 통증내성이 41퍼센트나 증가한 반면 지속적으로 쉬운 훈련을 받은 그룹의 통증내성에는 전혀 변화가 없었다. 중요한 것은 훈련의 결과가 아니라 과정이었던 것이다. 체력이 증진되었다고 해서 마법처럼 통증내성이 올라가는 것이 아니라, 훈련 과정에서 육체적 고통을 경험해야 했다. 둘째, 전체적인 체력 증진 정도가 비슷했음에도 불구하고 고난도 훈련을 받은 그룹은 프로그램 전후로 이루어진 다양한 난이도의 사이클 탈진 테스트에서 훨씬 향상된 모습을 보였다. 그들은 프로그램 종료 후에 실시한 탈진 테스트에서 훈련 전보다 148퍼센트 더 오래 버팀으로써 고작 38퍼센트 향상에 그친 중간 난이도 그룹의 성과를 큰 폭으로 압도했다. 탈진 테스트와 통증내성 테스트의 결과가 같은 방향으로 변화했다는 사실은 상당히 흥미롭다. 혈압 측정용 띠를 동여매고 주먹을 더 많이 쥘 수 있는 사이클 선수가 실제 경기에서도 더 좋은 기록을 낼 가능성이 있다는 뜻으로 해석될 수 있었기 때문이다.

이는 매우 심오한 발견이었다. 훈련 중에 겪는 고통은 통증내성을 강화시키고, 이렇게 강화된 통증내성은 경기력을 향상시킨다. 물론 대부분의 선수들은 이러한 실험 결과 없이도 통증내성과 경기력의 관계를 직감적으로 알고 있었다. 가령 트라이애슬론 선수 제시 토머스Jesse Thomas는 고통스러운 지압 마사지를 일종의 통증 강화 훈련으로 활용한다. "너무 아파서 미칠 것 같은 순간에도 고통을 끝내 달라고 부탁하는 대신 참을 수 있는 한계까지 참아보는 거죠."[132] 그는 말한다. 모리스와 오리어리의 이론이 완벽하게 증명되려면 앞으로도 다양한 환경에서 후속 실험이 이뤄져야 할 것이다. 하지만 그들의 연구는 통증내성이 최소한 아마추어 운동선수들의 경기력에 영향을 미치는 요소이자 지구력의 제한 요인이라는 사실을 밝혀냈다. 후속 연구자들의 역할은 그들의 실험이 끄집어낸 달콤한 가능성을 증명하는 것이다. 통증내성을 키우는 훈련만으로도 더 빠른 기록을 낼 수 있을까?

통증의 역할

아워 레코드 종목이 가진 매력 중 하나는 단순함이다. 하지만 현실에서는 가장 단순한 경기조차 관료제의 쓸데없이 복잡한 규칙과 제멋대로인 규율에 휘말리곤 한다. 1990년대에 들어서 공기역학적인 사이클용 자전거가 개발되어 아워 레코드의 세계신기록이 3년 새 10퍼센트나 향상된 56킬로미터에 이르게 되자, 국제사이클연맹 International Cycling Union(보통 프랑스어 약자인 UCI로 불린다)은 새로운 규제를 만들기로 결의했다. 그들은 2000년 에디 메르크스의 기록 이후에 세워진 모든 세계신기록을 삭제한 뒤, 앞으로 아워 레코드에 도전할 선수는 모두 철제 바퀴살과 튜브로 감싼 프레임을 갖춘, 메르크스가 탔던 것과 동일한 자전거를 사용하도록 규정했다.

이보다 더 의아한 추가 규정은 선수와 함께 달리며 피드백을 제공할 지원팀 수를 한 명으로 제한하고 선수의 손목시계형 거리 측정기 착용을 금지하는 조항이었다. 심지어 이 두 가지 추가 조항은 UCI의 공식 규정집에도 없던 내용으로, 2003년 사이클 저널리스트이자 타임 트라이얼Time Trial(일정한 거리를 달린 시간을 재서 승자를 결정하는 사이클 종목 – 옮긴이) 챔피언인 마이클 허친슨이 아워 레코드 기록에 도전하기 직전에 갑자기 발표되었다. 이와 더불어 연맹은 심장 박동 수 측정기 사용을 금지하고 트랙 옆에서 바퀴 수를 알려 주는 랩 카운터 전광판마저 켜지 않았다. 허친슨이 이러한 핸디캡을 알아챈 것은 이미 도전이 시작된 후였다. 다시 말해, 그는 자신이 얼마나 많이 달렸는지, 현재 자신의 몸이 어떻게 반응하고 있는지 전혀 모르는 상태에서 경기에 임해야 했다. 갑작스러운 제약에 어쩔 줄 몰라 하던 그는 결국 40분 만에 도전을 포기하고 말았다.

이 외에도 온갖 복잡한 규정이 추가되면서 아워 레코드 기록을 향한 선수들의 관심은 점점 식어갔고, 결국 UCI는 2014년 규정 완화를 선언할 수밖에 없었다. 이 운 좋은 타이밍은 이미 전성기를 한참 넘긴 43세의 보이트가 은퇴 경기로 아워 레코드를 선택하는 계기를 마련해 주었다. 그는 최신식 타임 트라이얼용 자전거를 타고 UCI가 백지화한 덕분에 1972년 메르크스의 기록 이후로 고작 몇백 미터밖에 경신되지 못한 세계신기록에 도전할 수 있게 되었다. 하지만 함께 달리는 지원팀의 숫자나 거리 측정기, 심장 박동 수 측정기 등 외부의 도움을 제한하는 규정은 여전히 남아 있었고, 선수

입장에서는 잠깐 고개를 들어 경기장의 전광판을 확인하는 것만으로도 공기역학에 최적화된 자세를 무너뜨리는 리스크를 감수해야 했다. 이런 상황에 가장 적합한 전술은 60분 동안 생각을 비우고 앞으로 내달리는 것이었다. 지금까지 들인 노력과 한계의 범위를 측정하려면 온몸에 느껴지는 고통을 그대로 받아들여 속도계로 활용하는 수밖에 없었다.

통증을 통해 **도움**을 받을 수 있다는 주장은 그다지 설득력 있게 들리지 않는다. 조정이나 사이클, 달리기 선수 중에서 경기 중반에 찾아오는 고통에서 해방되고 싶지 않은 사람이 있을까? 더구나 통증을 완화시켰을 때 지구력이 일부나마 향상되는 것 또한 사실이다. 2010년 영국 엑서터대학교의 알렉시스 모저Alexis Mauger 연구팀은 잘 훈련된 사이클 선수들이 아세트아미노펜Acetaminophen(평범한 타이레놀의 성분) 1,500밀리그램을 복용하고 10마일 타임 트라이얼에 도전했을 때 아무 효과가 없는 가짜 약을 먹은 것보다 약 2퍼센트 빠른 기록이 나왔다고 밝혔다.[133] 아세트아미노펜을 복용한 선수들은 가짜 약을 먹었을 때와 같은 운동자각도를 느끼는 상태에서 더 높은 심장 박동 수와 더 높은 젖산축적을 견딜 수 있었다. 통증이 적으면 노력이 더 수월하게 느껴지고, 따라서 생리학적 한계에 더 가까이 다가갈 수 있다는 것이 모저 연구팀의 주장이었다.

이 '새로운' 주장은 사실 페니파딩Penny-farthing(앞바퀴는 아주 크고 뒷바퀴는 아주 작았던 초창기의 자전거 형태 - 옮긴이) 시절부터 이어져 온 일반적인 통설에 가깝다. 초창기 아워 레코드 기록 보유자들은 약물의 도움을 당연하게 여겼다. 1942년 신기록을 세운 파우스토 코피는 선수로 활동하는 동안 약물을 복용했냐는 질문에 이렇게 답했다. "필요할 때는 먹었죠."[134] 그 '필요할 때'가 언제인지에 대한 답은 이랬다. "거의 항상이죠." 코피와 한 세대 뒤의 선수인 자크 앙크틸이 주로 복용한 약은 순간 발휘되는 에너지를 극대화시키는 각성제 암페타민Amphetamine이었지만, 진통제 종류에 의존하는 선수들도 있었다. 프랑스의 로제르 리비에르Roger Rivière 선수는 1957년과 1958년에 연달아 아워 레코드 기록을 세웠지만, 불과 2년 후 투르드 프랑스 대회에서 가파른 내리막길을 질주하다가 중심을 잃고 가드레일과 충돌한 뒤 20미터 아래 계곡으로 추락하여 척추가 두 군데나 부러지는 부상을 당했다. 그는 이 사고로 짧은 여생(그는 40세에 암으로 사망했다)을 휠체어에서 보내야 했다.[135] 당시 의료진은 그의 주머니에서 진통제를 발견했고, 혈액 샘플에서도 같은 성분을 검출했다. 맨 처음 브레이크 고장을 주장하던 리비에르도 결국에는 경기 중 통증을 가라앉히기 위해 모르핀Morphine보다 세 배나 강력한 진통제인 팔피움Palfium을 복용했다고 털어놓았다. 그의 지인은 당시 그가 브레이크 레버를 당길 수 없을 정도로 몽롱한 상태였다고 증언했다.

통증을 지나치게 억제하면 안 되는 이유는 이밖에도 얼마든지 있다. 2009년 당시 위스콘신대학교에 재직 중이던 마르쿠스 아만Markus Amann은 사이클 선수들이 고통을 전혀 느끼지 못할 때 어떤 일이 일어나는지 증명하는 일련의 실험을 설계했다. 그는 실험 지원자들의 척추에 신경차단제 성분인 펜타닐^{Fentanyl}을 주입하여 다리 근육의 통증이 뇌에 전달되지 못하도록 한 뒤 고정된 사이클에서 5킬로미터를 최대한 빠른 속도로 달려 달라고 요청했다.[136] 약물의 효과는 엄청났다. 참가자들은 모든 운동선수들의 꿈인 '통증의 압박 없이 있는 힘껏 달리는 능력'을 손에 넣었고, 실제로 모든 에너지가 불타 없어지도록 페달을 밟았다. 실험이 끝날 무렵 그들은 자기 힘으로 사이클에서 내려오지도 못할 정도로 지쳐 있었다. 아만은 그 광경을 이렇게 회상한다. "일부 참가자는 페달에서 발을 뺄 힘도 없었어요. 걸을 수 있는 사람은 한 명도 없었죠."

그러나 실험 결과는 기대와 달리 예측을 한참 빗나갔다. 일시적으로 생긴 초인적인 힘에도 불구하고, 참가자들의 지나친 의욕과 불규칙한 페이스는 가짜 약을 먹었을 때보다 한참 떨어지는 기록을 초래했다. 아만의 동료인 그레고리 블레인^{Gregory Blain}은 이 현상을 이렇게 설명한다. "처음에는 모두들 기분이 좋았어요. 마치 하늘을 나는 것 같다고 했죠. 하지만 그들의 몸은 얼마 안 가 고장 났어요." 스타트는 믿을 수 없을 만큼 빨랐지만, 신경이 차단된 참가자들의 페이스는 점점 느려졌다. 거리의 절반을 넘었을 때 그들의 얼굴에는 당혹스러운 표정이 떠오르기 시작했다. 힘든 기분이 전혀 느껴지지 않는데도 다리가 제대로 말을 듣지 않았기 때문이다. 그들이 무의식적으로 모든 힘을 써 버린 덕분에 근육 자체에 이상이 생긴 것이다 (이 부분은 다음 장에서 아만의 연구가 제시한 또 다른 시사점과 함께 더 자세히 들여다볼 예정이다). 결론적으로, 통증 없이는 제대로 된 페이스 조절을 할 수도 없었다.

　약간의 통증은 페이스 조절에 도움을 주지만 지나친 통증은 기록을 떨어뜨린다는 깔끔한 정리와 함께 이 주제를 이쯤에서 마무리할 수 있다면 얼마나 좋을까. 하지만 통증이 지구력 종목에 미치는 영향력을 주시하는 과학자들이 많아지면서, 이야기는 예상치 못한 국면을 맞게 된다. 시작은 타이레놀 실험의 선구자이자 이후에도 꾸준히 후속 연구를 진행해 온 알렉시스 모저가 2013년 온라인 저널 《첨단 생물학Frontiers in Physiology》에 게시한 일종의 행동 지침이었다.[137] 지금까지 과학자들은 피로를 측정하기 위해 일명 '탈진 테스트'라고 불리는, 속도나 거리를 정해 놓고 참가자들이 더 이상 달릴 수 없을 때까지 달리도록(혹은 사이클을 타도록) 하는 방법을 사용했다. 하지만 현실에서 이처럼 몸이 움직이지 않을 때까지 무작정 달리는 사람은 없다. 완전히 탈진하지는 않는 선에서 최대한 빨리 달릴 수 있도록 페이스를 조절하기 때문이다. 즉 장시간에 걸쳐 피로를 관리하는 과정은 결과적으로 통증 조절에 역점을 두고 있었다. 단칼에 목이 잘리느냐, 작은 고통이 지속적으로 찾아오는 고문을 오래 견디느냐 하는 문제인 것이다. 모저가 봤을 때 이것은 우연이 아니었다. 그는 기고문에서 이렇게 주장했다. "통증은 운동선수와 코치, 해설자들이 노상 언급하는 것에 비해 놀라울 정도로 연구가 부족한 주제다."

　모저는 지금까지의 실수를 만회하기 위해서라도 '피로와 통증의 관계'를 주제로 더 많은 연구가 이뤄져야 하며, 그중에서도 '최신 신경생리학 기술'을 적용한 통증 조절 실험이 진행되어야 한다고 말했다. 그는 자신의 타이레놀 실험처럼 겉으로 보기에 명백한 실험 결과조차 보는 각도에 따라 다르게 해석될 수 있다는 사실을 인정했다. 타이레놀은 통증을 억제하는 동시에 열을 내리는 작용을 한다. 어쩌면 타이레놀 실험의 참가자들은 약물의 진통 효과 때문이 아니라 신체의 과열을 방지하는 해열 효과 때문에 더 좋은 기록을 낸 것은 아닐까? 전혀 불가능한 추론은 아니었다.

모저는 자신의 주장을 몸소 실천하기 위해 지금까지와는 다른 통증 조절 실험을 설계하기 시작했다. 우선, 그는 물리치료실에서 흔히 볼 수 있는 경피적전기신경자극Transcutaneous Electric Nerve Stimulation, TENS과 간섭전류Interferential Current, IFC 장비를 이용하여[138] 참가자들의 근육에 전류를 직접 흘려 넣는 실험을 했다. TENS와 IFC는 물리치료실에서 흔히 사용하는 장비지만, 사실 특별한 치료 효과가 입증된 적은 없다. 두 기계의 통증 조절 원리는 1960년대에 최초로 발표된 '수문 통제 이론Gate Control Theory'에 기초한다. 예를 들어, 의자 다리에 정강이를 세게 부딪친 사람이 본능적으로 멍든 부위를 문지르는 것은 다친 부위에 고통과 무관한 감각을 추가하기 위한 행동이다. 몸의 특정 부위에서 뇌까지 감각을 전달하는 신호 전달 경로의 수는 정해져 있고, 따라서 아픈 부위에 문지르는 느낌을 추가하면 두 감각은 자연스레 같은 길을 놓고 경쟁할 수밖에 없다. 결과적으로 아픈 부위를 더 많이 문지르면 고통이 차지할 수 있는 길은 더 좁아진다. TENS와 IFC는 이처럼 고통과 무관한 감각을 극대화하여 고통이 전달되는 길을 차단하는 원리로 작동한다.

2015년 모저는 켄트대학교(그는 현재 이곳의 지구력 연구소에 소속되어 있다)의 지구력 학회에서 모두를 깜짝 놀라게 한 첫 번째 실험 결과를 발표했다. "솔직히 말하자면, 저도 특별한 결과가 나올 거라곤 생각지 않았습니다." 그는 참가자들의 이두박근에 한 번은 TENS, 한 번은 IFC로 전류를 흘리며 팔근육 수축 실험을 했고, 두 실험 모두에서 전류를 흘리지 않고 기계 장치를 꽂고만 있을 때보다 탈진까지 버티는 시간이 크게 늘어났다고 밝혔다. "더욱 흥미로운 것은 참가자들의 지구력이 향상되는 동안 운동자각도가 전혀 변화하지 않았다는 사실입니다." 사람들은 대부분 운동 중에 투입되는 노력과 통증이 떼려야 뗄 수 없는 관계라고 생각하며, 실제로도 이 두 감각을 분리하기는 어렵다는 것이 여러 실험을 통해 증명되었다. 그러나 모저는 실험을 통해 노력의 감각은 변화시키지 않고 오직 통증만을 조절하여 참가자들의 지구력을 향상시키는 데 성공한 것이다.

4장을 읽었다면 이미 짐작하고 있을지 모르겠지만, 모저의 켄트대학교 동료이기도 한 새뮤얼 마코라는 노력과 통증의 상대적 중요성에 대해 전혀 다른 시각을 갖고 있었다. 그는 같은 학회에서 통증 대신 노력의 비중을 강조하는 실험 데이터를 발표했다.[139] 마코라와 동료 연구자인 월터 스타이아노Walter Staiano, 존 파킨슨John Parkinson은 우선 참가자들이 느끼는 통증의 범위를 확인하기 위해 가장 기본적인 통증 실험인 '콜드 프레서Cold Pressor' 테스트를 진행했다. 실험 방법은 볼프강 프로인트가 울트라마라톤 선수들에게 요청한 것과 크게 다르지 않았다. 참가자들은 얼음물이 담긴 양동이에 손을 담근 뒤 주기적으로 통증의 강도에 1점부터 10점 사이의 점수를 매겨 달라고 요청받았다. 이 점수는 보통 시간이 지남에 따라 커졌고, 통증의 강도가 '견딜 수 없음'에 해당하는 10점에 도달하는 순간 참가자들은 손을 빼고 실험 포기를 선언했다.

최대치 통증의 강도를 마음에 새긴 채, 참가자들은 적당히 힘든 정도의 페이스로 탈진할 때까지 사이클 페달을 밟으며 중간중간 통증의 강도와 운동자각도를 각각 1~10점, 6~20점 사이의 점수로 기록했다. 그들이 탈진할 때까지 걸린 시간은 평균 12분이었고, 탈진한 순간 매긴 고통의 강도 점수는 '중간 정도'에 해당하는 평균 4.8점이었다. 반면 동시에 매긴 운동자각도 점수는 평균 19.6으로 거의 최고점에 가까웠다. 이 실험의 결과만 놓고 본다면 운동을 멈추게 만드는 주된 요인은 통증이 아니라 노력의 감각이었다.

어떻게 하면 모저와 마코라의 모순된 결론을 하나로 조화시킬 있을까? 우선은 정확히 어떤 감각을 통증이라고 부를 것인지에 대한 합의가 필요했다. 두 사람은 통증이라는 용어의 정의를 위해 뇌의 다양한 부분에 약한 전류를 흘려서 뉴런의 민감성을 극대화하는 경두개직류자극tDCS 기술을 활용한 공동 실험을 진행하기로 했다.[140] 참고로 tDCS는 기분과 학습 능력, 운동능력에 좋은 영향을 미치고 심지어 지구력을 향상시킬 수 있다는 가능성이 보고되면서 최근 몇 년간 각광을 받고 있는 기술이다(이 부분은 11장에서 좀 더 자세히 다룰 예정이다). 모저와 마코라가 주목한 것은 뇌의 운동피질^{Motor Cortex}에 전류를 흘려 통증을 억제하는 tDCS의 기능이었다.

그들은 두 개의 평행한 실험을 설계했다. 첫 번째는 사이클 페달을 밟는 탈진 테스트였고 두 번째는 8분 길이의 콜드 프레서 테스트였다. 각각의 실험은 총 세 차례에 걸쳐 진행됐다. 한 번은 tDCS 전류를 뇌에 흘리면서, 또 한 번은 tDCS 기계에 연결은 하되 전류를 끈 상태에서, 마지막으로는 아예 기계를 연결하지 않은 채로 조건을 달리했다. 우선 콜드 프레서 테스트에서는 전류 자극이 시작부터 확실히 통증을 억제했고, 마지막에는 평균 1점 가량의 차이를 유도했다(전류를 흘릴 때는 7.4점, 기계만 연결했을 때는 8.4점, 기계도 없을 때는 8.6점이 나왔다). 하지만 사이클 테스트에서는 tDCS 여부와 관계없이 참가자들이 느끼는 통증의 강도가 동일했다. 이 실험의 결과는 우리의 뇌가 힘든 운동을 하고 있을 때와 가만히 얼음물에 손을 담그고 있을 때에 전혀 다른 방식으로 고통의 강도를 인지한다는 결론을 이끌어 냈다. 톨스토이가 말했듯, 모든 즐거움은 대개 엇비슷하지만 모든 괴로움은 저마다의 고유한 특징을 갖고 있는 것이다.

통증은 인간을 막을 수 있는가

보이트가 아워 레코드 신기록에 도전하기 정확히 90분 전인 2014년 9월 18일 오후 5시 30분, 취리히와 제네바 사이의 작은 도시 그렌헨에 위치한 벨로드롬 스위스^{Velodrom Suisse} 경기장의 문이 열렸다. 5시 30분은 1,600명의 응원객이 경기장의 온습도에 미칠 영향을 고려하여 신중하게 계산된 오픈 시간이었다. 온도가 올라가면 공기의 밀도가 낮아져 저항을 줄이는 데 유리하지만, 너무 더워지면 선수의 체온이 지나치게 올라갈 위험이 있었다. 지원팀은 사소한 부분에도 조바심을 내며 신중하게 경기를 준비했고, 그 모습을 지켜본 보이트는 신기록을 충분히 갈아 치울 수 있다는 자신감을 얻었다. 하지만 변수가 튀어나올 가능성은 언제든 존재했다. '달리는 도중에 타이어에 펑크라도 나면 어떡하지? 초반에 에너지를 너무 많이 써 버리면 어떡하지? 이봐, 어쩌면 펑크가 두 개씩 날지도 모른다고.'

지원팀 두 명의 도움을 받으며 소시지 껍질처럼 팽팽한 특수 제작 슈트에 몸을 밀어 넣는 그의 머릿속에는 온갖 생각이 맴돌았다. 응원객으로 가득 찬 관람석과 TV 앞에 붙어 있을 전 세계 400만 명의 사이클 팬들, 그 외에도 인터넷 실시간 중계로 그의 경기를 지켜볼 수많은 관중을 생각하면 경기를 앞둔 그가 느끼는 불안은 지극히 당연한 것이었다. 하지만 앞으로 한 시간에 걸쳐 자신의 통증내성을 한계까지 시험할 그에게는 이러한 불안이 이점으로 작용할 수도 있었다. 부상을 입은 채 쫓기는 군인이나 굶주린 사자를 맞닥뜨린 영양과 마찬가지로, 엄청난 중압감에 눌린 운동선수는 고통을 제대로 느끼지 못하는 일명 '스트레스 유발 무통^{Stress-Induced Analgesia}' 현상을 겪기 때문이다. 마침내 출발을 알리는 총성이 울렸고, 보이트는 1990년대 중반 히트곡인 리퍼블리카^{Republica}의 〈레디

투 고^{Ready to Go}〉가 울려 퍼지는 가운데 엉덩이를 치켜들고 페달을 밟기 시작했다.

운동 역사에 길이 남을 위대한 승리에는 종종 엄청난 육체적 고통을 이겨 낸 선수들의 투지가 전설처럼 따라붙는다. 1964년 하키 선수 바비 바운^{Babby Boun}은 경기 초반에 얻은 발목 부상을 딛고 치열한 연장전 끝에 조국 캐나다에 스탠리컵^{Stanley Cup}의 우승컵을 안겨 주었다. 윌리스 리드^{Willis Reed}는 1970년 NBA 결승전에서 허벅지 근육이 찢어진 상태로 라이벌인 월트 체임벌린^{Wilt Chamberlain}과 맞붙었고, 케리 스트럭^{Kerry Strug}은 발목이 삐었음에도 불구하고 1996년 올림픽 체조 경기에서 금메달을 따냈다. 흔하다고 할 수는 없어도, 다리가 완전히 부러진 상태에서 경기를 계속한 선수들의 이야기도 가끔씩 들려온다. 필라델피아 이글스^{Philadelphia Eagles}팀의 쿼터백 도노반 맥냅^{Donovan Jamal McNabb}은 2002년 골절된 발목으로 생애 최고의 경기를 펼쳤다. 보스턴 브루인스^{Boston Bruins}팀의 공격수 그레고리 캠벨^{Gregory Campbell}은 2013년 플레이오프에서 슬랩샷^{Slap Shot}(스틱을 흔들어 퍽을 강하게 치는 아이스하키 기술 – 옮긴이)에 맞아 종아리뼈가 부러진 상태로 결정적인 순간에 자기 위치를 지켰다. 덴버 브롱코스^{Denver Broncos}팀의 수비수 데이비드 브루턴 주니어^{David Bruton Jr.}는 2015년 1쿼터에서 상대 선수와 부딪쳐 발목 골절을 당한 이후에도 96차례나 패스를 하며 경기를 속행했다.

건장한 남자 선수들만 골절의 고통을 견딘 것은 아니다. 2010년 밴쿠버 올림픽에 출전한 슬로베니아의 크로스컨트리 선수 페트라 마디치^{Petra Majdič}는 워밍업 중에 미끄러져서 3미터 아래의 바위 투성이 시냇가로 굴러떨어졌다.[141] 그녀는 갈비뼈가 골절되었다는 사실도 모른 채 엄청난 고통을 견디며 예선과 준준결승, 준결승(여기서 그녀의 부러진 뼛조각이 폐를 찔러 폐허탈^{Collapse of Lung}이 발생했다), 결승에 차례로 진출했고 결국 믿을 수 없는 투혼을 발휘하여 동메달을 목에 걸었다. 그녀가 병원으로 향한 것은 모든 경기가 끝난 후였다.

이 선수들이 강인하다는 데는 의심의 여지가 없다. 하지만 당시의 상황 또한 기적을 만드는 데 큰 몫을 했다. 대부분의 사람들이 생각하는 통증의 정의를 가장 정확하게 표현한 사람은 프랑스의 철학자 데카르트^{René Descartes}일 것이다. 그는 1664년 저서 『인간론 Treatise of Man』에서 '엄지손가락에 망치를 맞으면 뇌까지 신호가 전달되어 머릿속에서 종이 울린다'는 비유를 사용했다. 이런 관점에서 보면 부상과 통증 사이에는 일대일대응 관계가 성립해야 한다. 하지만 현실에서는 사람에 따라 똑같은 부상을 입어도 다른 수준의 통증을 느끼고, 때로는 한 사람이 느끼는 통증이 상황에 따라 극명하게 달라진다. 극단적인 예를 들자면, 환상지 증후군^{Phantom Limb Syndrome} 환자들은 절단되어 존재하지 않는 팔다리에서 실제로 통증을 느끼기도 한다.

미국 남북전쟁 당시 부상병을 관찰하던 의사와 과학자들은 통증이 지극히 주관적이고 상황에 민감한 감각이라는 결론에 도달했다.[142] 가령 공포나 불안, 스트레스는 뇌를 자극하여 엔도르핀(진통효과가 있는 호르몬)이나 엔도카나비노이드^{Endocannabinoids}(대마초와 유사한 작용을 하는 호르몬) 등을 분비하고, 결과적으로 다른 때 같았으면 까무러칠 정도의 통증을 상당히 억제하거나 때로는 아예 차단한다. 진화론적인 시각에서 보면 통증은 몸의 주인이 위험한 행동을 멈추고 부상을 치료할 수 있게 해 주는 귀중한 감각이다. "그렇지만 당신이 늑대에게 쫓기는 사슴이라면, 달리다가 다리가 부러졌다 해도 일단은 통증을 뒤로한 채 달려야겠죠"라고 맥길대학교의 통증유전학연구소의 모길 소장은 설명한다.

누군가 다리가 부러진 상태에서 마라톤 신기록을 세우는 것이 가능한지 묻는다면, 우리는 선수에 따라, 통증의 강도에 따라 달라진다고밖에 대답할 수밖에 없다. 통증의 강도는 사람에 따라 무한히 변하고, 세상에는 별처럼 많은 선수들이 존재하기 때문이다. 가령 마디치와 같이 4분 안에 승부를 결정짓는 스프린트 선수들은 갈비뼈가 멀쩡한 상태에서도 대사산물의 대량 분비로 인해 근육이 안에서부터 불타는 듯한 고통을 견디며 달린다. 반면 울트라마라톤 주자들은 겉보기엔 천천히 뛰는 것 같아도 근육에 미세 파열Micro-tear이 축적되면서 결국에는 매 걸음을 내디딜 때마다 종아리와 대퇴사두근에 찢어지는 듯한 통증을 견뎌야 한다. 이러한 양극단의 정 가운데에, 경험자들의 증언에 따르면 세상에서 가장 고통스러운 종목인 아워 레코드가 있다.

아워 레코드를 가장 고통스러운 종목으로 만드는 원인 중 하나는 풍경도, 경쟁자도, 페이스 조절도, 그 어떤 외부적 피드백도 없는 단조로운 경기 환경이다. 신경을 분산시킬 만한 요소가 없다는 것은 뇌가 통증을 느끼는 것 외에 아무것도 할 수 없다는 뜻이며, 근육의 고통을 심리적으로 어루만져서 신호 전달 경로를 방해할 만한 요소가 전혀 없다는 뜻이다. 60분이라는 경기 시간 또한 선수의 고통을 극대화시키는 요인이다. 경기 시간은 짧지만 힘들고 집중적인 단거리 종목과 경기 시간은 길지만 상대적으로 편안하게 달리는 장거리 종목을 구분하는 방법에는 여러 가지가 있다. 그중에서 가장 대중적인 기준은 아마도 운동량이 특정 수준을 넘어섰을 때 혈중 젖산염 Lactate 수치가 가차 없이 치솟는 지점을 포착한 **젖산역치**일 것이다. 이보다 더 최근에 개발된 기준인 **임계파워** Critical Power는 근육이 하버드피로연구소에서 그토록 집착했던 '정상 상태 Steady State'의 지속가능한 평형을 더 이상 유지하지 못하는 순간을 나타낸 것이다. 켄트대학교 지구력연구소의 생리학자 마크 번리 Mark Burnley는 60분 동안 전력을 다해 운동한 선수들이 이 두 기준의 중간에 위치한 극한의 고통을 맛본다고 말한다. "아워 레코드가 요구하는 운동량은 젖산역치를 훌쩍 뛰어넘으면서도 임계파워에 살짝 못 미치는 수준입니다. 다시 말해, 대사율은 정점을 찍었는데 여전히 정상 상태에서 달려야 하는 거죠." 이 정도면 설명이 될까? 아워 레코드는 단거리선수들이 느끼는 집중적인 통증을 가장 오랫동안 견뎌야 하는 종목인 것이다.

보이트는 프로로서 치르는 마지막 경기로 스포츠맨의 정신적 패기를 시험하는 육체적 고통의 최고봉을 선택했다. 그의 어색하고 불편한 자세는 안장에 닿는 엉덩이에서 가장 큰 통증을 느끼고 있다는 사실을 여실히 보여 주었다. 엄청난 속도로 출발한 그는 250미터 트랙의 첫 번째 바퀴를 17초대 초반으로 주파했고, 얼마 가지 않아 목표 랩타임인 17초9를 여유 있게 앞서는 안정적인 페이스로 접어들었다. 초반 10분은 수월하게 지나갔다. 하지만 20분이 지날 무렵부터는 피로가 몰려오는지 속도를 살짝 줄이며 신중하게 페이스를 조절하는 모습을 보였고, 30분 지점부터는 참을 수 없는 꼬리뼈 통증에 거의 열 바퀴마다 한 번씩 일어선 자세로 하중을 조절하기 시작했다. 사이클 선수가 공기역학을 무시하고 허리를 세운다는 것은 몸에 착 달라붙게 만든 특수 슈트와 공기저항을 줄이도록 디자인된 특수 장갑, 마찰을 최소화하는 특수 양말 등을 제공한 스폰서들의 눈살을 찌푸리고도 남을 행동이었다.

그러나 꼬리뼈 통증도 이미 안정권에 접어든 그의 신기록 도전을 막을 수는 없었다. 그가 200바퀴를 통과했을 때, 경기장에는 록밴드 유럽Europe의 〈더 파이널 카운트다운The Final Countdown〉이 당당하게 울려 퍼졌다. 신기록 달성이 거의 확실시된 그 순간에야 보이트는 조금이나마 긴장을 풀 수 있었다. 관중석의 팬들은 저마다 보이트의 성공을 자랑스러워하고, 그의 계획이 순조롭게 진행된 것에 감사하고, 무사히 막바지를 향해 달리는 경기에 안도하고, 무엇보다 이제 더 이상 경기장에서 그를 볼 수 없다는 사실에 슬퍼하며 감상에 젖어들었다. 마침내 시간 종료를 알리는 총성이 울린 순간, 그가 의식의 가장자리까지 밀어냈던 통증이 한꺼번에 몰려왔다. "모든 게 너무나 고통스러웠습니다. 공기역학적인 자세를 유지하기 위해 머리를 바짝 숙이느라 목이 아팠고, 상체를 같은 자세로 지탱하느라 팔꿈치에도 고통이 밀려왔어요. 폐는 더 많은 공기를 갈망하며 타들어 갔고, 심장은 터질 듯이 뛰었죠. 등은 말 그대로 불타는 것 같았어요. 게다가 엉덩이 통증은 또 얼마나 심했는지! 그야말로 통증의 지옥이었다고밖에 설명할 수 없어요.”

전광판에 표시된 그의 주행거리는 51,110미터로 기존 신기록을 1,410미터나 앞서며 새로운 세계신기록으로 등록되었다. 이날 세운 보이트의 기록은 약 6주 만에 무너졌다. 그보다 스무 살 가까이 어린, 24세의 오스트리아 선수 마티아스 브란들Matthias Brändle이 혜성처럼 나타나 새로운 기록을 수립했기 때문이다. 그 후로도 아워 레코드 신기록의 주인은 2015년에만 세 차례 바뀌었으며, 그중에서도 전 투르 드 프랑스 우승자이자 올림픽 5관왕에 빛나는 브래들리 위긴스Bradley Wiggins 선수는 54,526미터라는 엄청난 기록을 달성하며 최후의 왕좌에 올랐다. 은퇴를 앞둔 시점에 UCI의 규정 변경이라는 기회를 만난 보이트는 사실 운이 좋은 케이스였다. 하지만 그의 이름이 아워 레코드 역사에 영원히 남으리라는 사실, 그리고 그가 가장 위대한 사이클 선수 중 한 명이라는 사실은 결코 변하지 않을 것이다.

그렇다면 보이트는 정말로 보통 사람들보다 훨씬 큰 통증을 견뎠던 것일까? 정도의 차이는 있지만, 뛰어난 운동선수들이 일반인보다 더 깊은 육체적 고통의 세계로 자기 자신을 밀어붙이며 그곳에서 더 오래 머물 수 있다는 연구 결과는 이미 충분히 나와 있다.

하지만 진짜 흥미로운 결과는 보이트와 일반인을 비교하는 실험이 아니라 보이트와 위긴스, 그리고 다른 엘리트 선수들의 차이를 비교하는 실험에서 나올 것이다. 사실 프로 선수들이 전력을 다해 치열한 전투를 벌이는 와중에 데이터를 수집하기란 거의 불가능하며, 따라서 세계 정상급 선수들의 경쟁을 대상으로 한 연구 자료는 거의 없다고 봐도 무방하다. 팀 녹스가 들고 나왔던 올림픽 마라톤 메달리스트들의 사진을 기억하자. 3초 차이로 2위 자리에 머물렀던 이봉주 선수는 정말 녹스의 주장처럼 육체적 고통을 참지 못해 영원한 영광을 포기한 것일까? 나는 알렉시스 모저와 새뮤얼 마코라가 '통증'과 '노력'의 차이를 구분해 내기 위해 진행했던 일련의 실험들을 보며 통증이 일종의 경고등 역할을 한다는 인상을 받았다. 통증은 몸의 주인에게 속도를 늦추라고 경고 신호를 보내며, 대부분의 사람들은 자신도 모르게 그 끈질긴 신호에 순응한다. 하지만 통증이 궁극의 한계라고 볼 수는 없다. 진정한 한계를 확인하고 싶다면 다른 요소들 또한 살펴봐야 할 것이다.

6장

근육

공기에 따스한 기운이 감도는 2006년 7월의 어느 날, 톰 보일 Tom Boyle과 그의 아내 엘리자베스 Elizabeth는 미국 애리조나주의 투손 Tucson 지역의 한 쇼핑몰 주차장에서 6차선 간선도로로 빠져나가려는 대기 행렬에 합류했다.[143] 시간이 흘러 그들의 소형 트럭 바로 앞에 있던 카마로 Camaro 차량이 도로에 진입하려고 바퀴를 움직인 찰나, 도로 위에 튀는 엄청난 스파크가 부부의 시선을 사로잡았다. "세상에!" 엘리자베스가 외쳤다. "당신도 봤어요?" 도로를 역주행하여 달리던 자전거 운전자가 카마로와 충돌한 뒤 차량 밑으로 빨려 들어갔고, 자전거와 함께 바닥에 질질 끌려가기 시작한 것이다. 보일은 트럭 운전석에서 튀어나와 5~10미터 전방에 멈춰 선 카마로를 향해 전력으로 달리기 시작했다.

그다음 이야기가 어떻게 흘러갈지는 당신도 알 수 있을 것이다. 보일은 차량 앞바퀴 아래에 깔린 열여덟 살의 자전거 운전자 카일 홀트러스트^{Kyle Holtrust}를 발견했다. "제가 도착했을 때 그 소년은 머리만 내민 채 비명을 지르고 있었어요. 아이가 느끼는 엄청난 고통이 제게도 전해져 오더군요." 보일은 훗날 당시를 이렇게 회상했다. 그는 두 팔로 차를 들어 올리기 시작했다. "아저씨! 아저씨! 제발요! 조금만 더 높이요!" 소년이 절박하게 외쳤다. 마침내 차체가 충분히 올라갔을 때, 보일은 혼이 나간 카마로 운전자에게 소리를 질러 아이를 끌어내도록 했다. 이윽고 차량을 내려놓은 그는 구급대가 도착할 때까지 내내 소년을 품에 안고 있었다. 소년은 무사히 살아났고, 보일이 그날 발휘한 '비이성적인 괴력'은 지금까지도 규명되지 않은 미스터리로 남았다.

경기 중 다리가 더 이상 움직이지 않을 때 다리를 원망하는 것은 자연스러운 일이다. 피아노를 들어 올릴 때, 자전거로 알프 듀에즈^{Alpe D'huez}산을 올라갈 때, 바위 표면의 좁은 틈에 손끝으로 매달려 있을 때도 마찬가지다. 살다 보면 우리 몸의 근육이 분명하고 확실하게 한계에 도달했다는 느낌이 올 때가 있다. 물론 오랜 세월에 걸쳐 축적된 지구력 실험 데이터에 따르면 이러한 감정은 대개 터질 것 같은 심장, 타들어 가는 폐, 사그라지는 의지력과 같이 시냅스에 홍수처럼 쏟아지는 온갖 감각에 묻혀 흐려진다. 하지만 단시간에 모든 에너지를 쏟아 내는 노력의 경우에는 개인이 가진 능력의 한계가 좀 더 분명하게 드러난다. 당신은 자동차를 들어 올릴 수 있거나, 들어 올릴 수 없다. 보일의 영웅담 같은 이야기들이 당혹스러운 이유가 바로 여기에 있다. '인간이 근육의 힘을 마지막 한 방울까지 쥐어짤 수 있는가?'라는 주제를 놓고 오랜 시간 논쟁을 벌이던 과학자들은 이런 예외를 목격할 때마다 지금까지 쌓아 온 모든 지식이 무너지는 느낌을 받는다.

물론 근육은 명백한 한계를 가지고 있다. 19세기 생리학자들은 개구리 다리에 철사를 감은 뒤 전기 자극을 가해 근육의 반응이 완전히 없어질 때까지 움직임을 유도했다. 대학에 실험 윤리 위원회 같은 감사기관이 존재하지 않던 시절이었으므로, 그들은 큰 제재 없이 인간을 대상으로 한 실험까지 기획할 수 있었다. 정신적 피로 연구의 선구자인 이탈리아의 안젤로 모소(4장에 등장한 바로 그 인물)를 포함해 많은 생리학자들이 실험 참가자가 자발적인 노력으로 도달하는 근육의 한계와 전기 자극을 가했을 때 도달하는 한계를 비교하는 실험을 했다. 만약 전기 자극이 자발적인 노력보다 더 큰 힘을 유도할 수 있다면, 우리 몸이 지나친 운동에 의한 힘줄 파열이나 탈골을 막기 위한 에너지 저장 메커니즘(사실상 힘을 조절하는 중앙통제자)을 갖추고 있다고 생각하는 편이 타당했다. 그러나 애석하게도 당시의 과학자들은 이러한 실험에서 제대로 된 해답을 이끌어 낼 만큼 정밀한 측정 기술을 가지고 있지 못했다.[144]

하지만 근육의 에너지 수용력 일부가 여유분으로 비축된다는 가설에 대한 증거는 곳곳에서 발견되었다. 예를 들어, 1939년 독일의 연구진은 페르비틴Pervitin이라는 이름의 신약을 복용한 참가자들이 지구력 테스트에서 특별한 순환 혹은 대사 변화 없이 세 배나 증폭된 사이클링 능력을 보였다는 취지의 논문을 발표했다. 그들이 내린 결론은 다음과 같았다. "운동능력의 한계는 특정하게 고정된 지점이 아니라, 피로나 근육통 같은 부정적 요인이 동기나 의지 같은 긍정적 요인을 압도하는 순간 찾아오는 것이다."[145]

　　페르비틴은 각성제 메스암페타민Methamphetamine 결정의 초창기 버전에 해당하는 마약이었다. 당시 독일의 군 당국은 이 실험 결과에 깊은 관심을 보였다. 나치는 우선 제2차 세계대전의 시발점인 폴란드 침공에 투입된 군용차 운전병들에게 페르비틴을 시험 투약했고,[146] 효능을 확인한 후에는 모든 부대에 배급하기 시작했다. 1940년 4월에서 7월 사이에만 3500만 정 이상의 '판차쇼콜라드Panzerschokolade('탱크 초콜릿'이라는 의미의 독일어)'가 유럽 전역으로 투입된 독일군 부대에 지급되었고, 군인들에게 초인적인 힘을 부여한다는 나치의 슈퍼 알약에 대한 소문은 곳곳으로 퍼져 나갔다. (이후 메스암페타민 결정의 무서운 부작용이 알려지면서 독일군 당국은 1941년 페르비틴 사용을 제한했다. 하지만 이 약은 전쟁이 끝날 때까지 광범위하게 사용되었으며, 1988년까지 동독의 주요 군 자금원으로 활용되었다.)

진정한 의미의 최대 근력

　　자동차를 들어 올리던 당시 톰 보일이 메스암페타민을 복용했던 것은 아니지만, 그의 혈관 속에는 분명 아드레날린이 솟구치고 있었다. 1950년대 후반, 아서 슈타인하우스Arthur Steinhaus와 A.V.힐의 제자 출신이기도 한 미치오 이카이Michio Ikai는 목숨이 오가는 극단적인 상황이 실제로 인간의 힘을 극대화할 수 있는지 증명하는 실험을 기획했다. 두 과학자는 실험 참가자들에게 전자 타이머의 초침을 기준으로 1분에 한 번씩 팔뚝 근육을 있는 힘껏 수축시키고 그 상태를 30초간 유지하는 운동을 30회 반복해 달라고 요청했다. 그들이 《응용생리학 저널》에 게재한 논문에 따르면, 아드레날린 주사가 근력을 통계적으로 큰 의미 없는 수준인 6.5퍼센트밖에 향상시키지 못한 반면 암페타민 알약은 훨씬 유의미한 수준인 13.5퍼센트까지 향상시켰다. 연구진은 심지어 근육 수축을 시작하기 직전인 참가자의 '바로 뒤에 서서 경고도 없이' 22구경 출발 신호용 권총을 쏘았고, 그 순간 향상된 근력이 평균 7.4퍼센트였다고 발표했다.

이 실험의 결과는 지금까지도 위기 상황에서 초인적인 힘을 발휘한 영웅들의 괴력을 설명하는 근거로 자주 언급된다. 하지만 이카이와 슈타인하우스의 주장에 최면을 통해 참가자들의 근력을 26.5퍼센트까지 향상시켰으며 최면을 푼 이후에도 이러한 상승세가 상당한 수준으로 유지되었다는 내용이 포함되어 있다는 사실을 지적하는 사람은 거의 없다. 두 사람의 주장에 따르면, 최면의 힘은 너무 엄청난 나머지 최면술사가 회의적인 실험 참가자를 만년필로 쿡 찌르며 '당신은 불타는 부지깽이에 찔렸다'라고 말한 순간 참가자의 피부에서 실제로 물집이 돋아날 정도였다. "최면 후 한 시간 이내에 생겨난 물집은 일주일 동안 가라앉지 않았고, 최면을 믿지 않던 참가자의 신념을 완전히 바꿔 놓는 계기가 되었다." 그들은 최면(혹은 마약 혹은 공포심)이 근력을 향상시키는 것은 인간의 내면 깊숙이 자리한 억제 기제를 해제하는 힘이 있기 때문이라고 보았다. 예를 들어, '운동 능력이 뛰어나지만 내면은 소녀다운' 한 여성 참가자는 어린 시절부터 다부진 체격 탓에 집에서는 지나친 운동을 삼가라는 훈계를 듣고 학교에서는 '풋볼 여신'이라는 놀림을 받으며 자랐다. 이카이와 슈타인하우스는 최면을 통해 그녀가 가진 내면의 억압을 풀어냈고, 그 결과 근력을 50퍼센트나 향상시켰다고 주장했다. 그들의 실험 이후 50년이 넘은 지금까지도 같은 조건 아래에서 같은 결과를 도출한 과학자가 없다는 사실은 그다지 중요한 것이 아니다.

이 외에도 자동차를 딱 한 번 들어 올리는 실제 상황과 '최대한의' 근육 수축을 반복적으로 진행하는 실험 사이에는 보다 근본적인 차이가 존재한다. 2014년 뉴펀들랜드메모리얼대학교의 이스라엘 할페린Israel Halperin 연구팀은 실험 참가자들의 팔을 고정시킨 뒤 15초 간격으로 이두근에 힘을 주어 최대한 수축시키고 5초씩 유지하는 실험을 했다.[147] 참가자들은 세 그룹으로 나뉘었는데 첫 번째 그룹은 6회, 두 번째 그룹은 12회, 세 번째 그룹은 멈추라는 지시가 있을 때까지 계속해서 근육을 수축하는 것으로 되어 있었다. 하지만 막상 실험이 시작되자 즉석에서 모든 그룹은 동일하게 12회씩 수축을 하도록 수정된 지시를 받았다. 참가자들은 절대 페이스를 조절하지 말고 매번 있는 힘껏 근육을 수축하도록 분명하고 반복적인 교육을 받았고, 따라서 이론적으로만 봤을 때는 마지막 순간에 바뀐 요청이 실험 결과에 어떤 영향도 미치지 않아야 했다.

그러나 현실에서는 기대치가 힘에 큰 영향을 미쳤다. 초반 몇 회의 근수축이 진행되는 동안, 자신이 6회만 근육을 수축할 거라고 생각했던 참가자는 12회를 예상했던 참가자보다 살짝 높은 근력을 보였고, 기약 없이 수축을 계속할 거라고 생각했던 참가자들은 세 그룹 중에서 가장 낮은 근력을 보였다. 참가자들이 생산하는 힘은 횟수에 비례하여 자연스럽게 떨어지다가 이번이 마지막이라는 얘기를 듣는 순간(첫 번째 그룹의 본디 마지막이었던 6번째 수축에서도) '막판 스퍼트'를 하며 살짝 올라갔다. 그들이 각 횟수당 생산한 근력은 전반적으로 장거리 종목의 세계신기록 보유자들이 주로 보이는, 그리고 내가 5,000미터 최고기록을 세웠을 때 보인 U자 패턴과 닮아 있었다(104쪽 그래프 참조). 이처럼 짧은 순간 온 힘을 다하는 운동에서조차, 심지어 절대 에너지 저장분을 남겨 두지 말라는 명백한 지시를 받았음에도 불구하고, 인간은 자신도 모르게 페이스를 조절한다. 이카이와 슈타인하우스가 근육의 에너지 저장분이라는 개념을 살짝 건드리기만 했을 뿐 자동차를 들어 올린 괴력을 정확히 설명해 내지 못한 이유가 바로 여기에 있었다.

1983년 뉴질랜드 크라이스트처치 지역에서 열린 세계에서 가장 힘센 사나이World's Strongest Man 대회에서, 앳된 얼굴의 캐나다 출신 파워리프터Powerlifter(벤치 프레스나 바벨 등을 전문으로 하는 웨이트트레이너-옮긴이) 톰 마지Tom Magee는 535킬로그램의 체더치즈가 달린 바벨을 들어 올리는 데 성공했다(그는 훗날 메가맨MegaMan이라는 예명의 프로 레슬러로 잠깐 활동하기도 했다). "이 정도의 치즈라면" 실황 중계를 맡은 아나운서가 사뭇 진지한 표정으로 말했다. "어마어마하게 많은 쥐덫을 채울 수 있겠군요."[148] 신축성 있는 봉의 양쪽에 지상에서 45센티미터 높이가 되도록 묵직한 치즈 덩어리를 잔뜩 꽂아 만든 그 바벨은 현재까지도 인간이 들어 올린 가장 무거운 바벨로 기록되어 있으며, 이는 일반적인 봉과 철제 원반으로 제작한 정식 바벨 기록[149]보다도 더 높다. 하지만 톰 보일이 들어 올린 카마로 차량은 스포츠카로 차체를 가장 가볍게 만든 모델조차 최소 1,360킬로그램 이상의 무게를 자랑한다.[150] 절체절명의 상황이라는 조건이 근력 향상에 어느 정도 영향을 미쳤다 해도, 535킬로그램과 1,360킬로그램 사이의 격차는 너무나 크다.

인간이 자발적으로 낼 수 있는 근력의 최대치과 '진정한' 최대 근력 사이의 차이점을 설명할 때 가장 많이 인용되는 자료 중 하나는 구소련 스포츠 연구의 중심지였던 모스크바의 중앙체육대학Central Institute of Physical Culture에서 30년 이상 근무한 뒤 1990년대 초반부터는 펜실베이니아주립대학교에서 연구 활동을 이어가고 있는 생체역학 전문가 블라디미르 자치오르스키Vladimir Zatsiorsky의 논문일 것이다. 1995년, 그는 오늘날까지도 근력 운동을 하는 많은 사람들이 성서처럼 떠받드는 논문인 〈근력 운동에 대한 연구와 실습Science and Practice of Strength Training〉을 발표했다. 이 교과서적 자료에는 대부분의 사람들이 잠재된 근력의 최대 65퍼센트까지 발휘할 수 있다는 주장이 담겨 있었다. 뛰어난 역도 선수들은 훈련 시 최대 근력의 80퍼센트를 사용할 수 있으며, 보통 때보다 큰 잠재력이 발휘되는 실제 경기에서는 훈련 최고기록 대비 최대 12.5퍼센트 높은 에너지가 발휘된다는 것이 자치오르스키의 결론이었다.[151] 그가 제시한 숫자들을 바탕으로 계산해 보면, 마지가 절체절명의 순간에 최대 45~90킬로그램의 치즈를 더 들 수 있다는 추론이 가능하다. 하지만 카마로의 차체 무게는 여전히 이것보다 훨씬 무겁다.

자치오르스키는 대체 어떤 근거를 가지고 역도 선수들의 '진정한' 최대 근력을 계산한 것일까? 이 부분은 시간의 안개에 가려져, 혹은 20세기 중반 구소련 스포츠 연구의 미스터리에 묻혀 지금껏 정확히 확인되지 않고 있다. 그래서 일부 과학자들이 그의 논문을 회의적인 시각으로 바라보는 것도 어찌 보면 당연한 일이다. 가령 캘거리대학교에서 신경근육피로연구소Neuromuscular Fatigue Lab를 이끄는 프랑스 출신 과학자 기욤 밀레Guillaume Millet는 자치오르스키가 제시한 숫자들이 '완전히 터무니없다'고 딱 잘라 말했다. 내가 2016년 83세의 자치오르스키를 직접 만나러 갔을 때, 그는 이미 오래 전 펜실베이니아대학교에서 은퇴한 상태였지만 여전히 활발한 연구 활동을 벌이고 있었다. 2016년 1월부터 9월 사이에 그가 공동 저자로 참여한 운동 제어Motor Control 분야 학술서만 최소 일곱 건 이상이었다면 설명이 될까? 하지만 수없이 인용되는 최대 근력 관련 숫자가 어디서 나온 것인지에 대해서만큼은 도움이 될 만한 대답을 들을 수 없었다. "안타깝지만 누가 맨 처음 그런 얘기를 했는지 기억해 낼 수가 없군요." 그가 이메일을 통해 내놓은 대답이다. 이 문장만 봐서는 그 숫자들이 옳다는 뜻으로도, 틀렸다는 뜻으로도 해석할 수 없었다. 사실 그가 제시한 숫자들이 초인적인 힘에 대한 '과학적 설명'으로 그토록 자주 언급되는 이유는 얼핏 봤을 때 매우 타당해 보이기 때문이다. 그러나 타당해 보인다는 것만으로는 과학적 이론의 근거가 될 수 없다.

초인적인 힘의 비밀

자치오르스키의 발견을 증명하거나 반박하는 데 성공한 과학자는 한 명도 없지만, 관련된 연구만큼은 과거부터 현재까지 꾸준히 계속되고 있다. 인간의 근육에 겉으로 발휘되는 것보다 더 많은 힘이 숨어 있다는 가설이 맨 처음 유행하기 시작한 것은 전력 보급이 민간으로 확산된 1900년대 초반이었다. 1923년 두 명의 덴마크 과학자가 발간한 논문에는 이런 구절이 등장한다.[152] "근육에 전기 자극을 느껴 본 사람이라면 누구나 이 방법이 자발적으로는 불가능한 수준까지 근육을 수축시켜 준다는 사실을 알고 있을 것이다." 하지만 실제로 근육에 저장된 힘을 측정하는 것은 매우 어려운 일이었다. 전기 충격으로 수축시킬 수 있는 근육은 고작해야 한 개인데 반해, 인간의 실제 움직임은 다양한 신경 경로의 자극으로 촉발된 수많은 근육의 수축과 이완으로 구성되어 있기 때문이다.

1954년 영국의 괴짜 생리학자 패트릭 머튼Patrick Merton은 이 문제에 대한 해결의 실마리를 내놓았다.[153] 그는 우선 엄지손가락의 무지내전근Adductor Pollicis Muscle을 제외한 나머지 모든 근육이 고정되도록 실험 참가자(보통 자기 자신)의 한쪽 팔뚝을 죔쇠로 꽉 고정한 뒤(다른 쪽 팔은 실험 도구들을 잡을 수 있도록 자유롭게 풀어 두었다) 엄지손가락이 자발적으로 낼 수 있는 힘과 1초에 50회까지 반복되는 전기 자극을 차츰 높은 강도로 적용했을 때 발휘되는 힘을 비교하였다. 실험 결과, 그는 두 가지 놀라운 사실을 발견했다. 첫째, 전기 충격을 가했을 때 발휘되는 힘은 자발적인 힘보다 훨씬 강한 것처럼 **느껴졌다.** (여기에는 상당한 통증 또한 뒤따랐다. 머튼은 이 부분에 대해 "전극 아래에 있는 피부가 상하지 않을 때는 그나마 견딜 만하다"라고 기록하고 있다.) 둘째, 이러한 느낌과는 반대로, 무지내전근이 생산하는 힘의 실제 크기는 전기 충격의 유무와 관계없이 동일했다. 전기 충격이 실제로는 근육의 힘을 향상시키지 않는다는 결과가 나온 것이다. 머튼의 결론은 '정신 이상자, 파상풍 혹은 경풍Convulsions 환자, 최면 상태의 피실험자, 그리고 물에 빠진 사람은 보통보다 센 힘을 발휘할 수 있다'는 당시의 통념에 정면으로 도전장을 내밀었다.

얼마 후 그는 기발한 응용을 통해 자신의 가설을 더욱 굳건히 입증했다. 참가자가 엄지손가락 근육에 자발적으로 힘을 주고 있는 동안 불시에 짧은 전기 자극을 더하는 후속 실험을 진행한 것이다. 자발적 수축이 상대적으로 약한 경우에는 불시에 더해진 자극이 근력을 유의미하게 향상시켰지만, 자발적 수축 자체가 강한 경우에는 추가된 자극이 근력에 거의 영향을 미치지 않았고, 참가자가 전력을 다해 힘을 준 경우에는 전기 자극 유무가 어떤 변화도 만들어내지 못했다. 이는 근육에 추가로 저장된 힘이 전혀 없다는 가설을 뒷받침하는 결과였다.

머튼 이후로도 여러 과학자들이 서로 다른 환경에서 비슷한 실험을 진행했다. 현대의 과학자들은 전기 충격으로 근수축을 유도하는 방법 외에도 뇌의 운동피질에 직접 자기자극^{Magnetic Stimulation}을 가하여 신체의 다양한 근육에 짧은 수축을 유도함으로써 피로가 유발되는 부위와 그 징후를 관찰하는 방법을 활용한다(이 실험법 또한 우리의 용감무쌍한 머튼이 자신의 머리에 직접 고통스러운 전기 충격을 가해 가며 개발해 낸 것이다). 콜로라도대학교 볼더캠퍼스에서 운동신경생리학연구소^{Neurophysiology of Movement Lab}를 총괄하는 로저 이노카^{Roger Enoka} 소장은 오늘날 대부분의 과학자들이 '건강한 사람이라면 자발적 행동지수^{Voluntary Action Scores}가 100퍼센트에 육박한다'는 머튼의 발견을 지지한다고 설명한다. 켄트대학교의 마크 번리 또한 일반인이 사두근에 최대 힘을 가했을 때 나오는 자발적 행동지수가 평균 92~97퍼센트이며, 90퍼센트 이하의 지수를 기록한 사람은 건강에 이상이 있다는 실험 결과를 내놓았다. 이러한 주장을 종합하면 우리가 평범한 상황에서도 근육에 잠재된 힘을 최대치에 가깝게 사용하고 있다는 결론이 나온다.

하지만 이노카는 이러한 결론에 두 개의 구멍이 있다고 주장한다. 첫째, 인간이 근력을 100퍼센트 발휘한 상태로 무기한 버티는 것은 불가능하기 때문에, 근육에 숨은 힘이 저장되어 있다는 가설은 피아노를 옮기는 육체노동자보다 사이클 선수나 조정 선수, 달리기 선수에게 적용하는 편이 더 타당하다. 둘째, 엄지손가락에 힘을 주는 단순한 운동과 달리, 자동차처럼 무거운 물체를 들어 올리기 위해서는 최소 열세 개 이상의 근육군^{Muscle Group}이 동원되는 엄청나게 복잡하고 동시다발적인 움직임이 필요하다. 만약 현실 세계의 운동이 요구하는 복잡성 때문에 관련된 모든 근육군의 잠재 능력이 100퍼센트 활용될 수 없다면, 우리 몸 어딘가에 위기 상황에서 발휘할 수 있는 여분의 힘이 저장되어 있을 가능성 또한 충분히 존재한다. 하지만 이러한 가설은 지금까지 실험을 통해 증명된 적이 없으며, 현재 기술로는 증명하기가 거의 어렵다는 것이 이노카의 설명이다(이러한 기술적 장벽이야말로 자치오르스키의 주장이 그토록 많은 사람들을 홀리는 이유이다).

　이 두 개의 구멍을 감안하면 톰 보일이 카마로를 들어 올릴 때 발휘한 폭발적인 괴력이 꼭 불가능해 보이지만은 않는다. 여기에 아주 기본적이지만 자주 무시되는 물리학 지식을 더하면 그날의 기적은 더욱 더 있을 법한 일로 느껴진다. 정확히 말해서 보일은 차를 지상에서 완전히 들어 올린 것이 아니었다. 그는 기껏해야 앞차축을 들어 올렸을 뿐이며, 차체의 앞쪽 끝에 힘을 가할 때 발생한 지렛대 원리까지 감안하면 실제로 그가 지탱한 무게는 전체 차량 무게의 절반도 안 되는 수준이다. 자동차의 서스펜션 시스템까지 계산에 넣으면 무게는 더욱 내려간다. 펑크난 타이어를 갈아 끼우는 과정을 떠올려 보라. 자동차 잭이 들어 올리는 부분은 교체할 타이어가 있는 부분뿐이고, 따라서 지탱해야 할 무게 또한 (아주 개략적으로 계산했을 때) 전체의 4분의 1밖에 되지 않는다. 이를 카마로의 무게에 대입하면 대략 340킬로그램이 나온다. 심지어 보일이 앞바퀴를 완전히 들어 올리지 않았을 가능성도 있다. 어쩌면 그의 역할은 카마로 운전자가 소년을 끌어낼 수 있을 정도로 압력을 줄여 주는 데 그쳤을지 모른다.

그날의 구조 현장을 직접 눈으로 보지 않는 한, 보일의 업적이 얼마나 큰 괴력을 필요로 했는지 확인할 길은 없다. 그러나 추론할 경우 360킬로그램 정도가 아니었나 싶다. 게다가 체중이 130킬로그램에 헬스클럽에서 320킬로그램짜리 역기를 드는 보일 또한 (제프 와이즈Jeff Wise 기자의 표현에 따르면) 결코 '여리여리한' 사내는 아니었다.

숙련된 역도 선수들이 약 20퍼센트의 근력 저장분을 가지고 있다는 자치오르스키의 가설이 사실이라면, 보일이 낼 수 있는 '진정한 힘'은 최소 380킬로그램이 된다. 세상에는 초인적인 힘에 대한 수많은 전설이 존재하고, 보일의 사례는 그중에서 그나마 정확한 검증을 통과한 축에 속한다. 그날 저녁 어떤 일이 있었던 간에, 당시의 끔찍한 상황을 목격한 보일이 자신의 평상시 한계를 넘어섰다는 것만은 분명하다. 그가 차체를 들어 올릴 때 이를 너무 꽉 깨문 나머지 치아가 여덟 개나 부러졌다는 사실을 깨달은 것은 집에 돌아온 후였다고 한다.

몸을 보호하려는 뇌의 결정

알프스산맥에 위치한 소도시 도나스에 도착했을 때, 스테판 쿨로Stéphane Couleaud는 거의 34시간을 달린 상태였다.[154] 그는 150킬로미터에 달하는 아찔한 경사의 산길을 지나 이탈리아와 프랑스, 스위스의 접경 지역인 발레다오스타주를 한 바퀴 빙 돌아 통과했다. 때로는 차디찬 비를 맞고 때로는 산꼭대기의 급변하는 기후를 거치며 일출과 일몰을 반복해서 겪은 그가 식은땀과 오한에 시달리는 것은 자연스러운 현상이었다. 그가 오르내린 산길의 총 거리는 에베레스트산의 높이를 4분의 1이나 초과하는 10,670미터에 달했다. 게다가 지금부터 갈 길은 지금까지 달려온 길보다 훨씬 길었다.

쿨로는 2009년 피레네산맥을 열흘 만에 달려서 넘은 기록을 세운데 세상에서 가장 힘든 울트라트레일 중 하나인 토르 데 지앙Tor des Géants 역사상 일곱 번째로 빠른 기록을 가지고 있는 산악 달리기의 베테랑이었다. 사실 일반적인 기준과 달라도 한참 다른 울트라트레일의 기준으로 봤을 때, 토르 데 지앙의 총 거리인 330킬로미터는 비교적 짧은 축에 속했다. (혹시 울트라트레일의 끝판왕을 경험하고 싶은 마음이 있다면 일반적인 철인 3종 경기 코스의 스무 배 거리로 구성된 더블 데커 철인 경기Double Deca Ironman triathlon에 참가해 보기 바란다. 중간에 포기하지만 않는다면 약 20일에 걸쳐 76킬로미터를 수영으로, 3,600킬로미터를 사이클로, 844킬로미터를 마라톤으로 완주하는 짜릿한 기분을 느낄 수 있을 것이다.) 하지만 알프스에서 가장 높은 네 개의 산(몽블랑Mont Blanc, 그란파라디소Gran Paradiso, 몬테

로사Monte Rosa, 마터호른Matterhorn)을 고루 거치며 발목이 휠 정도로 가파른 24,000미터의 오르막과 내리막을 달려야 한다는 사실을 감안하면 중요한 것은 거리가 아니라는 걸 금세 알 수 있었다. 이는 정상급 선수들이 눈을 붙이는 몇 시간을 제외하고 휴식 시간도 없이 80시간을 꼬박 달려야 겨우 주파할 수 있는 코스였다. 그야말로 화끈거리는 대퇴사두근에 남아 있는 마지막 힘까지 쥐어짜 내는 코스인 것이다.

도나스의 응급치료소에서 쿨로는 에너지를 보충하고 짧은 휴식을 취할 예정이었지만, 우선은 30분 안에 모든 검사를 마치기 위해 서두르는 두 명의 연구원에게 몸을 맡겼다. 그들은 생체전기저항 측정시스템인 지메트릭스ZMetrix를 통해 체성분을 측정한 뒤 염증 유무를 확인하기 위해 혈액을 채취하고 허벅지와 종아리 둘레를 쟀다. 그다음으로는 근육의 힘과 자발적 활성화 능력의 저하 여부를 확인하기 위해 전기 자극을 껐다 켜면서 다리근육을 수축하는 검사와 힘 측정 금속판Force-measuring Plate 위에서 처음에는 눈을 뜬 채, 이후에는 눈을 감은 채 중심을 잡는 테스트가 기다리고 있었다. 일련의 검사를 겨우 마친 그는 갑작스러운 휴식의 호사에 적응하느라 혈압을 조절하려 애쓰던 몸의 분투를 견디지 못하고 잠시 정신을 잃었다. 그는 출발 전에도 같은 순서와 내용의 검사를 거쳤고, 만약 완주에 성공한다면 한 번 더 검사를 받을 예정이었다.

이 가혹한 시련의 뒤에는 기욤 밀레가 있었다. 사실 그는 과학자이기 이전에 전 국가대표 크로스컨트리 스키 선수이자 2010년 토르 데 지앙을 3위로 완주한 울트라트레일 선수이기도 했다. 밀레는 단시간의 최대 근수축을 열쇠로 보는 머튼과 정반대의 관점에서 10년 이상 근육 피로를 연구해 왔다. 운동 중 근력 손실을 측정하는 그의 연구 영역은 스키마라톤, 5시간 트레드밀 운동, 24시간 트레드밀 운동, 170킬로미터 길이의 울트라트레일 몽블랑Ultra Trail Mont-Blanc을 거쳐 토르 데 지앙까지 점점 길고 극단적으로 힘든 종목으로 반경을 넓혀갔다. (이 중에서 토르 데 지앙 실험을 설계한 것은 기욤의 형이자 로잔대학교의 생리학자인 그레고리 밀레Grégoire Millet였다. 그는 2012년 같은 경기에서 2위로 입상하며 동생이 세운 기록을 깨기도 했다.)

밀레의 피로 측정 기준은 아주 단순했다. 운동으로 근력이 감소한 상태에서 낼 수 있는 최대한의 힘은 어느 정도인가? 그는 다리에 있는 두 개의 근육군이자 근력의 중추인 사두근과 종아리근육의 힘이 달린 거리에 비례하여 줄어든다는 놀랄 것도 없는 사실을 발견했다. 하지만 이러한 근력 감소가 계속되는 것은 어느 특정 지점까지였다. 24시간 내내 달린 선수의 다리근육은 출발 전에 비해 35~40퍼센트 약해지지만, 그 지점부터는 계속해서 달려도 근력이 크게 줄어들지 않았다. 게다가 평균 100시간 이상을 달린 토르 데 지앙 선수들의 경기 전후 다리 근력을 측정한 결과, 완주 후 감소한 근육의 힘은 출발 전에 비해 약 25퍼센트밖에 되지 않았다. 겉보기에는 말이 되지 않는 결과였다. "바로 이거예요. 근육의 관점에서 보면 200마일 달리기가 100마일 달리기보다 덜 피곤하다는 거죠!" 그는 장난스럽게 농담을 던졌다.

이처럼 직관에 위배되는 그의 실험 결과는 이미 다리근육이 초장거리선수들의 한계를 결정짓는 요인이 아니라는 사실을 어느 정도 증명하고 있었다. 여기에 더해, 그의 결론에는 보다 알아차리기 어려운 추가 정보가 숨어 있었다. 전기 자극을 이용한 근수축 데이터는 뇌의 출력 감소분이나 척추를 통한 전송 손실분을 반영함으로써 줄어든 힘의 총량 중에서 어디까지가 근육 자체의 피로 때문인지, 어디까지가 '중추신경계' 때문인지 추정할 수 있는 기반을 마련해 주었다. 예를 들어 초장거리 경기를 뛰었을 때 손실되는 근육 자체의 힘 생산 능력은 약 10퍼센트에 불과했으며, 나머지는 뇌가 근육에 보내는 자발적 활성화 신호가 점진적으로 줄어들면서 생겨난 중추신경계의 생산 능력 감소였다. "뇌는 더 많은 힘을 생산할 수 있지만 그렇게 하지 않죠." 밀레는 말한다. 하지만 그는 이러한 데이터가 반드시 뇌를 근력 감소의 **책임자**로 지목하는 것은 아니라고 덧붙인다.

그는 3시간 길이의 달리기와 사이클, 크로스컨트리 스키가 각각 근육 피로에 미치는 영향을 비교했고, 근육의 자발적 활성화 능력이 달리기의 경우에만 8퍼센트 감소하고 나머지 두 종목에서는 전혀 변하지 않았다는 사실을 발견했다. 달리기와 나머지 두 종목의 차이점은 과연 무엇일까? 달리기는 충격력Impact Force을 동반하는 종목이다. 다시 말해, 선수가 오래 달릴수록 미세 손상이 축적되면서 근육의 특성이 바뀌는 것이다. 하지만 사이클과 스키는 충격력에서 자유로운 운동이다. 자발적 활성화 능력은 기본적으로 뇌에서 보내는 신호를 바탕으로 감소하지만, 이 실험은 근육의 직접적인 상태 또한 영향을 미친다는 사실을 밝혀냈다. 우리 몸에는 압력이나 열기, 손상, 신진대사 이상을 포함하여 근육이 감지한 정보를 뇌로 전달하는 특별한 신경섬유가 존재하며, 이러한 정보는 뇌에서 통합되어 무의식중에 행동을 결정하는 원인으로 작용한다. 이처럼 근육과 뇌는 유기적으로 연결되어 있으며, 따라서 '근육 피로'와 '뇌 피로'를 이분법적으로 분리하는 것은 지나친 단순화의 오류가 될 수밖에 없다.

더 중요한 사실은 다리근육의 피로(그 원인이 중추신경계 때문이든 근육 자체 때문이든)와 실제 경기 성적 사이의 관계가 생각보다 명확하지 않다는 것이다. "제가 최대 근력의 40퍼센트를 잃었다고 칩시다. 그게 제 속도 감소의 원인이라고 볼 수 있을까요? 아니에요. 적어도 직접적인 원인이라고 보긴 어려워요." 밀레는 말한다. 100마일 경기에 참가한 선수는 95마일 지점부터는 최대 근력의 60퍼센트 이하에 해당하는 힘으로 버텨야 한다. 하지만 그 상황에서 곰을 맞닥뜨린다면 그는 자신의 다리에 여전히 전력 질주할 힘이 남아 있었다는 사실을 즉시 깨닫게 된다. 다시 말해, 근력 감소는 지금껏 그의 페이스를 묶어 둔 절대적 요인이 아니었던 것이다. 새뮤얼 마코라 또한 2010년에 진행한 '마음이 근육에 미치는 영향' 실험에서 같은 결론을 얻었다(자세한 실험 과정은 121쪽을 참조 바란다). 마코라의 실험 참가자들은 평균 242와트의 전력을 생산하는 수준으로 탈진할 때까지 사이클 페달을 밟았으나, 탈진한 순간 마지막으로 5초 동안만 전력 질주해 달라는 요청을 받고는 평균 731와트의 전력을 추가로 생산해 냈다. 긴 지구력 운동 끝에 탈진하는 순간이 찾아온다면, 그것은 다리의 능력이 아니라 의지가 고갈된 것에 불과하다.

근육 피로도 아니라면, 인간의 육체적 한계를 결정짓는 요인은 도대체 무엇이란 말인가? 마코라와 밀러는 속도를 올리거나 낮추고, 마침내 멈추라고 명령하는 뇌의 결정에 영향을 미치는 요소가 한둘이 아니라고 입을 모은다. 그다지 점잖게 들리지는 않겠지만, 토르 데 지앙을 포함한 울트라마라톤 선수에게 필수적인 능력 중 하나는 고칼로리 음식을 마시다시피 먹은 뒤 토하지 않고 달릴 수 있는 능력이다. 이를 실행할 수 없다면 텅 빈 연료 탱크가 한계 요인으로 작용할 수밖에 없다. 언덕 구간이 많은 코스에서는 걸음을 내디딜 때마다 생기는 미세 파열이 내리막길을 달릴 때 필요한 편심적 근수축과 어우러져 극대화된다(이것이 바로 매년 4월이면 보스턴 마라톤의 초반 내리막길 구간에서 어김없이 곡소리가 반복되는 이유다). 내리막길의 혹독함에 단련되지 않은 상태에서 달린다면, 선수의 다리근육은 피로 때문이 아니라 미세 파열이 초래하는 고통과 통제의 상실 때문에 속도를 직접적으로 제한하는 요인이 될 것이다.

스테판 쿨로는 코스의 후반부에 접어들었지만 그의 몸에서는 이러한 한계 요인들이 전혀 작용하지 않았다. 아직은 물집도 복통도 없었고, 다리 또한 가파른 오르막길과 내리막길을 불평 없이 묵묵히 견뎌 냈다. 음식과 맥주를 섭취하기 위해 해발 2,740미터의 상피용 바로 밑에 위치한 산장에 3분간 들렀을 때, 그는 이미 작년보다 12시간 이상 빠른 페이스를 기록하며 4위까지 치고 올라온 상황이었다. 조금 지나치게 덥다는 생각이 들긴 했지만 이 정도는 대수롭지 않은 문제로 보였다. 그는 중간에 들른 보스 마을에서 티셔츠와 반바지, 신발을 벗어 던지고 분수대에 뛰어들어 5분간 열기를 식혔고, 코스로 복귀한 다음에는 날이 더 어두워지기 전에 길을 재촉했다. 그 순간 앞서가던 주자 한 명이 실격당하는 바람에 그가 3위로 올라섰다는 문자메시지가 날아들었다. 흥분과 조급함을 동시에 느낀 그는 밀려오는 현기증과 열기를 무시한 채 속도를 더욱 높이기 시작했다.

그는 당시 상황을 이렇게 회상했다. "틀렸다는 걸 저는 알았어요." 결승선에서 단지 7킬로미터 전방에 위치한, 끝에서 두 번째 산장으로 가는 내리막길에서 그는 다섯 번이나 길을 잃었다. 원래대로라면 그가 자기 집 안방처럼 훤히 꿰고 있는 길이었다. 마침내 도착한 산장에서 그는 끔찍하게 어리석은 결정을 내렸다. 따뜻한 음식과 음료, 잠자리를 마다하고 물 한 컵만 겨우 마신 채 물병도 채우지 않고 서둘러 길을 나선 것이다. "그때는 이미 이성적으로 판단할 수 있는 상태가 아니었어요. 뇌가 정상적으로 작동하지 않았던 거죠."

그로부터 15분 후 그는 의식을 잃었다. 이미 85시간 30분을 달린 상태였고, 그동안 취한 휴식을 다 합해도 고작 3시간 20분 정도였다. 사실 기욤 밀레 또한 바로 전해에 같은 대회에서 비슷한 실수를 저질렀다. 채 3시간이 안 되는 수면을 취하며 87시간을 내리 달린 결과 막판에 이르러서는 꿈과 현실을 구분하지 못하는 환각 증상을 일으킨 것이다. 쿨로는 운이 좋지 않았다. 하지만 높은 고도를 감안할 때 상대적으로 온화한 날씨는 그나마 최악의 사태를 막아주었다. 다리는 더 이상 움직이지 않았지만, 그는 가까스로 깃털처럼 가볍고 얇은 비상용 모포를 찢지 않고 꺼내어 몸에 두른 뒤 헤드램프를 플래시 모드로 바꿨다. 그가 휴대폰으로 밀레에게 연락한 것은 그다음이었다. 그러나 시간은 이미 자정을 넘겼고, 밀레의 휴대폰은 꺼진 상태였다. 밀레는 당시를 이렇게 회상했다. "다음 날 아침 그가 남긴 음성메시지를 들었을 때, 저는 그가 이미 죽었을 거라고 생각했어요. 그의 목소리는 죽기 직전의 사람처럼 힘이 없었고, 거의 알아듣기도 어려웠거든요." 90분 후에 그 주변에 도착한 다음 주자는 자신의 고어텍스 조끼를 벗어 쿨로에게 입힌 뒤 비상용 모포를 한 겹 더 감싸 주었다. 마침내 쿨로는 자신을 거칠게 흔드는 의사의 손길에 깨어났고 산악 가이드와 의사의 부축을 받아 30분 동안 산기슭을 걸어 내려갔다. 그리고 그곳에 주차된 그들의 사륜 구동차를 타고 마을로 돌아왔다.

"달리다가 죽음에 이르는 경우는 거의 없습니다." 밀레는 말한다. 체온의 지나친 상승이나 장기적인 수면 부족, 약물 복용 등은 쿨로가 겪은 위험한 증상을 야기하여 자칫 신체의 섬세한 균형을 무너뜨릴 수도 있지만 "우리의 뇌는 몸이 진짜 한계를 초과하지 않도록 단단히 보호합니다. 그리고 대부분의 경우 보호에 성공하죠."

한계요인으로서의 근육 피로

　보통 사람들은 평생 자동차를 들어 올리거나 80시간 연속으로 산악 지대를 달리는 극한 운동을 경험할 일이 없다. 그렇다면 과연 오직 근육의 힘에 의지하는 단기적 운동과 의지를 시험하는 장기적 운동 사이의 교차점은 어디쯤에 있을까? 이 질문에 대한 답을 확인하기 위해, 기욤 밀레와 팀 녹스의 공동 연구팀에서 일하는 노르웨이 출신 과학자 크리스티앙 프뢰드Christian Frøyd는 각각 3분, 10분, 40분으로 구성된 타임 트라이얼 실험을 준비했다.[155] 그가 설계한 실험은 보통의 타임 트라이얼과 약간 달랐다. 그는 실험 참가자들을 자전거나 트레드밀 대신 근력 측정 장치인 역량계Dynamometer에 묶은 뒤 2초에 한 번씩 다리를 있는 힘껏 차도록 지시했고, 묶인 상태 그대로 자발적 최대 근력의 변화량을 1분에 한 번씩 측정했다. 이 방식을 사용하면 전기 자극이 있을 때와 없을 때 참가자들의 근력 변화를 가장 정확하게 측정할 수 있었다. 인체의 근육은 몇 초 사이에도 피로를 상당 부분 회복하는 만큼, 참가자가 자전거에서 내려와 측정기까지 오는 짧은 순간에도 오차를 만들 수 있다는 점을 감안한 설계였다.

　2016년 발표된 이 실험의 결과는 밀레가 울트라마라톤에서 측정한 데이터와 크게 다르지 않았다. 가장 짧은 실험에서는 근육 피로가 결정적인 한계 요인으로 작용했지만, 시간이 길어질수록 중추 신경계의 피로가 더 중요한 역할을 했다. 10분과 40분짜리 실험에서 참가자들의 자발적 최대 근력을 지속적으로 측정한 결과, 근육 자체의 피로는 단시간 내에 전체 근력의 80퍼센트 수준에 도달한 뒤 안정기에 접어들었고, 그 이후로는 마지막 발차기가 끝날 때까지 큰 변화를 일으키지 않았다. 이러한 결과는 그동안 순수한 근육 피로가 장기적인 운동에 미치는 영향이 상당히 **과대평가**되어 왔다는 사실을 시사했다.

프뢰드의 실험에서 가장 흥미로운 부분은 바로 페이스 조절이었다. 10분과 40분 길이의 실험에 참가한 사람들은 104쪽 그래프에 제시된 5,000~10,000미터 세계신기록 보유자들과 마찬가지로 시간이 종료되기 직전에 속도를 상당한 수준으로 올렸다. 반면 3분 길이의 실험 참가자들은 그래프의 800미터 주자들과 마찬가지로 마지막까지 지속적인 속도 저하를 막지 못했다.

큰 키에 호리호리한 체격을 가진 스물세 살의 마사이족 출신 선수 데이비드 루디샤David Rudisha는 2012년 런던 올림픽에서 1분 40초91만에 결승선을 통과하며 세계신기록을 경신했다. 그의 첫 바퀴 랩타임은 49초28로 두 번째 랩타임 51초63보다 약 2초35 빨랐다. 로스 터커는 루디샤의 랩타임이 전형적인 세계 정상급 800미터 선수들의 페이스를 보여 준다고 설명한다.[156] 현대식 기록 시스템이 최초로 도입된 1912년 이후, 세계신기록을 세운 선수들의 두 번째 랩타임은 첫 번째에 비해 평균 2.4초 느렸다. 단 두 번을 제외하고는 첫 번째 랩타임이 두 번째보다 빨랐고, 이는 장거리 경주에서 흔히 보이는 패턴과 정반대였다. 사실 1960년대 이후 현재까지 향상된 3

초가량의 기록은 대부분 첫 바퀴 랩타임을 단축시킨 결과였다. 거의 바뀌지 않는 두 번째 랩타임은 피로한 다리근육이 전력 질주의 생리학적 한계 요인으로 작용한다는 가설을 뒷받침했다.

이 같은 패턴이 순전히 우연의 산물일 가능성은 거의 없었고, 프뢰드가 도출해 낸 실험 결과는 육상 선수들의 몸 안에서 벌어지는 작용에 대한 힌트를 제공했다. 그는 실험 참가자들의 사두근에 전극을 연결하여 뇌에서 다리근육으로 보내는 근전도 신호를 측정함으로써 뇌가 근육 수축에 얼마나 깊게 관여하는지 확인했다. 그 결과 10분과 40분 실험에서는 근전도 신호가 실제 근육이 생산하는 힘과 비례하는 것으로 나타났고, 제한 시간이 끝나갈 즈음에는 근력과 근전도 신호가 함께 치솟았다. 반면 800미터 경주에 상응하는 3분 실험에서는 근전도 신호가 지속적으로 상승했음에도 불구하고 근력은 제한 시간이 끝날 때까지 계속해서 감소하는 모습을 보였다. 결승선이 가까워오니 더 빨리 달리라고 외치는 뇌의 명령을 근육이 따라가지 못하는 것이다. 근육의 역할이 중요한 자동차 들어 올리기와 뇌의 역할이 중요한 장거리 달리기 사이의 중간 지점이 바로 여기에 있었다. 약 600미터에서 800미터 사이의 단거리 경주의 경우, 선수들은 아무리 강한 의지를 가지고 달려도 어쩔 수 없이 느려지는 속도를 속수무책으로 받아들일 수밖에 없다.

단거리선수들은 이 안타까운 기분을 이렇게 표현한다. "이번 경기는 진짜 우승할 줄 알았는데, 마지막 바퀴에서 경직이 오는 바람에……." 여기서 말하는 '경직Rigging'은 일반적으로 쓰는 사전적 뜻이 아니라 사망한 시체가 시간이 지날수록 뻣뻣해지는 현상인 사후경직Rigor Mortis에서 따온 은어로, 몸이 뜻대로 움직이지 않는 당혹스러운 순간을 기가 막히게 포착한 표현이다. 중거리 경주 중계를 시청하다 보면 갑자기 선수 한 명이 어딘가에 묶인 듯 부자연스러운 움직임을 보일 때가 있다. 하릴없이 보폭이 줄어들고 관절이 삐거덕거리는 경험을 직접 해 본 사람이라면 누구나 그 선수에게 공감 섞인 동정을 느낄 것이다.

　어째서 근육은 경직 상태에 빠진 선수에게 아무런 도움을 주지 못할까? 이 질문에 대한 과학자들의 오래된 대답은 젖산 과다 분비 때문이라는 것이다. 젖산은 고강도 운동이 유산소 에너지를 대량으로 소모하여 산소가 필요한 만큼 충분히 공급되지 않을 때 생성되는 물질이다. 경직 현상은 보통 1분 이상에서 10분 미만 길이의 운동 중에 발생하며,[157] 이는 혈액 속에 젖산염이 가장 많이 생성되는 구간과 일치한다. 경직의 고통은 베이킹 소다를 먹으면 산성 중화작용에 의해 증상이 소폭이나마 완화되는데 이는 초등학교 과학 시간에 진행하는 '화산 폭발 실험', 즉 아세트산Acetic Acid(식초의 다른 이름)과 베이킹 소다의 혼합 실험과 같은 원리라고 보면 된다. (이 실험은 베이킹 소다 섭취의 부작용과도 연관되어 있다. 몸속의 산과 베이킹 소다가 화학작용을 일으켜 마치 화산 폭발과도 같은 설사를 유발할 수 있기 때문이다.)

　대부분의 사람들이 일명 '젖산 화상Lactic Burn'으로 불리는 젖산으로 인한 통증을 경계하는 오늘날, 캘리포니아대학교 버클리캠퍼스의 조지 브룩스$^{George Brooks}$를 필두로 한 과학자 집단은 젖산염의 명예 회복을 위해 노력해 왔다.[158] 그들은 젖산염이 근육 내에서 다양한 역할을 수행하며, 격렬한 운동에 꼭 필요한 긴급 에너지 생성에 결정적인 역할을 한다는 사실을 밝혀냈다. 실제로 정상급 운동선수들의 신체는 보통 수준의 선수에 비해 젖산염을 연료로 재활용하는 능력이 월등히 뛰어났다. 게다가 젖산염이 경직의 직접적 원인이라면 근육에 젖산염을 주사하는 것만으로도 즉시 경직 현상을 일으킬 수 있어야 했다. 하지만 밝혀진 대로, 이는 그렇게 단순한 문제가 아니었다.

2014년 마르쿠스 아만과 앨런 라이트$^{Alan\ Light}$가 이끄는 유타대학교 연구팀은 격렬한 운동과 연관된 세 가지 대사산물인 젖산염과 양성자, 아데노신3인산$^{Adenosine\ Triphosphate,\ ATP}$을 열 명의 운 좋은 실험 참가자들의 엄지손가락 근육에 주사로 주입했다.[159] 각 물질의 주입 농도는 우리 몸의 평소 상태와 크게 다르지 않은 '보통'부터 중간 난이도, 고난도, 최고난도의 운동을 할 때 발생하는 수준에 맞추어 총 4단계로 나누었다. 실험 결과, 셋 중에서 단독으로 주입했을 때 눈에 띄는 효과를 만든 대사산물은 하나도 없었다. 젖산의 원료가 되는 젖산염과 프로톤을 포함해 모든 경우의 수에 맞게 조합한 두 가지 물질의 혼합액을 주입했을 때도 아무런 변화가 일어나지 않았다. 하지만 세 가지 물질을 동시에 투여한 순간, 실험 참가자들은 엄지손가락 부위를 중심으로 갑작스러운 피로와 불쾌감을 호소했다. 주입 농도가 낮을 때는 대부분의 참가자들이 '피로하다', '몸이 무겁다'는 반응을 보였지만, 농도가 올라갈수록 점차 '아프다', '뜨겁다'와 같이 통증과 연관된 단어를 사용하는 빈도가 높아졌다. 젖산 화상은 산이 근육에 직접 녹아들어 갈 때 발생하는 통증이 아니라, 신경 말단에서 세 가지 대사산물을 감지한 뇌가 보내는 경고 신호였던 것이다.

이전 장에서 살펴보았듯이, 아만은 신경차단제 펜타닐을 사용하여 참가자들이 젖산염-양성자-ATP가 초래하는 통증을 느끼지 못하도록 만들었다. 하지만 펜타닐을 복용하고 고정식 사이클에서 타임 트라이얼을 한 참가자들은 초반에만 빠르고 가벼운 컨디션을 느꼈을 뿐 시간이 지날수록 근육을 제대로 통제하지 못하면서 결국 좋은 기록을 내는 데 실패했다. 아만은 젖산염-양성자-ATP가 일종의 피드백 시스템이며, 그 역할은 현재 근육이 심각한 문제나 스트레스를 겪고 있지 않다는 사실을 뇌에게 보고하는 것이라고 보았다. 만약 펜타닐 등의 인위적인 개입으로 이러한 보호 시스템을 차단한다면 근육을 진짜 한계에 가깝게 밀어붙이는 것이 가능해지지만, 그 시점에는 인산염과 같이 근섬유의 수축을 직접적으로 방해하는 다른 대사산물의 수치가 치솟게 된다.

인간이 펜타닐 없이도 근육의 진정한 한계에 다가가는 것은 가능할까? 적어도 1분 미만의 시간에 온 힘을 쏟아붓는 전력 질주 종목에서는 의심할 여지없이 가능하다. 정상급 800미터 선수들이 두 번째 바퀴에서 절대 속도를 높이지 못하는 현상은 그들이 근육을 협상할 수조차 없는 한계까지 밀어붙였다는 사실을 암시한다. 반대로, 2분 이상을 달리는 선수들이 공통적으로 막판 스퍼트를 할 수 있다는 것은 뇌가 장시간 운동에 대비해 통제권을 행사한다는 이론을 뒷받침한다. 그렇다면 이 패턴에 예외는 없을까? 다시 말해, 지구력을 시험하는 장거리 종목에서 근육의 한계에 다가갈 수 있는 방법은 존재하지 않는 것일까? 생리학자들이 방법을 찾아낼 가능성은 크지 않다. 세계 최고의 선수들이 경쟁하는 대회에서도 이런 모습을 보기 힘들 것이다. 그러나 이것이 꼭 불가능을 말하는 것은 아니다.

2012년 《스포츠 일러스트레이티드》의 데이비드 엡스타인David Epstein 기자는 스포츠 명문 오리건대학교에서 육상과 크로스컨트리 팀 선수로 활약했던 뛰어난 장거리선수 리아넌 헐Rhiannon Hull의 비극을 집중 보도했다.[160] 가족과 함께 코스타리카로 이주한 지 불과 6주가 된 2011년의 어느 흐린 날, 그녀는 여섯 살배기 아들과 지역 해수욕장에 놀러 갔다가 이안류에 휩쓸려 순식간에 해변에서 멀어지고 말았다. 서핑을 즐기던 십대 소년 두 명이 그녀를 발견하고 구조를 시도하러 갔을 즈음, 서른세 살인 지금도 여전히 하루에 두 번씩 달리기 훈련을 하는 158센티미터의 단단한 체격을 가진 그녀는 거의 30분째 아들을 물 위로 들어 올리며 버티고 있었다. 아들인 줄리안은 "그저 엄마한테 매달려 있었을 뿐"이라고 당시 상황을 기억했다.

두 서퍼가 모자의 근처에 도착했을 때 그녀의 머리는 이미 물밑으로 가라앉았다 올라오기를 반복하고 있었다. 그러나 양손만은 여전히 아들을 떠받치고 있었다. 청년들은 그녀가 마지막 힘을 다해 물 위로 밀어낸 아이를 받아 서핑 보드 위에 무사히 눕힌 뒤 어머니를 구하기 위해 즉시 뒤돌아 헤엄쳤다. 하지만 그녀는 두 번 다시 수면 위로 떠오르지 못했다.

안타까운 사건임에 틀림없지만 이런 궁금증을 자아낸다. 만약 우연히 근처에 있던 서퍼들이 구하러 달려오지 않았다면, 그녀는 아들을 안고 더 오래 버틸 수 있었을까? 아니면 더 빨리 가라앉고 말았을까? 구조의 손길이 도착할 때 찾아오는 희망은(혹은 도착하지 않을 때 느껴지는 절박함은) 장거리 달리기 막판에 보이는 결승선의 실루엣과 같이 뇌가 에너지 저장고의 빗장을 푸는 계기가 될 수 있으며, 따라서 두 가설은 모두 충분히 가능하다. 하지만 자신의 목숨을 희생해 아이를 살린 이 이야기의 숭고한 결말을 생각하면 두 가설의 정 가운데에 위치한 제3의 가능성을 상상하고 싶다. 평생 육상선수로서 근육의 한계에 조금이라도 가까이 다가가려고 노력했던 리아넌 헐은 인생의 마지막 순간에 모든 잠재력을 쏟아 내고 지구력의 진짜 한계를 체험한 것이 아닐까?

물론 우리는 영원히 알 수 없을 테지만 말이다.

7장

산소

    열대 지방의 잔잔한 해수면에 등을 대고 둥둥 떠 있던 윌리엄 트루브리지William Trubridge는 숨을 깊게 내쉰 뒤 바하마의 온화한 공기를 있는 힘껏 들이마셨다.[161] 그는 마치 잉어처럼 입을 뻐끔거리며 공기를 흡입한 뒤 이미 8.1리터로 측정된 폐활량(일반인의 폐활량은 평균 3~4리터 정도이다)보다 조금이라도 더 많은 공기를 폐에 집어 넣기 위해 안간힘을 다해 숨을 삼켰다. 마침내 폐가 산소로 가득 찼을 때, 트루브리지는 머리가 아래로 향하도록 자세를 바꾼 뒤 그대로 물속으로 잠수해 들어갔다. 그는 절대 서두르지 않고 의도적으로 느릿느릿한 평영 발차기를 하며 수압이 해수면의 두 배에 달하는 수심 9미터까지 내려갔다. 폐 속의 공기가 수압에 쪼그라들면서 부력은 그만큼 감소했다. 12미터 지점에 도달했을 때는 중력이 부력을 충분히 압도하여 특별한 노력을 기울이지 않아도 아래로 쭉 가라앉을 수 있었다. 목 주위에 두른 450그램짜리 추는 그가 줄곧 머리를 아래로 향한 자세를 유지하도록 도와주었다.

남들은 아침 식탁에 앉아 있을 그 시각, 뉴질랜드의 방송국 스튜디오에 나와 있던 트루브리지의 부모님은 화면에 비친 아들의 모습을 걱정스러운 표정으로 바라보았다. 트루브리지는 2년 전인 2014년에도 오리발과 다이빙 보드, 산소통을 포함해 어떠한 장비의 도움도 없이 잠수하는 프리다이빙으로 자신이 세운 최고기록을 경신하는 데 도전했지만 안타깝게도 성공하지 못했다.[162] 당시 그는 수면까지 9미터가 남은 지점에서부터 안전요원들의 손에 이끌려 겨우 올라온 뒤 마지막 순간에 정신을 잃고 말았다. 2006년에도 수면까지 12미터 남은 지점에서 정신을 잃는 사고가 있었으며, 20초 이상 지속된 호흡 정지는 그의 미각을 영원히 앗아갔다(물론 그는 자신이 맛을 잘 못 보는 이유가 '수상쩍은 비염 치료용 스프레이' 때문이라고 주장하지만[163]). 그가 지금 도전하려는 종목 또한 앞선 두 번의 도전과 같은 102미터 프리다이빙이었다. 비바람의 영향을 받지 않는 바하마 롱아일랜드의 해수 동굴이라는 배경과 텔레비전 생중계라는 조건까지 당시와 똑같았다.

트루브리지가 생후 18개월이 되었을 무렵, 그의 부모님은 영국 북부에 있던 집을 팔고 그 돈으로 요트를 산 뒤 대서양을 건너고 카리브해를 통과해 마침내 태평양의 뉴질랜드에 도착하는 대모험을 했다. "그러니까 저는 배 위에서 자란 셈이죠."[164] 그는 말한다. "저는 언제나 물속에서 놀았어요. 수영도 하고, 스노클링도 하면서요." 현재 서른여섯 살의 그는 다이빙의 다양한 세부 종목에서 총 열일곱 개의 세계신기록을 갖고 있는, 생존 선수 중에 가장 뛰어난 선수로 손꼽힌다. (고층 빌딩에서 낙하산을 메고 뛰어내리는 베이스점핑Base Jumping을 제외하면, 다이빙은 정상급 선수들의 '생존' 여부를 가장 중요하게 여기는 종목이다. 가령 트루브리지의 기록을 무색하게 만드는 세계신기록 41개의 주인공인 러시아의 나탈리아 몰차노바Natalia Molchanova 선수는 2015년 스페인 해안에서 프리다이빙 강습을 하다가 영원히 물 위로 떠오르지 않았다.) 목표 깊이에 도달하자 그의 손목에 달린 다이빙 시계에서 알람이 울렸다. 그는 여전히 눈을 감은 채 더듬거리는 손으로 깊이 표시 태그를 찾아 움켜쥔 뒤 수면을 향해 올라가기 시작했다. 진짜 힘든 부분은 지금부터 시작이었다. 그는 주먹만 한 크기로 오그라든 폐와 발목을 잡아당기는 강력한 중력에 맞서 수면까지 헤엄쳐 올라가야 했다. 절반쯤 올라왔을까, 그는 산소 부족으로 정신이 혼미해지는 것을 느꼈다. 같은 시간, 오클랜드의 스튜디오에 있던 그의 어머니 또한 끝없이 이어지는 진행자의 따분한 질문에 대답하느라 정신을 잃을 지경이었다.

트루브리지는 집중력을 그러모아 발차기를 계속했다. 마침내, 잠수해 들어간 지 4분14초 만에, 그는 수면 위로 머리를 내밀고 거칠게 숨을 들이마신 뒤 떨리는 손으로 노즈클립Noseclip(잠수를 할 때 코에 물이 들어가지 않도록 착용하는 집게 - 옮긴이)을 제거했다. "전 괜찮아요." 목소리는 불안정했지만, 그의 손은 건강에 이상이 없다는 사실을 확인하기 위해 특별히 고안된 수신호를 정확히 구사하고 있었다. 숨

막히는 몇 초의 정적이 흐른 뒤, 마침내 심판은 그가 정당한 절차를 거쳐 신기록을 세웠다는 사실을 인정하는 화이트카드를 꺼내 들었다. 바하마와 오클랜드에서 그의 도전을 지켜보던 팬들은 동시에 환호성을 지르며 자리에서 벌떡 일어났다.

숨 쉬고 싶은 욕구를 참는 사람들

지구력을 발휘하고 생명을 유지하는 데 산소만큼 근본적인 역할을 하는 한계 요인은 없을 것이다. 우리는 격렬한 운동 중에 찾아오는 폐가 터질 듯한 헐떡임이나 잠깐이라도 호흡 정지가 왔을 때 느껴지는 죽음의 공포를 경험하며 산소의 중요성을 본능적으로 체감한다. 하지만 산소 부족이 실질적으로 우리 몸의 움직임을 방해한다고 볼 수 있을까? 윌리엄 트루브리지 같은 프리다이버나 공기가 평지의 3분의 1 수준인 산꼭대기에 오르는 등산가를 보면 산소 부족의 영향력이 생각보다 결정적이지 않을 수도 있겠다는 생각이 든다. 실제로 익스트림 스포츠 종목의 선수들을 연구한 결과, 과학자들은 몸이 산소를 원하는 지점과 산소를 **필요로 하는 지점**은 다르다는 사실을 밝혀냈다. 이 발견은 물속이나 산꼭대기뿐 아니라 평지에서 산소가 지구력에 미치는 영향에 대해 기존과는 완전히 다른 시각을 제공해 주었다. 숨을 쉬려는 욕구(실제로는 산소 부족보다 이산화탄소 축적에 좌우되는 욕구다)는 적어도 특정 수준에 도달하기 전까지는 우리가 마음만 먹으면 무시할 수 있는 경고 신호에 불과했던 것이다.

지난 수백 년간, 유럽의 탐험가들은 아시아와 카리브해, 남태평양 지역에 30미터 이상을 잠수해 들어가 3~4분 이상을 견디는 진주 채취꾼들이 존재한다는 믿기 힘든 이야기를 전해 왔다(심지어 15분 이상 잠수하는 채취꾼을 보았다는 사람도 있었다[165]). 하지만 이러한 전통적 잠수 문화는 어업 기술과 진주 양식 기술의 발달에 치여 점점 자취를 감추었다. 1949년 이탈리아의 공군 전투기 조종사 레이몬도 부처 Raimondo Bucher가 호흡 한 번으로 30미터를 잠수할 수 있다는 내기에 50,000리라 Lira(1861년부터 2002년까지 통용되었던 이탈리아의 화폐—옮긴이)를 걸었을 때,[166] 대부분의 과학자들은 이 도박이 비극적인 결과를 가져오리라고 생각했다. 기체의 부피가 압력에 반비례하는 만큼 수압이 지상의 네 배에 달하는 수심 30미터에서는 폐의 크기가 4분의 1 크기로 쪼그라들기 때문이었다.

하지만 부처는 모두의 예상을 뒤집고 카프리섬 인근 해저에 대기하고 있던 스쿠버다이버에게서 배턴을 받아 무사히 올라왔고, 바야흐로 프리다이빙 기록 경쟁의 시대를 열었다. 조금이라도 더 깊은 곳으로 잠수해 들어가는 것이 목적인 이 스포츠는 애초에 다이빙의 의의가 바닷속을 탐험하는 것이지 수면 아래에서 목숨을 건 러시안룰렛을 하는 것이 아니라고 말하는 사람들을 중심으로 여전히 논란의 대상이 되고 있다. 오늘날 프리다이빙은 오리발이나 무게 추를 포함한 장비의 허용 범위에 따라 수없이 많은 하위 종목으로 분류된다. 가령 모든 장비 착용을 허용하는 '무제한No Limits' 종목에서는 선수가 무거운 보드에 매달려 하강한 뒤 자동 팽창 풍선의 도움을 받아 상승하는 것도 가능하다. 2007년 무제한 종목에서 214미터를 잠수해 세계신기록을 세운 오스트리아의 허버트 니치^{Herbert Nitsch} 선수는 2012년 244미터 도달에 성공했으나 수면으로 올라오는 도중에 그만 의식을 잃었고, 머리를 수차례 강타당한 것과 같은 수준의 신경 손상을 입어 현재까지도 제대로 걷거나 말하지 못한다.[167]

(니치는 자신의 홈페이지를 통해 자신의 244미터 도달 기록을 세계신기록으로 인정해야 한다고 주장하고 있으나, 국제프리다이빙협회^{International Freediving Association}는 선수가 수면 위로 올라온 뒤 안전 지침을 완벽히 수행했을 때만 공인 기록으로 인정할 수 있다며 그의 청원을 받아들이지 않고 있다.)

목에 두른 추 외에 아무런 장비의 도움도 받지 않고 102미터를 잠수해서 세운 트루브리지의 기록은 이보다 간단하다. 하지만 프리다이빙 협회에 정식 등록된 종목 중에서 가장 단순한 경기는 뭐니 뭐니 해도 순전히 숨을 참는 시간을 재는 정지무호흡^{Static Apnea}일 것이다. 정지무호흡은 선수가 경기 보조원과 함께 수영장에 들어간 뒤 얼굴을 아래로 향한 채 최대한 오랫동안 물 위를 둥둥 떠다니는 종목이다. 프리다이빙 선수들이 극복해야 하는 수압이나 잠수병, 심해로 헤엄쳐 들어가고 나올 때 소모되는 산소량, 수면 위로 올라갈 산소가 부족할지 모른다는 공포를 느낄 필요 없이 순수하게 지구력의 한계에 도전할 수 있는 단순한 경기인 것이다. 사실 돌아갈 힘을 남겨 두지 않아도 된다는 마지막 조건은 남극점 왕복에 도전했던 섀클턴과 편도 여정에 도전한 헨리 워슬리의 차이와 마찬가지로 경우에 따라 축복이 될 수도, 저주가 될 수도 있다. 온 길을 되돌아갈 필요 없이 어느 때든 그만둘 수 있다는 생각은 워슬리가 목숨을 잃을 때까지 자신을 몰아붙인 주범이었지 않은가. 현재 정지무호흡 세계신기록 보유자인 프랑스의 스테판 미프쉬드 Stéphane Mifsud 선수는 2009년 어느 월요일 오후에 지역 수영장에서 11분35초라는, 가늠하기조차 힘들 정도로 긴 시간 동안 호흡을 멈추고 버텼다.

(이토록 단순한 경기 방식에도 불구하고 정지무호흡 종목 또한 각종 기록 논란을 피해가지는 못했다.[168] 현존하는 세계 최장 무호흡 기록은 세르비아 출신 다이버 브랑코 페트로비치Branko Petrović가 세운 11분54초의 기네스기록이지만, 그는 도전 사실을 국제프리다이빙협회에 통보하지 않은데다가 물 위로 머리를 드는 순간 다른 사람의 도움을 받으면 안 된다는 규정을 어기는 바람에 공식적인 세계신기록 보유자로 인정받지 못했다. 비록 확실한 증거가 없는 주장이긴 하나 미프쉬드 또한 각종 다이빙 게시판에서 수영장의 통풍구를 통해 산소를 추가 흡입했다는 부정행위 의혹을 샀다. 경기 전 순수 산소를 잔뜩 들이마신 뒤 호흡을 참는 변칙 도전의 경우, 유명 마술사 데이비드 블레인David Blaine이 2008년 세운 17분의 대기록을 세우면서 유명해지기 시작했다. 이 기록을 깬 장본인은 스페인의 프리다이빙 선수 알레이스 세구라Aleix Segura로, 그는 무려 24분03초 동안 호흡 없이 버티는 기염을 토했다. 그러나 세구라 선수는 경기 후 인터뷰에서 "순수한 산소의 도움을 받아 호흡을 참는 도전은 정지무호흡이나 프리다이빙처럼 우리 모두가 진짜 원하는 스포츠라기보다 실험적인 볼거리에 불과하다."[169] 라는 회의적 소감을 밝혔다.)

경기 수개월 전부터 달리기와 사이클링, 수영은 물론이고 철인 3종 경기까지 소화하는 미프쉬드의 훈련법은 일반 지구력 종목의 선수들과 크게 다르지 않다. 기초 체력 훈련을 충분히 거치고 유산소 운동 능력이 어느 정도 갖춰진 후에야 그는 스스로 '물고기 견습생 단계Apprentice Fish Stage'라고 부르는, 사이클을 타면서 30초간 숨을 참고 15초간 휴식을 취하는 훈련을 20회씩 반복하기 시작한다. 마침내 실전 훈련 기간이 온 다음에도 그는 여섯 시간의 체력 단련을 마친 후에야 비로소 물속으로 들어가 두 시간 동안 호흡 참기 연습을 한다. 그의 폐활량은 일반인의 몇 배에 해당하는 11리터다.

하지만 그와 트루브리지를 포함한 대부분의 선수들은 프리다이빙의 마지막 순간에 기록 달성 여부를 결정짓는 가장 큰 장벽이 신체 조건이 아니라 마음가짐이라고 입을 모은다. 물속에서 보내는 시간이 9~10분을 넘어갈 무렵 느껴지는 고통은 마치 지글거리는 바비큐 그릴 위에 맨살로 누워 있는 것과 같다. 심장 박동은 3초에 1회 뛰는 수준으로 느려지며, 그보다 더 위험한 것은 호흡을 하고자 하는 욕구가 점점 사라진다는 것이다. "계속 버티기 위해서는 마음을 강하게 먹는 수밖에 없어요." 미프쉬드는 말한다. "지금 느껴지는 고통이야말로 아직 살아있다는 증거라고 저 자신을 다독이죠."

수중에서 일어나는 반응

미프쉬드의 정지무호흡 기록이 수영장에서 세워진 데는 부정행위 가능성과 관계없는 또 다른 이유가 있었다. 우리가 얼굴을 물속에 담그고 있을 때면 육상동물과 수생동물을 포함한 모든 포유류가 공유하는 흔적 반사작용Vestigial Reflex이 마법처럼 일어나기 때문이다. 훗날 노벨상을 수상하는 생리학자 샤를 리셰Charles Richet는 1894년 오리의 호흡기관을 묶은 뒤 죽음에 이르는 시간을 재는 잔혹한 실험 보고서를 연이어 발표했다.[170] 실험 결과, 평범하게 공기 중에 놓인 오리는 평균 7분 후 사망한데 반해 물속에 있던 오리들은 23분을 버텨 냈다. 리셰는 이 데이터를 토대로 동물이 물속에 들어가면 심장 박동 수 저하를 포함한 일련의 자동 반사작용이 일어나 산소 소모량이 줄어든다는 결론을 이끌어 냈다(잠깐 짚고 넘어가자면 그는 아나필락시반응Anaphylactic Reactiondp 대한 연구로 노벨상을 수상한 과학자인 동시에 과학으로 설명되지 않는 불가사의한 현상에도 관심이 많은 인물이었다. 영화 〈고스트 버스터즈〉가 개봉하기 거의 100년 전에 '엑토플라즘Ectoplasm'이라는 단어를 조합해 낸 것[171]도 바로 그였다).

이 반응은 오늘날 '포유동물 잠수반사Mammalian Dive Reflex'라는 용어로 잘 알려져 있다. 이 용어를 스웨덴계 미국인 과학자 퍼 스콜랜더Per Scholander가 만들어 낸 시적인 별칭인 '생명의 스위치Master Switch of Life'라고 부르는 사람들도 있다.[172] 웨델 바다표범은 잠수를 시작한 순간 심장 박동 수가 지상에 있을 때보다 10분의 1 수준으로 격감하고, 덕분에 45분 이상 물 위로 떠오르지 않고 버틸 수 있다.[173] 스콜랜더는 리셰의 실험과 원리는 비슷하지만 조금 덜 극단적인 방법을 고안해 냈다. 실험 참가자들에게 물을 가득 채운 나무 수조의 밑바닥에서 납으로 된 추를 잡은 채 지상에서라면 심장 박동 수가 치솟을 만한 격렬한 운동을 하라고 지시한 것이다.[174] 세계 신기록을 세운 도전에서 트루브리지가 기록한 심장 박동 수는 1분에 20회대였으며,[175] 프리다이빙 선수들 중에는 생리학자들이 의식을 유지하기 위한 최저치라고 믿었던 것보다 더 낮은 10회대를 기록하는 사람들도 있다.

잠수반사의 또 다른 대표 현상으로는 말초혈관수축Peripheral Vasoconstriction을 꼽을 수 있다. 팔다리에 있는 혈관이 거의 닫히다시피 수축되면서 남은 혈액을 몽땅 중추신경계로 보내 뇌와 심장에 가능한 한 오래 산소가 공급되도록 조절하는 것이다. 액체인 혈액은 기체인 공기와 달리 외부 압력이 달라져도 부피가 거의 변하지 않으므로 머리와 가슴에 혈액을 집중시키면 폐허탈 또한 예방할 수 있다. 코를 차가운 물속에 담그기만 하면 이 모든 작용이 반사적으로 일어나며, 이는 잠수반사의 주요 감지기가 코 주변에 분포하고 있다는 추측[176]과 더불어 얼굴에 찬물을 끼얹으면 긴장이 가라앉는다는 민간요법에 신빙성을 더하는 근거라고 볼 수 있다.

얼굴을 물에 담그면 일명 '비장 발산Spleen Vent'이라고 불리는 보다 간접적인 반응도 일어난다. 비장은 보통 혈액의 여과 장치로 알려져 있지만, 위급 상황에 대비해 산소가 충분한 적혈구들을 저장해 놓는 역할도 겸하고 있다. 평소 20리터 이상의 혈액을 저장했다가 잠수 시 85퍼센트까지 수축하면서 혈액순환을 촉진하는 바다표범의 비장은 말 그대로 산소 탱크와 마찬가지다. 안타깝게도 인간은 이렇게 뛰어난 신체 조건을 타고나지 못했다. 그러나 잠수를 비롯하여 체력 소모가 심한 장기 운동을 할 때 비장이 공급하는 신선한 적혈구의 혜택을 본다는 점만은 바다표범과 다르지 않다. 과거 진행된 한 실험에서, 연구진은 크로아티아 프리다이빙 국가대표팀 선수들과 일반인의 호흡 참기 능력을 비교했다.[177] 일반인 참가자 중에는 (당연히 실험과는 무관한 이유로) 비장을 절제한 사람들이 섞여 있었다. 모든 참가자들은 잠수반사를 유도하기 위해 차가운 물에 얼굴을 담그고 최대한 오래 버티는 시도를 2분 간격으로 총 5회 진행했다. 실험 결과, 비장이 달린 참가자들은 선수와 일반인 할 것 없이 두 번째 시도부터 버티는 시간이 비약적으로 길어졌다. 그들의 잠수 능력이 향상된 것은 비장이 저장해 두었던 적혈구를 발산한 덕분이었으며, 한번 시작된 비장 발산의 지속 시간은 약 한 시간 이상인 것으로 확인되었다. 반면, 비장을 제거한 참가자들은 시도 횟수가 많아져도 잠수 능력에 전혀 변화를 보이지 않았다.

숙련된 프리다이빙 선수들의 미묘한 신체 변화를 관찰하는 실험은 우리 몸이 다이빙에 적응하는 과정에 대한 결정적인 단서를 제공한다. 남아프리카공화국 출신의 프리다이빙 코치 한리 프린슬루Hanli Prinsloo는 다이빙에 따른 신체 변화를 총 4단계로 분석했다. 첫 번째 '인식 단계Awareness Phase'에서는 선수의 의식 속에서 호흡을 원하는 욕구가 치솟는다. 이 단계를 지나면 갑자기 횡격막이 급격히 수축하는 느낌이 찾아온다. 이러한 현상은 산소 부족 때문이 아니라 이산화탄소 축적 때문에 일어나는 것이며, 선수에게 통증을 참을 의지만 있다면 이 단계를 (일시적으로나마) 무사히 참고 지나갈 수 있다. 그다음으로는 비장의 적혈구가 분출되며 생리학적으로 다이빙 능력이 향상되는 반가운 단계가 찾아온다. 마지막으로 산소 결핍에 시달리는 뇌가 진정한 위협을 느끼면, 그의 몸은 의식을 놓는 방법으로 에너지를 최대한 아끼는 단계에 들어간다. 물속에서(물론 물 밖에서도) 기절하는 네 번째 단계를 경험하지 않으려면 앞선 세 단계에 따른 몸의 변화를 면밀히 주시해야 한다. 마지막 단계에 들어서면 폐에 물이 차는 것을 막기 위해 숨길에 해당하는 후두가 저절로 닫히게 된다. 하지만 몇 분 이내에 누군가의 도움을 받아 수면 위로 올라오지 않는다면, 그는 산소를 갈망하는 마지막 숨을 크게 들이쉰 뒤 물 아래로 가라앉기 시작한다.

　호흡을 정지한 채 거의 12분에 걸쳐 90미터 해저까지 내려갔다가 올라오는 사람들의 존재는 산소가 그어 놓은 절대적 한계선이 생각만큼 분명하지 않다는 암시를 제공한다. 우리의 몸은 몇 겹이나 되는 반사적인 안전 메커니즘에 싸여 보호받고 있는 것이다. 게다가 이 안전 메커니즘에는 한 가지 흥미로운 부가 현상이 뒤따른다. 본디 잠수반사는 심장 박동이나 호흡, 소화와 마찬가지로 자율신경계에 조절되는 무의식적 반응이다. 하지만 바다표범에게 심장 박동 수 감지장치를 붙이고 관찰해 보면, 잠수를 시작하기 **직전부터** 이미 심장 박동이 현저히 느려진다는 사실을 확인할 수 있다.[178] 비록 바다표범만큼 분명하지는 않고 보다 다양한 변수의 영향을 받긴 하지만 인간의 몸 또한 비슷한 반응을 보인다. 심지어 몇 번의 훈련으로 잠수에 익숙해진 사람은 머리를 물에 담그라는 지시를 받는 순간 즉시 심장 박동 수가 급감하며, 느려진 박동은 잠수 지시를 취소한 후에도 한동안 계속된다. 팀 녹스라면 이러한 현상 또한 '선행 규제'의 일환이라고 주장할 것이다. 우리의 뇌는 잠수를 하라는 지시나 희미하게 보이는 결승선처럼 의식적으로 수집한 데이터를 바탕으로 평소 같으면 무의식적으로 가동될 안전 메커니즘을 발동하거나 해제한다.

물론 뇌가 언제나 해결사 역할을 완벽하게 해내는 것은 아니다. 비영리단체 DAN^{Divers Alert Network}은 전 세계를 범위로 장비 착용 유무를 망라한 다이빙 사고 사례를 조사했고, 그 결과 2014년에만 57건의 비극적인 프리다이빙 사고가 있었다는 사실을 확인했다. 57건은 지난 수십 년 동안의 사고 평균인 20~30건에 비해 많은 숫자이지만, 사상 최고치인 70건을 기록한 2012년에 비하면 상대적으로 양호한 편이다. 게다가 운 좋게 목숨을 건졌다 해도 미각을 잃은 윌리엄 트루브리지나 언어 및 보행 장애를 겪는 허버트 니치와 같이 신체의 일부 기능을 평생 상실한 선수들 또한 수두룩하다. 우리 몸이 산소 부족 사태에 대비해 그토록 정교한 안전 메커니즘을 짜 놓은 이유는 그 결과가 너무나 극단적이기 때문이다.

인간이 올라갈 수 있는 가장 높은 곳

프리다이빙은 인체가 산소가 완전히 차단된 상황에 어떻게 적응하는지 보여 주는 가장 확실한 모델이다. 하지만 우리 몸이 산소의 단계적인 감소에 적응하는 방법을 알고 싶다면 다이빙과 정반대되는 극단적 지형에 도전하는 종목으로 눈을 돌려야 한다. 만약 당신이 몬터레이^{Monterey}의 바다에서 잠수를 마친 뒤 무사히 뭍으로 걸어 올라와 물안경과 오리발을 벗고 산을 오르기 시작한다고 생각해 보자. 시간이 갈수록 주변의 공기가 점점 희박해지기 시작할 것이다. 지상에는 '대기'라고 불리는 거대한 공기의 바다가 존재하며 고도가 올라갈수록 기압이 약해지는 만큼 당신을 둘러싼 공기의 양 또한 적어지기 때문이다. 그렇게 걸어서 시에라네바다산맥에 위치한 해발 600미터의 마리포사 시내에 도착했을 무렵 당신이 숨을 쉴 때마다 흡입되는 공기의 양은 해수면 높이보다 약 6퍼센트 감소한 상태다. 이 정도는 보통 사람이 눈치 채기 힘들 정도로 미미한 변화다. 하지만 공기량이 24퍼센트 줄어든 해발 2,400미터의 매머드레이크 도로에서는 해수면 높이에서와의 차이가 분명히 느껴질 테고, 41퍼센트 줄어든 4,420미터의 휘트니산 정상에서는 머리가 깨질 듯한 두통이 찾아올 확률이 아주 높다.

고산병에 대한 묘사가 처음으로 등장한 것은 기원전 30년경에 작성된 중국의 고문헌이다.[179] 그 자료에 따르면 중국과 오늘날의 아프가니스탄 지역 사이에는 일명 '대두통산^{Great Headache Mountain}'과 '소두통산^{Little Headache Mountain}'이 있었으며, 그 두 산을 넘는 여행자들(그리고 그들의 소와 당나귀)은 자주 두통과 구토에 시달렸다고 한다. 두통도 구토도 전형적인 고산병의 증상이다. 하지만 고도와 공기의 양 사이의 관계가 명확히 확인된 것은 1648년 프랑스의 만물박사 블레즈 파스칼^{Blaise Pascal}이 처남과 함께 수은 기압계를 가지고 지역에서 고도가 낮은 장소와 집 근처 산꼭대기의 기압을 비교한 뒤부터였다. 이후 수백 년 동안 과학자들은 산소가 호흡에 미치는 영향과 산소 부족이 초래하는 결과를 조금씩 확인해 나갔다. 운동선수들을 위한 고도 텐트^{Altitude Tent}(고도가 높은 지역에서 열릴 경기에 몸을 미리 적응시키기 위해 공기가 희박한 환경을 인공적으로 조성해놓은 텐트 – 옮긴이)가 개발되기 약 300년 전인 1671년, 로버트 훅^{Robert Hooke}은 자신의 몸을 실험 대상으로 삼아 입지전적인 실험을 진행했다. 그는 커다란 나무통에 물을 가득 채우고 그 안에 다른 나무통을 넣은 뒤 그 안으로 직접 들어가서 시멘트로 입구를 밀봉하고 풀무와 밸브를 이용하여 귀가 멍멍해질 때까지 공기를 빼냈다. 인류 최초로 인공적인 저압 시험실^{Altitude Chamber}을 개발한 것이다.

이후 열기구가 개발되면서 고도가 기압에 미치는 영향을 보다 간단히 확인할 수 있게 되었다(비록 위험도만큼은 훅의 인공 저압 시험실 못지않았지만). 최초의 유인 비행이 성공한 1783년부터 생리학자들은 모험가들과 함께 극단적인 높이까지 올라간 뒤 심장 박동 수 증가, 호흡곤란, 현기증과 더불어 때때로 저림이나 마비까지 동반하는 산소 결핍 증상들을 하나씩 기록해 나갔다. 1799년 한 열기구 조종사는 말을 타고 열기구에 탑승하여(그가 이런 선택을 한 이유에 대해서는 기록되어 있지 않다) 말이 코와 귀에서 피를 흘리기 시작할 때까지 계속해서 상승했다. 과학자들이 이 시기에 거둔 주요 성과 중 하나는 숙련된 열기구 조종사들이 일반인에 비해 고도의 영향을 덜 받는다는 사실을 발견한 것이었다. 인간이 반복적인 훈련을 통해 공기가 희박한 환경에 적응할 수 있다는 가능성을 확인한 것이다. 1875년 프랑스에서 열기구 제니스^{Zenith}호에 탑승한 승객들은 추가 산소 공급을 위해 산소통을 들고 타는 현명함을 보였다. 그러나 고도가 7,920미터를 넘어간 순간 남자 세 명으로 구성된 승객 전원은 정신을 잃었다. 두 시간 후 열기구가 땅으로 내려왔을 때, 정신을 차린 승객 한 명은 동료 두 명이 눈을 반쯤 감고 헤벌린 입에 피를 가득 머금은 채 죽어 있는 것을 발견했다. 당시에는 열기구로 인한 사망 사고가 꽤 흔한 일이었고, 불꽃과 착륙 사고를 비롯한 각종 위험 요소들이 낮지 않은 확률로 승객들의 목숨을 앗아갔다. 하지만 제니스호의 사고 이후 사람들은 고도가 너무 높으면 대기 자체가 살인 무기로 돌변할 수 있다는 사실을 깨달았다.

비슷한 시기, 세계에서 가장 높은 봉우리들이 하나하나 점령되기 시작하면서(높이 4,800미터의 몽블랑은 1786년에, 당시까지만 해도 세계 최고봉으로 평가받던 높이 6,300미터의 침보라소는 1880년에 정복되었다) 등반가들 또한 비슷한 문제에 맞닥뜨렸다(비록 최고봉 자리는 내주었지만, 침보라소 꼭대기는 현재까지도 지심$^{Earth's Center}$에서 가장 먼 지점으로 꼽힌다. 지구가 완벽한 구형이 아니라 적도 부분이 살짝 두터운 형태로 되어 있기 때문이다). 1802년 침보라소 정복에 도전했다가 실패하기도 한 독일의 생태학자 알렉산더 폰 훔볼트$^{Alexander \, von \, Humboldt}$는 등반가들의 에너지를 빼앗는 고산병의 주된 원인이 산소 부족일 가능성을 처음으로 제기한 인물이었다.

모두가 알다시피 세계에서 가장 높은 산은 해발 8,848미터의 에베레스트산이다. 1920년대 초반 에베레스트산 정복을 시도한 영국 최초의 탐험대는 고도를 서서히 높여 나가는 등산 방식이 고산병 예방에 도움이 된다는 사실을 알고 있었다. 군이 열기구의 급격한 상승과 비교하지 않더라도, 지도도 없이 길을 헤매며 산기슭에 도착하는 데만 5주가 걸린 그들의 여정을 감안하면 고도를 서서히 높이지 **않기란** 거의 불가능한 일이었다. 하지만 인간이 8,848미터의 고도에서 버틸 수 있을지 여부는 여전히 미지수였다. 과학자들은 에베레스트산 정상의 공기량이 해수면 높이의 3분의 1 수준일 것이라고 추정했다. 눈과 얼음으로 뒤덮인 가혹한 등반 환경을 차치하더라도, 과연 인간이 이런 환경에서 생존하는 것이 가능할까?

1924년, 4년 만에 결성된 세 번째 에베레스트산 탐험대에서 군인 출신 등반가 에드워드 노튼Edward Norton은 정상까지 300미터도 채 남기지 않은 8570미터 지점에 도달했다.[180] 그가 여기서 발길을 돌린 것은 극심한 산소 부족뿐 아니라 사물이 둘로 보이는 증상 탓에 그 위험한 지형에서 발 디딜 지점조차 제대로 찾을 수 없었기 때문이었다. 그로부터 2년 후 노튼의 탐험대 동료였던 조지 말로리 Georgy Mallory와 앤드류 어빈Andrew Irvine은 고도에 저항하기 위해 투박한 휴대용 산소통을 짊어지고 다시 원정길에 올랐다. 말로리는 《뉴욕 타임스》와의 인터뷰에서 '어째서 세 번이나 에베레스트로 돌아가느냐'는 기자의 질문에 "산이 거기에 있으니까요."[181]라는 그 유명한 대답을 내놓은 장본인이다. 오늘날까지도 말로리와 어빈이 에베레스트 정상에 올랐는지 아닌지는 풀리지 않는 수수께끼로 남아 있다. 확실한 것은 두 사람이 다시 돌아오지 못했다는 것이다. 물론 그들이 에베레스트에서 목숨을 잃은 최초의 탐험가는 아니었다. 멀리 갈 것도 없이 문제의 그 원정에서 짐꾼 두 명이 그들보다 먼저 비극을 맞았으며, 그중 한 명의 사망 원인은 높은 고도에 의한 뇌출혈이었다. 2년 전에 있었던 영국 탐험대의 원정에서는 짐꾼 일곱 명이 눈사태에 휩쓸려 사라졌다. 그리고 그 이후로도 희생자는 끊이지 않았다.

"언제 산송장이 될지 모른다는 두려움을 품고 사는 사람이 얼마나 있을까."[182] 1978년의 한 청명한 저녁, 고도가 어떤 위험을 초래해도 이상하지 않은 해발 7,920미터 산등성이에서 등반가 라인홀트 메스너Reinhold Messner가 휴대용 녹음기에 남긴 말이다. 그와 등반 파트너 피터 하벨러Peter Habeler는 에베레스트산의 사우스 콜South Col에 있었다. 지금은 눈과 얼음으로 둘러싸인 텐트 속에 웅크리고 있지만, 두 사람은 다음 날 아침이 밝는 즉시 산 정상까지 단숨에 치고 올라간다는 계획을 세우고 있었다. 텐트 안에 한 무더기 쌓인 눈은 힘없이 일렁이는 버너의 불꽃에 녹기만을 기다리는 중이었고, 침낭은 이미 꽁꽁 얼어붙은 지 오래였다. 두 사람은 횡설수설 대화를 이어갔다.

"확실하게 얘기하지." 하벨러가 말했다. "난 여기서 정신을 놓고 싶은 마음이 없어."

"나도 마찬가지야!"

"뇌 손상이 온다는 신호가 조금이라도 감지되면 즉시 등반을 중단하겠어."

"좋아. 언어나 균형 감각을 포함해서 둘 중 한 사람에게라도 문제가 생긴다면 즉시 돌아가자고." 메스너가 동의했다.

사실 지리적인 관점에서만 보면 그들의 여정은 그다지 새로울 것이 없었다. 1953년 에드먼드 힐러리와 텐징 노르게이^{Tenzing Norgay}가 최초로 정복한 이래, 메스너와 하벨러가 사우스 콜에 이른 그 시점까지 에베레스트 정상을 밟은 탐험가는 남성 60명, 여성 2명이었다.[183] 하지만 그들 중 휴대용 산소통의 도움을 받지 않은 이는 없었다. 메스너는 산소통이라는 보조수단이 순수한 경험과 성취감을 깎아내리는 마이너스 요소라고 생각했다. "수백 명의 짐꾼과 고정 로프와 산소 공급 장치에 둘러싸여 오른다면 세상에서 가장 높은 산을 정복하는 것도 그다지 어려울 게 없다. 짐 목록에 산소 실린더를 넣는 순간, 에베레스트산의 난도는 해발 6,000미터 봉우리 정도로 줄어든다"라는 것이 그의 주장이었다. 그와 하벨러는 산소의 추가 공급 없이 산을 오르기로 마음먹었다. 오롯이 인간의 힘만 가지고 도달할 수 있는 한계가 어디인지 확인해 보기로 한 것이다. "나는 정상까지, 혹은 더 이상 한 발짝도 내디딜 수 없는 지점까지 올라갈 계획이다."

하지만 두 사람이 불안을 느낄 만한 이유는 충분했다. 지난 50

년 동안 1924년 에드워드 노튼이 산소통 없이 도달한 지점을 넘어선 탐험가는 한 명도 없었다. 생리학자들 사이에서는 그 마지막 300미터를 넘어섰을 때 어떤 대가를 치르게 될지에 대한 논쟁이 뜨거웠고, 그 결과는 그다지 희망적이지 못했다. 1929년 이탈리아의 저명한 과학자 로돌포 마르가리아Rodolfo Margaria는 자기 자신과 두 명의 불운한 학생들을 대상으로 기압을 상당한 수준으로 낮춘 저압시험실에서 사이클을 타는 과정을 포함한 혹독한 실험을 진행했다. 일련의 실험 데이터를 종합한 결과, 마르가리아는 기압이 300밀리미터 수은주mmHg 이하로 떨어진 순간부터는 참가자 전원이 움직임을 지속할 수 없다는 사실을 확인했다. 에베레스트산 정상의 기압이 240mmHg로 추정되는 만큼, 산소통 없이 등반을 강행한다는 것은 사실상 불가능한 도전으로 보였다. 그로부터 10년 후, 얀델 헨더슨Yandell Henderson은 숙련된 등반가들이 전 세계의 높은 산을 오르며 수집해 온 현장 측정값을 바탕으로 마르가리아와 유사한 결론을 내놓았다. 그는 연구 보고서에 이렇게 기록했다. "에베레스트산 정상 부근에 이르면 등반가의 속도가 0에 수렴할 수밖에 없다.[184] 다시 말해서, 시간을 아무리 투자해도 거의 앞으로 나아가지 못할 것이다."

이탈리아에서도 독일어를 쓰는 남부 티롤 지역 출신인 메스너는 괴팍한 성격을 지닌 수염투성이 등반가로, 산악인들 사이에서는 이미 여러 차례 논쟁을 불러일으킨 적이 있었다. 그는 동생인 귄터Günther Messner와 함께 떠난 첫 번째 히말라야 탐험에서 세계에서 아홉 번째로 높은 봉우리인 낭가파르밧$^{Nanga\ Parbat}$ 정상으로 향하는 새로운 등산로를 개척했다.[185] 하지만 고산병에 시달리던 귄터는 하산하던 도중 눈사태를 만나 그만 목숨을 잃고 말았다. 탐험대의 다른 동료들은 영광에 눈이 멀어 동생의 안전을 무시했다며 메스너를 비난했지만, 그는 혐의를 강하게 부인했다(메스너 또한 그 원정에서 동상으로 발가락을 일곱 개나 잃었다). 게다가 그는 당시 선호되던 '시지택틱스$^{Siege\ Tactics}$(일명 '공성법'이라고도 불리며, 대장의 지휘 아래 성을 점령하듯이 순차적으로 전진해 나가는 등산 기법 – 옮긴이)'를 거부하고 최소한의 짐과 효율적인 인원으로 빠르게 치고 올라가는 '알파인 스타일$^{Alphine\ Style}$'을 선택한 선구자이기도 했다. 1975년 최초로 알파인 스타일 등반에 도전한 메스너와 하벨러는 산소통의 도움 없이 가셔브룸 1봉$^{Gasherbrum\ I}$을 불과 3일 만에 정복했다.

두 사람의 다음 목표는 분명했다. 그들은 '공정하게, 어떤 수단의 도움도 받지 않고 에베레스트 정상을 밟자'는 생각에 동의했다. 두 사람의 도전을 둘러싼 언론의 반응은 다분히 논쟁적이었다(다른 산악인들의 신경을 긁는 것이 특기인 메스너의 성격 또한 논쟁에 큰 몫을 했다). 《뉴욕 타임스》는 "전문가들은 산소통 없이 에베레스트를 오르는 것이 자살 행위라는 데 거의 만장일치로 동의했다"라고 보도했다.[186] 하지만 모두가 회의적이기만 한 것은 아니었다. 네팔로 향하는 비행기에 오르기 며칠 전, 메스너는 에드워드 노튼의 아들로부터 편지를 받았다. "아버지께서는 상황만 맞아떨어진다면 산소통 없이도 에베레스트를 정복할 수 있다고 확실히 믿으셨습니다."

'상황만 맞아떨어진다면'이라는 사족은 결정적인 조건이었다. 히말라야에 한 번이라도 등반해 본 사람이라면 눈을 비롯한 기상 상황이 등반가의 건강이나 전략 못지않게 중요하다는 사실을 잘 알고 있을 것이다. 첫 번째 도전에서 식중독에 걸린 하벨러는 캠프 3에서 하산을 결정해야 했다. 메스너는 두 명의 셰르파와 함께 등반을 강행했지만, 사우스 콜 부근에서 엄청난 눈 폭풍을 만나 고립되고 말았다. 텐트를 찢을 듯이 불어오는 시속 200킬로미터의 강풍과 영하 40도의 강추위 속에 꼬박 이틀을 갇혀 있던 세 사람은 결국 포기를 결정했다. 2주 후 최후의 도전이라는 각오로 사우스 콜까지 다시 올라온 메스너와 하벨러의 머릿속에는 슬슬 실패라는 단어가 떠오르고 있었다.

5월 8일은 새벽부터 흐리고 바람이 많이 불었다. 두 시간에 걸쳐 등산복을 갖춰 입는 고행 끝에 텐트를 걷었을 때는 이미 눈 섞인 광풍으로 변한 바람이 그들의 얼굴을 사정없이 때리고 있었다. 강행을 결정하긴 했지만, 눈발이 점점 거세지면서 두 사람은 결국 그나마 눈이 덜 들이치는 바위 벼랑을 기어 올라갈 수밖에 없었다. 호흡을 아끼기 위해 의사소통은 전부 수신호나 피켈(등산용구 중 하나로 머리에 도끼 모양의 쇠붙이가 붙어 있는 지팡이 - 옮긴이)로 눈 위에 그린 문자 신호로 대신했다. 여덟 시간 동안 사투를 벌인 결과 정상이 눈에 들어왔을 즈음, 그들은 거의 기다시피 했고, 그나마 10~15걸음마다 한 번씩 눈 위에 쓰러져 휴식을 취해야 했다. 마침내 정상에 닿았을 때, 두 사람은 산소를 갈망하며 거칠게 헐떡이는 동시에 온갖 감정이 뒤섞인 눈물로 범벅이 된 얼굴을 하고 있었다. 메스너의 음성 일지에는 그 순간이 이렇게 묘사되어 있다. "내 존재는 안개에 싸인 봉우리들 사이를 떠다니는, 한 쌍의 절박하게 헐떡이는 폐에 지나지 않는다."

두 사람의 성공을 목격한 생리학자들은 인간이 산소통의 도움 없이 에베레스트를 정복할 가능성을 이론적으로 재검토할 수밖에 없었다. 어쨌거나 이미 현실에서 증명된 가능성이었으니까. 3년 후 결성된 에베레스트 연구 원정대는 등반가가 정상까지 향하는 동안 보이는 모든 생리학적 반응을 면밀히 측정했다. 또 다른 연구진은 열여덟 명의 참가자들을 에베레스트 정상과 같은 기압의 저압 시험실에 넣고 완전히 탈진할 때까지 들들 볶아 댔다. 일련의 실험 결과, 생리학자들은 메스너와 하벨러의 도전이 이론적으로 빠듯하게 나마 성공 가능성이 있었다는 딱히 놀랄 것도 없는 수정 의견을 내놓았다. 이후 두 사람의 업적을 뒤따른 성공 사례가 이어지기 시작했고(히말라야 데이터베이스Himalayan Database에 따르면[187] 2016년까지 4,469명의 등반가가 총 7,646차례의 시도를 했고, 그중 성공으로 끝난 도전은 197건이었다), 그 중에는 1980년 티베트 방면에서 출발해 홀로 등반에 성공한 메스너 본인도 포함되어 있었다.

생리학적인 관점에서 보면 추가적인 산소 공급 없이 지구에서 가장 높은 지점에 생존 상태로 도달한 사람들은 복잡한 우연의 가호를 받아 인간의 완전한 한계에 도달한 셈이었다. "만약 진화생물학적인 입장에서 이 현상을 규명해 낸 과학자가 나온다면, 그의 의견을 꼭 들어 보고 싶다." 고도 전문가이자 베테랑 생리학자인 존 웨스트John West가 2000년 《뉴욕 과학아카데미 연보Annals of the New York Academy of Science》에 기고한 내용이다.[188] 우연은 당연히 발생할 수 있다. 하지만 결승선의 존재가 우리 몸의 안전 메커니즘에 미치는 영향을 생각해 봤을 때, 나는 지구에 존재하는 가장 높은 산이 8,848미터가 아니라 9,000미터였더라도 누군가 언젠가는 산소통 없이 등반에 성공했을지 모른다는 생각을 자꾸만 하게 된다.

대뇌 산소 공급

2013년, 아내와 함께 호주에 살던 나는 그곳 날씨로는 한여름인 1월부터 생애 첫 마라톤 준비를 시작했다. 몇 번의 휴식기를 제외하면 20년 넘도록 진지하게 달리기를 해 왔던 나였기에 식이요법에는 어렵지 않게 적응할 수 있었다. 내게는 좋은 코치와 훈련 동료들이 있었고, 이번 마라톤 경험을 새뮤얼 마코라의 뇌 지구력 훈련 Brain Endurance Training Protocol 과정과 연결시켜 《러너스 월드》에 기고하려는 훌륭한 동기도 있었다(뇌 지구력 훈련 과정에 대해서는 11장에서 자세히 다룰 예정이다). 그러나 그 이전 가을에 크게 앓으면서 체력을 상당히 잃었던 터라 3월에 우선 하프 마라톤에 출전하여 훈련 성과를 점검해 보자는 생각이 들었다. 나의 기록은 1시간15분08로 썩 나쁜 수준은 아니었지만 솔직히 좀 실망스러웠다. 서른일곱 살로 이미 전

성기를 지난 나이였지만, 저 기록은 불과 몇 년 전까지만 해도 약간 강도가 높은 연습용 달리기에서조차 어렵지 않게 달성하던 수준이었다. 아무래도 풀 마라톤 당일에 제대로 된 성과를 내려면 훈련이 한참 더 필요할 것 같았다.

한 달에 거쳐 체력과 기술을 충분히 단련한 나는 마지막 몸풀기를 위해 다시 한 번 하프 마라톤에 나갔다. 이번 경기는 상당히 수월하게 느껴졌다. 컨디션도 좋았고, 페이스 조절도 순조로웠고, 최선을 다했다는 사실을 스스로 확신할 수 있었다. 하지만 기록은 지난 번보다 조금 나은 수준인 1시간12분55로 내 기대만큼 단축되지 않았다. 이번에는 기록 부진의 핑계를 찾아내기가 더 어려웠다. 나는 총 3개월에 걸쳐 강도가 너무 높지도 낮지도 않은 훈련을 꾸준히 받아왔고, 심각한 부상을 입은 적도 없었다. 경기 전에 내가 예상했던 기록은 대략 1시간10분00 정도였다. 실망이 이만저만이 아니었지만, 그 와중에 나는(달리기를 취미로 삼는 과학자의 이점을 한껏 살려서) 한 가지 그럴싸한 알리바이를 생각해 냈다. 내가 떠올린 핑계는 바로 고도였다.

내가 거주하던 캔버라는 해발 580미터라는 중간 정도 높이에 위치한 내륙 도시였다. 일반적인 사람들이 고도에 따른 기압의 차이를 체감하는 것은 해발 900미터를 넘어가면서부터다. 심지어 일부 실험에서는 해발 900미터 부근에 사는 사람들을 낮은 고도에 사는 통제그룹으로 분류하기도 한다.[189] 실망스러운 하프 마라톤을 마친 지 얼마 되지 않았을 무렵, 나는 캔버라에 있는 호주 스포츠선수촌을 방문하여 스포츠과학자들을 인터뷰할 기회를 얻었다. 그중 로라 가르비칸Laura Garvican이라는 생리학자는 맨 처음 호주 스포츠선수촌이 설립되었을 때 온갖 섬세한 측정 장비들을 들여와 눈금과 영점을 맞추던 이야기를 들려주었다. 당시 그들은 아무리 주의를 기울여도 같은 선수에 대한 VO₂Max 측정값이 다른 연구소에서 측정한 것보다 살짝 낮게 나오는 현상에 당황했다고 한다. 마침내 고도가 영향을 미치는 것이 아닐까 하는 아이디어를 떠올린 그들은 실험실에서 다양한 수준으로 기압을 조절해가며 VO₂Max 측정 실험을 진행하기로 결정했다.

알쏭달쏭한 결론을 도출한 이 실험의 결과는 1996년 정식으로 발표되었다. 훈련받지 않은 일반인의 경우, 해수면 높이에서나 해발 580미터 높이의 캔버라에서나 별다른 차이를 보이지 않았다.[190] 하지만 훈련된 선수들의 경우 해발 580미터 수준의 기압에서 VO₂Max 측정값이 해발 0미터에 비해 약 6.8퍼센트 떨어졌으며, 이러한 차이의 원인은 적혈구가 근육으로 실어 나르는 산소량이 감소했기 때문으로 추정됐다. 지구력 종목 선수들의 튼튼한 심장이 너무 강하게 펌프질을 하는 통에 적혈구가 산소를 충분히 실을 새도 없이 순식간에 폐를 통과해 버리는 것이다. 심지어 남성 장거리선수의 70퍼센트는 심장이 터질 듯 뛰는 고강도 훈련을 할 때 해수면 높이의 기압에서조차 동맥의 혈중 산소 농도가 눈에 띄게 줄어드는 것으로 확인되었다.[191] (여성 선수와 나이 든 선수의 경우에는 감소폭이 더욱 컸다.) 여기에 캔버라의 고도가 주변 산소 레벨Ambient Oxygen Level에 미치는 영향까지 감안하면 선수들의 혈중 산소 농도가 근육에 공급되는 산소량을 변화시킬 만큼 떨어질 것이라는 결론에 도달할 수 있다.

이러한 패턴은 세계 정상급 육상선수들 사이에서, 그중에서도 높은 고도 지역에서 나고 자란 선수들 사이에서 더욱 두드러지게 나타났다. 세계에서 가장 뛰어난 장거리선수들의 폐용량과 산소처리능력을 측정하기 위해 케냐의 고원지대를 찾은 브리티시컬럼비아대학교 연구팀은 그곳의 선수들 중 상당수가 다른 지역에서는 상대적으로 찾아보기 힘든 '운동유발 저산소혈증Exercise-Induced Arterial Hypoxemia(강도 높은 운동을 할 때 혈중 산소 농도가 감소하는 증상)'을 갖고 있다는 사실을 밝혀냈다. "우리의 측정 대상은 세상에서 가장 튼튼한 사람들이었어요." 당시 연구팀의 일원이었던 빌 쉴Bill Sheel은 내게 말했다. "하지만 그들의 혈액가스 분석치는 중환자실에 누워 있는 환자와 다를 바 없었죠."

나는 이렇게 얻은 데이터를 바탕으로 캔버라의 높은 고도가 내 VO_2Max를 떨어뜨렸을 것이라고 마음 편히 추측할 수 있었다. 하지만 VO_2Max 값이 조금 줄어들었다고 해서 고작 하프 마라톤 정도의 거리에서 현저히 낮은 기록이 나오는 원인이 정확하게 설명된 것은 아니었다. 사실 실력 있는 장거리 주자들은 21킬로미터를 달릴 때 평균적으로 전체 VO_2Max의 85퍼센트밖에 활용하지 않으며,[192] 대상을 풀 마라톤 주자로 한정하면 이 평균값은 80퍼센트까지 내려간다. 10분을 넘어가는 달리기에서 VO_2Max를 100퍼센트 활용하는 것은 너무나 힘든 일이기 때문에 장거리선수들이 실험실 밖에서

VO_2Max의 한계에 도달하는 일은 매우 드물다. 따라서 내가 하프 마라톤을 뛰는 동안 내 몸이 근육에 충분한 산소를 공급하지 못할 정도로 **직접적인** 한계를 맞이한 구간은 한 번도 없었을 것이다. 게다가 또 다른 연구 결과에 따르면 VO_2Max와 기록이 정비례 관계에 있는 것도 아니라고 한다.[193] 그렇다면 도대체 과학자들이 VO_2Max를 그토록 중요하게 여기는 이유는 대체 뭘까?

A.V.힐과 그의 후계자들은 결코 틀리지 않았다. 실제로 VO_2Max는 선수들의 예상 기록을 확인해 주는 꽤 정확한 기준이다. 물론 각 선수들의 VO_2Max를 안다고 해서 쟁쟁한 선수들이 실력을 겨루는 경기의 우승자를 단박에 맞출 수는 없다. 하지만 다양한 실력을 갖춘 다수의 참가자가 출전하는 경기라면, 실험실의 사전 측정에서 높은 VO_2Max값을 나타낸 선수가 그렇지 못한 선수에 비해 좋은 성과를 내리라는 예상은 거의 들어맞을 것이다.[194] 이 같은 패턴은 아무도 VO_2Max의 한계에 도달하지 않는 하프 마라톤 같은 경기에서도 비슷하게 나타난다. 노르웨이의 크로스컨트리 스키 선수 비에른 델리 Bjørn Dæhlie가 비공식적으로나마 세계에서 가장 큰 VO_2Max를 지닌 인간인 동시에 금메달 여덟 개를 포함해 총 열두 개의 메달을 목에 건, 역사상 가장 뛰어난 동계올림픽 선수인 것은 결코 우연이 아니다. 소문에 따르면 그의 몸이 1분 동안 처리하고 사용할 수 있는 산소의 양은 체중 1킬로그램당 96밀리리터에 이른다고 알려져 있다. 참고로, 일반인의 경우에는 건강한 성인을 기준

으로 삼아도 이 수치가 40밀리리터를 채 넘지 않는다.

하지만 소문이 아닌 정확한 측정값을 개략적으로나마 짚고 넘어가고 싶었던 나는 미국 출신으로 1997년부터 노르웨이에서 활동 중인 저명한 스포츠과학자 스티븐 세일러Stephen Seiler에게 델리 선수의 VO$_2$Max값에 대해 확인해 달라고 요청했다. 세일러가 내놓은 답변은 회의적이었다. 그는 델리의 측정 결과가 담긴 자료를 직접 보았지만, 측정 방법에 오류가 있다는 느낌을 받았다고 전했다. 그 데이터가 나온 1990년대는 노르웨이가 스웨덴, 러시아, 이탈리아 등의 국가와 일명 스키 '냉전'이라고 불리는 치열한 경쟁에 사로잡혀 있을 때였다. "그들도 이 측정값이 뭔가 이상하다는 사실을 알았을 거예요." 그가 말했다. "하지만 언론에 냄새를 흘려 벌떼같이 보도하도록 만들었겠죠."

세일러를 포함한 노르웨이의 스포츠과학자팀은 2017년 〈인간의 힘으로 세운 신기록들New Records in Human Power〉이라는 원고를 출간했다.[195] 1937년 하버드피로연구소에서 출간한 논문과 동일한 제목을 단 그들의 원고에는 사이클과 크로스컨트리 스키 종목에서 세계 최고의 VO$_2$Max를 지닌 선수들이 기록되어 있었다. 그들의 측정값은 대략 90ml/kg/min 전후였다. 여성 선수들의 경우 체지방률이 높고 산소를 실어 나르는 헤모글로빈의 수치가 낮은 관계로 남성 선수들에 비해 15퍼센트가량 낮은 측정값을 나타냈다. 논문에서 가장 높은 VO$_2$Max를 지닌 여자 선수는 약 78ml/kg/min의 측정값을 보인 크로스컨트리 선수였다. (흥미로운 후일담을 전하자면, 정확성 여부를 떠나서 그동안 델리가 갖고 있었던 비공식적 VO$_2$Max 기록은 이미 2012년 열여덟 살의 다른 노르웨이 사이클 선수에게 넘어간 상태였다고 한다. 노르웨이 언론이 97.5ml/kg/min의 VO$_2$Max를 지녔다고 보도한 오스카 스벤젠Oskar Svendsen 선수는 측정 며칠 뒤에 열린 월드 사이클링 챔피언십에서 주니어 타임 트라이얼 부문 우승을 차지했다.[196] 하지만 어린 나이에 프로 생활을 시작한 뒤 사람들의 과도한 관심과 힘든 선수 생활에 적응하지 못하던 스벤젠은 2014년 스무 살의 나이로 은퇴를 선언했다. 다시 말해, VO$_2$Max는 매우 중요한 요소이지만 만능열쇠는 아니다.)

어쨌든 전반적으로는 산소처리능력의 미묘한 차이가 실제 경기력의 차이를 만들어 낸다고 봐도 무방할 것이다. 게다가 호주 스포츠선수촌 연구팀이 얼마 후 발표한 연구 자료에 따르면 캔버라의 고도는 단순히 VO$_2$Max만 저하시키는 것이 아니라 선수들의 경기기록에도 악영향을 미쳤다.[197] 이와 반대로 2장에서 영국해협 횡단 시도를 예로 들어 살펴본 것과 같이, 경기 전에 순수한 산소를 들이마시면 딱히 산소가 부족하지 않은 환경에서도 지구력이 향상되는 결과가 나타났다. 나이키보다 먼저 마라톤 2시간의 벽을 깨려고 노력 중인 또 다른 프로젝트의 총책임자인 스포츠과학자 야니스 피츠일라디스가 지구에서 가장 고도가 낮은 지역인 사해 부근에서 경기를 개최하기 위해[198] 이스라엘까지 날아간 것은 결코 의미 없는 행동이 아니었다. 해수면 높이보다 약 400미터 **아래**에 있는 사해 인근 지역은 해발 0미터에 비해 산소 농도가 5퍼센트가량 높으며, (아직은 가설에 불과하지만) 선수들의 경기력을 향상시킬 것으로 예상되는 지점이다.

산소를 경기력 향상의 중요한 요소로 꼽은 인물은 피츠일라디 스뿐만이 아니었다. 로저 배니스터는 1954년 1마일 4분의 벽을 깬 지 불과 2개월이 갓 지났을 때 《생리학 저널Journal of Physiology》에 〈선수가 들이마시는 공기에 추가 공급한 산소가 운동 중 호흡과 기록에 미치는 영향The Effect on the Respiration and Performance During Exercise of Adding Oxygen to the Inspired Air〉이라는 제목의 논문을 게재했다. 그는 공기 중 산소 농도를 평균치인 21퍼센트에서 최대 66퍼센트까지 늘렸을 때 가파른 경사의 트레드밀 위에서 탈진하기까지 걸리는 시간이 두 배로 늘어난다는 사실을 발견했다.

'대뇌 산소 공급Cerebral Oxygenation'에 관한 연구는 산소가 인체의 한계 요인으로서 어떤 역할을 하는지에 대해 매우 흥미로운 관점을 제공한다.[199] 우리가 운동을 시작하는 순간, 뇌의 산소 레벨은 즉시 상승하여 뉴런이 근육의 상태를 점검하고 명령을 내리는 등의 꼭 필요한 활동을 활발히 할 수 있도록 돕는다. 하지만 상승폭이 일정 수준에 다다르면 산소 레벨은 더 이상 올라가지 않고, 그때부터는 몸의 주인이 한계에 다다를 때까지 쭉 같은 수준을 유지한다. 이 상태에서 부족한 산소를 보충하기 위해 헐떡이며 숨을 크게 들이쉬다 보면 혈중 이산화탄소 농도가 내려가면서 뇌에 연결된 혈관들이 수축하기 시작한다. (의도적으로 숨을 크게 들이키는 과호흡을 반복하다 보면 현기증이 느껴지다가 결국 졸도하게 되는 것과 같은 이치다.) 과학자들은 이렇게 초래된 산소 부족이 뇌의 근육 활용을 직접적으로 방해할 뿐만 아니라 운동 강도를 늦추거나 그만두고 싶다고 생각하게 만드는 피로를 유발하는 것으로 추론하고 있다.

2010년 캐나다의 리스브릿지대학교 연구팀은 대학 육상팀에 소속된 뛰어난 선수들의 뇌 속 산소량이 5킬로미터 달리기의 막바지 무렵에 확실히 떨어진다는 실험 결과를 발표했다. 그로부터 4년 후, 또 다른 과학자들이(그중 한 명은 리스브릿지대학교 연구팀의 일원이었지만) 케냐 출신의 엘리트 달리기 선수 15명을 대상으로 한 실험에서 비슷한 결과를 도출했다. 특히 두 번째 실험에 참가한 케냐 선수들은 하프 마라톤을 평균 62분에 주파하는 세계 정상급 기량을 갖추고 있었고, 그들의 뇌 속 산소 레벨은 5킬로미터 달리기가 끝나기 직전까지 거의 일정한 수준을 유지했다. 소규모의 실험 두 번으로 결론을 확정 짓기엔 다소 성급한 감이 있지만, 연구진은 높은 고도에서 태어나고 활발하게 뛰어다니는 어린 시절을 보내는 동안 케냐인들의 뇌가 산소의 지속적인 공급에 유리한 방향으로 발달한다는 가설을 조심스레 내놓았다. 케냐 선수들의 뇌에는 더 많은 혈관이 연결되어 있을 뿐 아니라 각각의 혈관 벽이 평균보다 두껍기 때문에 쉽게 수축하거나 닫히지 않는다는 것이다.

근육의 피로를 다룬 이전 장에서도 등장했던 과학자 기욤 밀레는 또 한 번의 천재적인 실험을 통해 인간의 지구력이 뇌 속 산소 레벨에 (최소한 일부라도) 좌우된다는 증거를 제시했다.[200] 그는 실험 참가자들의 팔뚝을 혈압측정용 밴드로 꽉 조여서 들어오고 나가는 혈류를 완전히 차단한 뒤 해발 0미터에서 7,010미터에 해당하는 기압을 인공적으로 조성한 시험실 안에서 팔을 더 이상 움직일 수 없을 때까지 구부렸다 펴 달라고 요청했다. 혈액의 흐름을 차단함으로써 주변 기압과 상관없이 참가자들의 팔근육에 같은 양의 산소를 공급하고(다시 말해 산소를 공급하지 않고), 결과적으로 같은 수준의 근육 피로와 대사산물 축적이 이루어지도록 만든 것이다. 하지만 근육의 산소 레벨이 동일함에도 불구하고 참가자들이 탈진까지 걸리는 시간은 고도가 높아짐에 따라 10~15퍼센트까지 당겨졌다. 밀레는 이러한 결과가 뇌 속 산소 레벨의 저하 때문에 일어난 현상이라고 결론 내렸다.

지구력의 한계와 대뇌 산소 공급 사이의 연관성을 암시하는 증거는 이뿐만이 아니다. 1935년 하버드피로연구소의 데이비드 브루스 딜이 이끄는 다국적 연구팀은 기차 한 칸을 이동식 실험실로 개조한 뒤 칠레의 아우칸킬차Aucanquilcha 화산 중턱에 위치한 해발 6,100미터의 유황 광산으로 향했다. 그들은 자기 자신과 여러 명의 실험 참가자들을 대상으로 다양한 높이에서 혹독한 실험을 감행했다. 그곳에서 그들이 발견한 것은 이른바 '젖산 패러독스Lactate Paradox'[201]라고 알려진, 지금까지도 논란의 중심에 있는 의문의 현상이었다.

보통 근육 속 젖산 농도는 '무산소 운동 상태'에 들어갔을 때, 다시 말해 근육이 산소를 통한 연료 공급만으로는 필요한 에너지를 모두 충당할 수 없을 만큼 격렬한 운동을 할 때 평소보다 훨씬 빨리 올라간다. 이 원리대로라면 높은 고도에서 운동을 했을 때 산소가 부족한 만큼 무산소 운동 상태에 더 빨리 진입하고, 결과적으로 같은 강도의 운동만으로도 더 많은 젖산이 생성되어야 한다. 하지만 딜 연구팀이 얻은 결과는 이와 정반대였다. 고도가 높아질수록 똑같은 탈진 상태에서 측정한 근육 속 젖산 농도가 더 낮게 나타난 것이다. 관찰 데이터를 바탕으로 추론해 보면(이 추론은 이후 수차례의 반복 연구를 통해 입증되었다) 산소의 농도가 해수면 높이의 절반도 채 되지 않는 해발 7,000미터를 넘어간 순간부터는 무슨 짓을 해도 젖산 농도를 올릴 수 없었다.

마르쿠스 아만 연구팀은 다양한 고도에 맞춰 인공적으로 기압을 조절한 실험실에서 5킬로미터 타임 트라이얼을 포함한 각종 탈진 테스트를 진행한 끝에 이 모순적인 현상을 설명할 만한 가설을 들고 나왔다.[202] 그들은 근전도 검사 결과 고도가 높아질수록 뇌에서 다리근육으로 보내는 신호가 약해진다는 사실을 발견했다. 이러한 현상은 실험 참가자가 운동을 시작하자마자 즉시 관찰되었으며, 미처 피로가 발생하기도 전에 신호의 양을 줄인다는 것은 뇌가 근육의 운동량을 미리 제한하려 했다는 뜻으로 해석할 수 있다. 근육이 완전히 탈진한 순간, 전기 자극을 통해 측정된 근육 피로도는 산소가 부족한 환경에도 불구하고 높은 고도에서 더 **낮게** 나타났다. 다시 말해서, 라인홀트 메스너를 비롯한 등반가들이 산꼭대기에서 극한의 피로를 경험한 것은 단순히 산소가 부족해서가 아니라 산소 부족을 감지한 그들의 뇌가 근육의 움직임을 제한했기 때문이었다. 긴 세월 진화를 거듭하는 과정에서 인간의 뇌는 산소 결핍이 근육 피로보다 훨씬 더 위험한 현상이라는 사실을 인지한 것이다.

몸과 마음의 문제

그렇다면 산소를 지구력의 '진짜' 한계 요인으로 봐도 되는 것일까? 근육에서 나온 직접적이고 개선 불가능한 한계 요인과 심리에서 나온 간접적이고 개선 가능한 한계 요인을 정확히 나눌 수 있다면 참으로 편리할 것이다. (앞에서도 언급한 적이 있지만, 내가 애초에 이 책을 쓰려고 마음먹은 이유는 간접적인 요인의 힘이 직접적인 요인보다 더 일반적이라는 주장을 하고 싶어서였다.) 가끔씩은 두 요소를 분리하여 생각할 수 있을 때도 있다. 세상에서 숨을 가장 오래 참을 수 있는 정지무호흡 선수들은 월등한 폐활량이나 적응 능력을 타고 났지만, 그들이 진정한 기록의 한계에 도달하기 위해서는(가령 수면 아래서 버티는 시간을 1분에서 3분까지 더 늘리고 싶다면) 불안과 공포를 받아들이고 잠재우는 심리적 훈련이 반드시 필요하다. 이것은 몸이 아니라 마음의 문제이다. 하지만 극도로 높은 고도에 체질적으로 적응할 수 없는 등반가들은 (연구에 따르면 이러한 체질은 경험이나 훈련으로 극복할 수 없는 유전적 요인에 의해 결정된다) 메스너가 거뜬히 올라간 높이에서도 죽음을 맞이하곤 한다.[203] 이것은 마음이 아니라 몸의 문제이다.

하지만 현실에서 몸과 마음 둘 중에 하나만을 탓하는 것은 무의미하거나 때로는 상황을 악화시키는 오류일 때가 많다. 어쨌든 마음을 관장하는 뇌 또한 몸의 일부가 아닌가. 몸과 마음을 떼놓고 생각할 수 없다는 관점은 예고 없는 공포탄 발사가 실험 참가자의 근력에 미친 영향을 확인한 미치오 이카이와 아서 슈타인하우스의 1961년 실험을 통해서도 확인할 수 있다(188쪽 참조). 그들은 이렇게 기록했다. "심리학이란 분야를 뇌로 한정한 생리학이다." 기분과 감정, 충동과 같은 심리적 요인은 체온 상승이나 탈수와 같은 생리학적 변화를 만들어 낼 수 있으며, 화학적 작용에 의해 조절될 수도 있다. 달리던 사람의 뇌 속 산소 레벨이 줄어들면 뉴런에 이상이 발생하거나 안전 메커니즘이 발동하여 속도를 늦출 수밖에 없는 것일까? 아니면 그가 자발적으로 속도를 늦추기로 마음먹는 것일까? 애초에 두 가지가 완전히 다른 현상이라고 볼 수 있을까? 정답이 무엇이든, 결과만큼은 명확하다(나는 개인적으로 이 정답이 현재까지 밝혀지지 않았다고 본다). 그가 속도를 늦춘다는 것이다.

8장

더위

타는 듯이 더운 8월이면 늘 그렇듯, 어쩌면 미국 중남부의 켄터키 지역에 내리쬐는 뜨거운 햇살[204] 때문일지도 몰랐다. 어쩌면 새학기를 막 시작한 10대 소년들 특유의 치기 어린 열정 때문일지도 몰랐고, 어쩌면 바로 옆 운동장에서 한창 경기 중인 여자 축구팀 소녀들의 존재 때문일 수도 있었다. 이유가 뭐였든 간에, 플레저리지파크고등학교Pleasure Ridge Park High School 미식축구부 학생들은 대열에 맞게 자리를 잡으라는 제이슨 스틴슨Jason Stinson 코치의 지시에 제대로 따르지 않고 있었다. 켄터키주의 교외 지역 학교에서 3년간 보조 코치 생활을 마친 뒤 올해 막 헤드 코치로 승진한 스틴슨의 인내심은 마침내 한계에 다다랐다. "출발선에 정렬하도록."[205] 그가 낮은 목소리로 말했다. "연습이 싫다면 달린다!"[206]

어린 선수들은 30~40분에 걸쳐 일명 '신나는 놀이'라고 불리는, 운동장을 앞뒤로 왕복하며 전력 질주로 달리는 반복 훈련을 4회 실시했다. 운동장을 한 번 가로질러 뛰는 데는 대략 1분이 걸렸다. 그렇게 여덟 번을 가로지르고 나자 몇몇 소년들의 속도는 거의 걷다시피 느려졌고, 이를 본 스틴슨의 분노는 더욱 커졌다. 그는 가장 느린 학생 여덟 명을 지목한 뒤 나머지 학생들이 일반적인 '신나는 놀이'를 계속하는 동안 왕복 달리기의 양쪽 끝 지점에서 팔굽혀펴기 동작을 추가한 '업다운' 훈련을 하라고 지시했다. 업다운이 신나는 놀이보다 훨씬 힘든 훈련인 것은 말할 필요도 없었다. "우리는 한 명이 포기할 때까지 계속 달릴 것이다." 그가 말했다. 열두 번째 왕복이 끝나갈 무렵, 이미 세 차례나 팀을 그만두었다가 복귀한 전력이 있는 데이비드 잉글러트David Englert가 대열을 이탈해 운동장을 걸어 나갔다. "축하한다! 드디어 우승자가 나왔군!"[207] 스틴슨이 선언했다.

훈련은 끝났고, 부원들은 해산했다. 2학년 선수였던 맥스 길핀Max Gilpin은 운동장을 돌아다니며 훈련 중 다리가 후들후들 떨리기 시작했을 때 벗어서 던져 놓은 장비들을 주섬주섬 챙겼다. 동료 부원 두 명은 비틀거리는 그를 부축해 근처의 나무그늘로 갔다. 하지만 길핀은 그 자리에서 의식을 잃고 말았다. 친구들은 소리쳐 도움을 요청했다. 이내 나무 주변은 보조 코치들로 빙 둘러싸였고, 길핀은 학교의 운동부 총감독이 운전해 온 카트 위로 옮겨졌다. 사람들은 소년의 얼굴에 물을 끼얹고 아이스팩으로 체온을 내리려고 했다.

누군가 911에 전화를 걸었다. 하지만 되돌리기엔 이미 너무 늦은 상태였다. 그로부터 3일이 지난 2008년 8월 23일, 맥스 길핀은 코세어 아동병원의 침대에서 열사병에 의한 합병증으로 사망했다.

길핀의 죽음이 더욱 끔찍하게 느껴지는 이유는 이와 비슷한 사건이 해마다 발생하고 있기 때문이다. 국립스포츠재난연구센터 National Center for Catastrophic Sport Injury Research에 따르면 1960년부터 2016년 사이에 열사병으로 사망한 미식축구 선수는 총 143명에 이른다. 그중 대부분은 고등학생들이었으며, 사건 발생 시기는 날씨가 가장 덥고 선수들의 체력이 가장 약한 여름 훈련 기간에 집중되어 있었다. 하지만 죽음은 프로 선수들도 비껴가지 않는다. 2001년 훈련캠프에서 벌어진 미네소타 바이킹즈팀의 공격수 코리 스트링거 Korey Stringer의 열사병 사망 사건은 짧게나마 미국 전역의 언론에 보도되며 이슈가 되었다.

하지만 길핀의 죽음에는 지금까지와 다른 반향을 불러일으켰다. 비극의 원인이 된 훈련이 있은 지 정확히 일주일 후, 루이빌 지방검찰청이 지역 경찰에 이 사건을 정식으로 수사해 달라고 요청한 것이다. 열사병으로 사망한 운동선수 사건이 최초로 수사 당국의 주목을 받은 순간이었다. 5개월 뒤 제이슨 스틴슨은 과실치사와 더불어 학생들을 지속적으로 위험에 노출시킨 혐의로 기소되었다. 검찰은 스틴슨이 길핀의 육체적 한계를 넘어서 죽음에 이르도록 만들었을 뿐 아니라 훈련 중 수분 보충을 금지하는 등 '야만적인 훈련 방식'을 강요함으로써 그전에도 지속적으로 육체적 한계를 넘게 **만들**

어 왔다고 주장했다.

1996년 팀 녹스는 그 유명한 미국 스포츠의학회 강연에서 뜨거운 햇볕 아래에서 죽음에 이르도록 자기 자신을 밀어붙이는 일부 선수들이 아니라 같은 환경에서도 죽음에 처하지 않는 대부분의 선수들에게 초점을 맞췄다. 어떻게 보면 2009년 13일에 걸쳐 열린 스틴슨의 공판은 녹스와 정반대되는 관점을 가지고 진행되었다. 검사 측은 길핀의 죽음이 스틴슨의 행동에서 귀결되었으며 충분히 예측 가능한 결과였다고 주장했고, 변호인측은 이 사건이 비극적이고 예외적인 사고일 뿐이었다고 맞받아쳤다. 사건 당일만 해도 스틴슨의 '야만성'에 노출된 학생은 거의 100명에 가까웠고 같은 날 켄터키주에서 비슷한 강도의 훈련을 받은 고등학생 선수는 수천 명이었으며 범위를 미국 전체로 확대하면 100만 명이 넘는 소년들이 미식축구 선수가 되기 위해 타는 듯한 더위 속에 몸을 혹사시켰다.[208] 그중에 유독 맥스 길핀만이 죽음에 이른 원인을 판단하는 것이 바로 담당 판사의 역할이었다.

열을 만들어 내는 인체

메사추세츠 출신이지만 미국 독립혁명 후 영국으로 망명한 벤저민 톰프슨 경 Sir Benjamin Thompson 은 1798년 세계 최초로 수비드 기법 Sous-vide Cooking (밀폐된 봉지에 담은 식재료를 미지근한 온도에서 오랜 시간에 걸쳐 조리하는 요리법 - 옮긴이)을 개발했다[209]. 그는 이렇게 만들어진 수비드 감자를 독일의 바이에른주(톰프슨에게 '럼퍼드 백작Count Rumford'이라는 칭호를 수여한 지역이다)에 소개하며 열 연구 분야에 혁명을 일으켰다. 그의 실험에 따르면 몇 시간을 달린 말 두 마리의 근육에서는 8.5리터의 물을 끓이기에 충분한 열기가 생성되었다. "적지 않은 양의 찬물이 불꽃 하나 없이 데워지고 마침에 끓어올랐을 때 군중들이 얼마나 경탄에 찬 놀라움을 보였는지는 글로 묘사하기 어려울 정도이다"라고 그는 기록했다.

톰프슨 경의 실험이 증명했듯이, 인간의 몸은 말 그대로 가마솥이나 다름없다. 섭취한 음식을 움직임에 필요한 에너지로 전환하는 인체의 메커니즘은 그 과정에서 열을 발생시키며, 이렇게 생겨난 열은 때로는 유용한 자원으로 쓰이고 때로는 불편한 부작용을 초래한다. 몸에서 생성되는 열의 양은 운동의 강도에 비례한다. 인간이라는 엔진의 효율성을 진지하게 탐구한 최초의 실험은 1911년부터 1912년 사이에 보스턴에 위치한 한 연구실에서 멜빈 모드Melvin A. Mode라는 이름의 프로 사이클 선수를 대상으로 진행되었다[210]. 그 결과 연구진은 인간의 평균적인 에너지 효율이 20~25퍼센트가량이라는 결론을 얻어 냈다. 다시 말해, 한 사람이 100칼로리를 섭취하면 25칼로리는 꼭 필요한 에너지원으로 사용되고 나머지 75퍼센트는 발열 작용과 함께 사라지는 것이다. 그다지 효율적인 수치가 아닌 것처럼 보일 수도 있지만, 사실 20~25퍼센트는 내연기관의 에너지 효율과 놀랍도록 유사한 값이다.

추운 날에 자동차를 탈 때면 엔진에서 생성된 뒤 온풍구를 타고 들어와 차량 내부를 따스하게 덥혀 주는 열기의 존재가 감사하게 느껴진다. 발열이라는 측면에서 보면 인간의 엔진 또한 같은 역할을 한다. 지구력 종목의 선수들이 추위를 두려워하지 않는 것은 달리는 동안 평소보다 훨씬 많은 열이 생성되어 몸을 데워 주기 때문이다. "겨울용 운동복만 제대로 갖춰 입는다면 장거리선수들이 추위 내성의 한계를 넘어서는 일은 거의 일어나지 않습니다." 라는 것이 전 캐나다 국방부 소속 과학자로 현재 토론토대학교에서 연구원으로 근무하는 아이라 제이콥스Ira Jacobs의 설명이다.

선수들이 추위 때문에 곤란을 겪는 것은 체력이 고갈되어 체온을 유지시켜 줄 정도의 운동량을 달성하지 못하게 된 순간부터다. 이때 단열 기능이 없는 옷을 입었거나 심지어 그 옷이 젖어 있다면 문제는 심각해진다. 이것이 바로 1964년 요크셔의 황야에서 열린 악명 높은 하이킹 대회에서 세 명의 선수가 목숨을 잃은 원인이었다. 그날의 기온은 영상이었지만, 추적추적 내리는 비에 선수들의 옷이 모두 젖은 상태였다. 이 비극을 조사한 사람[211]은 에드먼드 힐러리와 텐징 노르게이의 에베레스트산 정복을 도왔던 생리학자 그리피스 퓨Griffith Pugh였다. 제이콥스가 1990년대 작성한 보고서에는 플로리다 지역에서 훈련 중이던 미국 육군 병사 네 명이 사망한 원인이 '하이킹 선수들을 죽음으로 내몬 저체온증'[212]이라고 기록되어 있다. 펄펄 끓던 가마솥이 식으면 약한 추위도 사망 원인이 될 수 있는 것이다.

하지만 체온 조절 문제로 인한 사고가 더 많이 발생하는 것은 더운 날이다. 인간의 몸은 마치 에어컨 없는 자동차처럼 직접적으로 냉각 작용을 할 수 없도록 설계되어 있으며, 따라서 극단적인 더위 속에서 살아남는 최선의 방법은 최대한 빨리 그 장소에서 벗어나는 것이다. 정지 상태에 있을 때, 인간의 피부 근처 혈관은 1분에 약 250밀리리터의 혈액을 실어 나르며 몸의 중심부에서 바깥쪽으로 열기를 이동시킨 뒤 전자기파를 이용한 방사와 공기의 흐름을 이용한 대류 등을 통해 몸 밖으로 배출시킨다.[213] 가시 파장Visible Wavelengths 대신 적외선을 내뿜는다는 점을 제외하면 전구와 같은 원리이며, 그 결과 인간의 몸은 가만히 있을 때도 언제나 100와트 정도에 해당하는 열기를 배출하고 있다.[214] 이때 배출되는 열은 생명 활동을 유지하는 데 꼭 필요한 기초대사 과정에서 발생하는 불필요한 열의 양과 완벽한 평형을 이룬다.

하지만 자전거의 페달을 밟기 시작한 순간 상황은 순식간에 변한다. 생각보다 효율적이지 못한 인간의 몸이 운동에 필요한 에너지를 250와트 생산할 때마다 불필요한 열을 1,000와트나 발생시키기 때문이다. 시속 16킬로미터로 달릴 때 생성되는 열기는 약 1,500와트에 달한다. 이에 따라 혈관은 급격하게 팽창하며 정지 상태의 30배 이상에 해당하는 8리터의 혈액을 흐르게 만들어 추가적인 열기를 공기 중으로 배출시킨다. (추위를 느낄 때는 과학자들이 '생리학적 절단Physiological Amputation'이라고 부르는 정반대의 반응이 일어난다. 이때 우리의 몸은 혈액의 흐름을 극단적으로 제한하여 열기 배출을 막는다.) 운동을 할 때 솟는 땀 또한 증발하는 과정에서 에너지를 소비하며 체온을 급격히 내리는 작용을 한다. 기온이 체온과 비슷하거나 더 높을 정도로 더운 상황에서는 사실상 땀의 기화만이 체온을 효과적으로 내려 주는 유일한 수단이다. 만약 습도가 너무 높아서 땀이 증발하지 못하고 방울져 흐른다면 심부 체온Core Temperature은 얼마 안 가 위험한 수준으로 치솟기 시작할 것이다.

더위에 적응하도록 만들어진 시스템

맥스 길핀이 사망한 날 오후 3시 45분, 스틴슨 코치는 선수들에게 야외 훈련을 시킨 날들의 날씨를 정리한 서류를 작성한 뒤 사인했다. 학교에 비치된 온습도계의 표시에 따르면, 길핀이 쓰러진 날의 온도는 35도, 습도는 32퍼센트였다. 이 두 숫자는 일정한 공식에 따라 열파지수Heat Index 94라는 값으로 변환되었다. 이는 선수들에게 의무적으로 휴식 시간을 주어 수분을 보충시키고 무거운 장비를 벗도록 지시해야 하는 열파지수 95에 딱 1만큼 모자랐다. 그날은 매우 더웠지만 훈련이 진행된 날 중에서 가장 더운 날은 아니었다. 열파지수가 103까지 치솟았던 몇 주 전에도 스틴슨은 선수들의 헬멧을 벗긴 채 훈련을 강행했었다.

이런 관점에서 보면 길핀의 죽음은 일반적이라고 보기 어렵다. 그의 사망 날짜는 여름 훈련의 첫날도, 첫 주도 아니었다. 그날은 훈련 6주차였고, 길핀을 포함한 미식축구부원들은 이미 스물아홉 번이나 비슷한 강도의 운동을 한 상황이었다. 그중에서 열파지수가 80을 넘지 않는 날은 없었고, 95를 넘는 날도 5일이나 있었다. 보통 더운 날씨에서 반복적으로 운동을 하다 보면 신체의 보호 반응이 점점 더 효과적으로 일어나게 된다.[215] 가령 평소보다 낮은 온도에서 더 많은 땀을 흘리고, 혈관이 더 넓게 팽창하면서 혈액의 흐름이 활발해지며, 혈액의 양 또한 증가하여 운동 중에도 심장 박동 수가 상대적으로 낮은 수준으로 유지된다. 이러한 적응 과정에는 대략 2주가 소요되며, 따라서 미국 트레이너협회National Athletic Trainers' Assocation는 전국의 미식축구 코치들에게 첫 14일 동안 훈련 양과 장비 착용을 제한하라고 권장한다.

인간이 더위에 적응할 수 있다는 주장은 지난 수 세기에 걸쳐[216] 지속적으로 제기되어 왔다. 예를 들어 1789년 인도에서 복무하던 영국인 군의관은 새 군사작전의 초반 며칠 사이에 더위와 관련된 질환으로 사망하는 병사의 수가 날이 갈수록 줄어든다는 사실을 발견했다. 하지만 이러한 적응의 원리가 체계적으로 연구되기 시작한 것은 1930년대에 들어서였다. 그 시발점이 된 것은 남아프리카공화국 금 광산 인부들의 연이은 사망 사태였다.[217] 광부들은 지상에서 수천 미터를 파고 들어간 전례 없이 깊은 바위 갱도에서 최고 60도까지 올라가는 더위에 시달렸고, 그 결과 1926년 한 해에만 스물여섯 명이 더위로 목숨을 잃었다.

광산 회사인 랜드마인즈Rand Mines Ltd.는 문제 해결을 위해 알도 드리오스티^{Aldo Dreosti}라는 젊은 의사를 광산으로 파견했다. 드리오스티가 도착한 요하네스버그의 시티딥^{City Deep} 광산에는 이미 신참 광부들에게 2주의 적응 기간을 제공하고 있었다. 그 기간 동안에는 광부 두 명이 삽 한 자루를 공유하며 일했고, 삽자루를 놓은 동안에는 의무적으로 휴식을 취했다. 하지만 1926년에서 1931년 사이에 시티딥 광산에서 열사병으로 사망한 광부가 스무 명에 이른다는 통계를 놓고 볼 때, 이 시스템에는 분명히 무언가 부족한 점이 있는 게 분명했다. 게다가 광산 소유주 입장에서 볼 때 더 큰 문제는 모든 광부들에게 적응 기간을 제공함에도 불구하고 실제로 갱도 바닥의 열기를 견딜 수 있는 인원이 극히 일부에 불과하다는 사실이었다. "시티딥 광산의 재정 상황은 이와 같은 효율성 손실에 의해 큰 타격을 받고 있었습니다." 1935년 열린 광업 심포지움에서 드리오스티가 한 발언이다.

그에게 주어진 임무는 다른 광부들보다 열기에 약한 광부들을 찾아낸 뒤 최대한 빠른 시간 내에 갱도의 환경에 적응시키는 것이었다. 드리오스티는 인근 병동의 버려진 병실에 증기를 내뿜는 두 개의 긴 파이프를 십자 모양으로 겹쳐서 설치한 뒤 최대 50명의 광부들을 한 번에 몰아넣고 '더위 내성 테스트'를 진행했다. 벌거벗은 채 35도의 방으로 들어간 광부들은 특별한 훈련을 받은 원주민 출신 보스 보이^{Boss Boy}의 감독 아래서 2인 1조로 한 무더기의 바위를 앞뒤로 옮기는 등의 테스트를 받았다. 20,000명의 샘플을 조사한 끝에 드리오스티는 체온의 상승폭과 상승 속도를 기준으로 광부들을 세 그룹으로 분류하고 각 그룹에게 4일, 7일, 14일의 적응 기간을 부여했다.

현대인의 관점에서는 섬뜩할 만큼 비인간적인 대우로 비치겠지만, 결과적으로 드리오스티의 실험은 엄청난 성공을 거두었다. 시티딥 광산의 열사병 사망률이 놀라울 만큼 내려갔을 뿐만 아니라 광부들이 그 어느 때보다 빨리 갱도 밑바닥에서 풀타임으로 일할 수 있게 된 것이다. 이후 과학자들은 더위 적응 훈련법을 지속적으로 개선해 나갔다.

제2차 세계대전 중에 진행된 연구에 따르면, 숨막힐 듯 더운 사막이나 정글에 주둔할 예정인 연합군 병사들에게 하루에 60~90분씩 높은 온도에서 중간 정도 강도의 운동을 시켰더니 며칠 이내에 급격한 생리학적 변화가 일어나고 2주 이내에 완벽히 적응을 마쳤다고 한다.[218] 단순히 높은 온도에서 생활하는 것만으로는 부족하고, 운동으로 신체의 적응 시스템에 압박을 가해야 하는 것이다. 하지만 맥스 길핀 또한 사망 전에 동료 부원들과 함께 6주에 걸친 적응 기간을 거쳤다. 스틴슨의 과실이 무엇이든, 선수들을 적응 기간도 없이 고강도의 훈련에 투입하지 않았다는 사실만은 분명했다.

심리 상태가 체온에 미치는 영향

1990년대 후반 덴마크 코펜하겐대학교의 아우구스트크로그연구소$^{August Krogh Institute}$는 심부 체온이 지구력의 한계에 미치는 영향을 확인하기 위해 간단한 실험을 기획했다.[219] 실험에 참가한 일곱 명의 사이클 선수들은 덥고 습한 조건에서 페달을 1분에 50회 이상 밟는 최소한의 조건을 충족시킬 수 없게 될 때까지 자전거를 타는 탈진 테스트를 세 번씩 받았다. 각 테스트 시작 30분 전에 찬물, 미지근한 물, 따뜻한 물에 머리를 목까지 담갔던 그들의 실험 직전 심부 체온은 36.1도, 37.2도, 38.3도였다. 모두가 예상했듯이 선수들은 심부 체온을 미리 낮춘 상태에서 자전거를 탔을 때 가장 좋은 성과를 보였고, 심부 체온을 의도적으로 낮춘 테스트와 높인 테스트 간 격차는 약 두 배에 달했다. 하지만 이토록 큰 격차에도 불구하고, 선수들이 탈진 상태에 다다른 순간의 심부 체온은 신기할 정도로 일정했다. 페달 속도가 1분에 50회 미만으로 내려간 순간 온도계의 눈금은 실험 순서나 선수에 상관없이 40도에서 40.3도를 가리켰다. 마치 심부 체온이 특정한 임계값을 넘어선 순간 온도 감지 센서가 운동 차단기를 내리는 듯한 패턴이었다.

스포츠과학자들은 이 실험의 결과가 실제 경기력에 미칠 영향력을 즉시 받아들이고 활용하기 시작했다. 호주 대표팀은 햇빛이 강한 아테네에서 열린 2004년 하계올림픽에 출전할 때 얼음 욕조를 준비하여 경기 직전 몸을 담갔다.[220] 그들이 2008년 베이징 올림픽에 대비하여 준비한 해결책은 이보다 더 간단했다. 슬러시 기계를 챙겨가서 육상과 사이클, 축구, 철인 3종 경기를 포함한 출전 종목 코스 곳곳에 비치해 둔 것이다. 액체로 된 땀이 기화할 때 체온을 내리는 것과 마찬가지로, 배 속에서 얼음 상태의 슬러시가 물로 바뀌는 동안에는 '상변화 에너지Phase Change Energy'에 의해 그냥 차가운 음료를 마셨을 때보다 훨씬 큰 냉각 작용이 일어났다. 호주의 스포츠과학자팀의 연구 결과에 따르면, 스포츠음료와 같은 농도의 설탕을 넣은 슬러시는 심부 체온을 최대 0.5도까지 추가로 내려 주면서 더운 날씨에 뛰어야 하는 선수들의 지구력을 그만큼 향상시켰다.[221]

한 가지 눈여겨볼 만한 사실은, 슬러시의 효과가 단순히 경기 시작 전 심부 체온을 낮추는 데서 그치지 않았다는 것이다. 슬러시를 마신 선수들은 때로 심부 체온의 한계를 살짝 넘어설 때까지도 탈진하지 않고 버텨 냈다. 고작 0.2도 수준의 미미한 차이였지만, 어쨌든 흥미로운 결과임에는 분명했다. 연구진은 그 원인을 입과 목을 통해 슬러시를 삼키는 동안 뇌의 온도가 함께 내려갔기 때문인 것으로 보았다. 개와 염소의 코에 지속적으로 찬물을 끼얹어 뇌의 온도를 낮춘 초창기의 한 실험에서는 (일반적으로 직장을 통해 측정하는) 심부 체온보다 뇌의 온도가 열기로 인한 한계에 더 큰 영향을 미친다는 결과가 나오기도 했다. 만약 슬러시가 실제로 뇌의 온도를 낮춰 준다면, 뇌가 일반적인 체온의 한계를 넘어설 때까지 페달을 밟아도 제동을 걸지 않으리라는 추측을 할 수 있다.

물론 슬러시가 녹는 장소인 위장 속에 온도 감지 센서가 들어 있을 가능성도 있다.[222] 사실 이러한 가설은 최근까지만 해도 무시당해 왔다. 하지만 2014년 오타와대학교 열인체공학연구소Thermal Ergonomics Laboratory의 올리 제이Oliie Jay 연구팀은 코에 삽입된 관을 통해 위장으로 직접 주입된 액체의 온도에 따라 사이클 선수들의 땀 분비량을 조절할 수 있다는 사실을 밝혀냈다. 이후 시드니 대학교로 옮겨간 제이는 자신의 실험 결과가 타는 듯 더운 날씨에 뜨거운 음료를 마시는 일부 지방의 오래된 관습을 설명하는 열쇠가 될지도 모른다고 주장했다. 뜨거운 액체가 위장의 온도 감지 센서를 자극하면 외부 체온의 변화 없이도 땀 분비량이 늘어나고, 결과적으로 냉각 효과를 기대할 수 있다는 것이다.

그렇다면 뇌의 온도와 위장의 온도 중 더 결정적인 역할을 하는 것은 무엇일까? 뇌와 위장, 그리고 피부 등의 체온 감지기를 통해 들어오는 온도 신호가 각각 저마다의 중요한 역할을 맡고 있다는 것이 가장 적절한 대답일 것이다. 운동선수들이 얼음 조끼를 입고 얼음 토시를 차고 얼음 수건을 목에 두르는 데는 다 이유가 있다. 이러한 외부적 방편들이 심부 체온에 영향을 미칠 수 없는 것은 사실이지만, 적어도 시원하다는 **느낌**을 줌으로써 더운 날씨에 더 오래 버틸 수 있도록 해 준다. 선수가 받는 느낌이 실제 경기에 영향을 미친다는 연구 결과[223]는 또 있다. 2012년 영국의 한 연구팀은 실험 참가자들에게 31도의 더운 방 안에서 고정식 사이클을 타도록 한 뒤 실제 온도는 그대로 두고 온도계의 눈금만 26도로 조정했다. 그 결과, 표시된 온도가 실제 온도보다 낮을 때 사이클 속도가 약 4퍼센트 증가했다.

이처럼 심리 상태가 영향을 미친다는 주장은 더위가 우리 몸의 직접적인 생리 반응을 유도하여 속도를 느리게 만든다는 관점에 위

배된다. 하지만 현실적으로 볼 때 의도적으로 온도와 운동량을 조절하는 실험이 아닌 이상 쓰러질 정도로 높은 체온 임계값을 경험하는 사람은 거의 없다. 우리 몸이 본능적으로(그리고 강제적으로) 페이스를 떨어뜨려 임계값 아래의 체온을 유지하기 때문이다. 남아프리카공화국의 스포츠과학자 로스 터커가 증명했듯이, 뜨거운 여름에 10킬로미터 달리기를 하면 **출발하자마자** 속도가 떨어지기 시작한다.[224] 체온이 채 오르기도 전부터 페이스가 자동으로 조절되기 시작하는 것이다. 터커는 열이 근육의 움직임을 직접 제한하는 차단기라기보다 뇌의 보호 메커니즘에 따라 작동하는 밝기 조절 스위치에 가깝다고 설명한다.

물론 열기가 우리 몸에 직접적인 영향을 전혀 미치지 못하는 것은 아니다. 맥스 길핀은 1학년 때부터 미식축구 훈련을 받았고, 아버지와 함께 일주일에 두세 번 헬스클럽에 가서 한 시간 이상 근력 운동을 했다. 젊은 시절 스테로이드 부작용을 직접 경험한 그의 아버지는 아들이 어렸을 때부터 불법 약물 복용을 삼가라고 엄격히 가르쳐왔다. 그가 아들에게 추천한 근육 보충제라곤 합법적으로 처방전 없이 구입할 수 있는 크레아틴 알약 정도였다.

10학년이 되었을 때 길핀의 키는 188센티미터에 체중은 전년보다 12킬로그램 늘어난 98킬로그램이었다. 미식축구부에서 가장 큰 선수는 아니었지만 상당한 덩치를 자랑했던 그의 체격은 어찌보면 엘리트 마라톤 선수와 정반대 지점에 있었다. 2013년 프랑스의 국립스포츠연구소National Sport Institute는 1990년부터 2011년까지 각 해에 세계 랭킹 100위 안에 들었던 마라톤 선수들의 데이터를 수집해 분석했다.[225] 그 결과 그들은 정상급 선수들의 체격이 해마다 유의미한 수준으로 작아지고 있다는 놀라운 사실을 발견했다.

1990년 선수들의 평균 신장은 173센티미터, 체중은 59킬로그램이었지만 2011년에는 이 수치가 신장 170센티미터에 체중 56킬로그램까지 줄어들었다. 연구진이 추론한 원인은 매우 간단했다. 몸이 무거울수록 같은 거리를 달릴 때 생성되는 열이 더 많아지기 때문이다. 키가 큰 선수들은 피부의 면적이 넓은 만큼 땀 분비를 통한 냉각 효과 측면에서는 유리할 수 있지만, 신장이 늘어나는 만큼 무게가 증가하면서 이러한 이점을 압도할 만큼의 불이익[226]을 받게 된다. 1990년대에서 2000년대 사이에 마라톤이 엄청난 규모의 수익 사업이 되면서 선수들의 평균 체격 또한 더위 적응에 유리한 방향으로 끊임없이 변화한 것이다.

반면 미식축구 선수들의 체격은 점점 치열해지는 육탄전에 따라서 해가 갈수록 커졌다. 특히 맥스 길핀을 포함한 라인맨들은 폭주 기관차 같은 역할에 걸맞게 거대한 덩치를 유지해야 했고, 자연히 더위에 가장 약한 신체 조건을 갖게 되었다. 이러한 사실은 1980년부터 2009년 사이에 열사병으로 사망한 미식축구 선수 58명 중 50명이 라인맨[227]이었던 이유를 뒷받침한다.

운동장을 가로지르는 횟수가 늘어날수록 길핀의 체온과 체감

온도는 동시에 큰 폭으로 상승했다. 부원들이 운동장을 여섯 번 왕복했을 무렵 스틴슨은 가장 빨리 달린 선수들을 훈련에서 열외시켜주었다. 하지만 남은 선수들에게는 왕복 9회째부터는 헬멧을 벗고, 왕복 11회째부터는 어깨 패드와 운동복 상의를 벗은 뒤 계속 달리라고 지시했다. 발이 느렸던 길핀은 열외 기회를 잡지 못했지만 어쨌든 코치의 지시에 따라 끝까지 자신을 밀어붙였다. 그의 사망 후 《스포츠 일러스트레이티드》의 토머스 레이크Thomas Lake 기자는 이렇게 보도했다. "죽은 소년의 어머니는 아들이 언제나 타인의 기대에 부응하려고 노력하는 아이였다고 전했다." 아들이 훈련에서 좋은 성과를 내지 못한 날이면 집까지 운전해서 데려다주지 않으려 했던 그의 아버지는 그날도 경기장 밖에서 아들의 모습을 지켜보고 있었다. 기대에 부응하고 싶다는 소년의 욕구가 결국 자기 자신을 육체적 한계 너머로 내몬 것일까?

임계온도Critical Temperature 관련 연구에 따르면, 길핀은 심부 체온이 40도에 이른 순간부터 몸을 움직일 수 없어야 했다. 하지만 시간이 갈수록 임계온도가 움직이지 않는 고정값이라는 초기 연구 결과를 반박하는 주장들이 속속 등장하기 시작했다. 열정적인 사이클로크로스(자전거를 타다가 극도로 험한 지형에서는 자전거를 메고 달리기도 하는 경주-옮긴이) 선수인 동시에 캐나다 브록대학교 소속의 환경생리학자인 스티븐 청Stephen Cheung은 박사과정 당시 누구보다 먼저 이 문제를 파헤친 인물이다.[228] 그는 군대에서 자금 지원을 받은 실험을 통해 숙련된 운동선수가 상대적으로 덜 단련된 실험 참가자에 비해 심부 체온이 더 높아질 때까지 트레드밀 탈진 테스트를 견딜 수 있다는 사실을 밝혀냈다. 뇌가 정해 놓은 체온 설정이 바뀔 수 있다는 가능성을 보여 준 것이다.

청이 최근에 내놓은 보고서는 뇌의 강력한 영향력을 전에 없이 확실히 증명해 냈다. 그와 동료 과학자들은 여덟 명의 숙련된 사이클 선수들을 데리고 35도의 환경에서 일련의 육체적, 정신적 테스트를 진행했다. 1차 훈련이 끝난 뒤, 선수 네 명은 2주에 걸쳐 더위 속에서 하는 운동에 맞춰 특별히 고안된 '자신과의 동기부여 대화' 훈련을 받았다. 이 훈련의 핵심은 "계속 달리는 거야. 나는 잘하고 있어!"와 같은 긍정적인 말로 '너무 더워' 혹은 '몸이 타는 것 같아'와 같은 부정적인 생각을 억누르는 데 있었다. 이후 진행된 2차 실험에서, 동기부여 대화를 한 그룹은 8~11분에 걸쳐 진행된 지구력 테스트에서 더 높은 성과를 보였을 뿐 아니라 심부 체온이 대조군에 비해 0.2도가량 높아질 때까지 탈진하지 않고 버텼다. "우리는 임계온도가 단순히 육체적 요소에만 좌우되지 않는다고 확신합니다. 정신적이고 심리적인 요인 또한 분명히 영향을 미쳐요"라는 것이 청의 주장이다. 다시 말해, 강인한 마음가짐은 한 인간이 원래 견딜 수 있던 열기의 한계를 한 단계 높여 주는 것이다. "이미 뛰어난 체력을 갖춘 선수들도 열에 대한 **인식**을 바꿈으로써 경기력을 향상시킬 수 있는 겁니다."

하지만 미스터리는 여전히 남아 있다. 청의 동기부여 대화 실험으로도 사이클 선수들의 심부 체온 한계를 0.2도밖에 올리지 못한 반면, 맥스 길핀이 사망하던 당시의 심부 체온은 내장이 치명적인 손상을 입을 만한 43도로 일반적인 한계선을 2.5도나 초과한 상태였기 때문이다. 우리는 보통 열사병이 더 이상 운동을 지속할 수 없는 최후의 단계라고 생각한다. 맨 처음에는 따뜻하다고 느껴지던 날씨가 점차 불편할 정도로 더워지고, 더위에 의한 탈수 증상을 겪고도 움직임을 그만두지 않으면 마침내 열사병이 찾아와 몸을 강제로 멈추는 것이다. 일반적인 사람의 체온이 43도에 도달하는 일은 보통 물리적으로 불가능하다. 따라서 길핀의 사례에는 분명히 뭔가 특별한 조건이 숨어 있어야 했다.

비극의 원인

2002년 따뜻한 날씨를 자랑하는 사우디아라비아와 텍사스의 의사로 구성된 합동 연구팀은 《뉴잉글랜드 의학 저널New England Journal of Medicine》에 열사병의 정의를 새로 내리는 논문을 게재했다.[229] 그들을 열사병이 체온 상승 뿐 아니라 '전신 염증 반응Systemic Inflammatory Response'을 유발하여 다수의 장기에 손상을 입히는 증상이라고 주장했다. 앞서 살펴보았듯이, 우리의 몸은 혈액을 피부 근처로 보내 열기를 발산하는 방식으로 더위에 대응한다. 하지만 이러한 대응책은 필연적으로 몸 안쪽에 있는 내장 기관이 혈액과 산소 부족에 시달리도록 만든다. 결국 평소 같으면 내장에 침투하지 못하도록 통제되고 있던 독소가 혈관으로 새어나가며 전신에 걸쳐 염증 반응을 유발한다. 열사병은 단순히 몸이 더워지는 것이 아니라, 광범위한 염증 때문에 몸의 대응 체계가 제대로 작동하지 못하도록 만드는 증상인 것이다.

그렇다면 이러한 염증 반응이 일부 사람들에게만 치명적인 결과를 초래하는 까닭은 무엇일까? 열사병의 위험도를 증가시키는 원인을 일일이 열거하자면 아주 긴 목록이 나오겠지만,[230] 2010년 미국 육군환경의학연구소U. S. Army Research Institute of Environmental Medicine는 그중에서 가장 치명적인 3대 요소가 '무겁고 통풍에 약한 복장, 기존에 앓던 질병, 암페타민과 같은 특정 약물'이라고 밝혔다. 우선, 길핀이 입고 있던 미식축구 운동복은 첫 번째 요소에 해당된다. 사망 당일 길핀이 아침부터 두통과 컨디션 난조를 호소했다는 어머니와 친구들의 증언은 그가 두 번째 요소를 충족했을 가능성을 암시한다. (이에 대한 의학적 소견은 불분명하다. 혈액검사에서 바이러스 감염 징후가 확인된 것은 사실이지만, 감염이 병원으로 후송되기 전에 발생한 것이라고 확신할 수는 없기 때문이다.) 게다가 약물검사 결과는 세 번째 위험 요소의 존재까지 증명했다. 길핀은 주의력결핍장애Attention Deficit Disorder를 치료하기 위해 암페타민 성분이 포함된 아데랄Adderall을 복용하고 있었다.

열사병의 희생자 중 가장 유명한 인물은 절절 끓는 날씨에 개최된 1967년 투르 드 프랑스 경기 중 몽방투Mont Ventoux 정상을 불과 1.6킬로미터 남기고 목숨을 잃은 사이클 선수 톰 심프슨^{Tom} Simpson일 것이다.[231] 심프슨은 승리를 향한 집념 때문에 무섭도록 몸을 혹사시키는 것으로 유명한 선수였다. 비틀거리며 겨우 페달을 밟다가 결국 자전거에서 굴러떨어진 그가 가장 먼저 한 말은 "나를 다시 안장 위에 올려 줘요!"였다(굉장히 유명한 일화지만, 사실 이 발언의 명확한 출처는 밝혀지지 않았다). 겨우 자전거에 올라탄 그는 400미터를 더 달린 뒤 마침내 의식을 잃었고, 경찰 헬리콥터에 실려 인근 병원으로 옮겨졌을 때는 이미 한참 전에 사망한 상태였다.

길핀과 마찬가지로 심프슨은 경기 3일 전에 병을 앓은 상태였다. 정비 담당 스태프는 며칠 전 그의 자전거에 물을 뿌려 설사의 흔적을 지웠던 것을 기억했고, 그가 그 불쾌한 복통의 여파에 여전히 시달리고 있었다고 증언했다. 하지만 심프슨의 이름을 사이클 역사에 영원히 새긴 일등공신은 바로 암페타민이었다. 사망 당시 그의 주머니에서는 빈 약병 두 개와 반쯤 비워진 약병 한 개가 나왔고, 부검 결과 혈액에서도 암페타민 성분이 검출되었다. 그가 "지구력의 한계를 넘어선 것도 구분하지 못할 만큼 약에 취한 상태"였다는《데일리 메일^{Daily Mail}》의 몇 주 후의 보도대로[232], 현재는 약물 중독으로 인한 판단력 저하가 그의 직접적인 사망 원인이었다고 보는 관점이 정설로 받아들여지고 있다.

하지만 진실은 조금 더 복잡하다. 1980년대 옥스퍼드대학교의 생화학자이자 열정적인 마라토너인 에릭 뉴스홈^{Eric Newsholme}[233]은 지구력을 요하는 운동을 할 때 피로를 느끼는 이유 중 하나가 뇌 속

신경전달물질의 농도 변화 때문일 가능성을 제시했다. 그의 가설은 구체적인 연구로 발전하지 못했지만, 이후 뇌를 변화시키는 다양한 약물(파실Paxil, 프로작Prozac, 셀렉사Celexa, 이펙서Effexor, 웰부트린Wellbutrin, 리탈린Ritalin 등)을 활용한 실험이 활성화되는 계기를 제공했다. 그 결과 평상시라면 최소한의 효과만 발휘했을 약물도 매우 더운 환경에서는 뇌 속 신경전달물질인 도파민의 농도를 비약적으로 상승시킨다는 사실이 밝혀졌다.

도파민 재흡수 억제제(다시 말해 뇌 속 도파민 농도를 상승시키는 약물로, 암페타민 또한 이런 작용을 한다)를 섭취한 참가자들이 정지 상태에 있을 때조차 평소보다 높은 심부 체온을 보였다는 실험 결과는 약물이 더위에 대한 인식과 몸 속 대응 체계를 변화시킬 수 있다는 가능성을 암시했다. 그들은 일반적인 체온 임계값을 넘어선 상태에서도 운동을 계속했으며, 심지어 덥다는 **느낌**도 상대적으로 덜 받는 것으로 나타났다. "그들의 '안전 제동 장치'가 제대로 작동하지 않은 거죠."[234] 관련 실험을 수차례 진행했던 암스테르담자유대학교의 생리학자 로메인 무센Romain Meeusen은 이렇게 말한다. "중추신경계로부터 부정적인 피드백을 하나도 받지 못한 채 위험한 상태로 직진하는 거예요." 그는 이것이 바로 톰 심프슨에게 일어난 비극일 확률이 높다는 설명도 덧붙였다.

제이슨 스틴슨의 공판에는 검찰이 신청한 증인을 포함한 여러 명의 의사들이 출석하여 길펀의 아데랄 복용 전력이 열사병에 의한 사망 확률을 높였을 것이라고 증언했다.[235] 물론 아데랄을 정기적으로 복용하는 미국인이 수백만 명에 이른다고 해서 여름마다 열사병 사망자가 속출하는 것은 아니다(비록 10대 환자의 아데랄류 약물 처방이 두 배로 늘어난 1994년에서 2009년 사이에 미식축구 선수들의 열사병 관련 사망 사고가 세 배로 늘어났다는 조지아대학교 연구팀의 보고[236]가 있긴 하지만). 길핀의 죽음은 어떻게 봐도 아주 희박한 가능성을 뚫고 아무런 전조도 없이 갑작스럽게 일어난 사고였다. 아데랄과 몸살, 어쩌면 크레아틴(일부 과학자들은 이 근육 보충제 또한 열사병 발병률을 높인다고 주장한다)까지 포함한 사소한 요소들이 모여서 그날 오후 길핀을 남들보다 약간 더 더위에 약한 소년으로 만들었던 것이다.

열사병을 악화시키는 요소들을 한 보따리 가지고 있던 길핀의 몸에서 유독 탈수 증상만은 발견되지 않았다. 사실 수분 부족은 열사병을 유발하는 대표적인 위험 요인이며, 스틴슨이 형사 공판에 피의자로 기소된 주된 이유 또한 그가 훈련 중에 선수들에게 물을 지급하지 않았다는 증언 때문이었다. 하지만 그가 수분 보충을 금지했다는 증언은(이 결정적인 진술을 한 사람은 당시 인접한 운동장에서 여자 축구 경기를 관전하고 있던 스틴슨 남동생의 전 여자친구였다) 위증으로 밝혀졌다. 부원들은 훈련을 통틀어 세 차례의 정해진 스케줄에 따라 수분을 보충했으며, 혹독한 왕복 달리기 중에도 개별적으로 물을 마실 수 있었다.

재판부가 이 사실을 인정했을 때 방청석에서는 불만 섞인 고함이 터져 나왔다. 스틴슨의 변호인이 판사에게 "스틴슨이 그날 정말로 고약하게 굴었다는 것을 주지의 사실로 채택하셔도 될 것 같은 데요."[237]라고 말할 정도였다. 어쨌든 소년은 물을 충분히 마셨고, 혈액검사와 소변검사 결과 또한 그의 몸에 미약한 탈수 증세도 없었다는 사실을 확인해 주었다. 이 사실은 배심원단이 숙고를 시작한 지 채 90분도 되지 않아 스틴슨이 무죄라고 판단한 결정적 근거가 되었다. 우리가 지금껏 배우고 믿어 왔던 공중 보건 상식과 달리, 충분한 수분 섭취는 맥스 길핀의 목숨을 살려 주지 못했다. 그리고 이 사례는 수분 섭취에 대한 사회적 통념이 꼭 옳지만은 않다는 것을 증명하는 수많은 근거 중 하나에 불과했다.

9장

갈증

1905년 8월 15일 이른 새벽, 파블로 발렌시아^{Pablo Valencia}와 헤수스 리오스^{Jesus Rios}는 말 등에 일주일 치 식량이 되어 줄 옥수수가루와 11리터의 물을 싣고 샘 주변을 떠났다.[238] 그들은 몇 달 전 발렌시아가 미국과 멕시코 접경지에 위치한 소노란 사막의 외딴 지역에서 발견한 폐광의 소유권을 주장하러 가는 길이었다. 하지만 황량한 모래사막 깊숙이 들어갈수록 오븐처럼 뜨겁고 건조한 공기에 입속이 바싹 말라왔다. 얼마 안 가서 그들은 필요한 물의 양을 잘못 계산했다는 사실을 깨달았다. 발렌시아는 리오스에게 말을 데리고 56킬로미터를 돌아가 다시 샘에서 물통을 채워 오라고 지시했다. 두 사람은 24시간 후 저 멀리 보이는 산자락에서 접선하기로 했다. 발렌시아는 걸어서 폐광에 도착한 뒤에 광물 샘플을 수집하고 소유권

공지를 내붙였다. 리오스는 물통을 채운 뒤 다시 사막으로 말머리를 돌렸다. 하지만 두 사람은 만나지 못했다. 아마도 둘 중 한 명이 잘못된 산자락을 찾아간 것이리라. 정처 없이 떠돌던 리오스는 결국 파트너를 포기했고, 발렌시아가 갈증 속에 죽음을 맞아도 어쩔 수 없다며 집으로 돌아왔다.

인체는 50~70퍼센트가량 수분으로 이루어져 있고 그 비중을 항상 유지해야 한다.[239] 우리는 땀과 소변뿐 아니라 호흡할 때 미량이나마 증발하는 습기로 인해 지속적으로 수분을 잃고 있다. 다행히 보통 상황이라면 손실된 수분은 음식과 물 섭취를 통해 금방 채워진다. 인체의 체액 평형Fluid Balance은 식사량이나 운동량에 따라 매 순간 조금씩 변하지만 하루 전체를 기준으로 보면 매일 놀라울 정도로 일정하게 유지된다. 체중이 68킬로그램일 경우 몸은 40리터가량의 물로 이루어져 있으며 변화 폭이 가장 클 때조차 오차 범위가 1리터를 넘지 않는다(이 평형의 유일한 예외가 바로 여성의 생리 주기다. 생리 중인 여성의 오차 범위는 약 2리터까지 늘어난다). 손실된 수분을 즉시 보충하지 못하면 극도의 갈증이 느껴지고, 신장은 평상시라면 소변으로 내보낼 액체에서 수분을 재흡수하기 시작한다. 체액 평형을 유지하지 못하는 시간이 길어지면 우리 몸은 세포에서 수분을 짜내 동맥과 모세혈관으로 보냄으로써 몸속을 순환하는 혈액의 흐름이 끊기지 않도록 안간힘을 쓴다. 하지만 이러한 노력에도 불구하고 평형을 회복하지 못해 혈액의 농도가 너무 짙어지면, 삼투압에 의한 유출 현상이 일어나 뇌가 수축하는 동시에 섬세한 뇌 정맥이 파열되어 결국 죽음에 이르게 된다. 야생의학 wilderness medicine 교과서에 실린 미국 육군 연구원들의 계산에 따르면, 인간은 이상적인 실내 환경에 있다는 전제 아래 물 없이 7일을 버틸 수 있다. 하지만 사막 한가운데서 길을 잃은 상황이라면 밤에만 움직였을 때는 24시간, 낮에도 활동했을 때는 16시간 후부터 목숨을 위협받기 시작한다.

마흔 살의 발렌시아는 선원 출신의 전문 탐광자로, 두꺼운 가슴근육과 강인한 팔다리를 지닌 건장한 사내였다. 그의 지인 중 한 명은 그를 이렇게 평가했다. "내가 아는 사람 중에서 가장 몸 좋은 멕시코인이지." 하지만 그가 처한 조건은 혹독했다. 소노란 사막의 낮 기온은 38도 언저리였고 밤 기온도 27도를 웃돌았으며 하늘에는 구름 한 점, 대기 중에는 습기 한 방울 없었다. 리오스와의 접선에 실패한 채 물 한 방울 없이 이튿날을 맞은 발렌시아는 자신의 소변으로 입을 축일 수밖에 없었다. 그는 샘을 향해 되돌아가는 대신 누군가에게 발견될지도 모른다는 희망을 품고 예전부터 마찻길로 사용되던 북쪽의 도로를 향해 걷기 시작했다. 가는 길에 파리와 거미 몇 마리를 잡는 데 성공했지만, 입속이 너무 바싹 마른 나머지 포획물을 제대로 삼키기도 어려웠다. 사막 표류 4일째에는 전갈을 잡아먹었고 한층 고약한 냄새를 풍기기 시작한 소변을 마셨다. 보통 사람이 사막에서 물 없이 버틸 수 있는 시간이 16시간인 점을 감안하면 3일을 꼬박 버틴 그는 이미 일반적인 한계를 넘어선 상태였다. 하지만 발렌시아는 포기하지 않았다. 리오스가 폐광을 혼자 차지하려는 욕심에 자신을 버렸다고 확신한 발렌시아는 오직 복수하겠다는 일

넘으로 계속해서 비틀거리며 걸었고, 종국에는 네 발로 기어가기 시작했다.

발렌시아와 리오스가 샘을 떠난 지 8일째 되던 날, 100일 일정의 날씨 측정 프로젝트를 위해 사막에서 캠핑 중이던 과학자 윌리엄 맥기^{William J. McGee}는 고통에 찬 내장이 끓는 듯한 신음을 듣고 잠에서 깨어났다. 400미터를 달려간 그는 완전한 나체 상태로 해골처럼 바싹 말라 버린 몸을 드러낸 발렌시아를 발견했다. "그의 입술은 바짝 말라붙어 위아래로 얇게 그어진 거무죽죽한 줄무늬처럼 보였어요. 그 사이로 치아와 잇몸이 툭 튀어나온 모습은 마치 가죽이 벗겨진 짐승 같았죠. 피부는 전체적으로 육포처럼 검게 말라 있었어요. 코는 절반으로 쪼그라들었고, 깜빡일 수도 없이 말라붙은 눈꺼풀 아래로 흰자위가 다 드러나 있더군요. 그 흰자위 또한 거무튀튀하게 변색되어 있었고요." 발렌시아는 볼 수도 들을 수도 없는 상태였고, 혀 또한 안으로 말려들어 거의 보이지 않았다. 그가 걸은 거리는 총 160~240킬로미터에 달했다. 마지막 11킬로미터를 기어 오는 동안 바위와 선인장투성이의 땅은 온몸에 크고 작은 상처를 남겼지만, 그의 몸에는 피를 흘릴 수 있는 수분조차 남아 있지 않았다.

하지만 그는 살아남았다. 맥기는 충분한 물과 커피, 고기와 베이컨을 잘게 다져 쌀과 함께 볶은 요리를 먹으며 발렌시아를 간호했고, 1906년 학회에서 이 놀라운 사례를 보고했다. 발렌시아의 생존 시간을 공식적인 기록으로 볼 수 있는지 여부는 불분명하다. 『기네스북^{Guineess Book of World Records}』 구판에는 1979년 가벼운 자동차 사고에 휘말려 지방 소도시의 지하 구치소에 갇혔던 18세의 오스트리아 소년 안드레아스 미하베츠Andreas Mihavecz의 사례가 소개되어 있다.[240] 훗날의 진술에 따르면 그를 구속했던 경찰은 그의 존재를 '깜빡'했고, 미하베츠는 18일 뒤에야 겨우 구조될 수 있었다. 지하에서 뿜어져 나오는 엄청난 악취가 그곳에 갇힌 인간의 존재를 상기시켰던 것이다. 비록 체중이 23킬로그램이나 빠졌지만 미하베츠 또한 살아남았다. 전문가들은 그가 끔찍할 만큼 눅눅한 지하 구치소의 환경을 활용해 벽에 맺힌 물방울을 빨아 마신 덕분에 생존할 수 있었을 것이라고 추측했다.

어쨌든 발렌시아가 보통 사람이 견딜 수 있는 탈수의 한계선을 훌쩍 넘어선 것만은 분명했다. 게다가 그의 사례에는 또 하나의 반전이 숨어 있었다. 용광로처럼 절절 끓는 더위 속에서 일주일을 버티고 160킬로미터가 넘는 거리를 걸어서 이동한 그는 말할 필요도 없이 엄청난 갈증에 시달리고 있었다. 하지만 그는 열사병에 걸리지 않았다.

수분 공급은 현대 스포츠과학계가 조언을 제공하는 분야 중에서도 가장 많은 채찍질을 당하는 분야일 것이다. 한 세기 전까지만 해도 과학자들은 지구력 종목 선수들에게 경기 중에 수분을 섭취하지 말라고 조언했다. "마라톤 중에 먹거나 마시는 습관을 들이면 안 된다. 일부 뛰어난 선수들이 이런 행동을 하는 것은 사실이지만, 결코 도움이 된다고 볼 수 없다."[241] 제임스 설리번James E. Sullivan이 1909년 장거리선수들을 위해 발간한 지침서에 담긴 내용이다(한 해에 가장 뛰어난 성과를 낸 아마추어 선수에게 수여되는 AAU설리번상이 바로 이 사람의 이름을 딴 것이다). 그는 운동 중에 섭취한 액체가 위장을 자극할 뿐만 아니라 경기가 끝날 때까지 제대로 흡수되지 않을 것이라는 추론을 근거로 내세웠다. 이러한 주장은 1968년까지도 유효한 이론으로 각광받았고, 실제로 스물한 살의 마라토너 앰비 버풋Amby Burfoot은 이 조언을 십분 받아들여 타는 듯이 더운 날씨에 물 한 방울도 마시지 않고 체중을 4.5킬로그램이나 잃으며 보스턴 마라톤에서 우승을 하기도 했다.[242]

하지만 변화의 순간은 시시각각 다가왔다. 1965년의 어느 날, 플로리다대학교 부속의료원에서 보안 요원으로 일하던 드웨인 더글러스Dwayne Douglas는 우연히 신장 의학 전문가인 연구원과 대화를 나누게 되었다. 한때 필라델피아 이글스팀 소속의 프로 미식축구 선수였고 은퇴 후에도 플로리다대학교의 게이터스팀에서 보조 스태프 자원봉사를 하던 더글러스는 선수들이 경기 중에 잃는 체중이 거의 8킬로그램이나 된다는 사실을 알고 깜짝 놀란 상태였다. "그래서 우리 팀 선수들은 경기 중에 절대 소변을 누지 않아요."[243] 그가 조심스럽게 말했다. 신장 의학 전문가 로버트 케이드Robert Cade는 그의 이야기에 강한 흥미를 느꼈다. 그는 훈련 기간 동안 선수들을 대상으로 실험을 진행해도 된다는 허가를 받았고, 연구 끝에 물과 소금, 설탕을 혼합하여 경기 중에 땀으로 잃는 성분을 보충해 주는 음료를 개발해 냈다(그가 맨 처음 만든 혼합물은 도저히 먹을 수 있는 맛이 아니었기 때문에 아내의 조언에 따라 레몬주스를 첨가했다고 한다). 게이터스팀의 헤드 코치는 케이드가 제조한 음료를 신입생들에게 먹인 뒤 2군팀과 연습 경기를 시켰다. 2쿼터에 걸친 접전 끝에 수분을 충분히 보충한 신입생팀은 후반전에서 갈증으로 기력을 잃은 2군 선배들을 물리쳤다. 다음 날 게이터스의 대표팀은 39도의 불볕더위 속에서 열린 루이지애나스테이트팀과의 경기에서 같은 음료를 마셨고, 0 대 13이라는 참담한 전반전 성적을 딛고 아슬아슬한 역전승을 거두었다. 게토레이Gatorade라고 이름 붙인 그 음료('게토레이'는 게이터스Gators팀을 돕는Aid 음료라는 뜻이다 – 옮긴이)는 그날 이후 엄청난 성공을 거두었다.

음료 안에 포함된 설탕이 소진된 근육 에너지를 보충해 준다는 사실을 감안할 때(이 주제는 다음 장에서 보다 자세히 다룰 예정이다), 게토레이는 단순한 수분 보충 수단이 아니었다. 게토레이의 등장은 선수들의 수분 보충 방법에 혁신을 일으켰고, 거액의 자금을 후원받은 연구를 통해 그 효과가 과학적으로 입증되었다. 보스턴 마라톤에서 우승하기 몇 개월 전, 버풋은 물과 게토레이를 마시거나 아무것도 마시지 않은 채 6분에 1.6킬로미터를 주파하는 페이스로 총 32킬로미터를 달리는 트레드밀 테스트를 받았다. 이 테스트는 게토레이 측에서 후원한 최초의 외부 실험이었다. 이후에도 수차례의 비슷한 실험이 진행되었고, 결국 회사는 1988년 제품의 효과를 널리 홍보하기 위해 게토레이 스포츠과학연구소Gatorade Sports Science Institute를 공식 설립했다. 게토레이의 후원을 받는 미국대학스포츠의학회가 1996년에 발표한 공식 입장[244]은 운동선수들이 '땀으로 빠져나간 수분을 보충하고 마실 수 있는 최대한의 양을 섭취하기 위해'[245] 경기 초반부터 자주 수분을 보충해야 한다는 것이었다. 사실 수분 보충은 운동선수만의 문제가 아니었다. 당시 세대를 막론한 수분 섭취 부족 현상은 아이들의 성장을 저해하고 노동자들의 업무 효율성을 떨어뜨리는 원인으로 지목받고 있었다.

그다음 문제는 저나트륨혈증이었다. 2002년 보스턴 마라톤에 출전했다가 결승선을 6킬로미터 앞두고 쓰러진 뒤 결국 죽음에 이른 28세의 신시아 루세로Cynthia Lucero는 이미 20년도 더 전에 발견된 이 질환에 전 세계의 이목을 집중시켰다.[246] 루세로는 쓰러지기 직전 '탈수로 인해 다리가 뻣뻣해지는 증상'을 호소했지만, 막상 병원에서 나온 검사 결과는 정반대였다. 의료진은 그녀가 운동 중에 물을 최대한 많이 마셔야 한다는 상식에 너무 충실히 이행한 나머지 혈중 나트륨 농도가 지나치게 희석되고 말았다는 소견을 내놓았다(이것이 바로 '물 중독Water Intoxicaion'이라고도 불리는 저나트륨혈증의 정의다). 그녀는 액체로 출렁이는 폐와 부풀어 오른 뇌를 견디지 못하고 몇 시간 뒤 사망했다. 그 후 이어진 연구들은 (비록 죽음에까지 이르는 경우는 드물지만) 비슷한 증상으로 고통받는 마라토너들이 매해 발생한다는 사실을 밝혀냈다. 2003년 미국 육상경기연맹U.S.A. Track and Field, USATF은 '땀으로 빠져나간 수분을 보충하고 **마실 수 있는 최대한의 양을 섭취하기 위해**' 틈날 때마다 물을 마시라고 되어 있던 기존 지침을 '갈증을 느낄 때마다 수분을 보충하라'는 취지로 변경했고,[247] 얼마 지나지 않아 다른 기관들도 USATF의 선례를 따랐다. 과학자들은 수분 섭취에 대한 뿌리 깊은 통념을 보다 비판적인 시각으로 바라보기 시작했다. 그 결과로 얻은 것은 놀라우면서도 여전히 논쟁을 일으키고 있는 결론이었다.

2퍼센트 원칙

운동선수들은 누누이 경고를 받는다. 체중의 2퍼센트에 해당하는 수분을 잃은 순간에 경기력은 급격히 저하되고, 직접적인 갈증을 느꼈을 때는 이미 늦었다고. 갈증이 수분 부족의 제대로 된 지표 역할을 해 주지 못할 때 발생하는 '수의탈수증Voluntary Dehydration' 개념[248]을 최초로 제시한 사람은 로체스터대학교의 연구원 에드워드 아돌프Edward F. Adolph였다. 그가 전쟁 중에 진행한 일련의 실험 결과를 엮어 1948년 발간한 저서 『사막에서의 생존에 필요한 생리학Physiology of Man in the Desert』에는 수의탈수증에 대한 그의 관점이 간결하게 요약되어 있다. 1941년 북아프리카의 사막 지역에서 전투가 발발하자, 아돌프와 동료들은 병사들에게 필요한 수분 공급량을 확인하라는 임무를 받고 소노란 사막으로 파견되었다. 그 당시는 운동 중에 물을 적게 마시는 훈련을 함으로써 땀의 '낭비'를 막을 수 있다는 가설이 널리 퍼져 있을 때였다. 아돌프 연구팀은 실험을 통해 이러한 생각이 완전히 틀렸으며 베테랑 사막 전문가조차도 언제나 수분을 충분히 공급해야 한다는 사실을 증명했다. 그런 그들의 눈에 띈 한 가지 이상한 현상이 있었다. 여덟 시간에 걸친 사막 행군을 하는 동안 원하는 만큼 물을 마시라고 지시했음에도 불구하고, 행군 막바지에는 대부분의 병사들이 탈수 증상을 보였던 것이다. 체중의 2~3퍼센트의 수분을 잃는 경우는 부지기수였고, 심지어 4퍼센트가량의 수분 손실을 겪은 병사들도 있었다. 전차 부대원들은 모의 전투 훈련 후 평균적으로 체중의 3퍼센트에 해당하는 수분을 잃었다. B-17 플라잉 포트리스Flying Fortress 전투기 조종사 여덟 명은 두 시간에 걸친 저고도 비행 훈련 후 1.5퍼센트의 수분을 잃은 상태로 돌아왔다. 이런 사실들을 논리적으로 종합해 보면 탈수를 막기 위해서는 원하는 것보다 더 많은 물을 마셔야 한다는 결론이 나왔다.

어째서 목이 마르지도 않은데 물을 마시는 귀찮은 짓을 해야 하는 걸까? 아돌프의 연구에 따르면 탈수가 "전반적인 몸의 불편함, 피로, 무기력증, 사기 저하, 의지 부족, 고강도의 운동이 불가능한 신체 상태"를 초래했기 때문이다. 1960년대 후반부터는 앰비 버풋이 참여한 실험을 포함하여 탈수와 체온 증가의 연결 고리를 찾아 보는 연구가 본격적으로 진행되기 시작했다.[249] 탈수 증상이 나타나면 체온 조절에 꼭 필요한 혈액의 양이 줄어들고, 극단적인 경우에는 땀을 흘리는 능력마저 저하되었다. 따라서 두 요소가 서로 연결되어 있다는 관점은 얼핏 봐도 이치에 맞았다. 사실 실험을 통해 관찰된 심부 체온의 차이는 몇 분의 1도 정도에 불과했지만, 이후 '마실 수 있는 최대한의 수분을 섭취하라'는 조언은 열사병 예방 지침으로도 각광을 받게 되었다.

물론 수분 섭취의 목적이 꼭 죽음을 피하는 것만은 아니었다.

과학자들은 약한 수준의 탈수만으로도 육체적, 정신적 활동 능력이 현저히 저하된다는 연구 보고를 속속 내놓았다. 1966년 미국 육군은 수분 보충을 정상적으로 한 그룹, 체중의 2퍼센트를 잃은 탈수 그룹, 체중의 4퍼센트를 잃은 탈수 그룹으로 실험 참가자들을 나누고 그들에게 더운 방 안에서 경사진 트레드밀 위를 걸어 달라고 요청했다.[250] 그 결과 2퍼센트와 4퍼센트 탈수 그룹은 정상 그룹에 비해 각각 22퍼센트, 48퍼센트 짧은 시간 만에 탈진 상태에 이르렀다. 이후 진행된 후속 연구들 또한 비슷한 결과를 도출하여 통상적인 '2퍼센트 법칙'을 재확인했다. 수의탈수증과 체온 증가, 활동 능력 저하라는 요소들을 모두 종합해 보면 약한 수준의 탈수 증세가 우리 몸에 치명적이진 않더라도 부정적인 영향을 미칠 수 있다는 설득력 높은 가설이 성립했다. 그러나 이것이 도출 가능한 유일한 해석은 아니었다.

탈수와 열사병의 관계

탈수의 위험을 경고하는 가장 강력한 사례는 아마도 다혈질로 유명한 1980년대 마라톤 스타이자 현재 오리건주에 위치한 나이키 본사에서 세계 정상급 선수들을 독점적으로(그리고 비윤리적인 보충제나 처방 약물을 사용한다는 비난[251]을 받으며 논쟁 속에) 코치하고 있는 알베르토 살라자르Alberto Salazar의 일화일 것이다. 선수 시절 그는 융통성 없는 달리기 스타일과 통증을 대하는 태도로 유명세를 탔다. 1978년 오리건대학교 2학년에 재학 중이던 열아홉 살 살라자르는 시즌 마지막 경기였던 NCAA 챔피언십에서 6위라는 실망스러운 성적을 거둔 채 여름방학을 맞아 보스턴 교외의 웨이랜드에 위치한 집으로 돌아왔다. 그는 커다란 종이에 펜으로 휘갈겨 쓴 '다시는 무너지지 않아'[252]라는 글귀를 침실 벽에 붙여 놓고 매일같이 바라보았다.

여름이 끝나갈 무렵, 그는 이 결심을 실천으로 옮기기 위해 코드곶Cape Cod에서 열리는 7마일 코스의 펄마우스 로드레이스Falmouth Road Race에 참가 신청을 했다. 그해 그와 함께 참가한 선수들 중에는 빌 로저스Bill Rodgers, 크레이그 버진Craig Virgin, 루디 차파Rudy Chapa를 포함하여 당대 최고의 선수들이 대거 포진해 있었다. 4마일 지점에 이르렀을 때, 살라자르는 선두 탈환을 시도했다. "그것이 내가 기억하는 그 경기의 마지막 장면이었다." 훗날 그가 출간한 회고록 『14분14 Minute』에 실린 문장이다. 당시 근처에 있었던 사람들은 그가 갑자기 멈춰 서서 한 바퀴를 빙 돌더니 다시 결승선을 향해 달리기 시작했다고 증언했다. 그는 결국 10위로 골인했다. 그의 다음 기억은 누군가 숫자를 세는 소리였다. "104… 106… 107… 계속 올라가기만 해요! 아무래도 살리기는 어려울 것 같습니다."(화씨 104~107도는 섭씨 40~41.6도 정도다 - 옮긴이) 그것은 체온을 재는 의료진의 목소리였다. 그는 의료 텐트에서 얼음을 가득 채운 통 안에 담긴 채 열사병으로 생명의 끈을 놓는 중이었다. 잠시 후 도착한 병원에서도 증세는 호전되지 않았고, 결국 신부님을 모셔 와 최후의 기도문을 읽기 시작했다. 하지만 한 시간 뒤 체온이 떨어지기 시작하더니 그의 몸은 완전히 정상으로 돌아왔다. 그는 이 사건으로 자신의 강인한 체력을 한층 자신하게 되었다.

몇 년 뒤, 그는 세계적인 장거리선수로 성장했다. 1980년에는 여전히 오리건대학교 재학생 신분으로 뉴욕 마라톤에서 우승했고, 그로부터 1년 후에는 같은 대회에서 2시간08초13만에 결승선을 넘으며 세계신기록을 세웠다(비록 이 기록은 코스 측정 오류 문제로 즉시 삭제되긴 했지만). 하지만 그의 가장 유명한 경기는 마라톤 팬들에게 '태양 아래의 결투'[253]로 기억되는 떠오르는 라이벌 딕 비어즐리Dick Beardsley와의 맞대결일 것이다. 보스턴이라는 장소와 정오라는 출발 시간은 구름 한 점 없는 하늘 아래 20도(원서에는 화씨 60도 중반으로 기록되어 있지만 《러너스 월드》에는 당일 기온이 화씨 80도 즉 섭씨 27도로 기록되어 있다 –옮긴이) 전후의 기온을 견뎌야 한다는 뜻이었고, 그 와중에 살라자르는 자신에게 승리를 안겨 주었던 뉴욕 마라톤에서와 마찬가지로 맹물 한두 컵 외에 별도의 수분을 섭취하지 않았다. 두 선수는 처음부터 끝까지 대등한 실력을 겨뤘지만 결승선에 도착하기 직전 승기를 거머쥔 것은 살라자르였다(비어즐리의 막판 부진이 결승선을 가로막고 선 오토바이 떼와 방송국 버스 때문이었다는 설도 있다). 결승선을 가장 먼저 통과한 그는 또 한 번 즉시 의료 텐트 신세를 졌다. 의료진은 경련하는 그의 몸을 붙잡고 정맥주사로 6리터의 수액을 주입해야 했다.

달리는 동안 수분 섭취를 제한하는 살라자르의 습관과 그의 잦은 기절 사태는 지금껏 탈수와 열사병의 관계를 증명하는 가장 대표적인 사례로 꼽히고 있다. 하지만 현실은 보이는 것처럼 그렇게 단순하지 않다. 그가 의심할 여지없는 열사병 증세를 보였던 펄마우스 경기는 평균 기록이 30분을 조금 넘는 7마일 종목이었고, 그나마 살라자르는 중간 지점을 막 통과하자마자 의식을 놓았다. 그가 땀을 많이 흘리는 체질이라는 사실을 감안해도(훗날의 측정 결과 그가 한 시간에 흘리는 땀의 양은 일반인보다 훨씬 많은 3리터에 육박했다)[254] 20분 남짓한 시간에 위험한 수준의 탈수에 이르렀다는 것은 납득하기 어려웠다. 만약 그가 경기 전에도 수분을 섭취하지 않아 가벼운 탈수 상태로 경기를 시작했다 하더라도 그렇게 짧은 시간 안에 잃은 수분이 결정적인 변화를 일으켰을 가능성은 거의 없었다.

반면 태양 아래의 결투 당일 그는 명백한 탈수 증상을 보였고, 이유는 분명했다. 그가 두 시간도 넘게 달렸기 때문이었다. 6리터의 수분을 링거로 투여했다는 것은 그가 경기 중에 흘린 땀이 6킬로그램 이상이라는 의미였다. 하지만 극단적인 탈수 증세와 타는 듯한 날씨를 견디며 달린 그의 몸에서 열사병 증세는 나타나지 않았다. 사실 의료 텐트에서 측정된 그의 상태는 열사병과 정반대였다. 구강 체온계에 표시된 체온은 31도로,[255] 정상 체온보다 5도가량 낮았다. 이 결과는 경기 후 스포츠의학자들 사이에서 엄청난 논쟁을 불러일으켰다. 회의론자들은 귀나 직장을 통한 심부 체온 측정이 이루어지지 않았다는 사실을 근거로 내세워 살라자르가 실제로는 저체온증이 아니었으리라는 입장을 고수했다. 그들의 주장은 심각한 탈수에서 비롯된 혈류량 감소가 신체의 온도 제어 기능을 다소 떨어뜨렸을 뿐이라는 것이었다. 하지만 당시 의료 부문 총감독으로 결승선에서 살라자르를 진료했던 윌리엄 카스텔리William Castelli(그는 부업으로 길고 긴 연구 기간으로 유명한 프레밍햄 심장연구Framingham Heart Study 팀장을 맡고 있기도 하다)는 소견을 바꾸지 않았다.[256] "그의 손과 팔, 머리는 차가운 상태였습니다." 카스텔리는 말했다. "심부 체온은 조금 더 높았을지 모르지만, 온몸에 소름이 돋았고 오한 증상을 보였어요. 저는 그가 얼어 죽어가고 있다고 판단했습니다." 타임머신을 타고 돌아가 심부 체온을 측정하지 않는 한 진실을 확인할 방법은 없다. 그러나 살라자르가 열사병이 아니었다는 것만은 확신해도 좋을 것 같다.

어쨌거나 이 사례는 '탈수증을 동반하지 않는 열사병과 열사병을 동반하지 않는 탈수증'이라는, 얼핏 보기에 모순적인 두 증상이 실제로 일어날 수 있다는 사실을 확인시켜 주었다. 탈수가 긴 시간 땀을 흘리는 장거리 종목의 주된 골칫거리인 반면 열사병은 주로 단거리 종목 선수들을 괴롭힌다. 그 이유는 우리 몸의 엔진이 얼마나 뜨겁게 달궈졌는지를 나타내는 '대사율Metabolic Rate'이 체온 조절의 핵심이기 때문이다. 30분짜리 경기에 출전한 선수들에게는 심각한 수분 손실을 일으킬 시간이 없는 대신 심부 체온을 갑자기 올릴 만큼 빠른 속도를 유지할 여력이 있다. 반대로 세 시간짜리 경기에서는 체온을 열사병의 영역으로 밀어붙일 만큼 빠른 속도를 유지할 여력은 없지만 땀을 지나치게 흘릴 시간은 충분하다. 앰비 버풋이 참여한 초창기 실험에서도 확인되었듯, 탈수 증세가 체온을 어느 정도 상승시키는 것은 사실이다. 하지만 심부 체온을 관장하는 가장 큰 요소는(날씨를 제외하면) 대사율이다.

　이것이 바로 제이슨 스틴슨의 공판에서 희생자의 탈수증 여부
가 고려 대상에서 제외된 까닭이다. 맥스 길핀은 탈수 증세를 보이
지 않았지만, 만약 보였다고 해도 그에게 물을 많이 먹였을 때 상황
이 달라졌을 가능성은 거의 없었다. 이 원리는 불운한 살라자르에게
도 똑같이 적용되었다. 매우 덥고 습한 날씨가 예상되었던 1984년
로스앤젤레스 올림픽 출전을 준비하면서, 그는 메사추세츠주 나틱
스에 위치한 미국 육군환경의학연구소 과학자들의 도움을 받아 훈
련에 임했다. 연구팀은 혈액검사와 온도 조절 시험실을 통한 열 내
성 테스트를 진행한 뒤 그의 손에 직장 체온계를 쥐어 주고 플로리
다로 보내 열기 적응 훈련을 시켰다. 더불어 올림픽 경기 시작 5분
전에는 1리터의 물을 마시게 하고, 경기 중간중간 총 2리터의 수분
을 섭취시켰다. 그가 수분 섭취를 극도로 절제하고 좋은 결과를 얻
어냈던 뉴욕 마라톤, 보스턴 마라톤과 완전히 상반되는 조치였다.
결과가 어떻게 나왔냐고? 미국 마라톤의 희망이라 불리던 선수는
15위라는 순위를 기록하며 결승선을 넘었다. 금메달리스트보다는 5
분, 본인 최고기록보다는 6분 뒤처진 결과였다.

수분 손실이 경기력에 미치는 영향

　그로부터 30년이 넘게 지난 2016년, 나는 과학적인 수분 공급

에 대해 설명해 달라는 미국 공영방송사 NPR의 요청을 받고 라디오에 출연했다.[257] 나와 함께 출연한 전문가 중 한 명은 현 코네티컷 대학교 인적수행연구소Human Performanc Lab의 책임자이자 전 미국대학스포츠의학회 회장을 지낸 로렌스 암스트롱Lawrence Armstrong 교수로, 1984년 육군환경의학연구소에서 살라자르의 수분 공급을 담당했던 연구팀의 총 지휘자였다. 우리가 살라자르의 올림픽 결과를 전혀 다른 관점에서 해석했다는 사실은 얼마 지나지 않아 분명해졌다. 암스트롱은 여전히 부적절한 수분 공급이 열사병을 일으키는 주된 요소라는 입장을 고수하고 있었다. 그는 체중의 2퍼센트에 해당하는 수분을 잃으면 경기력이 떨어질 수밖에 없다고 강력하게 주장했다.

하지만 이 가설은 실험실 밖에서 급격히 설득력을 잃었다. 베를린 올림픽이 한창이던 2007년 9월의 어느 후덥지근한 날, 에티오피아의 마라톤 스타 하일레 게브르셀라시에는 2시간4분26초만에 결승선을 통과하며 세계신기록을 경신했다. 그는 살라자르와 마찬가지로 땀을 많이 흘리는 체질이었다.[258] 한 실험에서 진행한 측정 결과에 따르면 그가 한 시간에 흘리는 땀의 양은 최대 3.6리터로, 그의 마라톤 기록과 마찬가지로 세계에서 가장 뛰어난 수준이었다. 베를린 올림픽에서 그가 잃은 수분은 체중의 10퍼센트에 근접했고, 출발선에 섰을 때 58킬로그램이었던 몸무게는 결승선에 들어왔을 때 53킬로그램까지 줄어 있었다. 경기 중 선수들의 체성분을 측정한 후속 실험은 게브르셀라시에뿐 아니라 대부분의 마라톤 챔피언들이 비슷한 패턴을 보인다는 사실을 확인해 주었다. 이 결과는 두 가지 서로 다른 방향으로 해석할 수 있다. 어쩌면 마라톤 달리기에서 세상에서 가장 빠른 인간인 게브르셀라시에는 초등학교 체육 교사나 헬스클럽 강사들에게 배포되는 수분 공급 지침에 따르지 않음으로써 원래 낼 수 있던 것보다 훨씬 저조한 성적을 냈을지도 모른다. 하지만 우리에게 친숙한 그 지침 자체가 틀렸을 가능성도 있다.

최정상 마라톤 선수들의 경기 중 수분 손실량을 나의 근거로 제시했을 때, 암스트롱은 놀랍게도 자신이 첫 번째 해석을 지지한다고 밝혔다. 나는 방송 이후 그에게 따로 전화를 걸어 물었다. "만약 뛰어난 마라토너들이 경기 중에 수분으로 체중을 4.5킬로그램씩 잃지 않는다면 얼마나 빠른 기록이 나올 것이라고 생각하시나요?" 그가 내놓은 대답은 상당히 미묘했다. 1984년 올림픽 대비 훈련을 하던 당시, 그가 이끄는 연구팀은 살라자르의 '위 배출 능력Gastric Emptying Rate(얼마나 많은 액체가 위를 통과해 소장에서 흡수될 수 있는지 나타내는 지표)'을 관찰하여 달리는 동안 한 시간당 1리터라는 측정값을 얻었다고 한다. 그가 같은 시간 동안 흘리는 땀의 양이 3리터에 이른다는 사실을 감안할 때, 달리는 내내 물을 계속 마셔서 위장을 물로 출렁거리게 하지 않고는 수분 손실을 2퍼센트 이내로 제한할 수 있는 방법은 사실상 존재하지 않았다. 게다가 위 배출 능력이 한 시간당 1.3리터를 초과하는 경우는 극히 드물어서 무더운 날씨에 장시간 지속되는 운동을 하면서 2퍼센트 원칙을 지킨다는 것은 이론상으로나 가능한 이상적인 이야기지 현실에서는 거의 실현 불가능한 일이었다. 이런 사실을 인정하면서도, 게브르셀라시에 같은 선수들이 지나친 수분 손실 때문에 제 기량을 발휘하지 못하고 있다는 암스트롱의 신념은 확고부동했다. "그가 경기 중에 잃는 수분이 10퍼센트가 아니라 2퍼센트라면 훨씬 더 빠르고 수월하게 달릴 수 있으리라는 사실에는 의심의 여지가 없습니다."

게브르셀라시에나 살라자르 같은 선수들이 특별한 신체 능력을 지닌 일종의 생리학적 변칙이라고 치부하고 싶은 유혹을 떨치기란 쉽지 않다. 실제로 어느 정도 변칙적인 부분이 있는 것은 사실이니까. 하지만 한층 더 일반적인 샘플을 살펴보아도 전반적인 패턴은 크게 달라지지 않는다. 과학자들은 전 세계에서 열리는 마라톤과 사이클, 철인 3종 경기를 찾아다니며 각 선수들의 출발 전과 도착 후의 몸무게를 측정하고, 탈수 정도와 완주 기록의 관계를 확인하는 단순한 실험을 진행했다. 실험 결과는 우리의 상식을 배신했다. 종목에 상관없이 가장 빨리 들어온 선수들의 탈수 정도가 가장 심각했던 것이다. 예를 들어 프랑스에서 열린 2009년 몽생미셸 마라톤의 경우, 총 643명의 완주자 중에서 3시간 이내 기록을 세운 선수들은 출발할 때에 비해 평균 3.1퍼센트의 체중을 잃었다.[259] 3~4시간 이내에 결승선을 넘은 선수들의 체중 손실량은 약 2.5퍼센트였으며, 오직 4시간대에 골인하지 못한 선수들만이 평균 1.8퍼센트를 잃으며 유일하게 2퍼센트 원칙을 지킨 것으로 확인되었다. 물론 이 결과가 수분을 많이 섭취할수록 속도가 느려진다는 결론으로 직결되는 것은 아니다. 하지만 2퍼센트 이상의 체중 손실이 경기력을 떨어뜨린다는 주장과는 상당히 동떨어져 보인다.

　장거리 경기 후 일부 선수들이 응급의료팀의 도움을 요청하거나 심지어 기절하는 원인이 꼭 탈수 때문이라고 보기 어려운 이유에는 여러 가지가 있다.[260] 우선, 연구 결과에 따르면 결승선에서 쓰러진 선수와 멀쩡히 경기장을 걸어 나가는 선수들의 탈수 정도는 크게 다르지 않았다. 게다가 선수들이 의식을 잃는 시점의 85퍼센트는 결승선을 통과한 직후였다. 이러한 통계는 문제의 진짜 원인이 긴 시간에 걸쳐 달리다가 **멈추는** 행위에 있을 가능성을 암시했다. 단순히 탈수 때문이라면 대부분의 기절 사고가 그 긴 코스 중에서 유독 결승선 몇 발짝 뒤에서만 일어날 이유가 없기 때문이다.

　현대 과학자들은 장시간 달리거나 자전거를 타다가 멈췄을 때 다리로 피가 쏠리면서 혈압이 급격히 감소하는 현상을 그 원인으로 지목한다. 운동 중인 사람의 심장은 산소에 굶주린 다리근육으로 많은 양의 혈액을 보낸다. 그가 다리를 내딛거나 페달을 밟을 때면 종아리근육이 수축하면서 무릎 아래의 혈관들을 쥐어짜고, 이러한 펌프 작용은 위에서 내려온 혈액을 다시 올려 보내는 역할을 한다. 하지만 결승선을 통과하고 멈춰 서면 펌프는 갑작스럽게 정지하게 되고 이때 순환계의 적응 능력이 떨어지는 일부 사람들은 혈압을 유지하지 못해 현기증을 느끼거나 심한 경우 의식을 잃게 된다. 물론 해결 방법이 없는 것은 아니다. 2006~2007년에 남아프리카공화국에서 열린 철인 3종 경기와 울트라마라톤의 응급의료진들은 쓰러져서 실려 온 선수들에게 두 가지 서로 다른 처치를 제공했다. 의료 텐트에 짝수 번째로 들어온 선수들에게는 일반적인 탈수 치료법인 수액 정맥주사를 놓았고, 홀수 번째로 들어온 선수들에게는 다리를 살짝 들어 올린 자세로 눕힌 뒤 정신을 차렸을 때 자발적으로 수분을 섭취하도록 했다. 그들이 기력을 되찾고 의료 텐트에서 걸어 나가기까지는 평균 한 시간 미만이 소요됐으며, 두 그룹의 회복 시간 사이에는 통계적으로 유의미한 차이가 발견되지 않았다.

탈수를 견디는 원리

어떻게 하면 실험실 안과 밖에서 탈수 증상이 초래하는 결과의 틈을 메울 수 있을까? 가장 먼저 해야 할 일은 수분을 섭취하고 싶은 욕구를 느끼는 상태인 갈증Thirst과 정상 범주보다 더 많은 수분을 잃은 상태인 탈수Dehydration를 구분하는 것이다.[261] 제2차 세계대전 중에 진행된 사막 실험은 이 두 개념을 명확히 분리해 냈다. 갈증을 느낀다는 것은 사실상 몸이 탈수 상태에 빠졌다는 증거였지만, 수의탈수증과 같은 사례만 보아도 알 수 있듯이 탈수 상태가 반드시 갈증을 동반하는 것은 아니었다. 그러나 팀 녹스의 지적처럼 거의 대부분의 탈수 연구는 두 개념을 한 덩어리로 뭉뚱그린 채 진행되어 온 것은 사실이다. 갈증과 탈수를 **동시에** 겪는 선수가 가벼운 증상만으로도 경기력에 악영향을 받는 것은 사실이다. 하지만 만약 그가 수의탈수증을 겪고 있다면, 다시 말해 원하는 만큼만 수분을 섭취함으로써 갈증은 충분히 해소할 수 있지만 실제로는 탈수인 상태라면 어떻게 될까?

이 질문에 답하려면 우선 갈증의 역할을 정확히 짚고 넘어가야 한다. 최대한 간단히 설명하자면, 갈증은 인체가 수분의 양을 정상 범주로 유지하기 위해 이용하는 신호다. 이런 관점에서 보면 수의 탈수증은 갈증이라는 감각이 몸에서 빠져나가는 수분을 제대로 감지하지 못해서 생기는 일종의 시스템 오류라고 생각할 수 있다. 하지만 생리학자들은 실험을 통해 갈증의 작동 원리가 일반적인 생각과 매우 다르다는 사실을 밝혀냈다. 우리 몸은 수분을 직접 관리하는 대신 나트륨을 포함한 혈액 속 전해질 농도인 '혈장삼투압Plasma Osmolality'을 일정하게 유지하려 노력한다.[262] 체내 수분이 심하게 빠져나가서 혈액의 농도가 진해지면 항이뇨호르몬이 분비되어 신장에서는 물의 재흡수가 일어나고 감각기에서는 갈증이 느껴진다. 수시로 변하는 체내의 수분량과 달리 혈장삼투압은 매우 엄격하게 유지되기 때문에, 초점을 제대로 된 변수에 맞추기만 한다면 갈증이 (그리고 항이뇨호르몬을 포함한 우리 몸의 조절 시스템이) 결코 실수를 저지르지 않는다는 사실을 알 수 있다.

이것은 우리 눈에 잠재적 문제 요소처럼 보였던 수의탈수증이 몸의 관점에서는 지극히 정상적인 현상일 수도 있다는 뜻이다. 2011년 여덟 명의 남아프리카공화국 특수부대 요원들은 총과 물통을 포함한 26킬로그램의 군장을 지고 44도의 기온 속에 26킬로미터를 걸어서 행군했다.[263] 그들은 원하는 만큼 물을 마시라는 지시를 받았지만, (예상했던 대로) 행군이 끝날 무렵에는 시작할 때 체중의 약 3.8퍼센트에 해당하는 평균 3킬로그램의 수분을 잃은 상태였다. 하지만 혈장삼투압만큼은 처음과 똑같았다. 다시 말해, 혈장삼투압이라는 변인을 중심으로 보면 그들의 몸에는 아무런 이상이 없었다.

어쩌면 갈증과 탈수 사이의 괴리는 진화의 과정에서 생겨난 이점일지도 모른다. 2004년 진화생물학자 데니스 브램블Dennis Bramble과 대니얼 리버먼Daniel Lieberman은 뜨거운 초원에서 장시간 달릴 수 있는 인류의 능력이 다른 종에 비해 엄청난 진화론적 이점을 가져다주었다고 주장하는 '본 투 런Born to Run' 이론을 내놓았다. 이 이론의 핵심은 인간에게 심각한 부작용 없이 일시적인 탈수를 견딜 수 있는 능력이 있다는 것이다. 2000년에 제작된 다큐멘터리에 나오는 칼라하리사막의 부시먼 전사 카로하 랭웨인Karoha Langwane은 사냥감인 쿠두Kudu(아프리카에 사는 몸집이 큰 영양-옮긴이)가 지쳐 쓰러질 때까지 32킬로미터를 뒤쫓은 끝에 포획에 성공한다.[264] 38도의 온도에서 여섯 시간에 걸친 사냥을 하는 동안 그가 섭취한 수분은 고작 1리터 정도였다. 우리 몸은 수분을 지속적으로 잃는 상황에서도 땀 속 소금 농도를 조절하여 혈장삼투압을 일시적으로나마 유지할 수 있다. 이렇게 손실된 수분은 사냥이 끝나고 축제를 즐기는 몇 시간 동안 원래대로 회복된다.

얼핏 보기에 지나칠 정도로 많은 양의 탈수를 견뎌 내는 인체의 원리에는 또 다른 반전이 숨어 있다. 우리는 지금까지 운동 중에 체중이 감소하는 것이 곧 그만큼의 수분을 잃는 것이라는 것을 전제로 이야기해 왔다. 하지만 이것 또한 완전한 진실은 아닌 것으로 밝혀졌다. 남아프리카공화국 군인들을 대상으로 한 실험에서, 연구진은 참가자들에게 수소 원자의 일부를 중수소(일반적인 수소에 중성자가 추가된 형태) 원자로 대체하여 특별 제작한 '추적용' 음료를 마시게 한 뒤 등산을 시켰다. 참가자들이 마신 음료는 운동하는 동안 몸속의 수분량이 어떻게 변화하는지 측정하는 것을 가능하게 해 주었다. 실험 결과, 체중이 1파운드(0.45킬로그램) 줄어드는 동안 체내 수분량은 0.2파운드(0.09킬로그램)밖에 줄어들지 않았다. 이로써 체중 감소분에 비해 적은 양의 수분 섭취로도 갈증이 해소되는 이유가 분명해졌다.

케이프타운대학교 연구원인 니콜라스 탬Nicholas Tam 또한 장시간 운동 중에 빠지는 체중이 전부 수분 때문만은 아니라고 설명한다. "운동에는 지방이나 탄수화물이 연료로 사용됩니다. 그리고 한번 타 버린 연료는 사라져 버리죠." 지방과 탄수화물을 태우는 화학 작용은 두 가지 주요 부산물을 생산한다. 그중 하나인 이산화탄소는 호흡으로 배출되고, 나머지 하나인 물은 몸속에 필요한 수분으로 재공급된다. 더 중요한 것은 우리 몸이 근육에 저장하는 탄수화물 1그램당 물 3그램을 함께 가둬 둔다는 사실이다. 이렇게 갇힌 물은 탄수화물 저장분이 에너지로 사용될 때까지 세포 작용에 영향을 미치지 못하며, 운동을 시작해 탄수화물이 타기 시작하면 그제야 비로소 '새로 공급된' 수분으로서 제 역할을 시작한다. 사실 이러한 별도 요소들의 영향력은 탈수 관련 연구가 시작된 지 수십 년이 지날 때까지 지나치게 저평가되어 있었다. 하지만 2007년 영국 러프버러대학교 연구팀은 마라토너들이 경기 중에 잃는 체중의 1~3퍼센트가량이 수분 손실과 전혀 상관없어 보인다는 추정치를 밝혔고, 남아프리카공화국의 군인들을 대상으로 진행된 한 연구는 그들의 추측을 뒷받침해 주었다. 탬 또한 2011년 실험을 통해 하프 마라톤 선수들이 경기 중에 평균 1.4킬로그램의 체중을 잃음에도 불구하고 체내 수분량은 변화하지 않는다는 사실을 확인했다. 이러한 경향은 운동 시간이 길어질수록 분명해진다. 웨스턴스테이트 100마일Western State 100Mile 경기에서 제공한 자료에 따르면 완주자들의 체중 감소분 중 4.5~6.4퍼센트는 오직 체내 수분 레벨을 일정하게 유지하기 위한 목적으로 소진된 에너지를 반영했다.[265]

이 같은 데이터들을 종합해 보면 수분 손실 때문에 체중의 일부를 잃는 '탈수' 상태에 빠지더라도 경기력에 영향을 받지 않을 수 있다는 결론이 나온다. 실제로 탈수보다 더 중요한 요소는 선수가 얼마나 큰 갈증을 느끼는지 여부였다. 그러나 안타깝게도 제2차 세계대전 이후 진행된 관련 연구들은 하나같이 탈수와 갈증을 전혀 구분할 수 없도록 설계되어 있었다. 이 책의 284쪽에서 다루었던, 2퍼센트 탈수 그룹이 정상 그룹에 비해 22퍼센트 짧은 시간에 탈진 상태에 이르렀다는 미국 육군의 연구 결과만 놓고 봐도 그렇다. 당시 연구진은 실험 참가자들을 체중의 2퍼센트에 해당하는 탈수 상태로 만들기 위해 진짜 운동을 **시작하기도 전에** 트레드밀 위에서 뛰게 한 뒤 46도의 방에 가두어 땀을 뺐다. 다른 연구에서도 실험 참가자들은 이뇨제를 먹고 수분 섭취를 금지당한 상태에서 운동을 하도록 지시받았다. 이런 상황에서 참가자들의 지구력이 떨어진 것은 전혀 놀라운 일이 아니다. 그들은 실제 탈수와 별개로 피곤하고 목이 탔으며 아마도 연구진을 향해 잔뜩 짜증이 나 있었을 것이다.

우리의 진짜 관심사는 수분을 100퍼센트 섭취한 상태와 전혀 섭취하지 못한 상태의 차이가 아니다. 우리는 인간이 물을 딱 원하는 만큼 마셨을 때(갈증을 해소하기엔 충분하지만 수의탈수증을 겪을 수밖에 없는 상태)를 기준으로 그보다 많이, 혹은 적게 마셨을 때 어떤 차이가 발생하는지 알고 싶은 것이다. 2009년 사이클 선수들을 데리고 수차례의 80킬로미터 타임 트라이얼 실험을 진행한 팀 녹스 연구팀의 목적 또한 이와 같았다.[266] 그들은 첫 번째 시도에서 선수들에게 원하는 만큼 물을 마시도록 허락했다. 하지만 이어진 다섯 차례의 시도에서는 물을 전혀 마시지 않는 단계부터 땀으로 손실되는 양을 전부 보충하는 단계까지 서로 다른 양의 수분을 공급했다. 실험 결과 연구팀은 수분 섭취가 경기력에 영향을 미친다는 사실을 분명히 확인했다. 기준이 된 첫 번째 시도보다 물을 적게 제공한 2~4회째 시도에서는 수분을 충분히 섭취했을 때보다 더 낮은 기록이 나온 것이다. 하지만 기준보다 물을 **더 많이** 공급한 5~6회째 시도에서는 첫 번째 시도보다 특별히 나은 기록이 나오지 않았다. 갈증 해소가 탈수 해결보다 기록 향상에 더 중요한 역할을 한다는 사실이 확인된 것이다.

처음 세상에 나왔을 때 완전히 무시당했던 이 논쟁적 주장은 시간이 지나면서 점차 인정을 받기 시작했다.《영국 스포츠의학 저널》은 2013년 메타 분석을 통해 '현실에서 4퍼센트 미만의 탈수가 (지구력에) 악영향을 미칠 가능성은 거의 없다'[267]라고 밝히며 선수들이 갈증을 기준으로 수분을 섭취해야 한다는 결론을 내놓았다.

혈장삼투압과 수분 손실량의 괴리에 초점을 맞추는 접근이 매우 높은 설득력을 갖추고 있는 것은 사실이지만, 큰 틀에서 보면 이 책에서 반복적으로 제시하고 있는 논점을 놓치는 부분이 있다. 이 책의 대주제는 결국 뇌가 다양한 생리학적 신호들을 어떻게 받아들이고 해석하는지에 관한 것이기 때문이다. 이전 장에서도 다루었던 브록대학교의 환경생리학자 스티븐 청은 이렇게 말한다. "물을 마시는 행위는 갈증을 해소할 뿐 아니라 인지와 의지, 생리 기능에 두루 영향을 미칩니다." 만약 당신이 불쾌할 정도로 더운 실험실에 갇혀 페달을 밟으면서 앞으로 물을 거의 지급받지 못할 것이라는 말을 듣는다면, 실제 몸의 탈수 정도와 관계없이 제대로 된 성과를 내기는 어려울 것이다. 이러한 심리적 오류를 해결하기 위해, 청은 실험 대상이 된 사이클 선수들에게 정맥주사로 수분을 공급했다.[268] 더불어 이 실험은 더블 블라인드 테스트 형태로 진행되었다. 다시 말해, 페달을 밟는 선수들은 물론이고 실험을 진행하는 연구진들 또한 현재 어느 정도의 수분이 공급되고 있는지 알지 못했다. 선수들의 팔에 얼마나 많은 식염수를 투입할지 결정하는 것은 커튼 뒤에 숨어 있던 별도의 의료진이었다. 더운 방 안에서 고정식 사이클로 땀을 뺀 뒤 진행한 20킬로미터 타임 트라이얼 결과, 3퍼센트 탈수까지는 경기력에 전혀 영향을 미치지 않는 것으로 확인되었다.

또 다른 연구는 액체를 마신다는 느낌(청의 실험에 참여한 선수들이 허락받지 못한 바로 그 감각)만으로도 갈증을 이겨 내고 기록을 향상시킬 수 있다는 사실을 밝혀냈다. 1997년 진행된 유명한 실험에서, 예일대학교 연구팀은 두 시간의 운동으로 탈수 상태가 된 실험 참가자들에게 물을 먹이며 혈장삼투압의 2대 제어 요소인 갈증에 대한 감각과 항이뇨호르몬의 분비량이 어떻게 변하는지 관찰했다.[269] 그 후 그들은 같은 실험을 다시 한 번 반복했고, 이번에는 참가자들의 코에서 위장으로 연결된 튜브를 통해 운동 후 마신 물을 그대로 빼냈다. 그 결과, 두 번째 실험에서도 갈증에 대한 감각과 항이뇨호르몬 분비량이 어느 정도 감소하는 모습을 보였다. 연구진은 삼킨 물이 목을 타고 내려가는 느낌이 두 요소에 영향을 미쳤으리라고 추측했다. 물을 참가자들에게 직접 마시도록 하는 대신 코에 삽입된 관을 통해 위장으로 직접 흘려 넣은 경우에는 물의 양이 충분했음에도 불구하고 수분 공급 효과가 더 약했기 때문이다.

예일대학교 연구팀이 내린 결론을 보면 훗날 다른 연구자들이 진행한, 탈수를 전혀 해결하지 못할 만큼 적은 양의 물일지라도 일단 삼키면 같은 양의 물을 입에 머금었다가 뱉었을 때보다 경기력이 17퍼센트 향상된다는 실험 결과[270]를 보다 쉽게 받아들일 수 있다. 갈증 해소라는 관점에서 봤을 때, 시원한 액체가 입을 지나 목구멍을 타고 내려간다는 느낌은 분명히 현실적인 해결책 중 하나인 것이다.

수분 섭취의 진실

그렇다면 탈수의 영향력에 대한 경고는 단순히 소비자의 머리를(때로는 목구멍도) 자극하려는 대기업의 음모일 뿐일까? 꼭 그렇지만은 않다. 최근 들어 수분 공급에 대한 학계의 의견은 점점 양극화되고 있다. 팀 녹스 같은 싸움꾼들은 이따금씩 수분 공급 자체가 전혀 중요하지 않다는 식으로 이야기하기다. 그는 2012년 자신의 책 『물에 빠진 선수들』에서 마라톤 선수들에게 탈수 진단을 내릴 때 1877년 텍사스의 사막에서 길을 잃은 미국 기마병들에게 나타났던 증상을 기준으로 삼아야 한다는 거의 농담에 가까운 주장을 펼쳤다. "그들은 물을 향한 통제할 수 없는 갈망, 입속에 들어온 액체나 고체를 느낄 수 없을 정도의 무감각, 음식을 씹을 수 없을 정도의 무기력, 피나 오줌을 포함해 액체라면 뭐든지 삼키려고 드는 강렬한 욕구를 보였다." 물론 이 주장에는 다소 극단적인 면이 존재한다. 반면, 녹스와는 달리 모두의 존경과 신뢰를 받는 로렌스 암스트롱 같은 학자들은 갈증이 수분 공급의 지표가 될 수 없으며 약간의 수분 손실도 기록에 악영향을 미친다는 입장을 고수하고 있다.

접점을 찾아볼 수 없는 두 관점 사이를 헤매던 나는 과학계의 추상적인 이론과 엘리트 스포츠계의 냉정한 현실을 가장 잘 조화시키는 사람이 바로 올림픽 국가대표 선수들의 훈련을 돕는 생리학자들이라는 사실을 깨달았다. "실제 선수들과 일해 본 사람이라면 2퍼센트라는 엄격한 탈수 기준이 현실에서는 전혀 쓸모없다는 사실을 이미 오래 전에 깨달았을 거예요."[271] 캐나다 빅토리아에 위치한 캐나다 스포츠연구소Canadian Sport Institute Pacific 소속의 생리학자 트렌트 스텔링워프Trent Stellingwerff는 말한다. 그는 뛰어난 마라토너들을 훈련시킬 때 날씨와 개인의 내성을 고려하여 탈수 정도를 3~6퍼센트까지 허용한다고 설명했다. 보통 5킬로미터마다 급수대가 하나씩 설치되어 있는 환경과 빠른 속도로 달리면서 물을 마셔야 하는 조건을 고려했을 때, 갈증을 충분히 해소할 만큼 물을 마시라는 것은 국가대표 선수들에게 현실적으로 불가능한 조언이었다.

체중의 10퍼센트를 잃어 가며 세계신기록을 세운 하일레 게브르셀라시에 같은 선수조차 '갈증이 날 때마다 물을 마시라'는 조언에 의존하지 않는다. 태어나서 처음으로 마라톤에 출전했던 2002년에는 그 또한 일반적인 수분 공급 지침을 따랐다. 그 경기에서 그는 초반의 약진에도 불구하고 후반 페이스 조절 실패로 할리드 하누치 선수와 폴 터갓 선수에게 승기를 빼앗기고 말았다. 이후 그는 조금 다른 수분 공급 전략을 택했고, 점점 성공적인 경기를 치르기 시작했다. 스텔링워프의 설명에 따르면, 게브르셀라시에는 세계신기록을 세운 2007년 베를린 마라톤에서 경기 세 시간과 한 시간 전에 각각 스포츠음료를 한 병씩 마셨고, 경기 중간에는 총 2리터에 해당하는 물과 스포츠음료를 5킬로미터 간격으로 나눠 마셨다고 한다.[272] 2퍼센트 원칙을 지키는 대신 사전에 철저하게 계획된 수분 공급 전략을 따른 것이다.

하지만 일시적으로 탈수 증세를 견디는 인간의 능력이 말 그대로 일시적이라는 사실을 잊어서는 안 된다. 마라토너들은 몇 시간 동안 10퍼센트의 탈수를 견딜 수 있지만 결승선을 통과한 즉시 충분한 양의 물을 마셔야만 한다. 스티븐 청은 이러한 후속 수분 섭취가 운동 중 수분 섭취보다 훨씬 더 중요하다고 강조한다. 그렇다면 철인 3종 경기나 60시간에 걸친 바클리 마라톤Barkley Marathon처럼 인간이 진화 과정에서 탑재한 갈증의 감각을 훨씬 뛰어넘는 극단적인 운동을 할 때는 어떤 식으로 수분을 보충해야 할까? 이에 대한 대답은 '아무도 모른다'이다. 제대로 된 증거가 없는 만큼, 초장거리 경기에 참여한 선수들이 갈증과 탈수를 최소화하기 위해 수분 섭취에 지나치다 싶을 만큼 집착하는 것은 당연한 일이다. 종종 일주일 일정으로 오지 하이킹을 떠날 때면(혹은 투손에 사는 친척 집 근처의 인적 없는 사막에서 한 시간 길이의 달리기 훈련을 할 때면) 나는 '갈증 근처에도 가지 않기 위해' 최선을 다한다. 작은 계산 착오가 엄청난 결과를 불러올 수 있다는 사실을 잘 알고 있기 때문이다.

수분 공급에 대한 일반적인 통념이 너무나 빠르고 정신없이 뒤집히고 있는 오늘날에는 탈수를 전혀 겪지 않는 것이 오히려 **나쁘다**는 이야기[273]마저 등장했다. 이러한 주장의 근거는 하일레 게브르셀라시에가 체중을 5킬로그램 잃음으로써 오히려 더 가볍고 빨라졌을 것이라는 추측이다. 산악 사이클을 연구하는 학자들 중에서도 체중 감소의 이점이 지속적인 수분 공급을 압도한다고 주장하는 사람들이 있다.

하지만 나는 그들의 가설에서 설득력을 발견하지 못했다. 내게는 수분 손실이 산소나 더위, 연료(이는 뒷장에서 살펴볼 것이다)와 마찬가지로 뇌를 자극한다는 사실이 무엇보다 중요했다. 탈수 자체는 그렇다 쳐도 갈증은 분명히 노력의 감각을 증가시켜 선수의 발을 느리게 만드는 요소였다. 게다가 누적된 탈수는 심혈관계를 압박할 뿐 아니라 혈류량을 감소시켜 결과적으로 심부 체온을 지나치게 상승시키는 생리학적 작용을 한다. 물론 이런 비극은 오직 갈증이라는 몸의 신호를 무시했을 때만 발생한다.

다시 말해, 수분 공급은 결코 하찮은 요소가 아니다. 정맥주사 실험을 설계한 장본인인 스티븐 청조차 자전거를 탈 때면 가득 채운 물통 두 개를 반드시 휴대한다. 그의 실험은 탈수가 지금까지의 통념과 달리 발생하자마자 해결해야 할 급박한 문제가 아니라는 사실을 밝혔을 뿐이다. 그리고 이러한 발견은 우리에게 중요한 통찰을 제공했다.

청은 미국의 사이클 선수 테일러 피니^{Taylor Phinney}가 2013년 세계선수권대회에서 물통을 떨어뜨린 뒤 실망스러운 순위로 결승선에 들어온 사례를 들고 나왔다. 당시 피니가 달린 총 시간은 고작 한 시간 남짓으로, 탈수 때문에 악영향을 받을 가능성이 거의 없는 짧은 코스였다. 하지만 그가 문제를 심각하게 받아들인 순간 경기력은 즉시 떨어지기 시작했다. 청은 이 사례에 자신의 연구를 포함하여 전통적인 수분 섭취 지침에 도전하는 많은 연구들이 전달하고자 하는 주제가 그대로 담겨 있다고 말한다. 바로 물을 마실 기회를 군이 차 버릴 필요는 없지만, 생각만큼 많이 마시지 못했다고 해서 초조해 할 필요도 없다는 것. "당신이 최고의 성과를 낼 수 없도록 만드는 많은 장애물 중에서 심리적 장애물 하나를 없애는 거예요." 그는 조언한다.

10장

연료

메뉴 자체는 특별할 게 없어 보였다. 캐나다 경보 국가대표인 에반 던피Evan Dunfee와 그의 트레이닝 파트너는 아침 식사로 크림을 넣은 뮤즐리muesli에 계란이나 베이컨을 곁들여 먹었다. 점심에는 저탄수화물빵에 아보카도를 듬뿍 넣은 샌드위치를 먹었고, 저녁에는 호박파스타나 아몬드를 뿌린 꼬치 요리부터 평범한 피자나 햄버거에 이르기까지 호주 스포츠선수촌의 요리사들이 각 선수의 체중에 맞게 짠 식단에 따라 음식을 섭취했다. 사실 이 시기는 꽤 인간적인 식이요법을 하는 단계였다. "훈련 직전과 시작 후에는 상황이 점점 이상해지죠."274 던피는 말한다. 진을 쪽 빼는 40킬로미터 훈련 직전, 그는 삶은 계란 두 개와 시리얼바 몇 개로 연료를 충전했다. "견과류랑 코코아가 들어 있는 건 알겠는데, 그 재료들을 한 덩어리로 뭉쳐 놓는 게 뭔지는 잘 모르겠더라고요. 어쨌든 꽤 먹을 만했어요."
상대적으로 난이도가 낮은 훈련에서는 에너지젤이나 스포츠음료 대신 땅콩버터쿠키나 치즈가 지급되었다.

2016년 리우데자네이루 올림픽까지 9개월도 채 남지 않은 상황에서 새로운 식이요법을 시도한다는 것은 25세 청년이자 메달 획득을 목표로 훈련 중인 던피에게 급진적이고 위험한 도전이었다. 하지만 역시 엘리트 경보 선수는 뭐가 달라도 달랐다. 다리를 쭉 펴고 반드시 한 발을 땅에 댄 상태로 최대한 빨리 걷는 종목인 경보는 엉덩이를 과장스럽게 뒤뚱거리는 자세와 더불어 기본적으로 '걷기'라는 운동의 성격 때문에 쉽게 농담의 소재로 사용되곤 한다. NBC의 스포츠 해설자 밥 코스타스Bob Costas는 경보를 '가장 크게 속삭이는 사람을 뽑는 경기'에 비유했다. 이런 배경 때문에 경보 선수들은 비록 트랙 위에서는 치열한 경쟁을 펼치더라도 선수촌에서만큼은 출신 국가에 상관없이 끈끈한 유대감으로 똘똘 뭉쳤다. "사람들의 시선은 우리가 모든 선수들 중에서 가장 하찮은 종목에 출전한다는 기분을 느끼게 만들 거든요." 던피는 말한다. 그가 50킬로미터 종목의 전 금메달리스트인 자레드 탤런트Jared Tallent 선수의 접근을 일단 호의적으로 받아들인 것 또한 같은 이유 때문이었다. 탤런트는 겨울이 한창인 캐나다를 떠나 따뜻한 호주에서 함께 훈련하는 게 어떻겠냐고 제안하며, 자신이 그곳에서 전례 없이 급진적이며 이슈와 논란을 동시에 만들어 내고 있는 '저탄수화물 고지방LCHF 식이요법' 실험에 참여하고 있다고 말했다.

2000년대 초반부터 다이어트 시장을 흔들고 있는 LCHF 식이 요법은 최근 지구력 종목에까지 영향을 미치기 시작했다. 처음에는 소수의 독립적인 과학자나 일부 전문가들 사이에서만 인정받던 이 이론은 이내 관습에 저항하는 초장거리 종목 선수 몇 명을 끌어들이더니, 급기야는 세계에서 가장 영향력 있는 달리기 책의 저자 팀 녹스까지 설득시키고 말았다. 2015년에 녹스가 쓴 글에는 다음과 같은 내용이 실려 있다. "나는 지난 33년간 건강과 활력을 유지하기 위해 지방을 적게, 탄수화물을 많이 먹어야 한다는 통념에 매달려 왔으며 『달리기의 제왕』에도 같은 조언을 실었다.[275] 하지만 이제는 내가 완전히 틀렸다는 사실을 안다. 독자들에게 사과하고 싶다. 내 조언은 명백히 잘못되었다."

잘 정비된 경기장과 최신 장비로 가득한 실험실을 갖춘 호주 스포츠선수촌은 따분한 행정 도시 캔버라에 위치하고 있었다. 던피와 탤런트를 포함해 다섯 개 대륙 곳곳에서 모여든 스물한 명의 정상급 경보 선수들은 그곳에서 '초신성Supernova'이라는 코드명이 붙은 LCHF 실험[276]에 참여할 예정이었다. 그들은 선수촌 측이 마련해 준 숙소에서 지내며 보통 강도의 훈련을 똑같이 소화했지만, 일주일에 3일은 소속된 실험 그룹에 따라 서로 다른 두 가지의 식이요법에 참여했다. 첫 번째 그룹은 지구력 종목의 선수들에게 일반적으로 권장되는 지침에 따라 총 섭취 열량의 60~65퍼센트가 탄수화물로, 15~20퍼센트가 단백질로, 20퍼센트가 지방으로 구성된 식단을 섭취했다. 반면 두 번째 그룹은 엄격한 LCHF 식단에 따라 75~80퍼센트가 지방으로, 15~20퍼센트가 단백질로 구성된 식사를 하며 탄수화물 섭취량은 하루 50그램(작은 바나나 2개에 해당하는 양) 미만으로 제한했다. 3주의 식단 조절 기간 전후로는 혈액검사와 대변검사, 트레드밀 테스트가 진행되었고, 모든 선수들에게 제일 중요한 단 하나의 결과물일 경보 기록 또한 측정되었다.

던피에게 LCHF 식이요법은 쉽지 않은 도전이었다. 탄수화물을 완전히 끊은 후 참여한 첫 번째 훈련은 말 그대로 '지옥의 행군'이었다. 평소 같으면 2시간30분 만에 가볍게 주파했을 30킬로미터 코스를 힘겹게 완주하고 결승선을 넘자마자 쓰러지고 말았다. 같은 주 막바지에 진행된 10킬로미터 훈련에서는 경보를 시작한 이래 가장 형편없는 기록이 나왔다. 그다음 주에는 상황이 조금 나아졌지만, 여전히 심장 박동은 훈련 내내 비정상적으로 빨랐고 노력의 감각 또한 평소보다 높게 측정됐다. 예정된 식이 조절 기간이 끝났을 때 실험실에서 측정한 그의 움직임은 3주 전보다 훨씬 비효율적이었고 10킬로미터 경보 기록 또한 만족스럽지 못했다. 측정 결과는 전반적으로 매우 실망스러웠다. 그는 일종의 안도감을 느끼며 통상적인 고탄수화물 식이요법으로 돌아갔다. 저조했던 컨디션은 즉시 회복했고 훈련 성과는 예전 수준을 압도했다. 열흘이 지났을 무렵, 멜버른에서 열린 경보 대회에 참가한 그는 모두의 예상을 깨고 3시간43분45 만에 골인하며 캐나다 신기록을 세웠고, 리우데자네이루 올림픽의 강력한 메달 후보로 떠올랐다.

주 에너지원 탄수화물

연료가 떨어진 자동차는 즉시 멈춘다. 단순하게 생각하면 우리의 몸도 똑같다. 인체의 연료인 음식에는 원자들이 화학 결합의 형태로 저장되어 있으며, 대사 과정에서 이러한 결합이 풀리며 근육과 다른 장기들에게 공급될 에너지를 방출한다. 만약 저장된 음식 에너지가 모두 소진된다면 저조한 기록 따위와는 비교도 할 수 없는 비극이 닥칠 것이다. 음식을 섭취하지 않고 가장 오래 살아남은 사람이 누구인지에 대해서는 구체적인 상황과 증언의 신빙성에 따라 부정확하고 혼란스러운 주장들이 난무한다. 그중에서도 가장 자주 언급되는 키에란 도허티Kieran Doherty는 북아일랜드 벨파스트 근교의 악명 높은 메이즈 교도소Maze Prison에서 단식투쟁을 벌였던 아일랜드 공화국군Irish Republican Army 수감자로, 73일 동안 식사를 거부하다가 1981년 숨을 거두었다.[277] 물과 비타민 섭취를 허용한다면 기록은 이보다 훨씬 더 길어진다. 1973년 스코틀랜드의 한 의사는 신문 기사를 통해 스물일곱 살의 A. B.라는 익명의 비만 환자가 의료적 관리를 동반한 단식에 도전했고, 무려 382일 동안 음식 섭취를 끊은 결과 206킬로그램에 육박하던 몸무게를 125킬로그램 감량한 사례를 보고했다.[278]

이러한 일화들은 철인 3종 경기를 뛰던 선수가 모든 에너지를 다 써 버렸다고 느끼는 순간에조차 그의 연료 탱크가 완전히 비어 있지는 않으리란 사실을 보여 준다. 실제로 우리 몸은 여러 복합적인 원인들로 인해 연료 계기판의 바늘이 바닥에 닿기 한참 전부터 느려지기 시작한다. 수많은 어머니들에게서 "거 봐. 내가 뭐랬니!"라는 반응을 이끌어 낸 한 영국 연구팀의 실험 결과에 따르면, 아침을 거른 참가자들은 점심을 아무리 든든하게 먹어도 오후 5시에 진행한 30분 길이의 사이클 타임 트라이얼에서 약 4.5퍼센트 떨어지는 기록을 냈다.[279] 그보다 더 과거로 눈을 돌려 보면 제2차 세계 대전 중 미네소타대학교 연구팀이 진행한 12주 기간의 반기아 Semi-Starvation 실험을 참고할 수 있다.[280] 당시 실험 대상으로 선정된 양심적 병역 거부자 36명은 석 달 동안 권장 열량의 절반만 섭취하면서 체중을 25퍼센트 가까이 감량했다. 허약해진 몸을 받쳐 줄 스태프 두 명의 보조를 받으며 진행된 트레드밀 탈진 테스트 결과는 날이 갈수록 나빠졌고, 실험 막바지에는 참가자들의 평균 체력이 72퍼센트까지 떨어졌다. 그중 한 명은 마지막 테스트에서 고작 19초밖에 버티지 못했다.

다시 말해 연료 탱크에 들어 있는 양만을 가지고는 지구력 성과를 예측할 수 없다. 어떤 종류의 연료를 섭취했는지, 그 연료가 어디에 저장되어 있는지, 얼마나 빨리 꺼내 쓸 수 있는지 또한 무시할 수 없는 요소이기 때문이다. 우리 몸의 3대 기본 연료는 단백질, 탄수화물, 지방이다. 그중 단백질은 근육을 만들고 손상을 치료하는 데 필수적인 역할을 하는 반면 직접적인 근수축 에너지원으로서는 거의 쓸모가 없다. (물론 장시간 운동 중에 다른 에너지원을 모두 써 버렸다면 단백질이 당장 필요한 에너지의 10퍼센트까지 충족시켜 줄 수 있다.[281] 따라서 마른 체형의 장거리선수들은 일반적인 상식과 달리 보통 체격의 일반인보다 더 많은 단백질이 필요하다.) 대부분의 경우 엔진을 점화시키고 운동에 필요한 에너지를 공급하는 것은 탄수화물과 지방의 역할이다. 이 두 영양소의 상대적인 중요성은 지난 몇 세기 동안 치열한 논쟁의 대상이 되어 왔다.

20세기 초중반에 진행된 일련의 실험들은 우리 몸에서 사용하는 탄수화물과 지방의 비중이 운동의 강도에 달려 있다는 사실을 밝혀냈다.[282] 가벼운 조깅처럼 난도가 낮은 운동을 할 때는 혈액이 운반해 주는 지방이 주된 에너지원으로 사용된다. 하지만 달리는 속도가 올라갈수록 탄수화물이 차지하는 비중이 높아지며, 숨을 거칠게 헐떡일 정도로 강도 높은 운동을 할 때는 처음의 균형이 완전히 역전되어 탄수화물이 주 에너지원으로 작용한다. 운동 강도에 따른 구체적인 에너지원 비중은 개인의 신체 조건에 따라서도 달라진다. 가령 체력이 좋은 사람은 똑같은 속도로 달려도 허약한 사람보다 지방을 더 많이 사용한다. (그 이유는 간단하다. 체력이 좋을수록 같은 강도의 운동이 더 쉽게 느껴질 테니까. 호주 가톨릭대학교의 운동대사Exercise Metabolism 연구원인 존 홀리John Hawley는 운동할 때 에너지원으로 사용되는 탄수화물과 지방의 비중이 개인에게 느껴지는 **상대적인** 강도에 따라 결정된다고 설명한다.) 두 에너지원 중 어떤 쪽을 많이 섭취할 것인지는 이러한 요소들을 감안하여 결정하면 된다. 하지만 기본적으로 강도 높은 운동을 할 때는 탄수화물이 절대적으로 많이 사용되는 것이 사실이다. 한 연구 결과에 따르면 마라톤을 2시간45분에 완주하는 페이스로 달렸을 때는 탄수화물이 총 에너지원의 97퍼센트를 차지했지만, 3시간45분 페이스로 달렸을 때는 그 비중이 68퍼센트까지 떨어졌다.[283]

마라토너의 주식이 파스타라는 이미지를 만들어 낸 장본인은 1960년대에 활동했던 스웨덴 과학자 요나스 베르히스트룀Jonas Bergström과 에릭 헐트만Eric Hultman이다. 베르히스트룀은 침을 찔러 넣어 조직의 일부를 채취하는 검사법인 바늘 생체검사Needle Biopsy의 선구자로서[284] 장시간 동안 격렬한 운동에 시달린 실험 참가자들(혹은 당시 스칸디나비아의 과학자들이 대개 그랬듯 실험에 직접 참가한 자기 자신)의 근육 조직을 직접 잘라 내어 관찰하곤 했다. 어느 날 두 과학자는 각각 고정식 사이클에 앉아 한쪽 다리만 사용해 탈진할 때까지 페달을 밟는 유명한 실험을 진행했다. 실험 전후로 실시한 바늘 생체검사 결과는 페달을 밟은 다리근육에 탄수화물의 저장 형태인 글리코겐이 거의 남아 있지 않다는 사실을 알려 주었다. 바닥난 특정 연료가 근육의 탈진과 무관하지 않을 것이라고 추론한 두 사람은 그다음 3일 동안 탄수화물 위주로 식단을 제한하고 주기적으로 검사를 실시했다. 3일 후, 운동을 하지 않은 다리의 글리코겐 수치에는 큰 변화가 없었으나 페달을 밟은 다리에서는 실험 전보다 두 배 가까운 글리코겐이 검출되었다. 이러한 초과회복Supercompensation 현상은 장거리 경주에 나가기 전에 글리코겐 저장량을 극대화하기 위해 탄수화물 위주의 식이요법을 해야 한다는 일명 '카보로딩Carbonhydrate Loading'의 근거가 되었다.

이후 진행된 후속 생체검사 결과, 근육에 저장할 수 있는 글리코겐의 양을 보면 트레드밀이나 고정식 사이클에서 진행되는 탈진 테스트 결과를 어느 정도 예측할 수 있다는 사실이 밝혀졌다. 게다가 우리 몸에는 근육 외에도 다양한 탄수화물 저장 기관이 존재했다. 예를 들어 간은 근육의 최대 저장량인 2,000칼로리의 약 4분의 1에 해당하는 400~500칼로리의 글리코겐을 저장해 두고 있다가 몸 전체에 두루 사용한다.[285] (아침 마라톤을 뛰기 몇 시간 전에 가벼운 식사를 들어야 하는 이유가 바로 여기에 있다. 다리근육에는 연료가 가득 차 있다 하더라도 간에 저장된 글리코겐은 자는 동안에도 끊임없이 활동하는 뇌를 먹여 살리느라 거의 고갈된 상태이기 때문이다.) 혈액을 통해 몸 전체를 순환하는 소량의 포도당 또한 근육의 에너지원이 될 수 있다. 하지만 인체를 기계와 동일시하는 A.V.힐의 관점에서 보면 이 모든 연구 결과들은 단 하나의 단순한 진실을 가리킨다. 우리 몸에 저장된 탄수화물의 양은 한정되어 있으며, 연료를 모두 사용한 후에는 더 이상 움직일 수 없다.

따라서 지구력 종목의 선수들이 가능한 한 많은 탄수화물을 저장하려고 노력하는 것은 지극히 자연스러운 일이다. 1970년대부터는 스포츠영양 전문가들이 효과적인 탄수화물 축적 방법을 발표하기 시작했다. 평소에는 총 열량의 60~65퍼센트를 탄수화물로 섭취함으로써 체내 글리코겐 수치를 높게 유지하고 경기 며칠 전부터는 카보로딩을 통해 저장량을 최대한으로 늘려라. 운동 시간이 90분을 넘어갈 때는 중간중간 액체나 소화가 잘 되는 형태의 탄수화물을 섭취함으로써 글리코겐 저장분이 고갈되지 않도록 하라. (홀리의 설명에 따르면 현대 스포츠영양학 지침은 탄수화물 권장 섭취량을 총 열량 대비 비율로 결정하는 대신 각 선수의 체중과 그날 진행한 훈련의 종류에 따라 개별적으로 계산하도록 되어 있다고 한다. 요정처럼 작고 마른 마라톤 선수와 거인처럼 크고 육중한 조정 선수에게 필요한 탄수화물량이 같을 수는 없을 테니 말이다.) 지금까지 쌓인 데이터를 보면 이러한 방법들은 꽤 큰 효과를 발휘하는 것으로 보인다. 연구 결과에 따르면 역사상 가장 빠른 남자 마라톤 기록 100개 중 60개를 차지하고 있는 케냐 선수들은 총 열량의 평균 76.5퍼센트를 탄수화물로 섭취하고 있다.[286] 구체적으로 살펴보면 주식으로 먹는 우갈리Ugali(걸쭉하고 포만감 높은 옥수수죽)에서 23퍼센트, 차나 식사에 한 스푼 가득 넣어 먹는 설탕에서 20퍼센트의 탄수화물이 보충되었다. 100대 마라톤 기록 중 35개를 차지하고 있는 에티오피아 선수들의 경우, 토착 농산물인 테프Teff로 만드는 시큼한 빵인 인제라Injera를 중심으로 식단의 64.3퍼센트를 탄수화물로 구성하고 있었다.[287] 만약 지구력 종목을 준비하는 데 이보다 더 나은 식단이 존재한다면, 누구도 세계 최고의 장거리선수들에게 그 비결을 설명해주지 않은 모양이다.

탄수화물 없이 1년을 버틴 탐험대

1879년 4월 1일 프레데릭 슈바트카Frederick Schwatka와 대원들은 허드슨만Hudson Bay 북서쪽에 위치한 캠프에서 출발해 북극권 툰드라를 가로지르는 여정을 시작했다.[288] 그들은 미국 지리학협회의 의뢰를 받아 30년 전 북서항로Northwest Passage를 찾아 떠난 뒤 소식이 끊긴, 아마도 129명 전원이 사망한 것으로 추정되는 프랭클린 탐험대의 흔적을 찾을 예정이었다. 슈바트카 탐험대의 규모는 단출했다. 그를 제외한 대원은 달랑 세 명이었고, 이누이트족 가이드 한 명과 썰매 운전자 세 명이 추가로 고용되었다. 이들의 처자식까지 다 합쳐도 프랭클린 원정대의 규모에는 한참 못 미쳤다. 마흔네 마리의 개가 끄는 썰매 세 대에는 딱딱한 빵과 돼지고기, 콘비프를 포함한 각종 보급품에 개 사료용 바다코끼리고기까지 총 1,814킬로그램의 짐이 실려 있었다. 이 정도의 식량으로 버틸 수 있는 기간은 대략 1개월이었다. 그러나 그들의 탐험은 11개월 하고도 20일이 더 걸렸고, 그중에는 3개월 **평균** 기온이 영하 46도에 육박하는 혹한기도 포함되어 있었다. 마침내 베이스캠프로 돌아왔을 때 원정대가 썰매로 달린 총 거리는 그때까지의 세계신기록을 경신하는 5,230킬로미터였다. 그들은 프랭클린 탐험대의 흔적이 남은 장소들을 찾아냈고(그곳에서는 인육을 먹은 흔적도 발견되었다). 지금껏 발견되지 않았던 강과 다른 지형을 발견했으며, 단 한 명의 대원도 잃지 않은 채 무사히 귀환했다.

한 세기 후 라인홀트 메스너가 거추장스러운 군대식 등반 기법을 거부하고 가볍고 민첩한 알파인스타일 등반으로 혁신을 일으켰듯이, 슈바트카의 원정 또한 극지 탐험의 새 지평을 여는 계기가 되었다. 프랭클린 탐험대의 비극은 결코 희귀한 사고가 아니었다. 당시 전 지구를 누비던 유럽 탐험가들은 깜짝 놀랄 만큼 부적절한 장비와 구멍투성이의 계획을 들고 멀고 낯선 땅으로 겁도 없이 떠났다. 가령 1860년의 덥고 건조한 여름에 호주 내륙 탐험을 떠났던 버크와 윌스Burke and Wills 원정대는 말 스물세 마리와 낙타 스물여섯 마리에 '중국식 징, 문구 용품 상자, 무거운 나무 테이블과 그에 맞춰 제작한 의자들'을 포함한 비상식적인 짐을 싣고 출발했다.[289] 그들은 프랭클린과 마찬가지로 탐험 도중에 죽음을 맞이했다. 그러나 그들이 사망한 곳은 현지인들의 입장에서 보면 식량이 넘쳐 나는 지역이었다.

북극을 직접 경험한 적은 없었지만, 슈바트카는 미국 서부에서 기병대 장교로 복무하던 시절 원주민에 대한 지식으로 존경받던 신중하고 유능한 리더였다. 그는 군대에 있을 때 변호사 자격을 땄고, 1년 후에는 의사 자격까지 손에 넣었다. "탐험 경험이 없는 사람에게는 대단하지 않은 것처럼 보일지도 모르지만, 게다가 그는 굉장히 중요한 자질을 갖추고 있었어요."[290] 대원 중 한 명은 훗날 그를 이렇게 회상했다. "지방을 기꺼이 받아들이고 쉽게 소화시키는 위장을 가졌거든요." 식료품을 한 달 치만 가져간다는 슈바트카의 계획은 그 지역 원주민인 이누이트족과 마찬가지로 현지에서 식량을 조달하겠다는 의미였다. 그 결과 그들은 거의 1년에 가까운 시간 동안 오직 생선과 고기만으로 연명해야 했다. 얼핏 보면 괴혈병을 포함한 각종 결핍증과 탄수화물 부족으로 인한 체력 저하에 시달릴 수밖에 없는 식단이었다.

원정이 끝날 무렵 그들이 잡아먹은 순록과 사향소Muskox, 북극

곰, 물개는 총 522마리에 달했다. 2주 내내 오리고기만 먹으며 지 낸 적도 있었다. 익숙지 않은 식단에 적응하기까지는 시간이 걸렸 다. "처음으로 순록고기를 모두 게워낸 날, 이런 식으로는 필요한 영 양분을 제대로 섭취할 수 없겠다는 생각이 들었다. 대원들은 힘들 고 지치는 원정을 계속하기 어려울 정도로 약해졌다."[291] 슈바트카 의 일지에는 당시 상황이 이렇게 기록되어 있다. "하지만 2~3주가 지나자 모든 문제가 해결되었다." 약 1년에 걸친 식이요법과 혹독한 원정으로 단련된 그의 몸은 이틀 동안 105킬로미터를 가뿐히 걸어 원정대를 집으로 데려다 줄 포경선에 오를 정도로 튼튼해졌다.

고지방 식단 연구

슈바트카의 모험은 이누이트족이 특별한 진화적 이점을 가진 덕에 1년 내내 고기만 먹고도 생존할 수 있다는 믿음을 한 방에 무 너뜨렸다. 하지만 원정을 통해 직접 증명한 이 사실은 1900년대 초 반 탐험가 겸 인류학자인 빌흐잘무르 스테판손 Vilhjalmur Stefansson 이 동일한 결론에 한 번 더 도달하기 전까지[292] 크게 주목받지 못했다. 북극 탐험에 참여하기 위해 하버드대학교라는 직장까지 버리고 나 온 스테판손은 탐험 중 벌어진 사고로 일행을 놓치면서 그해 겨울 내내 이누이트족의 환대와 그들이 제공하는 식사(아침과 점심으로는 반 쯤 얼어 붙은 날생선, 저녁으로는 익힌 생선)에 의존해 목숨을 부지해야 했다. 본래 생선을 좋아하지 않던 그였지만 살아남고 싶다면 적응하는 수밖에 없었다. 마침내 그는 현지인들 사이에서 진미로 통하는, 지난 여름에 잡아서 삭힌 생선에 도전하는 단계에 이르렀다. "놀랍게도 그것은 카망베르 치즈를 처음 맛보았을 때보다 더 기분 좋은 경험이었다."

다음 번 원정을 떠났을 때 그는 대원들에게 이누이트족과 똑같은 식단을 권장했고, 실제로도 물 외에는 생선과 고기만 섭취하며 5년 이상을 버텨 냈다. 스테판손이 주장한 식이요법은 엄청난 논쟁을 불러일으켰다. 결국 그와 동료 탐험가 한 명은 미국 정육업협회Institute of American Meat Packer의 자금 지원을 받아 뉴욕에서 면밀한 의료적 감독을 받으며 1년 동안 고기만 먹는 실험에 참여하는 데 동의했다. 1930년 《생화학 저널Journal of Biological Chemistry》에 실린 실험 결과는 전반적으로 참가자들의 건강에 이상이 생기지 않았다는 사실을 입증했다.[293] 내장과 다른 부위에 함유된 비타민C 덕분에 괴혈병에도 걸리지 않았다. 스테판손에게 가장 괴로웠던 시기는 실험 감독관들이 지방 없는 살코기만을 제공했던 실험 초반이었다. 그가 북극에서 기록한 일지에 따르면 이누이트족은 사냥한 짐승의 살 중에서도 가장 지방이 많은 부위를 즐겼으며 기름기 없는 살코기는 주로 개밥으로 활용했다. 식단이 보다 기름진 부위로 바뀌고 전체 열량의 75퍼센트가량을 지방으로 섭취하게 되면서부터는 실험 진행에 아무런 문제가 없었다. 두 탐험가는 몇 주에 한 번씩 뉴욕 센트럴 파크 달리기를 포함한 각종 체력 테스트를 받았고, 측정값은 시간이 갈수록 향상되었다.

하지만 인간이 고기만 먹고도 생존할 수 있다는(지금 들어도 믿기 어려운) 사실과 그러한 식단이 더 **우월**하거나 지구력 강화에 특별히 효과적이라는 주장은 완전히 별개다. 스테판손은 이후에도 기름진 고기 위주의 식단을 지지했으며, 제2차 세계대전 중에는 군인들의 전투식량에 캐나다 원주민과 북방 탐험가들이 몇 세대에 걸쳐 섭취하고 있는 페미컨(말린 고기와 정제 기름을 섞어 만든 고지방 육포의 일종)을 넣어야 한다고 주장하기도 했다. 실제로 그의 주장을 받아들인 군 당국은 숙련된 병사들로 이루어진 소대를 동원하여 북극과 유사한 환경에서 모의 전투 훈련을 실시했다. 그러나 1945년《전쟁 의학 War Medicine》에 실린 실험 결과는 참담했다.[294] "병사들의 사기는 페미컨 식이요법을 시작한 첫날부터 급격히 저하됐다. 둘째 날에는 극단적인 피로와 체력 저하, 메스꺼움을 호소하는 목소리가 사방에서 들려왔고 셋째 날이 되었을 때는 소대원들에게 군인으로서의 가치가 거의 남아 있지 않았다. 연이은 구토와 탈진 사태에 결국 장교들은 실험을 그만둘 수밖에 없었다."

이 실험 결과는 고탄수화물 식단이 저탄수화물 식단에 비해 지구력 향상에 더 효과적이라는 여러 연구 결과와 한데 엮이면서 과학자와 운동선수들의 관심을 LCHF 식이요법으로부터 멀어지게 만들었다. 하지만 1983년 메사추세츠공과대학교의 의학연구원 스티븐 피니Stephen Phinney가 사람들이 놓치고 있던 사실을 지적했다.[295] 그는 슈바트카의 경험담을 분석한 결과 탄수화물 없는 식단을 제대로 받아들이기 위해서는 실패로 돌아간 여러 실험에서 제공하지 않았던 상당한 적응 기간이 필요하다는 결론을 내렸다. 게다가 고지방 식이요법의 핵심이 적절한 소금 섭취라고 본 피니의 판단과 달리, 지금까지의 실험들은 소금의 중요성을 무시했을 뿐 아니라 종종 '고지방'과 '고단백질' 식단을 섞어서 제공하는 오류를 범했다. 많은 사람들이 고기로만 구성된 식단을 고단백질 식단과 동일시하지만, 지방이 같은 양의 단백질에 비해 두 배 이상 많은 열량을 포함하고 있다는 사실을 감안하면 두 식단 사이에는 분명한 차이가 존재했다. 피니는 다섯 명의 숙련된 사이클 선수를 모집한 뒤 스테판손의 주장을 토대로 구성한 지방 83퍼센트, 단백질 15퍼센트, 탄수화물 2퍼센트의 식이요법을 4주간 진행하도록 했다. 오늘날 LCHF 지지자들이 거의 성서처럼 떠받드는 이 실험의 결과에 따르면, 몇 시간에 걸친 탈진 실험 테스트에서 참가 선수들의 VO_2Max와 전반적인 기록은 거의 달라지지 않았다. 충분한 적응 기간만 거친다면 탄수화물과 마찬가지로 지방을 활용해 인체의 엔진을 돌릴 수 있다는 사실이 증명된 것이다.

이것은 스포츠과학자들을 유혹하고도 남을 만한 결과였다. 앞서 살펴본 것처럼 잘 훈련된 운동선수는 한 번에 최대 2,500칼로리의 탄수화물을 저장할 수 있다. 체중 68킬로그램의 선수가 마라톤 거리를 달리는 동안 소진되는 에너지는 약 3,000칼로리이며[296] 그가 최대한 빠른 속도로 달린다는 가정하에 주로 소비되는 에너지원은 탄수화물이다. 이는 마라톤 중에 무조건 추가 연료를 보급해야 한다는 뜻이고, 그에 따라 낭비되는 시간과 노력을 감수해야 한다는 것을 의미한다. 하지만 인간의 몸에는 본인이 원하든 원하지 않든 상관없이 최소 30,000칼로리의 지방이 저장되어 있다[297] (일반적인 사람의 지방 저장분은 약 100,000칼로리에 이른다). 만약 장거리선수들이 피니의 실험에 참여했던 사이클 선수들처럼 중간 이상 강도의 운동을 하면서 지방을 에너지원으로 사용할 수만 있다면, 이제 지구력 종목의 가장 큰 적은 연료 부족이 아니라 수면 부족이 될 것이다.

하지만 이 아이디어에는 아직 해결해야 할 부분들이 남아 있었다. 무엇보다, 고작 다섯 명의 선수를 데리고 진행한 피니의 실험 결과는 전혀 고르지 못했다. 참가자 중 한 명은 탈진할 때까지 걸리는 시간이 148분에서 232분으로 크게 늘어났지만, 다른 한 명의 기록은 140분에서 89분으로 오히려 한참 떨어졌다. 게다가 피니 또한 인정했듯이 고지방 식단에는 결정적인 대가가 따랐다. 지방을 에너지원으로 가져다 쓰는 능력이 발달한 대신 단거리 전력 질주에 꼭 필요한, 빠르게 타는 탄수화물 활용 능력이 떨어진 것이다. 피니는 '실험에 참여한 선수들의 무산소 운동 능력이 상당한 수준으로 저하됐다'고 밝혔다.

이후 수십 년에 걸쳐 선수들의 몸을 지방 활용에 최적화시키기 위해 노력했던 전 세계의 스포츠과학자들은 하나같이 같은 문제 앞에 멈춰 섰다. 2005년 케이프타운대학교 연구팀은 마침내 이 분야에 마침표를 찍는 실험 결과를 내놓았다(때마침 LCHF교로 개종한[298] 팀 녹스 또한 논문의 공동 저자로 참여했다). 연구진이 섭외한 사이클 선수들은 투르 드 프랑스의 산악 코스에 포함된 험준한 길과 평탄한 길을 재현하기 위해 다섯 차례의 1킬로미터 전력 질주와 네 차례의 4킬로미터 전력 질주를 적절히 섞어서 설계한 100킬로미터 타임 트라이얼에 투입되었다. 이번에도 전반적인 경기력은 섭취한 식단에 상관없이 비슷하게 나타났지만, 고지방 식이요법 그룹은 사이클 경기의 승패를 좌우하는 단거리 전력 질주 코스에서 속도가 현저히 떨어지는 모습을 보였다. 호주 스포츠선수촌 스포츠영양학팀의 총 책임자이자 지방 에너지원 활용 연구의 세계적 권위자인 루이스 버크^{Louise Burke}는 이번 실험이 고지방 식단으로 경기력을 향상시킬 수 있다는 가설을 '관에 넣고 못을 박아 버렸다'고 평가했다. 이듬해, 당시 박사과정을 밟고 있던 트렌트 스텔링워프는 그 이유를 체계적으로 증명해 냈다. 고지방 식이요법에는 지방의 활용률을 올리는 동시에 피루브산탈수소효소^{Pyruvate Dehydrogenase}라는 중요한 효소의 활성을 억제함으로써 탄수화물 활용을 막는 효과가 있었던 것이다.

공급의 속도

인체에 저장된 에너지가 지구력의 한계에 미치는 영향은 지구력을 어떻게 정의하느냐에 따라 달라진다. 기록을 단축시키거나 라이벌을 제치고 싶다는 욕심 없이 그저 가능한 한 긴 거리를 달리고 싶은 것뿐이라면 애초에 피루브산탈수소효소와 같은 요소를 고려

할 필요가 없다. 더구나 북극대륙 탐험이나 며칠에 걸쳐 진행되는 울트라마라톤처럼 섭취할 수 있는 음식이 한정된 상황에서는 지방을 에너지원으로 활용하는 능력이 엄청난 혜택을 가져다줄 것이다. 연료 탱크가 클수록 멈추지 않고 더 멀리 나아갈 수 있을 테니까.

하지만 같은 시간 안에 최대한 많은 거리를 달리기 위해 온 힘을 쥐어짜야 하는 경기에서는 연료와 관련된 가장 큰 문제가 양에서 속도로 변한다. 이 선수의 근육은 얼마나 빨리 연료를 태울 수 있는가? 온 몸의 다양한 기관에 흩어져 있는 에너지원에 얼마나 빨리 접근할 수 있는가? 연료가 다 떨어졌을 때 얼마나 빨리 보충할 수 있는가?

이전 장에서는 하일레 게브르셀라시에 선수가 2시간04분26초로 세계신기록을 세운 2007년 베를린 마라톤에서 2리터의 물과 스포츠음료를 철저한 전략 아래 섭취한 사례를 소개했다. 당연한 이야기지만, 그는 연료 보급에도 수분 섭취만큼이나 큰 공을 들였다. 1.25리터의 스포츠음료와 0.75리터의 물 외에도 그는 다섯 개의 에너지젤을 통해 시간당 60~80그램의 탄수화물을 추가로 공급했다. 대부분의 과학자들이 운동을 하면서 흡수할 수 있는 탄수화물의 최대량을 한 시간에 60그램(약 250칼로리)으로 잡는다는 사실을 감안하면 그가 섭취한 양은 어마어마한 수준이었다. 이 많은 탄수화물이 장에서 혈액으로 흡수되려면 적지 않은 시간이 필요했다.

하지만 게브르셀라시에는 때마침 발표된 최신 이론에서 새로운 가능성을 발견했다. 그 이론의 핵심은 두 가지의 서로 다른 탄수화물(예를 들어 포도당과 과당)을 함께 섭취하면 두 성분이 내장 벽의 서로 다른 세포 통로를 이용하여 동시에 흡수되며, 그 결과 최대 흡수율을 90그램까지 올릴 수 있다는 것이었다.[299] 한창 달리는 도중에 그만한 양의 탄수화물을 소화시키는 것은 결코 쉬운 일이 아니다. 2시간의 벽을 깨기 위해 고군분투 중이던 나이키의 연구팀이 선수들의, 특히 제르세나이 타데세와 렐리사 데시사의 경기 중 탄수화물 섭취량을 늘리려고 그 많은 시간을 쏟아부은 것도 같은 이유 때문이었다. 나이키팀은 다양한 음료들을 혼합하여 선수 개개인의 입맛과 소화 능력에 최적화된 탄수화물 조합을 찾아내기 위해 노력했다. 참고로, 우리 같은 보통 사람들이 쉽게 접할 수 있는 게토레이나 파워바PowerBar의 스포츠음료에는 포도당과 과당이 함께 들어 있다. 만약 당신이 한 시간에 60그램 이상의 탄수화물을 소화할 수 있다면 글리코겐 저장량이 고갈되는 시간이 그만큼 늦춰지고, 빠른 페이스를 더 오래 유지할 수 있게 된다.

이론적으로만 보면 연료 공급 전략의 바탕이 되는 계산은 매우 간단하다. 선수의 몸속에 이미 저장된 양과 경기를 위해 필요한 양을 따져서 얼마나 많은 열량을 추가로 섭취할 것인지 결정하면 그만이기 때문이다. 하지만 현실에서는 상상을 초월할 정도로 복잡한 인체의 작동 원리를 고려해야 한다. 스칸디나비아에서 발표된 최근 연구에 따르면 근육에 저장된 글리코겐은 에너지원으로 쓰일 뿐 아니라 개별적인 근섬유의 효율적인 수축까지 돕고 있었다.[300] 이는 글리코겐 저장분이 줄어들수록 근육의 움직임이 약해지고, 결과적으로 연료가 바닥나기 한참 전부터 체력이 떨어지기 시작한다는 의미였다. 자동차가 남은 연료의 양을 고려하여 최대 속도를 제한한다면, 우리 몸의 근육은 뇌의 명령으로부터 완벽하게 독립된 정교한 자기방어 시스템을 갖추고 있다. 게다가 근육은 혈액에 포함된 포도당보다 근육 자체에 저장된 글리코겐을 우선적으로 태우기 때문에, 현실적으로는 전 세계에 있는 스포츠음료를 다 마신다고 해도 피로를 근본적으로 막을 수는 없었다.

에너지원에 대한 뇌의 반응

그러나 한편으로는 스포츠음료가 운동에 놀라울 만큼(거의 불가사의할 정도로) 도움을 주는 측면도 있다. 우리 신체 내부에 운동을 90분 이상 지속할 수 있을 정도의 탄수화물이 저장된다면, 어째서 스포츠음료가 30분짜리 운동에도 긍정적인 영향을 미친다는 연구 결과[301]가 나오는 것일까? 심지어 그 효과가 거의 마시자마자, 탄수화물이 배 속을 지나기도 전부터 나타나는 원리는 무엇일까? 가장 간단한 대답은 스포츠음료가 우리의 머리를 자극하여 플라세보 효과를 일으킨다는 것이다. 하지만 이것은 부분적인 정답밖에 되지 않는다.

포도당과 혼합물의 효과를 밝혀내는 데도 크게 기여했던 스포츠영양학자 애스커 주켄드러프Asker Jeukendrup는 사이클 선수들을 대상으로 한 실험에서 포도당 기반의 스포츠음료가 한 시간짜리 타임 트라이얼의 성과를 높여 준다는 사실을 발견했다. 연구진은 포도당을 음료 형태로 마시는 대신 혈관에 직접 주사하면 **더 큰** 효과가 나타날 것이라고 예상했지만, 모두의 예상을 깨고 아무런 변화가 일어나지 않았다. 결과를 확인한 주켄드러프 연구팀은 2004년 접근 방법을 살짝 바꿔 보기로 결정했다. 선수들에게 음료를 마시는 대신 입에 잠깐 머금었다가 바로 뱉어내라고 지시한 것이다.[302] 이번에는 효과가 있었다. 연구팀은 스포츠음료를 단순히 머금고 있을 때 직접 주사했을 때보다 더 큰 효과가 나타난다는 결론을 내렸다. 여기서 짚고 넘어가야 할 점은 이 실험이 플라세보 효과를 차단하도록 계획되었다는 것이다. 선수들은 진짜 스포츠음료와 스포츠음료 맛이 나는 그냥 음료수를 번갈아 마셨다. 하지만 플라세보 효과가 조금이라도 영향을 미쳤으리라는 의심을 떨치기는 어려웠고, 많은 과학자들이 회의적인 시선을 보냈다.

그러나 2009년 버밍엄대학교 연구팀은 탄수화물이 함유된 음료를 머금었다 뱉어내는 행위가 경기력 향상에 실질적인 영향을 미친다는 사실을 과학적으로 입증하면서 이 논란에 종지부를 찍었다. 그들은 기능적 자기공명영상fMRI 장비를 통해 실험 참가자들의 입 속에 탄수화물이 들어간 순간 보상에 관여하는 뇌 부위가 활성화되는 모습을 직접 확인했다.[303] 결정적으로, 인공적인 단맛을 첨가한 음료는 fMRI와 실제 사이클 기록에 아무런 영향을 미치지 못한 반면 똑같은 음료에 무미 무취의 탄수화물인 말토덱스트린Maltodextrin

을 추가하자 즉시 효과가 돌아왔다. 단순히 설탕의 단맛만으로는 경기력을 향상시킬 수 없었던 것이다. 우리의 입은 그전에 아무도 상상하지 못했던(그리고 현재까지도 정확히 밝혀지지 않은) 탄수화물 감지 센서를 통해 뇌로 직접 신호를 보냈다. 팀 녹스의 중앙통제자 이론을 토대로 추측해 보자면, 추가 연료가 보급되리라는 정보를 확인한 순간(혹은 그러한 거짓 정보에 속은 순간) 뇌가 보호 메커니즘을 살짝 느슨하게 풀어 주는 것처럼 보였다.

이 실험의 결과는 탄수화물이 경기력을 거의 즉각적으로 향상시키는 이유와 더불어 30분 이내의 짧은 운동에도 효과를 나타내는 이유를 동시에 증명했다. 하지만 이후 진행된 후속 연구는 스포츠음료의 효과가 현재 저장된 연료의 양과 당장 느껴지는 허기에 따라 달라진다는 사실을 밝혀내며 뇌의 통제 시스템이 그렇게 허술하지 않다는 사실을 새삼 확인시켜 주었다. 2015년 브라질의 한 연구팀은 사이클 선수들에게 매회 다른 조건을 제공하며 총 세 차례에 걸쳐 20킬로미터 타임 트라이얼을 시켰다.[304] 첫 번째 '섭식Fed' 조건에서는 오전 6시에 아침 식사를 제공한 뒤 오전 8시에 사이클을 타도록 했고, 두 번째 '단식Fasted' 조건에서는 아침 식사 없이 같은 시간에 같은 운동을 시켰다. 세 번째 '고갈Depleted' 조건은 전날 저녁부터 운동과 저탄수화물 식이요법을 병행했다는 점을 제외하면 '단식' 조건과 똑같았다. 스포츠음료를 머금었다 뱉는 행위는 고갈 조건에서 가장 큰 영향력을 나타냈다. 단식 조건에서는 효과의 폭이 상대적으로 미미했고 섭식 조건에서는 아무런 변화가 나타나지 않았다. 참가자들에게 90분 미만의 운동을 시키며 스포츠음료를 실제로 삼키게 했던 다른 실험에서도 탄수화물의 효과가 연료 부족 상태로 운동을 시작했을 때만 나타난다는 유사한 결론이 나왔다.

지금까지 얻은 정보들을 종합해 보면 스포츠음료를 포함하여 경기 중에 탄수화물을 보충해 주는 여러 가지 식품들은 애초에 공복 상태나 근육에 저장된 연료가 부족한 상태로 운동을 시작하지 않는 한(프로의 팁: 절대 그런 짓을 하지 마라) 아무런 효과가 없다는 결론에 도달한다. 이론적인 관점에서 보자면 이러한 결론은 우리의 뇌가 결정적인 위기가 닥치기 한참 전부터 보호 메커니즘을 가동하여 의식의 영역 밖에서 몸의 건강을 조절한다는 사실을 보여 주는 강력한 증거다.

탄수화물 vs. 지방

2013년 아웃도어 전문 잡지 《맨즈 저널Men's Journal》은 '전통적 권장 식단인 파스타를 거부하고 엄청난 양의 건강한 지방을 섭취하는' 장거리선수들에 대한 기사[305]로 세간의 이목을 끌었다. 그 무렵 LCHF 식이요법은 스포츠영양학자들의 회의적인 의견에도 불구하고 이미 울트라마라톤 커뮤니티에서 유행의 절정을 달리는 중이었다. 이유는 간단했다. LCHF 식단이 단거리 전력 질주 능력을 떨어뜨린다는 피니의 추론과 스텔링워프의 증명은 기록 단축이나 경쟁보다 완주 자체에 의미를 두는 울트라마라톤 선수들에게 전혀 부정적 인상을 주지 못했기 때문이다. 열두 시간에서 스무 시간, 심지어 악명 높은 바클리 마라톤의 60시간을 웃도는 완주 시간을 감안하면 가장 뛰어난 선수들조차 순수 탄수화물을 에너지원으로 쓸 정도의 빠른 속도를 내지 못한다는 사실이 충분히 이해됐다. 지방 연소는 이미 그들의 대사식Metabolic Equation에서 중요한 부분을 차지하고 있었던 것이다. 더욱이 열두 시간 넘게 지속된 운동으로 지친 위장에 에너지젤이나 바나나를 반복적으로 쑤셔 넣다가는 자칫 덤불 속으로 뛰어 들어가야 할 일이 생길 수 있는 만큼, 경기 중 연료 보충은 울트라마라톤 선수들에게 최대 과제 중 하나였다. 만약 탄수화물 섭취의 의존도를 낮춰 주고 몸속에 저장된 지방을 태워 에너지로 활용할 수 있도록 해 주는 방법이 존재한다면 당연히 경기력 향상에 도움이 될 터였다. 장거리 사이클이나 철인 3종 경기처럼 일반적인 마라톤보다 경기 시간이 긴 다른 종목에서도 LCHF 지지자들이 하나둘씩 늘어나기 시작했다.

제프 볼렉Jeff Volek이 이끄는 오하이오주립대학교 연구팀과 LCHF 연구의 선구자인 스티븐 피니는 고지방 식이요법이 얼마나 큰 차이를 만들어 내는지 확인하기 위해 울트라마라톤과 철인 3종 경기 종목의 엘리트 선수 스무 명을 섭외하여 각종 검사를 진행했다. 그들 중 절반은 이미 몇 달 혹은 몇 년 전부터 자발적으로 LCHF 식단을 섭취하고 있는 선수들이었다. 2016년《대사Metabolism》에 실린 검사 결과에 따르면 고지방 식단에 적응한 선수들은 대조군 선수들에 비해 지방을 약 두 배 빨리 태울 수 있는 것으로 확인되었다.[306] 일반적인 고탄수화물 식단을 섭취하는 대조군이 총 에너지의 약 56퍼센트만을 지방에서 얻는 데 반해, LCHF 그룹의 지방 의존도는 약 88퍼센트에 달했다. 사실 56퍼센트라는 수치는 한 번 더 눈여겨볼 가치가 있다. 고탄수화물 식이요법을 따르는 선수들도 지방 에너지원을 끌어다 쓸 수는 있다는 의미이기 때문이다. 하지만 LCHF 그룹은 그 능력을 전례 없는 수준으로 끌어올렸다. "그들의 지방 연소 능력은 일반 상식으로는 믿을 수 없을 만큼 높습니다." 볼렉은 말한다.

사실 LCHF 지지자들 중에서도 탄수화물을 완전히 배제하고 열량의 80퍼센트 이상을 지방으로 섭취했던 슈바트카의 식단을 그대로 따르는 사람은 거의 없다. 2015년 100마일 트레킹 종목에서 미국 신기록을 세운 잭 비터^{Zach Bitter}나 2012년 웨스턴 스테이츠 100^{Western States 100} 경기에서 대회 신기록을 세운 티모시 올슨 ^{Timothy Olsen}(그는 2013년 《맨즈 저널》 기사에 언급된 운동선수 중 한 명이기도 하다)만 봐도 평상시에는 탄수화물 비중을 적게 유지하지만 본격적인 훈련이나 경기 시즌이 되기 직전에는 섭취량을 늘리고 있었다. 가령 올슨은 장거리 달리기 전날 저녁에 고구마를 먹고, 경기 중에는 매 시간마다 100칼로리의 탄수화물이 함유된 에너지젤을 한두 개씩 먹었다.[307]

《맨즈 저널》에서 소개한 나머지 두 명의 선수들 또한 올슨과 마찬가지로 상대적으로 느슨한 LCHF 식이요법에 따르는 것으로 드러났다. 올림픽 메달 2관왕에 빛나는 철인 3종 경기 국가대표 사이먼 휘트필드Simon Whitfield의 '고지방' 식단은 탄수화물 50퍼센트, 단백질 30퍼센트, 지방 20퍼센트로 구성되어 있다.[308] 일반 운동선수들이 흔히 먹는 탈지유에 계란 흰자 식단은 아니더라도, 이 정도면 LCHF보다는 일반적인 스포츠영양학 지침에 더 가까워 보인다. 투르 드 프랑스에도 출전한 사이클 선수 데이브 자브리스키Dave Zabriskie에게 직접 연락하여 LCHF의 효과를 알려 달라고 청했을 때, 그는 흥미로운 도전이었지만 경기력 향상을 경험하지는 못했다고 대답했다. "가벼운 장거리 훈련 정도에는 확실히 도움이 됐어요. 하지만 투르 드 프랑스처럼 며칠에 걸쳐 사이클로 달리는 경기에는 탄수화물이 반드시 필요해요."

각종 인터넷 게시판과 소셜 미디어에 올라오는 양극화된 주장들을 보고 있자면 반드시 한쪽을 선택해야 한다는 압박감이 밀려온다. 탄수화물을 태울 것인가? 지방을 태울 것인가? 잘못된 선택이 초래할 결과에 대한 불안은 당신을 움츠러들게 만들 것이다. 하지만 볼렉의 연구 결과가 밝혀냈듯이, 현실의 경기에서는 두 연료가 고루 사용된다. 탄수화물은 접근성이 뛰어나지만 저장 용량에 한계가 있고 지방은 마르지 않는 샘처럼 퍼다 쓸 수 있지만 사용 범위에 제한이 있다. 장단점을 생각하면 두 연료의 대사 경로를 각각 최대화함으로써 호주 스포츠선수촌의 루이스 버크가 '대사 유연성Metabolic Flexibility'이라고 부르는 능력을 개선하는 것이 가장 현명한 선택으로 보인다. 비터나 올슨 같은 울트라마라톤 선수들이 평상시에는 지방 섭취 비중을 높게 유지하다가 중요한 훈련이나 경기 직전에 탄수화물 섭취를 집중적으로 늘리는 것도 결국에는 같은 목표를 염두에 둔 전략이다. 이러한 접근법의 반대 지점에는 평소에 일반적인 고탄수화물 식단을 유지하다가 일주일에 한두 번씩은 고의적으로 탄수화물 저장고를 고갈시킨 상태에서 운동을 하는 식이요법이 있다. 이 방법은 2006년 '관에 못을 박았다'라는 발언을 한 버크 본인과 전 세계의 여러 과학자들이 몇 년 동안 강력하게 지지했던 식이요법이다.

버크는 능률적이고 시원시원한 성격에 풍자로 가득한 유머를 구사하는 호주 출신 과학자로, 학계에서도 다소 특이한 인물로 꼽힌다. 그녀는 1990년 호주 스포츠선수촌에 스포츠영양학팀을 거의 개척하다시피 꾸린 뒤 지금까지 연구원 열여섯 명 규모의 팀으로 키워 냈다. 수십 년에 걸쳐 스포츠영양학이라는 분야의 과학적 위상을 높이는 데 기여하고 상호 심사 학술지에 수백 편의 논문을 실었지만, 그녀에게서는 학자 같은 면모를 전혀 찾아볼 수 없다.

그녀는 호주 국가대표 선수들이 올림픽을 비롯한 국제 대회에서 메달을 딸 수 있도록 돕는 것이 자신의 최대 사명이며, 따라서 선수촌에서 자신의 역할은 기본적으로 '현장직'이라고 생각한다. 학술지에서 아무리 논쟁적인 주제를 다룰 지라도 '중요한 것은 선수들의 의견'이라는 것이 그녀가 경험으로 배운 원칙이다. 선수촌에 들어간 지 얼마 안 됐을 때, 그녀와 동료들은 시합이 시작되기 한참 전에 상대적으로 함량이 높은 카페인을 섭취하면 경기력이 향상된다는 가설에 설득되었다. 하지만 장거리 경기 후반에 콜라를 마시는 것이 효과적이라고 주장하는 사이클 선수들의 의견에서는 명확한 근거를 찾을 수 없었다. 버크를 비롯한 연구진은 선수들이 틀렸다는 것을 증명하기 위해 운동 중에 저용량의 카페인을 제공하는 실험을 진행했다.[309] 그러나 플라세보 효과를 차단하기 위해 더블 블라인드 형식으로 진행한 이 실험은 오히려 선수들이 옳다는 사실을 입증했고, 결과적으로 오늘날 흔히 볼 수 있는 카페인 함유 에너지젤이 개발되는 데 큰 몫을 했다.

　LCHF 식이요법이 지구력 종목 선수들에게서 인기를 끌기 시작했을 때 그녀가 보다 엄격한 테스트를 통해 그 효과를 눈으로 확인해야겠다는 생각을 한 것도 이런 이유 때문이었다. 그녀는 피니가 지지하는 슈바트카 스타일 식이요법에 주목했고, 그가 짚어 낸 기존 실험들의 맹점을 보완하여 3주 동안의 충분한 적응 기간과 높은 지방 함량을 포함한 식단을 설계한 뒤 '초신성'이라는 코드명을 붙여 내놓았다. 2015년 에반 던피와 다른 경보 선수들을 캔버라로 불러들인 바로 그 프로젝트가 베일을 벗은 것이다. 버크는 올림픽 종목 중에서도 경보가 이 실험에 가장 적합하다고 판단했다. 우선 50킬로미터 경보는 우승자의 완주 시간이 4시간 가까이 되는, 올림픽에서 가장 긴 경기 중 하나였다. 게다가 뛸 수 없는 경기 규칙 때문에 고지방 식이요법의 약점으로 지적되는 단거리 전력 질주에 대한 부담도 덜했다.

2017년 발표된 초신성 프로젝트의 결과는 3주에 걸쳐 고지방 식이요법에 참여한 선수들의 지방 활용도가 상상하기 힘들 정도로 높아졌다는 사실을 새삼 확인시켜 주었다.[310] 실험이 후반부에 이르렀을 무렵, 선수들은 50킬로미터 페이스에 맞춰 25킬로미터를 걷는 타임 트라이얼에 투입되었다. 그 결과 고지방 식단을 섭취한 선수들은 '일반적인' 고탄수화물 식이요법을 유지한 선수들보다 약 2.5배 많은 분당 1.57그램의 지방을 태우는 것으로 나타났다. 여기까지는 좋은 소식이었다. 하지만 LCHF 그룹 선수들은 같은 페이스를 유지하기 위해 더 많은 산소를 필요로 하는 등 경기 효율성이 떨어지는 모습을 보였다. 이러한 현상의 원인은 지방 혹은 탄수화물을 근육에서 최종적으로 사용되는 연료 형태인 ATP로 변환하는 과정에서 생긴 대사 반응의 홍수 때문인 것으로 드러났다. 지방과 관련된 대사 반응이 기본적으로 더 많은 산소 분자를 필요로 했던 것이다. 가벼운 산책을 할 때는 별 문제가 되지 않을 정도의 부작용이지만, 숨을 헐떡이며 걷거나 달려야 하는 선수들에게는 산소 소모량을 **조금이라도 늘리는** 모든 반응이 큰 부담으로 작용할 수 있었다. 이러한 원리를 감안하면 프로젝트 막바지에 진행된 가장 중요한 10킬로미터 실전 테스트에서 고지방 식단 그룹이 저지방 식단 그룹보다 저조한 성과를 낸 것은 딱히 놀라운 결과도 아니었다.

LCHF 식이요법으로 올림픽을 준비하는 선수들에게는 분명 나쁜 소식이었지만, 버크 본인도 인정했듯이 이러한 결과만으로 고지방 식단의 우월성을 완전히 부정할 수는 없었다. 예를 들어, 취미로 초장거리 종목에 도전하는 아마추어 선수들은 중간 연료 보충의 부담을 덜기 위해 산소 소모량 증가와 같은 사소한 부작용을 기꺼이 받아들일 것이다. 경보보다 더 긴 완주 시간과 상대적으로 느린 페이스가 요구되는, 이를테면 철인 3종 경기 같은 종목에서도 효율성 저하 문제가 덜 심각하게 받아들여질 수 있다. 결정적으로, 초신성 프로젝트에서 고지방 그룹에 참여했던 선수들이 실험 후 불과 몇 주 안에 놀라운 기록 향상을 보였다는 사실은 분명 고무적인 결과였다. 50킬로미터 경보에서 캐나다 신기록을 세운 던피에 이어 또 다른 선수가 같은 종목에서 아프리카 신기록을 세웠고, 이 외에도 여러 명의 선수가 개인 최고기록을 경신했다. 그해 여름에 열린 올림픽에서 던피는 논란 끝에 최종 4위로 확정되어 원했던 메달을 얻지는 못했다. 세 번째로 골인한 일본의 아라이 히루키[Arai Hirooki] 선수는 결승선 앞에서 던피를 밀쳤다는 이유로 실격되었으나, 재심의를 요청하여 원래 기록을 인정받았고 여기에 던피가 이의를 제기하지 않으면서 최종적으로 동메달을 목에 거는 선수가 되었다. 던피는 메달 없이 리우데자네이루를 떠났지만, 얼마 후 캐나다 신기록을 또다시 경신하며 착실히 정상급 선수 반열에 오르는 중이다. 이것이 뒤늦게 나타난 LCHF 식이요법의 효과일지도 모른다는 가설은 많은 사람들의 호기심을 자극했다.

이에 대한 호주 스포츠선수촌의 대응은 새 프로젝트를 실시한 것이다. 이 프로젝트는 LCHF 식이요법의 진정한 효과가 몇 주의 적응 기간을 마치고 다시 고탄수화물 식단으로 돌아갔을 때 비로소 나타날 가능성을 확인하기 위해 후속 관찰 기간까지 포함했다. 그들은 '초신성2'라는 코드명 아래 이전보다 더 많은 경보 선수들을 캔버라로 불러들였다. 이 실험의 결과는 내가 글을 쓰고 있는 지금까지도 아직 분명하게 밝혀지지 않았다. 하지만 LCHF에 대한 관심이 날로 치솟고 있는 요즘의 추세를 볼 때, 탄수화물 이외의 연료가 지구력의 한계에 어떤 영향을 미칠지에 대해 점점 더 많은 데이터가 쌓이리라는 것만큼은 확실하다. "영양학은 돌고 도는 학문이에요." 버크는 말한다. "과학자들이 '새로운 아이디어'라며 내놓는 주장이 기존 이론의 재현에 불과한 경우가 얼마나 많은지 알면 깜짝 놀랄 거예요. 그런 관점에서 보면 지금 부는 열풍도 단순히 과거의 틀을 벗어나지 못한 일시적인 유행일 수 있죠. 하지만 그 와중에 진짜 혁신이 일어날 가능성도 있어요."

그녀는 현재 탄수화물과 지방 섭취 기간을 '시기적으로' 구분하여 훈련 기간 중 특정 시기에는 탄수화물 저장고를 가득 채우고, 나머지 시기에는 완전히 비우는 접근법에 큰 관심을 보이고 있다. 이러한 식이요법의 목적은 지방 활용도를 늘리는 데만 있는 것이 아니다. 텅 빈 탄수화물 저장고는 마치 중량 조끼와 같이 운동의 강도를 더 높임으로써 결과적으로 같은 훈련에서 더 큰 운동량과 체력 향상을 기대할 수 있도록 한다. 하지만 탄수화물을 섭취하지 않으면서 강도 높은 운동을 지속하기란 쉽지 않기 때문에 탄수화물을 충분히 섭취하는 기간을 간헐적으로 끼워 넣어 전반적인 훈련 강도를 높게 유지해야 한다. 2016년 버크 연구팀은 '슬립 로Sleep Low'라고 이름 붙인 훈련 계획과 그 효과를 발표했다.[311] 이 계획은 탄수화물을 든든히 섭취하고 늦은 오후까지 훈련을 한 뒤 탄수화물을 배제한 저녁 식사를 하고 다음 날 아침 식사 전에 탄수화물 저장고가 완전히 고갈된 상태에서 중간 정도 강도로 추가 훈련을 받는 과정으로 구성되어 있었다. 연구팀은 총 6일에 걸쳐 이러한 과정을 세 차례 반복한 결과 선수들의 20킬로미터 사이클 기록이 3퍼센트 향상되었다고 밝혔다.

이러한 계획은('계획'이라는 단어 자체의 어감과 함께) 탄수화물을 의도적으로 고갈시키는 식이요법이 보다 엄격하고 과학적으로 설계되었다는 인상을 준다. 하지만 버크가 지적했듯이, 사실 이 방법을 발견한 것은 다양한 종목의 선수들이었다. 그들은 오랜 세월에 걸쳐 의도적으로, 혹은 어쩔 수 없이 비슷한 패턴의 식이요법을 시작하게 되었다. 소문에 따르면 사이클계의 전설 미겔 인두라인^{Miguel Indurain}은 1990년대에 공복 상태에서 다섯 시간 동안 사이클을 타는 훈련을 했다고 한다. 케냐의 달리기 선수들은 평소 고탄수화물 식단을 섭취하지만, 종종 식량을 구할 수 없을 때는 텅 빈 위장을 움켜쥐고 달려야 한다. 산악인들 또한 며칠에 걸친 고된 여정을 반복하는 과정에서 탄수화물 활용도를 희생하지 않은 채 지방 활용도를 늘리는 훈련법을 활용하게 되었다. 에너지 부족이 치명적인 결과를 초래할 수 있는 환경에서 지내는 동안 대사 유연성을 높이는 방법을 자연스럽게 터득한 것이다.

이미 충분한 연료들

2000년 6월, 등반가 스티브 하우스Steve House와 마크 트와이트Mark Twight, 스콧 백스Scott Backes는 북아메리카에서 가장 높은 봉우리인 데날리산 남벽을 정복할 예정이었다. 그들이 택한 등산로는 '슬로바키아인의 길Slovak Direct'이라고 불리는, 잘 알려지지도 않은 데다 매우 험준한 길이었다. 1986년 이 루트를 맨 처음 개척한 슬로바키아의 산악인들은 바위와 얼음으로 이루어진 길 곳곳에 수천 피트 길이의 고정 로프를 박아 넣으면서 11일 만에 겨우 정상에 올랐다. 두 번째 팀의 여정은 7일이 걸렸다. 이 루트에 세 번째로 도전한 하우스와 그의 동료들은 텐트와 침낭을 포기하고 로프도 최소한의 분량만 챙긴 상태로 길을 나섰다. 그들은 단 한 번의 공격으로 정상까지 치고 올라갈 예정이었다.

어떤 면에서 보면 등반은 지구력의 한계를 시험하기 가장 좋은 운동이다. 알파인스타일을 선택한 산악인들은 식량을 포함한 장비 일체를 직접 짊어져야 하는데 끝없이 이어지는 수직 빙벽을 기어올라 가야 하는 조건을 생각하면 이는 결코 적은 부담이 아니다. 반면 등반이 요구하는 일반적인 운동 강도는 최대산소섭취량의 65~75퍼센트 수준으로, 방대한 지방 저장고에 의존하기 딱 좋은 수준이다. "가방에 넣은 음식은 짐이 되지만, 우리 몸에는 이미 많은 에너지가 저장되어 있잖아요." 하우스와 그의 코치 스콧 존스턴Scott Johnston은 공동으로 발간한 저서 『새로운 알파인스타일 훈련법

Training for the New Alphinism: A Manual for the Climber as Athlete 』에서 이렇게 밝혔다 "비결은 바로 전략적인 훈련과 식이요법을 통해 몸속의 에너지원을 최대한 활용하고 외부적인 연료 공급을 줄이는 거예요." 하우스는 평소 지방을 충분히 섭취하고(하우스 본인의 경우 지방 섭취량을 5퍼센트에서 30퍼센트로 늘렸다) 중간 강도의 지구력 훈련을 꾸준히 받으며 아침 공복 상태에서 몇 시간씩 운동을 하는 것이 가장 효과적이라는 것을 경험을 통해 배웠다.

2016년 산소통 없이 에베레스트산 정복에 도전했다가 실패한 유명 등반가 에이드리언 볼린저Adrian Ballinger가 코칭을 요청해 왔을 때 하우스와 존스턴이 제시한 해결책 또한 이와 유사한 맥락이었다.[312] 캘리포니아대학교 데이비스캠퍼스의 운동성과연구소에서 측정한 볼린저의 대사 패턴은 그의 몸이 주 사용 에너지를 지방에서 탄수화물로 전환하는 시점이 다른 운동선수들보다 상대적으로 낮은 심장 박동 수 115bpm 지점이라는 사실을 보여 주었다. 에베레스트산 정상 인근의 일명 '데스 존Death Zone'은 강한 허기가 치솟으면서도 소화를 비롯한 모든 신체 기능이 바닥까지 저하되는 지점이다. 탄수화물 의존도가 높은 그는 데스 존에 도달한 뒤 에너지 부족과 주체할 수 없는 오한, 손 감각 마비 때문에 몸을 뜻대로 통제할 수 없는 지경에 이르렀고, 현명하게도 정상 정복을 포기하고 집으로 돌아간다는 결정을 내렸다.

볼린저의 지방 저장고 접근성을 높이기 위해, 존스턴은 고지방 식이요법과 더불어 공복 상태에서 지구력 운동을 병행하라는 처방을 내렸다. 볼린저에게는 쉽지 않은 도전이었다. 실험 초기에 평소 19킬로미터도 가뿐히 달리던 그의 체력은 같은 시간 동안 11킬로미터도 기어가듯이 달리는 수준으로 떨어졌다. 하지만 얼마 지나지 않아 그의 몸은 공복 상태에서도 다섯 시간을 내리 달릴 수 있을 정도로 바뀐 식단에 적응했다. 4개월 후 운동성과연구소를 다시 방문했을 때의 측정 결과는 그의 에너지원 전환 지점이 심장 박동 수 115bpm에서 141bpm까지 올라갔다는 사실을 확인시켜 주었다. 이제 그는 중간 강도의 등반에서 지방을 더 많이 활용할 수 있게 되었고, 귀중한 탄수화물 에너지는 진짜 필요할 때를 대비해 아껴 놓을 수 있게 되었다.

2017년 봄이 왔을 때 볼린저는 등반 파트너 코리 리처즈Cory Richards와 함께 다시 한 번 에베레스트 정복에 도전했다. 하우스와 존스턴은 멀리 떨어진 곳에서 그들의 심장 박동 수를 모니터링하고 있었다. 북아메리카에서 가장 높은 산보다 더 높이 위치한 어드밴스 베이스캠프Advance Base Camp로 향하는 19킬로미터의 여정에서 볼린저의 심장 박동 수는 120bpm을 넘지 않았다. 노스 콜North Col에 도착한 이틀 후에도 심장 박동 수는 125bpm을 밑돌았다. 그는 지난해와 올해의 등반 사이에 엄청난 차이가 있다는 사실을 몸으로 느꼈다. 5월 27일, 그는 오직 자신의 폐에만 의존해 세계의 지붕 꼭대기에 오른 몇 안 되는 산악인의 명단에 당당히 이름을 올렸다. 메스너와 하벨러가 첫 업적을 이뤄낸 지 불과 40년도 되지 않은 시점이었다.

하지만 그의 성과가 오직 지방의 힘으로만 이루어진 것인지는 알 수 없다. "우리는 지방을 태우도록 훈련하지만, 실제로는 탄수화물에 의존해서 산을 오릅니다." 하우스는 말한다. 좀 더 자세히 설명하자면, 일단 등산을 시작한 등반가는 루이스 버크의 조언과 같이 탄수화물을 최대한 많이 섭취함으로써 모든 대사 경로를 최대한 활용하려고 노력한다. 2000년 슬로바키아인의 길에 도전할 당시, 하우스와 두 명의 파트너는 순수 탄수화물로 된 에너지젤을 총 144개 챙겼다. 약 48시간으로 예상되는 등반 시간 동안 한 사람이 매 시간 한 개씩 섭취할 수 있는 양이었다. 기본 에너지원인 몸속의 지방 저장분과 외부적으로 공급되는 탄수화물의 균형을 맞추면서도 짐 무게를 최소화한 덕분에, 그들은 연료가 고갈되기 직전에 목표했던 봉우리를 정복할 수 있었다.

출발한 지 24시간이 지났을 때 하우스와 트와이트, 백스는 돌이킬 수 없는 지점에 들어섰다. 올라온 루트를 통해서 다시 내려갈 수 있을 만큼의 고정대anchor가 남아 있지 않았던 것이다. 수면 부족과 체력 저하, 추위에 의한 감각 마비 증세는 시간이 갈수록 심해졌다. 바위와 얼음을 하도 찍어 댄 통에 무뎌져 버린 장비들을 버리기 위해 등반 중에 두 번이나 멈춰서야만 했다. 48시간이 지날 무렵에는 물을 녹일 용도로 가져온 스토브의 연료가 바닥났다. 떨어진 체력과 높아진 고도가 유발한 메스꺼움 때문에 에너지젤을 먹는 속도도 점점 느려졌다. 자연히 그들의 에너지 레벨은 위험 수위까지 떨어졌다. "근육 경련은 심각한 수준이었고, 나중에는 환청까지 들리더군요."[313] 트와이트는 당시를 이렇게 회상했다.

이 시점에는 빙벽에 매달린 세 등반가의 머릿속에 한계라는 단어가 메아리치고 있었다. 앞선 장들을 통해 살펴보았던 다양한 한계 요소들과 마찬가지로, 우리 몸에 찾아올 수 있는 궁극적 위기(이 경우에는 연료 고갈로 인한 근육 활동 정지)는 여러 가지 전조 증상을 동반한다. 그중에서도 연료 고갈의 전조 증상은 매우 끈질기고 강력한 편에 속하며, 따라서 우리 몸에 무의식적인 선행 규제 시스템이 존재한다는 강력한 증거가 되기도 한다. 스포츠음료를 머금었다 뱉기만 해도 경기력이 향상되거나 연료 저장분이 절반 이상 남아 있을 때부터 근섬유의 효율성이 떨어지기 시작하는 현상이 그 대표적인 예시다. 하지만 인간은 이러한 신호를 얼마쯤 무시해도 버틸 수 있도록 만들어져 있다. "대부분의 미국인 등반가들은 배고픔을 지나치게 두려워해요." 트와이트는 말한다. "그렇지 않다면 그렇게 많은 식량을 짊어지고 산을 오를 리가 없겠죠."

하우스와 트와이트와 백스는 자신들의 한계를 시험해 보기로 마음먹었다. 이미 정신이 혼미해진 그들은 높이 솟은 데날리산 남벽을 뒤덮고 있는 세락serac(빙하가 급경사진 언덕을 내려올 때 빙하 사이의 균열에 의해 생긴 탑 모양의 얼음덩이-옮긴이)을 피해 올라가는 와중에 잠시 길을 잃었지만, 결국에는 거대한 세락과 가파른 바위 사이에 위치한 길을 발견하여 무사히 등산로로 돌아올 수 있었다. 60시간 동안 멈추지 않고 사투를 벌인 그들은 마침내 허기와 탈수, 탈진, 수면 부족에 시달리는 몸을 이끌고 정상에 올랐다. 그리고 비틀거리며 결승선을 넘은 뒤에도 계속 달리는 마라토너들처럼 계속해서 발걸음을 옮겼다. 그들에게는 산을 내려가야 하는 여정이 아직 남아 있었기 때문이다.

2시간의 벽

재앙은 우리 앞에 슬로모션처럼 닥쳐왔다. 〈브레이킹2〉가 열린 국립 몬차 자동차경주장은 1922년에 세워진 이래로 수없이 많은 전설적인 경기와 그에 걸맞은 스피드 기록의 역사(가장 빠른 기록은 콜롬비아의 카레이서 후안 파블로 몬토야Juan Pablo Montoya가 2005년 이탈리아 그랑프리에서 세운 시속 372.6킬로미터다. 이 속도로 달리면 마라톤 코스를 7분 이내에 주파할 수 있다)를 쌓아 왔지만, 안타까운 사고의 무대가 된 적도 그만큼이나 많았다. 현재까지 50명 이상의 선수와 40명 이상의 관객이 목숨을 잃었는데 그중 대부분이 경기 분위기가 지금보다 자유로웠던 모터스포츠 초창기에 벌어진 일이었다. 하지만 3월 초반 북부 이탈리아다운 화창한 날씨의 오늘, 이곳에서 문제를 일으키고 있는 것은 다름 아닌 페이스메이커팀이었다.

킵초게와 타데세, 데시사는 5월로 예정된 풀 마라톤에 앞서 모든 조건을 똑같이 갖춘 하프 마라톤 리허설을 갖기로 했다. 〈브레이킹2〉 프로젝트의 존재는 지난해 12월 대중에게 공개되었지만, 나이키는 대부분의 세부 사항을 극비로 진행하면서 호기심과 비난을 절반씩 얻고 있었다. 신소재 운동화 개발을 비롯한 전체적인 그림을 모르는 대부분의 평론가들은 나이키가 대중의 관심을 끌기 위해 불가능한 목표를 가지고 장난을 치는 중이라거나 바퀴 달린 신발 혹은 내리막길로만 구성된 코스 등의 반칙을 준비하고 있을 것이라고 추측했다. 모든 계획이 구체적으로 공개된 것은 오늘 아침에 열린 기자회견에서였다. 이제 전 세계 육상계의 이목이 집중됐다. 드디어 나이키 연구팀은 긴 시간 동안 실험실에 붙어 앉아 수정하고, 조율하고, 때로는 대담하게 밀고 나가며 세운 계획을 현실에서 실행해볼 기회를 얻게 되었다.

경기가 시작되기 몇 분 전, 나이키의 넥스트제너레이션연구팀장 브래드 윌킨스Brad Wilkins가 내게 간략한 코스 소개를 해 주었다. '주니어 코스Junior Course'라고 불리는 2.4킬로미터 트랙은 최고 높이와 최저 높이의 차이가 고작 5미터에 불과하여 거의 완벽한 평지에 가까웠다. 해발 1,900미터의 캔버라에서 내가 겪은 고충과 정반대로(238쪽 참조) 해발 600미터라는 낮은 고도는 선수들이 숨을 들이쉴 때마다 폐에 충분한 산소를 공급해줄 터였다. 결승선을 향해 쭉 뻗은 직선주로를 함께 걸으면서, 윌킨스는 팬케이크처럼 판판한 기록측정용 매트를 가리켰다. 400미터마다 하나씩 설치된 그 무선 장비의 용도는 선수들의 기록을 실시간으로 전광판에 띄워 주는 것이었다(풀 마라톤에서는 기록 측정이 200미터에 한 번씩 이루어질 예정이었다). 이 외에도 경기장의 기온과 습도, 풍속을 분석하는 별도의 기상 관측 시설이 두 개나 설치되어 있었다. 이 지역의 5월 초 평균 기온은 10도 초반으로, 탈수와 열사병에 대한 걱정을 최소화해 줄 만큼 선선한 날씨였다. 사실 하프 마라톤 당일에는 경기를 미뤄야 하나 고민할 정도로 바람이 거셌다. 이런 리스크를 감안하여 나이키는 풀 마라톤 날짜를 정확하게 선포하는 대신 3일의 '개최 가능 기간'으로 공지하는 방법을 택했다. "생리학자로서 제가 가장 걱정하는 건" 윌킨스는 구름이 점점이 박힌 푸른 하늘을 바라보며 사뭇 진지하게 말했다. "바로 태양이에요. 이 지역은 복사열이 너무 강하거든요."

마침내 천식 환자의 기침 소리를 연상시키는 나팔소리가 울렸고, 선수들은 F1 테스트 드라이버가 운전하는 테슬라의 매끈한 검은색 페이스 카[314](당연히 배기가스를 배출하지 않는 모델)를 따라 경주를 시작했다. 첫 번째로 투입된 여섯 명의 페이스메이커는 재빨리 한 줄, 두 줄, 세 줄에 걸쳐 화살촉 모양으로 자리를 잡았다. 이러한 배치는 바람굴 테스트뿐 아니라 공기역학 전문가의 유체역학 시뮬레이션을 거쳐 탄생한 과학적인 대형이었다. 하지만 이 인상적인 광경은 그렇게 오래 가지 못했다. 경기가 시작된 지 얼마 되지도 않았는데 벌써부터 속도를 유지하지 못하는 페이스메이커들이 하나둘씩 나오기 시작한 것이다. 곧바로 대체 인력이 투입되었지만, 다른 선수들과 불편할 정도로 딱 붙어서 정확한 대형을 유지하는 동시에 빠른 속도로 달리는 것은 결코 쉽지 않은 일이었다. 대형의 화살촉 모양은 이내 아메바 모양으로 바뀌었고, 킵초게와 나머지 두 선수들은 즉시 공기저항에 노출되었다.

코스를 절반쯤 돌았을 무렵 상황은 더욱 악화되었다. 데시사가 조금씩 뒤로 처지기 시작한 것이다. 물론 윌킨스는 이번 하프 마라톤의 목적이 단순한 현지 적응 훈련일 뿐이라고 호언장담했다. 선수들은 강도 높은 훈련을 소화하고 있었고, 데시사도 일주일에 320킬로미터 이상의 거리를 주파하고 있었다. "이번 하프 마라톤의 목적은 선수들의 체력을 테스트하는 게 아니에요." 윌킨스는 말했다. "우리의 기술을 테스트하는 거죠." 그러나 데시사와 다른 선수들 사이의 간격이 1미터에서 5미터로, 다시 10미터로 계속해서 벌어지자 결승선 근처에 있던 연구진들은 서로 불안한 눈빛을 교환했다. 세상에서 가장 뛰어난 선수와 첨단 과학과 막대한 자본이 만난다 해도, 실패의 가능성은 **언제든** 존재했다.

나는 일을 시작한 이래 처음으로 악성 댓글의 표적이 되었다. 사람들은 내가 나이키의 앞잡이이며, 이런 프로젝트에 참여하는 것 자체가 달리기의 정신을 훼손하고 스포츠를 상업적인 쇼의 들러리로 전락시키는 행위라고 비난했다. 그들의 과격한 표현에 당황한 것은 사실이지만, 그 분노의 원인이 무엇인지는 이해할 수 있었다. 달리기의 가장 큰 특징은 바로 단순함이다. 세계에서 가장 가난한 국가들이 수많은 챔피언을 배출하고, 국제육상경기연맹International

Association of Athletics Federation, IAAF의 가맹 국가가 국제연합^{UN} 소속 국가보다 더 많은 이유가 바로 여기에 있다. 게다가 마라톤은 그 자체로 숭고한 역사를 가지고 있다. 이런 상황에서 극비에 부쳐진 신소재 운동화나 화살촉 대열의 페이스메이커 떼거리처럼 공식 규정을 무시하는 나이키의 시도가 마케팅에 혈안이 된 거대 기업의 수작으로 보이는 것은 어찌 보면 당연한 일이었다.

비평가들은 로저 배니스터 같은 선수들이 의대 점심시간에 짬을 내서 훈련한 결과로 4마일의 벽을 깨곤 했던 좋은 시절은 지났다는 의견을 내놓았다. 그들의 지적은 몇 가지 지점에서 의심할 여지가 없는 사실이다. 하지만 4분의 벽과 2시간의 벽을 깨려는 노력 사이에는 놀라울 정도로 많은 공통점이 존재한다. 우선, 배니스터의 성공은 세심하게 계획된 타임 트라이얼 훈련의 성과였지 존 랜디를 포함한 기록 경쟁자들과의 치열한 승부 덕에 얻어진 결과가 아니었다. 1953년 배니스터는 고교 대항전에서 열린 특별 시범 경기에 참여했다. 이 경기에서 두 명의 선수가 그의 페이스메이커 역할을 해주었는데, 2.5바퀴 이후에 페이스메이커 역할을 해 준 두 번째 선수는 종종 함께 조깅을 하던 옥스퍼드대학교 육상팀 동기 크리스 브래셔^{Christ Brasher}였다. 그 경기에서 배니스터가 세운 기록은 영국 신기록에 해당하는 4분02초00이었으나, 〈브레이킹2〉 프로젝트와 마찬가지로 페이스메이커를 세웠다는 사실 자체가 규정 위반이 되어 공식 기록으로 인정받지 못했다. 그러나 그 경기는 충분히 존재 가치가 있었다. "이제 나와 4분의 벽 사이를 가로막는 것은 고통스러운 2초의 시간뿐이었죠."[315] 그는 훗날 당시를 이렇게 회상했다. "그리고 그 정도는 넘을 수 있겠다는 확신이 들었어요."

나이키 연구팀의 접근 또한 이와 크게 다르지 않았다. 만약 킵초게, 타데세, 데시사 중 한 명이 인위적으로 조성된 환경에서 2시간의 벽을 깨는 데 성공한다면, 훗날 어느 선수가 정식 경기에서 동일한 목표를 이루는 데 도움이 될 것이다. 마음은 인간의 한계가 어디까지인지 규정짓는 프레임이기 때문이다.

나이키의 시도와 이를 바라보는 사람들의 시선은 에베레스트산 등반에서 산소통의 역할을 놓고 벌어진 논쟁을 연상시킨다. 1920년 영국 탐험대가 최초로 에베레스트 정복을 시도할 무렵, 등반가에게 산소를 추가로 보급하는 기술은 아직 미미한 수준이었다. 하지만 산악인 중 일부는 그러한 시도 자체가 스포츠 정신을 훼손하고 성공의 가치를 떨어뜨린다고 생각했다.[316] 1953년 최초로 에베레스트 정상을 밟은 에드먼드 힐러리와 텐징 노르게이의 성공 뒤에는 분명히 산소통의 도움이 있었다. 그리고 25년 후 마침내 메스너와 하벨러가 오직 인간의 힘만으로 같은 목표를 이루는 데 성공했다. 하지만 과연 그들이 산소통을 맨 채 등산로를 찾아낸 선구자들의 역할 없이도 목표를 이룰 수 있었을까? "절대 아니다"라는 대답은 조금 과장일 수 있지만, 그 산이 여전히 정복되지 않았을 가능성도 무시할 수 없다.

신소재 운동화도 또 다른 논란을 일으켰다. 하프 마라톤 당일, 《뉴욕 타임스》는 마라톤 2시간의 벽에서 나이키와 경쟁하고 있는 야니스 피츠일라디스가 보낸 신소재 운동화의 프로토타입 CT 사진을 보도했다.[317] 사진 속 운동화에 박힌 탄소섬유판은 꼭 몰래 숨겨 들어가려다 공항 보안 검색대에서 적발된 가방 속 칼날처럼 보였다. "이 탄소섬유판의 역할은 새총이나 투석기처럼 선수의 발을 앞으로 더 빨리 튕겨 내는 것이다"라는 것이 《뉴욕 타임스》의 설명이었다. 경기력을 최대 4퍼센트까지 향상시켜 준다는 운동화를 신고 달리는 것이 과연 공정한 도전일까?

육상계에 닥친 이 딜레마는 1990년대 아워 레코드 종목에서 디지털 기기 사용을 금지한 사이클계나 2010년 폴리우레탄 소재의 전신 수영복 착용을 금지한 수영계가 맞닥뜨린 상황과 비슷하다. 기술의 발전은 자연스러운 현상이지만, 그 발전 속도가 너무나 빠른 나머지 우승자를 결정짓는 단계에 이르면 문제가 되어버린다. 2016년 올림픽 마라톤 경기에서 메달을 차지한 세 명의 선수들은 나이키에서 비밀리에 제작한 신소재 운동화 '베이퍼플라이Vaporfly'의 프로토타입을 착용한 채 달린 것으로 확인되었다. 2016년 런던 마라톤, 시카고 마라톤, 베를린 마라톤, 뉴욕 마라톤 여자 부문 우승자들 또한 모두 같은 모델의 운동화를 신고 달렸다. 평범한 상황에서는 2시간 3분대의 기록을 내던 선수가 최첨단 신발을 신고 2시간의 벽을 깼다면, 인간의 한계를 연구하는 관점에서 과연 이를 어떻게 해석해야 할 것인가?

늦은 오후의 해가 동굴처럼 텅 빈 관중석 너머로 넘어갈 무렵, 마지막 전력 질주를 위해 슬슬 시동을 거는 킵초게를 바라보는 내 머릿속에는 이런 의문이 도사리고 있었다. 데시사에 이어 타데세의 속도까지 느려지기 시작한 경기 후반에도 킵초게의 움직임에는 힘들다는 기색이 전혀 느껴지지 않았다. 그는 59분19초라는 어마어마한 기록으로 결승선을 통과한 뒤 앤드류 존스가 땀 손실분을 측정하기 위해 기다리고 있는 저울 옆으로 느긋하게 걸어갔다. 이윽고 들어온 타데세의 기록은 59분42초로, 이조차 라이언 홀 선수의 미국 신기록인 59분43초보다 빨랐다. 게다가 그는 더 빨리 달릴 수 있었지만 일부러 경기 전 목표 이상으로 무리하지 않았다고 말했다. 컨디션 난조를 보였지만 코스를 끝까지 완주한 데시사는 1시간02분56초를 기록했다.

수분을 보충하고 땀이 식기를 기다린 뒤, 선수들은 한 떼의 기자 무리가 던지는 질문들에 성심성의껏 대답했다. 회견장에는 일반적인 스포츠 기자들 외에도 건강 프로그램, 디자인 잡지, 패션 블로그를 대표하는 취재진이 다수 모여 있었다. 데시사가 계속되는 부상의 고충을 토로하는 동안 킵초게는 끝없이 이어지는 바보 같은 질문을 맞받아쳐야 했다(식사는 하셨나요? "음, 점심은 먹었습니다." 경기 중에는 아무것도 드시지 않았나요? "네. 경기 중에는 먹지 않았습니다." 그러면 좀 힘들지 않나요? 보통 마라톤 중에는 식사를 하지 않나요? "네. 저는 마라톤 중에 식사를 하지 않습니다."). 이러한 문답 릴레이가 한바탕 지나간 뒤, 나는 중요한 질문을 던졌다. "59분19초의 기록을 세우는 데 얼마나 많은 에너지를 써야 했나요? 95퍼센트? 98퍼센트? 100퍼센트?" 킵초게는 대답했다. "60퍼센트요. 오늘 경기는 그저 훈련에 지나지 않았습니다."

그다음 날 아침의 공기는 건조하고 따스했으며 대지에는 바람 한 점 없었다. 윌킨스가 언급한 3일의 '개최 가능 기간'이 왜 필요한지 정확히 알 것 같은 날씨 변화였다. 곧 연구원들과 진행 요원들의 경기 브리핑이 시작되었다. 운동화팀은 경기 중에 찍은 정밀 사진을 제시하며 밑창의 발포성 소재에 주름이 지나치게 잡히는 현상을 개선해야 할 것 같다고 말했다. 주눅이 든 데시사는 경기 전 갑자기 마음을 바꿔 원래 입던 헐렁한 운동복 반바지 대신 최첨단 소재의 하프 타이츠로 갈아입는 데 동의했다. 생리학자팀은 선수들이 경기 직전에 삼킨 심부 체온 측정용 알약과 몸에 부착한 피부온도 측정 센서, 근육 내 산소 농도 측정 센서를 통해 그들이 어제보다 두 배 긴 경기에서도 같은 페이스를 유지할 수 있을지 분석했다. 킵초게의 심부 체온이 경기 전후로 큰 차이를 보이지 않으며 열사병의 징후가 조금도 나타나지 않았다는 사실은 고무적인 분위기를 형성하기에 충분했다. "그중에서도 가장 큰 성과는" 브리핑을 시작할 때부터 이 말을 하고 싶어 안절부절못하던 윌킨스가 마침내 입을 열었다. "지금껏 하프 마라톤을 59분 19초에 뛴 선수의 실시간 데이터를 손에 넣은 연구진은 없었어요. 하지만 우리는 갖고 있습니다. 이 데이터를 실전에 대입하면 기록도 깰 수 있을 거예요!"

킵초게의 기록이 인상적인 것은 사실이었지만, 세계신기록을 넘어서는 수준은 아니었다. 지금껏 하프 마라톤에서 59분 19초보다 빠른 기록을 낸 선수는 33명이나 있었지만 그들 중 누구도 풀 마라톤의 아찔한 거리를 2시간 안에 뛰지 못했다. 총 에너지의 60퍼센트밖에 쓰지 않았다는 킵초게의 발언은 박수를 칠 만한 소식이었지만, 한편으로는 그 대답이 불안감에서 나온 농담이었을지도 모른다는 생각도 들었다. 어쨌든 〈브레이킹2〉 프로젝트의 예상 개최 날짜인 2017년 5월 6일이 되면(이 날짜가 선택된 것은 로저 배니스터가 1마일 4분의 벽을 깬 날과 같기 때문이었다) 진실을 확인할 수 있을 터였다.

이후 몇 주에 걸쳐 이어진 여러 인터뷰에서, 킵초게는 몇 번이나 믿음의 힘을 언급했다. "저는 스스로에 대한 믿음을 갖고 미지의 분야를 시도해도 된다는 결론을 얻었습니다."[318] 그는 오리건의 나이키 본사에서 받은 생리적 테스트 결과가 어떻게 나왔는지 묻는 케냐 기자의 질문에 이렇게 대답했다. "차이점은 오직 생각뿐입니다."[319] 또 다른 기자와의 인터뷰에서는 이렇게 대답했다. "당신은 불가능하다고 생각하지만 저는 가능하다고 생각합니다."

하지만 올림픽 금메달리스트이자 이미 10년 이상 자기 분야에서 최고의 자리를 지키고 있는 선수의 뇌가 자신의 한계를 지금보다 더 먼 곳으로 설정한다는 것이 과연 가능한 일일까? 만약 가능하다면, 그 방법은 무엇일까?

3부

한계의 벽을 깨는 인류의 도전

11장

훈련받는 뇌

책의 초반부에서 '인체를 기계와 동일시하는 관점'과 '모든 것은 마음먹기에 달려 있다는 관점'을 정확하게 구분하여 비교했다. 전자는 지구력의 한계가 근육에 충분한 산소를 공급할 수 없거나 연료 탱크가 텅 비었을 때 찾아온다고 보는 관점이고, 후자는 도전을 포기하는 이유가 자발적 선택 혹은 뇌의 보호 메커니즘의 작동 때문이라고 보는 관점이다. 2부의 여섯 장을 통해 둘 중에 어떤 시각이 다양한 극단적인 도전 앞에서 상황을 더 잘 설명해 주는지 살펴보았다. 이제 와 고백하자면 그 결과로 나온 결론은 내가 처음 원고를 쓰기 시작하면서 예상했던 것과 달리 매우 모호했다.

팀 녹스가 국기를 들고 세리머니를 하는 올림픽 마라톤 은메달리스트를 관찰하여 얻은 아이디어를 다시 한 번 떠올려 보자. "이 선수가 살아 있는 것이 보입니까? 그게 무슨 뜻일까요?" 그는 2위 선수를 가리키며 물었다. "이 선수가 더 빨리 달릴 수 있었다는 뜻입니다." 하지만 어떤 사람들은 지구력의 한계를 시험하던 와중에 **실제로** 죽음을 맞이했다(다행히 이런 사례가 매우 드물긴 하지만). 헨리 워슬리는 남극에서 몸에 남은 힘을 마지막 한 방울까지 써버렸고, 맥스 길핀은 세포가 열기에 녹아내릴 때까지 달렸으며, 프리다이버들 중에서도 이따금씩 물 위로 올라오지 못하고 생명의 끈을 놓아 버리는 선수가 나온다. 어떤 이들은 이런 사례가 아주 특이한 사례라거나 감염 혹은 장애물 같은 외부적 요인 때문에 발생한 사고라고 주장하기도 한다. 하지만 인간이 가끔이나마 진짜 한계에 도달한다는 것만큼은 부정할 수 없는 진실이다. 현실에서는 자동차 바퀴 아래에 누가 깔렸다고 해도 절대 그 차량을 들어 올릴 수 없는 것이 정상인 것이다.

현실이 그다지 영웅적이지 못하다는 사실을 받아들였다면, 2부에서 제시한 여섯 가지 가장 흔한 한계 요인을 살펴보는 것이 의미 있다는 사실을 알게 되었을 것이다. 트레드밀을 뛰던 인간이 어느 순간 기력을 잃고 쓰러지거나 도저히 더는 못 하겠다고 자비를 구하는 원인은 상황에 따라 완전히 달라진다. 우리는 때로 높은 산꼭대기를 향해 오를 때처럼 산소가 부족해서, 사막에서 길을 잃고 헤맬 때처럼 수분이 부족해서, 연료가 고갈된 근육이 말을 듣지 않아서 운동을 포기한다. 그러나 어떤 상황에서든 몸이 말을 듣지 않기 시작하는 것은 실제로 한계에 도달하기 한참 전이다. 처음에는 미세한 변화를 눈치 채기 어렵지만 점차 현재 페이스를 유지하는 데 더 많은 노력이 들어가게 되고 결국 영원히 지속하는 것은 무리라는 생각에 이른다. 그 순간 고통스러운 도전은 마침내 포기의 순간을 맞이한다. 하지만 이 시점의 심부 체온은 여전히 정상 범주에 속하고, 근육에는 산소와 연료가 충분히 남아 있으며, 대사 작용의 결과 발생한 부산물 수치도 적정 수준을 넘지 않는다. 우리가 멈추는 이유는 오직 뇌에서 시간문제로 다가온 위험의 가능성을 감지했기 때문이다.

뇌 역할에 대한 두 가지 관점

새뮤얼 마코라는 시간이 갈수록 상승하는 노력의 감각이야말로 포기의 주된 원인이라고 보았다. 그의 관점에 따르면 인간은 노력을 지속할 수 있는 수준으로 페이스를 조절하며, 노력의 감각이 견딜 수 있는 수준을 넘어선 순간 자발적으로 운동을 그만둔다. 반면 팀 녹스는 앨런 세인트 클래어 깁슨 같은 학자들과의 공동 연구를 통해 노력의 감각이 진짜 위험으로부터 몸을 보호하기 위해 정밀하게 설계된 신경 회로의 명령에 따라 발생하는 느낌이라고 보았다.[320] 마코라의 이론이 가진 최대 강점은 압도적인 단순함이다. 그는 자신이 세운 가설을 물리학의 만능열쇠인 상대성이론과 양자역학에 비유하며 모든 것을 설명할 수 있는 단 하나의 통합 이론을 내

세웠다. 하지만 내가 봤을 때 지구력의 한계에 대한 논쟁과 물리학의 공통점은 단순함뿐만이 아니다. 현재 양자역학을 해석하는 방법은 한두 가지가 아니며(코펜하겐 해석Copenhagen, 많은 세계 해석Many-Worlds, 보옴역학De Broglie-Bohm 등) 이를 지지하는 학자들 사이에 뜨거운 설전이 벌어지고 있다. 그러나 그 모든 해석은 결국 똑같은 설명과 예측을 다룬다. 같은 현상을 바라보는 서로 다른 관점이 존재하는 것이다.

2009년 녹스의 제자 출신인 로스 터커는 《영국 스포츠의학 저널》에 〈운동을 통제하는 선행 규제Anticipatory Regulation of Performance〉라는 제목의 논문을 발표하며 우리의 뇌가 진짜 위험한 상황이 닥치기 전에 몸의 움직임을 제한하는 원리에 대해 구체적인 설명을 제시했다.[321] 체온, 산소량, 연료량 등의 결정적인 정보와 더불어 수면의 질에 따른 몸의 상태나 현재 기분과 같은 보다 사소한 요소들을 통합하는 메커니즘은 과연 무엇일까? 터커는 그 대답이 '보그의 운동자각도'라고 보았다. 그의 논문에는 운동자각도가 "이 모든 심리학적, 생리학적 신호들이 하나로 합쳐져 나타나는 의식적, 육체적 징후"라고 표현되어 있다. 그는 운동자각도가 체온 상승 혹은 탄수화물 저장량 감소 등의 개별적 현상에 반응하여 조금씩 올라간다는 점을 지적했다. 말 그대로 서서히 다가오는 위험을 예측하는 메커니즘인 것이다.

터커의 공식에 따르면 페이스 조절이란 현재 시점에서 느낄 것이라고 예상한 노력의 강도 대비 실제로 느끼는 노력의 강도를 비교하는 과정이며, 그 차이는 경험과 훈련을 바탕으로 섬세하게 조정된 개개인의 내부적 기준에 따라 달라진다. 만약 보그의 운동자각도가 10단계인 상태에서 경기를 시작한다면, 결승선에서 운동자각도의 최댓값인 20단계에 도달해야 하기 때문에 중간 지점에서의 운동자각도는 15단계가 되어야 한다. 이런 상황에서 중간 지점 운동자각도가 16단계까지 올라가 버린다면, 아직 최고치에 한참 모자라다 하더라도 속도를 늦춰야 한다는 열망이 강하게 치고 올라올 것이다. 터커의 관점에서 보면 내가 1,500미터에서 5,000미터로 종목을 바꿨을 때 겪었던 문제의 주된 원인은(자세한 내용은 3장을 참조하기 바란다) 페이스 조절 기준을 잘못 세웠기 때문이었다. 즉 내가 4,000미터 부근에서 페이스를 유지할 수 없었던 것은 육체적 한계에 부딪혔기 때문이 아니라 그 시점에서 예상되는 노력의 감각과 실제 노력의 감각이 일치하지 않은 탓이었고, 마지막 바퀴에서 갑자기 속도를 올릴 수 있었던 것은 내 몸이 **예상한** 노력의 감각이 거의 최고조에 다다른 덕분이었다.

터커의 가설은 정말로 지구력이 통제되는 원리를 설명하는 걸까? 혹시 단순히 감각에만 집중하고 있는 것은 아닐까? 그의 주장을 놓고 가장 치열한 논쟁이 벌어지는 지점이 바로 여기다. 한창 달리는 중에 보그의 운동자각도를 계산하거나 현재 상태를 정확히 수치화하는 선수는 없다. 이 모든 결정 과정은 우리의 의식 아래 어디선가 조용히 진행되고 있는 것이다. 마코라는 터커-녹스와 그중에서 어디까지가 의식과 선택의 영역이고 어디까지 무의식과 자동 통제의 영역인지를 놓고 대립각을 세우는 중이다. 몸 곳곳에서 뇌로 전달되는 반응이 노력의 감각에 미치는 영향에 대해서도 두 학파는 서로 다른 의견을 내세우고 있다. 마코라는 몸이 보내는 반응이 고통스럽고 불편하다는 느낌을 초래할 수는 있지만, 뇌에서 근육으로 보내는 신호에 의해 발생하는 노력의 감각을 유도하는 것은 아니라고 말한다.[322] 게다가 이 모든 논쟁의 배경에는 맨 처음 이 아이디어를 떠올린 사람이 누구인지에 대한 신경전마저 자리하고 있다. 하지만 노력의 감각의 중요성을 인정하는 부분에서만큼은 세 학자 모두 의견 일치를 보인다. 한 사람이 지금 상태를 얼마나 힘들게 느끼고 있는지 확인하는 것은 생리학자들이 개발한 그 어떤 측정 방법보다도 정확하게 그의 최대 운동량을 예측해 주는 지표 역할을 했다.

'그레이트레이크 지역 북부 보수파 침례교도 위원회 1879년 설립 분파'와 '그레이트레이크 지역 북부 보수파 침례교도 위원회 1912년 설립 분파'에 대한 에모 필립스Emo Philips의 가장 재미있는 농담[323]처럼(그레이트레이크 지역 북부 보수파 침례교도 위원회 1879년 설립 분파의 교도가 그레이트레이크 지역 북부 보수파 침례교도 위원회 1912년 설립 분파의 교도를 이교도라는 이유로 다리 위에서 밀어 버렸다는 농담으로, 2005년 한 기독교 관련 웹사이트가 주최한 투표에서 가장 재미있는 종교 관련 농담으로 선정되었다 - 옮긴이), 뜨거운 논쟁의 중심에 있는 주장들도 본질적인 측면에서는 크게 다르지 않은 경우가 많다. 뇌가 지구력의 한계에 미치는 영향에 대해서는 아직 밝혀지지 않은 부분이 수두룩하다. 하지만 마코라, 터커, 녹스가 제시한 주장은 모두 한 방향을 가리키고 있다. 그들은 모두 비밀의 열쇠가 '노력'에 달려 있다고 보았다.

뇌 지구력 훈련 체험

여기까지의 결론을 납득한 순간, 필연적으로 한 가지 질문이 떠오를 것이다. '그렇다면 노력은 어떻게 향상시킬 수 있는 것일까?' 가장 평범한 동시에 가장 정확한 대답은 '몸을 단련하라'는 것이다. 만약 1마일을 5분 페이스로 가볍게 달리고 싶다면, 집 밖으로 나가 1마일을 5분 페이스로 달리는 훈련을 시작해야 한다. 그것도 아주 여러 번. 훈련이 반복될수록 심장은 튼튼해지고 미토콘드리아의 에너지 생성 능력이 향상되며 혈액을 통해 몸 구석구석에 산소를 공급하는 모세혈관의 수도 늘어난다. 이러한 변화는 5분 페이스에 소요되는 생리학적 부담을 덜어 주고, 그 결과 근육과 심장에서 뇌로 보내는 운동 강도 정도를 줄인다. 페이스를 유지하는 것이 수월하게 **느껴진다면** 자연히 견딜 수 있는 시간 또한 늘어난다. 훈련의 효과를 설명하는 기준으로 VO_2Max 대신 노력의 감각을 활용하는 것은 얼핏 보기에 패러다임을 바꾸는 관점의 전환이지만, 구체적인 훈련법에 관해서는 딱히 새로울 것은 없다.

물론 차이점이 아예 없는 것은 아니다. 노력을 중심에 놓는 관점에서 보면 노력은 속도 저하나 포기를 유발하는 생리작용의 부산물이 아니라 120쪽 그림에서 확인했듯이 그 자체로 속도 저하나 포기를 유발하는 핵심 요인이다. 따라서 우리 뇌에 존재하는 '노력 다이얼'을 조절할 수 있는 요소라면 근육이나 심장이나 VO_2Max에 아무런 영향을 미치지 못한다 해도 궁극적으로는 지구력의 한계를 좌우할 수 있다. 이것이 바로 2010년 호주의 한 학회에서 내 관심을 끌었던 새뮤얼 마코라의 주장이며, 그의 가설 중에서도 가장 창의적이고 핵심적인 부분이다. 그가 피로 관련 화학 물질의 생성을 차단하여 뇌의 인식을 속이는 군대용 카페인 껌 실험을 진행한 것도, 웃는 얼굴이나 찡그린 얼굴을 무의식중에 보여 줌으로써 노력의 감각을 변화시키고 그 결과 지구력 자체를 변화시키는 실험을 진행한 것도 모두 같은 주장을 증명하기 위한 노력이었다. 그리고 그가 설계한 '뇌 지구력 훈련' 또한 같은 목적을 지니고 있었다.

영국의 해안 지역에 위치한 켄트대학교의 그림 같은 캠퍼스에 도착한 첫날, 나는 두 번이나 덤불 속으로 뛰어 들어가 격렬한 구토를 했다.[324] 《러너스 월드》의 편집자를 설득해 마코라의 뇌 훈련 이론을 더 자세히 살펴보자는 기획을 통과시킨 나는 생애 첫 풀 마라톤 훈련도 할 겸 그의 실험을 직접 체험해 보기로 마음먹었다.

내가 켄트대학교에 도착하기 불과 며칠 전, 마코라의 동료인 알렉시스 모저는 노력의 감각을 기반으로 VO2Max를 측정하는 방법을 밝힌 논문[325]을 발표하며 논란의 중심에 서 있었다. 트레드밀이나 사이클의 속도를 연구진이 임의로 조정하는 기존의 VO2Max 테스트가 뇌의 역할을 무시한다고 생각한 그는 실험 참가자들에게 노력의 감각에 따라 자발적으로 속도를 조절하도록 하게 하고 같은 테스트를 진행했다. 그 결과 전통적인 측정법 대신 노력 기반 측정법을 사용했을 때 같은 사람이 더 높은 VO2Max값을 나타낸다는 사실을 밝혀냈다. 이는 VO_2Max가 산소 섭취 능력에 따른 육체적 한계라고 믿어 왔던 기존의 관점에서 보면 절대 불가능한 말도 안 되는 결과였고, 자연히 치열한 논쟁을 불러일으켰다.

청바지에 슬리퍼를 신고 강의하는 느긋한 성격의 모저 교수는 내게 새로 개발한 VO_2Max 테스트를 받을 기회를 주었고, 나는 이 데이터를 원래 갖고 있던 측정값과 비교해 볼 수 있었다. 그는 내 입에 마스크를 씌우고 몸에는 천장에서 내려온 안전벨트를 채웠다. "혹시 몰라서요." 그가 불안할 정도로 명랑한 목소리로 말했다. "마지막 세션은 꽤 힘들 거든요."

이 테스트의 가장 큰 특징은 각 세션별로 노력의 감각을 일정하게 유지하기 위해(예를 들어, 1세션에서는 운동자각도를 12단계로 쭉 유지하기 위해) 처음부터 빠르게 달리다가 2분에 한 번씩 다리근육의 피로도를 스스로 판단하여 속도를 늦출지 말지를 결정한다는 것이다. 마지막 세션에서는 운동자각도의 최고치인 20단계를 유지하기 위해 처음부터 100미터 전력 질주를 하듯이 달리면서 그 정도의 강도를 계속 유지할 수 있도록 점차 속도를 줄여 나갔다. 노력의 최대치와 포기 사이에서 아슬아슬하게 균형을 잡으며 달리는 것은 말 그대로 속이 뒤집힐 정도로 힘든 경험이었다. 그날 먹은 식사를 몽땅 게워 내기 전에 주차장까지 두 발로 걸어 나온 것이 얼마나 다행스럽게 느껴졌는지 모른다.

모저의 논문을 게재한《영국 스포츠의학 저널》은 같은 호에 최대 산소섭취량의 '최댓값'을 더 높게 얻는 방법에 대한 케이프타운대학교 녹스 학파 과학자들의 놀라운 논문[326]을 함께 실었다. 연구 팀은 녹스의 제자인 페르난도 벨트라미Fernando Beltrami의 지휘 아래 모저와 유사한 '역절차'를 활용했다. 그는 실험 참가자들을 처음부터 빠른 속도로 달리게 한 뒤 상승한 피로도에 따라 운동량을 지속할 수 있을 정도로 속도를 계속해서 줄여 나가라고 지시했다. 벨트라미의 실험 결과에서 가장 눈길을 끄는 부분은, 며칠 후 실험 참가자들의 VO_2Max를 전통적인 방법으로 다시 측정했을 때 실험 전보다 더 높은 값이 나왔다는 사실이다. 육상 선수들의 코치를 겸하고 있기도 한 벨트라미는 이번 실험의 결과가 기존 VO_2Max보다 더 높은 양의 산소를 섭취했을 때 뇌의 설정이 바뀐다는 사실을 암시한다고 해석했다. 그는 현재까지도 파타고니아 100킬로미터 울트라마라톤 등 초장거리 달리기를 준비하는 선수들을 훈련시킬 때 이 방법을 활용하고 있다.

　뇌의 설정을 바꿀 수 있다는 그의 주장은 아직도 의견이 분분한 질문을 야기했다. 이러한 훈련법은 마라톤을 2시간30분에 뛰는 선수와 3시간30분에 뛰는 선수 중 누구에게 더 효과적일 것인가? 가장 일반적이면서도 논쟁을 더 심화시키는 대답은 '한계에 도달하기까지 줄여야 할 시간이 더 많은 선수에게 더 효과적'이라는 것이다. 그러나 나는 한 사람의 노력을 측정하는 기준은 기록이 아니라 그가 지금까지 투자한 시간과 훈련의 양이라고 생각한다(물론 예외적인 경우도 있겠지만). 훈련은 근육이나 심장의 운동 능력 뿐 아니라 한계의 범위에 대한 뇌의 기준까지 바꿔 준다. 5장에서 살펴보았듯이,

울트라마라톤 선수들의 통증내성은 일반인보다 한참 높으며, 선수 한 명을 놓고 볼 때도 훈련 사이클에 따라 견딜 수 있는 통증의 수준이 달라졌다. 이런 관점에서 보면 굳이 뇌를 직접 타깃으로 삼지 않아도 모든 종류의 훈련은 결국 뇌를 단련시킨다고 볼 수 있다.

손목시계 알람이 울리자 나는 즉시 잠에서 깨어 달리기용 티셔츠와 반바지를 챙겨 입고 자외선차단제를 듬뿍 바른 뒤 컴퓨터 앞에 앉았다. 5월 중순의 어느 일요일 아침 7시, 그날은 내가 켄트대학교에 방문하고 돌아온 지 몇 개월이 지난 시점이자 첫 마라톤을 2주 앞둔 시점이었다. 나는 드디어 최종 테스트를 치를 참이었다.

모니터에는 1980년대 비디오게임 스타일의 그래픽으로 표현된 구름과 하늘, 그리고 지평선까지 쭉 이어진 길이 떠 있었다. 나는 곧 닥칠 단조롭고 고된 작업을 떠올리며 마음을 단단히 먹은 뒤 크게 심호흡을 하고 시작 버튼을 눌렀다. 이윽고 화면에 도형들이 모습을 드러냈다. 어떤 도형은 길 왼쪽에, 어떤 도형은 오른쪽에 나타났다. 떠오른 도형이 삼각형이면 최대한 빨리 모니터 옆에 붙은 버튼을 눌러야 했다. 내 반응속도는 보통 1초 미만이었다. 하지만 원형이 떠오르면 버튼을 누르지 말고 가만히 있어야 했다. 만약 내가 2초 안에 정해진 버튼을 누르지 않거나, 누르면 안 되는 순간에 실수로 버튼을 누르면 화면이 붉은색으로 깜빡이며 본체에서 요란한 경고음이 터져 나왔다.

이게 전부였다. 내가 6분 동안 하는 일이라고는 세모와 동그라미를 구분하는 이 지루한 작업에 온 신경을 집중하는 것뿐이었다. 도형들은 시계를 보거나 잠깐이라도 딴생각을 하거나 창문 밖을 힐 끔거릴 시간조차 주지 않고 빠르게 나타났다 사라졌다. 물론 이따 금씩 잡생각이 파고들 때도 있었다. 지금 밖은 얼마나 더울까? 조금 더 일찍 일어날 걸 그랬나? 그 순간 삐 하고 경고음이 울린다. 테스 트 시간이 길어질수록 실수의 빈도 또한 늘어났다. 모든 작업이 끝 나면 머릿속에 뇌 대신 솜뭉치가 들어 있는 기분이 들었다. 정신적 으로 완전히 탈진 상태에 이른 것이다. 몇 시간 동안 TV 앞에 늘어 져 있고 싶은 간절한 마음을 억누르고, 나는 물을 한 컵 마신 뒤 문 밖을 나서서 눈부신 태양 아래 달리기 시작했다.

나는 3.2킬로미터를 성큼성큼 달린 뒤 차츰 페이스를 줄여 나 갔다. 이 훈련은 총 24킬로미터를 단계별로 정해진 속도에 따라 달 리는 것으로 마지막 10킬로미터는 보통 마라톤 페이스로 달릴 예정 이었다. 다리근육은 특별히 피로하지 않았지만, 내게 느껴지는 노력 의 감각과 시계에 표시된 스플릿 사이에는 지속적인 괴리가 발생했 다. 하지만 나는 실제보다 힘들게 느껴지는 페이스를 이겨 내고 속 도를 유지해야 했다. 단조로운 작업에 집중해야 한다는 점에서는 달 리기 훈련도 컴퓨터 훈련과 크게 다르지 않았다. 내가 할 일은 뇌에 서 다른 생각을 몰아 내고 정해진 스플릿에 맞춰 다리를 끊임없이 움직이는 것뿐이었다.

뇌의 피로도만 놓고 본다면 이 달리기는 마라톤의 첫 24킬로미 터라기보다 마지막 24킬로미터에 가깝게 느껴졌다. 다시 말해, 훈련 계획이 제대로 먹히고 있는 것이다.

앞서 말했듯이 모든 훈련은 결국 뇌 훈련이지만, 마코라의 연구는 그중에서도 지구력을 제한하는 뇌의 특정 기능을 집중적으로 파헤치고 있었다. 4장에서 살펴보았듯이, 그를 포함한 여러 과학자들은 최초의 본능을 억제하는 인지 과정인 '반응 억제'를 해결의 열쇠로 보았다. 그중에서도 영국 포츠머스대학교의 생리학자 크리스 와그스태프Chris Wagstaff는 영상 실험을 통해 반응 억제가 운동선수들에게 미치는 영향을 생생히 보여 주었다.[327] 그는 사이클 선수들에게 '한 여성이 구토를 한 뒤 자신의 토사물을 먹는' 내용의 3분짜리 영상을 보여 주었다. 선수들 중 일부는 영상을 보는 내내 어떤 반응도 하지 말고 포커페이스를 유지하라는 지침을 받았고 나머지 선수들은 아무런 지시 없이 감정을 자유로이 표출했다. 그다음 진행한 10킬로미터 타임 트라이얼 테스트 결과 포커페이스를 유지했던 선수들은 시작부터 느린 페이스를 보였을 뿐 아니라 전반적으로 높은 운동자각도를 나타냈다. 1킬로미터를 달린 시점에서 일반 그룹이 느낀 운동자각도는 12단계였지만, 포커페이스 그룹은 더 느린 속도에도 불구하고 15단계의 운동자각도를 느꼈다. 이것은 생각보다 큰 차이였다.

그렇다면 어떻게 반응 억제 능력을 향상시킬 수 있을까? 반복적이고 체계적인 훈련을 통해 반응을 지속적으로 억제하면 된다. 마코라의 정신적 피로 연구에는 반응 억제를 포함하여 뇌의 다양한 인지 통제 기능에 부담을 주도록 설계된 인지 훈련이 포함되어 있었다. 모저와 함께 VO$_2$Max를 측정하며 한바탕 모험을 겪은 후, 마코라는 내게 월터 스타이아노를 소개해 주었다. 박사과정을 이수한 뒤 마코라의 연구소에서 보조 연구원으로 일하던 스타이아노는 나를 카펫이 깔린 방으로 데려갔다. 우사인 볼트의 커다란 포스터가 붙은 그 방에는 수많은 모니터와 복잡하게 엉킨 선으로 둘러싸인 고정식 사이클 한 대가 설치되어 있었다. 그는 뇌 활동을 관찰하기 위해서라며 내 대머리 여기저기에 전극을 붙이더니 모니터에 표시되는 지시에 따르며 편안한 페이스로 페달을 밟아 달라고 요청했다. 내가 할 일은 모니터에 다섯 개의 화살표가 나타나면 그중 좌우 네 개는 무시하고 가운데에 있는 화살표가 가리키는 방향에 맞춰 버튼을 누르는 것이었다. 나는 실험의 지시 사항을 연달아 두 번 읽었다.

"이게 **전부**인가요?" 나는 이 실험이 꽤나 힘들 거라던 마코라의 경고를 떠올리며 물었다.

"네. 그게 전부예요." 스타이아노가 대답했다. "준비되면 언제든 시작하세요."

처음에는 코웃음이 나올 정도로 쉬웠다. 화살표들은 몇 초 간격으로 깜빡였고, 시간이 지나도 특별히 난도가 올라가는 낌새는 없었다. 하지만 얼마 안 가 내 마음속에는 뭔가 다른 일을 하고 싶다는 강한 욕망이 피어났다. 이 일만 아니라면 무엇이든 좋았다. 내 생각은 이리저리 방황하기 시작했다. 이따 마코라를 만나서 물을 예정인 질문들을 떠올리고 인터뷰 전에 호텔로 돌아가 점심 식사를 할 시간이 있는지 계산하기 시작한 순간, 갑자기 화면이 붉게 깜빡이더니 찢어질 듯한 경고음이 울렸다. 잘못된 버튼을 누른 것이다. 나는 정신을 차리고 다시 화면에 집중했다. 잠시 후 할 만큼 했다는 생각이 들자, 나는 슬슬 다음 단계로 넘어가는 게 어떻겠냐고 제안했다. "제가 이 작업을 얼마나 했죠?" 내가 물었다. "5분이요." 스타이아노가 씩 웃으며 대답했다. "정식 훈련에서는 똑같은 작업을 9분씩 합니다." 실험 참가자들이 연구진을 증오한다는 마코라의 말이 진심으로 이해되는 순간이었다.

마코라는 영국 군 당국의 자금 지원을 받아 몇 년 동안 다양한 뇌 지구력 훈련 계획을 테스트했다. 참가자들은 일주일에 3~5일 동안 한 번에 30~60분씩 지속되는 실험에 투입되어 모니터를 바라보거나 고정식 사이클을 탔다. 화살표 외에도 도형이나 단어를 포함한 다양한 상징들이 실험에 활용되었다. 마코라는 봄에 열릴 오타와 마라톤을 준비하는 나를 위해 12주짜리 특별 맞춤 계획을 세워 주었다. 나는 1주일에 5일 동안 세 가지의 서로 다른 상징이 활용된 컴퓨터 테스트를 받았으며, 훈련 시간을 최소 15분에서 경과에 따라 최대 90분까지 늘릴 예정이었다. 우리는 정신적 피로 중에서도 반응 억제와 연관된 신경전달물질 분비를 반복적으로 촉진함으로써 내 뇌가 고되고 단조로운 작업에 적응하길, 그 결과 강해진 피로 내성이 노력의 감각보다 조금이라도 빠른 페이스를 견디는 데 도움이 되길 바랐다.

여기서 잠깐 한 가지 사실을 인정하고 넘어가야 할 것 같다. 나는 이때까지도 이런 종류의 훈련이 실제 마라톤 기록 향상에 어떤 도움을 줄지 전혀 감을 잡지 못했다. 내가 실험의 성과를 테스트할 무대로 풀 마라톤이라는, 지금껏 한 번도 한 적이 없는 경험을 선택한 것도 지금까지의 경기와 비교하면서 마음을 흩트리는 오류를 범하고 싶지 않았기 때문이었다. 나는 이 훈련을 '연구'의 일환이 아니라 뇌 지구력 훈련이 어떤 기분인지 **느낄** 수 있는 기회로 삼고 싶었다. 참을 만할까? 재미있을까? 도저히 견디기 어려울까? 집으로 돌아온 나는 밀려오는 의심을 억누르며 정해진 프로그램에 따라 마라톤 대비 트레이닝에 집중했다.

처음에는 적응하기가 쉽지 않았다. 훈련 초반에는 각각 5분씩 나뉘어 구성된 도형, 단어, 화살표 테스트를 돌아가며 받았고, 그나마 이렇게라도 단조로움을 줄인 덕분에 모니터 앞을 박차고 나가고 싶다는 욕구를 겨우 억누를 수 있었다. 하지만 내 피드백을 받은 마코라는 우울한 답장을 보냈다. "단조로움을 유지하는 것이야말로 이 훈련의 핵심입니다. 정신적 피로를 통해 뇌를 단련하는 효과를 내는 거니까요." 그는 말했다. "각 세션별 시간을 조금씩 더 늘려 보세요." 몇 주 후, 훈련 시간은 30분까지 길어졌다. 때로는 정신적으로 피로한 상태에서 달려 보라는 마코라의 조언에 따라 모니터 훈련을 마치자마자 밖으로 나가서 뛰기도 했다. 그 효과는 예상했던 그대로였다. 나는 마치 하루 종일 일이나 여행을 하고 돌아와서 바로 달리는 것 같은 피곤함을 느꼈다(마코라는 같은 원리를 활용하면 일상생활에서도 뇌 지구력 훈련을 할 수 있다고 주장한다. 방법은 간단하다. 늘 정신적으로 편안한 상태에서만 운동을 하지 말고, 가끔씩은 종일 일에 시달린 상태에서 헬스클럽으로 직행하는 것이다). 특별히 속도가 느려진 것은 아니었다. 하지만 꼭 집어 이야기하긴 어려워도 분명 평소 같은 시간을 달릴 때보다 더 힘들다는 기분이 들었다. 이따금씩 페이스를 더 올릴 필요가 있다는 사실을 깨달아도, 웬일인지 다리를 힘차게 움직일 수가 없었다.

경기 10주 전, 나는 지금까지의 성과를 확인하기 위해 하프 마라톤에 출전했다. 1시간15분이라는 기록 자체는 나쁘지 않았지만, 솔직히 노력에 비해서는 조금 실망스러웠다. 게다가 경기 페이스는 내가 5,000미터 기록을 단축시키지 못해 애를 먹던 젊은 시절처럼 첫 5킬로미터에서 가장 높게, 중간 5킬로미터에서 가장 낮게 나왔다. 나는 4주 후 또 다른 하프 마라톤에 신청을 한 뒤 모니터 훈련 시간을 60분으로, 80분으로 계속해서 늘려 나갔다. 두 번째 하프 마라톤 기록은 1시간13분이 조금 안 되는 수준이었지만 스플릿 면에서는 확실히 향상된 성과가 나왔다. 지난 번 경기와 달리 중반까지도 일정한 페이스를 유지했으며 마지막 부분에서 가장 느린 속도를 기록한 것이다. 어쩌면, 정말로 어쩌면, 뇌 지구력 훈련이 효과를 발휘하고 있는 중일지도 몰랐다.

마침내 오타와에서 열린 풀 마라톤 경기 당일, 나는 중간 지점을 1시간18분25초의 기록으로 통과했다. 최종 목표인 2시간37분대를 생각하면 딱 적절한 페이스였다(만만한 목표는 아니었지만, 내 하프 마라톤 기록을 감안하면 전혀 불가능한 수준도 아니었다). 물론 모든 마라토너들이 중간 지점에서는 이런 생각을 할 것이고, 진짜 도전은 지금부터 시작이었다. 나는 전체 코스의 나머지 절반을 효과적으로 달리기 위해 추가적인 방법을 사용하기 시작했다. 탄수화물이 공급되는 것처럼 뇌를 속이기 위해 틈날 때마다 스포츠음료를 입에 머금었다가 뱉어냈으며, 표정이 노력의 감각에 영향을 미친다는 마코라의 조언에 따라 가족과 친구들에게 코스 중간중간 응원석에 서서 나를 웃게 해달라고 부탁했다.

한창 달리던 내 눈에 '내가 버마 음식을 사 갖고 가서 혼자 먹어 버렸던 날 기억나?'라고 쓰인 커다란 노란색 응원판이 보였다. 그 응원판을 들고 서 있던 내 친구 섀넌은 예전에 워싱턴 D. C.(오래 전 내가 몇 년간 일했던 곳)에서 내가 가장 좋아하는 레스토랑의 가장 좋아하는 음식을 아이스박스로 포장한 뒤 당시 내 직장까지 열 시간이나 차를 몰고 달려 오는 깜짝 이벤트를 준비했다. 하지만 그녀가 내 직장에 방문했을 때 동료 중 한 명이 실수로 내가 출장 중이라는 잘못된 정보를 전달했고, 그녀는 사 온 음식을 그 자리에서 미련 없이 먹어 버렸다. 내가 그녀의 전화에 답했을 때는 이미 가루 한 조각도 남아 있지 않았다. 옆에 서 있던 그녀의 남편 고프는 '섀넌이 사과하고 싶대!'라고 쓰인, 뒤지지 않는 커다란 응원판을 들고 있었다. 나는 입에 담고 있던 푸른색 파워에이드를 뱉으며 웃음을 터뜨렸다.

시간이 갈수록 내가 추월하는 주자들의 수가 많아졌다. 내 속도가 빨라졌다기보다 그들의 속도가 느려졌다는 편이 맞을 것이다. 나는 마치 메트로놈처럼 남은 에너지에 집중하며 몇 초 단위로 스플릿을 쪼갰다. 30킬로미터 지점을 돌파했을 때 내 기록은 1시간51분 35초로, 여전히 목표시간까지는 다소 여유가 있었다. 모든 계획이 착착 맞아떨어지는 것 같았다. 허벅지에서 희미한 통증이 느껴지기 시작했다는 딱 한 가지 불편한 점만 빼면. 지금까지 내 훈련 장소는 대개 야트막한 흙길이었고, 나는 이렇게 평평한 아스팔트도로를 오랜 시간 달려 본 적은 없었다.

코스의 마지막이자 가장 결정적인 지점인 마지막 10킬로미터 구간에서는 아내와 부모님이 곳곳에 서서 내게 힘을 더해 주었다. 하지만 응원판을 들거나 웃긴 모자를 쓰고 힘차게 구호를 외치는 그들의 모습이 한 명씩 지나갈 때마다, 나는 점점 미소 짓기가 힘들어졌다. 훈련 중에 마코라가 설명했던 노력과 통증의 차이가 점점 생생하게 다가왔다. 우리는 흔히 장거리 달리기를 '고통스럽다'고 표현하지만, 사실 '그만두고 싶다는 욕망과 계속해서 싸우며 현재 상태를 유지하는 힘'인 노력의 감각과 육체적 고통인 통증은 완전히 별개의 개념이다. 보통 상황에서 선수들의 속도를 제한하는 가장 큰 요인은 노력의 감각이다. 하지만 지금 내 허벅지에 느껴지는 감각은 근섬유 파열이 초래한 고통이었고, 모니터 앞에서 버튼을 누르며 보낸 그 수많은 시간은 견딜 수 없을 정도로 커지는 이 육체적 통증을 조금도 줄여 주지 못했다. 나는 손목시계로 방금 35킬로미터 지점을 통과했다는 사실을 확인했다. 이대로 달린다면 2시간 38분 정도에 결승선을 넘을 수 있겠지만, 그전에 다리가 떨어져 나갈지도 모르겠다는 생각이 들었다.

마지막 7킬로미터 구간에서는 내가 중간 지점에서 제쳤던 선수들이 하나둘씩 나를 추월하기 시작했다. 나는 마치 길이 뒤로 흐르고 있는 것 같다는 야릇한 기분을 느꼈다. 그보다 더욱 이상한 것은 허벅지 통증이 심해질수록 노력의 감각이 점점 줄어든다는 사실이다. 아픈 다리가 속도를 내지 못하면서 호흡이나 심장 박동처럼 운동자각도를 올리는 요소들이 본의 아니게 안정되었기 때문이다. 내 속도는 이미 조깅을 하는 수준으로 느려졌고, 당혹스러운 마음도 속도를 끌어올리지는 못했다. 나는 페이스 체크와 시간 계산을 그만두었다. 그 시점에는 어떻게든 걷지 않고 결승선을 통과하는 것이 온 힘을 다해 생각할 수 있는 유일한 목표였다.

경기가 끝난 후 나는 불편한 마음을 안은 채 이번 경험에 대한 잡지 기고문을 작성했다. 2시간44분48초라는, 누가 봐도 기대에 못 미치는 기록을 낸 사람이 뇌 지구력 훈련의 효과에 대해 도대체 무슨 글을 쓴단 말인가? 마라톤 결과를 보고하기 위해 마코라를 만났을 때 내가 가장 궁금했던 것은 과연 이번 기록 부진을 뇌 지구력 훈련의 실패가 아니라 계획에 없던 통증 때문에 일어난 어쩔 수 없는 사고라고 볼 수 있는지 여부였다. "당연하죠!" 그가 말했다. "당신은 경기 성과에 악영향을 미칠 만큼 강력한 근육통을 느낀 것뿐이에요." 근섬유가 파열된 상황에서 경기를 '속행'할 수 없는 것은 부러진 발목을 끌며 달릴 수 없는 것과 마찬가지라는 것이 그의 설명이었다. 일반적인 상황에서는 운동 자체가 초래하는 근육 통증이 견딜 수 없는 수준을 넘어서지 않으며, 따라서 노력의 감각보다 더 큰 한계 요인이 존재하지 않는다. 하지만 때로는, 내가 직접 경험했듯이, 예외가 발생할 수 있다.

어쨌든 이번 경험을 통해 얻은 가르침이 없지는 않았다. 첫째, 뇌 지구력 훈련은 뇌가 마비될 정도로 지루하다. 둘째, 이 훈련을 하는 데는 엄청난 시간이 소요된다. 만약 가족과 직업이 있는 사람이라면 평범한 마라톤을 준비하는 데만도 이미 시간을 쪼개고 쪼개는 노력이 필요할 것이다. 그런 와중에 하루에 최소 한 시간 이상을, 그것도 아직 효과가 정확히 입증되지도 않은 훈련에 투자하는 것이 현명한 결정인지는 잘 모르겠다. 최근 마코라의 연구 방향이 육체적 훈련과 정신적 훈련을 동시에 진행하는 쪽으로 전환된 것도 같은 이유 때문이었다.

2015년, 마코라와 스타이아노가 군대의 자금 지원으로 진행했던 기밀 연구 중 하나가 베일을 벗었다.[328] 총 서른다섯 명의 참가자들은 일주일에 세 번, 한 번에 한 시간씩 고정식 사이클을 탔으며, 그중 절반은 페달을 밟으며 내가 경험한 것과 같은 단어 선택 실험을 동시에 진행했다. 12주가 지났을 때 단순히 육체적 훈련만 받은 참가자들의 탈진 테스트 향상률은 최대 42퍼센트였지만, 정신적 훈련을 동시에 진행한 참가자들의 향상률은 126퍼센트까지 치솟았다. 이러한 통합 훈련은 시간을 아껴 줄 뿐 아니라 단순히 버튼만 누르는 작업보다 훨씬 덜 지루했다. 만약 효과만 입증된다면, 어차피 견뎌야 할 훈련 중에 약간의 지루함을 더하는 것쯤은 기꺼이 감내할 선수들이 쏟아져 나올 것이다.

그렇다고 해서 당장 뇌 지구력 훈련의 시대가 열릴 것이라는 말은 아니다. 사실 뇌 훈련의 다양한 영역 중에서도 이미 수십억 달러 규모의 산업으로 성장한 인지력 감퇴 치료 분야는 최근 몇년 사이에 치열한 논쟁을 유발하고 있다. 2016년 한 연구팀은 현재까지 발표된 모든 연구 자료를 검토했지만 뇌 훈련의 '전이성 Transferatiliby'을 거의 확인하지 못했다고 밝혔다.[329] 다시 말해, 깜빡이는 글자나 도형을 보며 아무리 열심히 버튼을 눌러도 전화번호나 암기 과목 교과서를 외우는 능력이 올라간다고 보기는 어렵다는 것이다. 그렇다면 이러한 훈련이 마라톤 기록을 향상시켜 준다는 가설 또한 사실이 아닌 것일까? 이 부분에 대해서는 여러 명의 과학자들이 보다 다양한 각도의 실험 결과를 내놓을 때까지 판단을 유보하는 편이 현명할 것 같다.

한 가지 더 짚고 넘어가야 할 사실은 마코라의 실험에서 가장 눈에 띄는 결과를 나타낸 참가자들이 대부분 기존 훈련 경험이 없는 일반인 집단이었다는 것이다. 그들은 어떤 조건을 갖춘 어떤 실험에서도 기본적으로 향상되는 모습을 보였다. 그렇다면 이미 혹독한 **육체적** 운동을 하는 과정에서 저도 모르게 정신까지 단련한 운동선수들에게는 뇌 지구력 훈련은 영향력이 있을까? 어쩌면 몇 년에 걸쳐 사이클을 타거나 장거리 달리기를 하는 동안 선수들의 정신적 지구력은 더 이상 외부적 요인으로 향상시킬 수 없는 수준에 이르렀을지도 모른다. 마코라 또한 이런 가능성을 염두에 두고 있으며,

최근에는 엘리트 운동선수들을 대상으로 한 뇌 훈련 연구를 별도로 계획하고 있다. 그가 (134쪽에서 살펴보았듯이) 호주 스포츠선수촌의 과학자들과 협업하여 뛰어난 사이클 선수들을 대상으로 실험을 진행한 것 또한 같은 맥락이었다. 인간의 뇌를 훈련시키는 방법을 찾아내기 위해서는 이미 최고 수준의 정신적 지구력을 지닌 엘리트 선수들의 뇌를 관찰할 필요가 있다고 보았기 때문이다.

최고 선수들의 강인한 정신력의 비밀

2008년 베이징 올림픽 200미터 자유형 결선에 출전한 슬로베니아의 사라 이사코비치^{Sara Isaković}는 마지막 턴을 위해 몸을 굴린 뒤 다리를 뒤로 뻗었다. 그러나…… 발끝에서는 아무것도 느껴지지 않았다. 수영장 벽을 힘껏 차서 추진력을 더해 줘야 할 그녀의 발가락들은 맥없이 벽을 스치기만 할 뿐이었다. "이런 생각이 머리를 가득 채웠죠. '말도 안 돼! 왜 하필 지금이야?'[330]" 그녀는 당시 상황을 이렇게 회상했다. "하지만 아주 짧은 순간에 저는 다시 경기에 집중할 수 있었어요." 순식간에 치솟은 아드레날린의 도움을 받아 엄청난 속도로 물살을 가른 그녀는 비록 0.15초 차이로 금메달을 놓쳤지만 기존 세계신기록을 뛰어넘는 기록으로 은메달을 목에 걸었다.

올림픽 국가대표 선수들은 누구보다 튼튼하고 건강한 육체를 가지고 있다. 하지만 정신적 회복력을 갖추지 못했다면 그 어떤 신체 조건을 가졌다 해도 실전에서 실력을 발휘하지 못한다. 최고의 자리를 원한다면 실수를 극복하고 예기치 못한 상황에 최대한 빨리 적응할 수 있어야 한다. 2013년에 만난 이사코비치는 캘리포니아대학교 샌디에이고캠퍼스^{UCSD}의 신경과학자 겸 정신과 전문의인 마틴 폴러스^{Martin Paulus} 밑에서 보조 연구원으로 일하고 있었다. 그녀가 속한 연구팀의 목표는 엘리트 운동선수와 일반인을 구분 짓는 신경학적 특성이 무엇인지 찾아내는 것이었다. 베이징 올림픽에서 그녀를 무너뜨리는 대신, 순식간에 회복하고 페이스를 되찾게 해 준 정신적 힘의 원천을 확인하는 것이다. "사람들은 어떻게 하면 다른 사람에게 좋은 영향을 미칠 수 있을까 고민하잖아요. 우리는 그러한 고민의 일환으로 신경과학의 기술, 그중에서도 뇌 영상을 활용하여 사람들의 뇌 기능을 향상시키는 방법을 연구하고 있는 거예요"라고 폴러스는 설명했다.

1986년 독일에서 미국으로 건너온 폴러스는 캘리포니아 생활에 즉시 적응했다(비록 얼마 전에는 오클라호마의 로리어트두뇌연구소^{Laureate Institute for Brain Research}로 직장을 옮겼지만). 그는 과학자인 동시에 열정적인 사이클 선수였으며, 30년 이상 아침 명상으로 수행한 덕분인지 놀라울 만큼 차분한 성품을 지니고 있었다. "저는 새벽 5시에 일어나고 5시 10분부터 맑은 정신으로 일상을 시작하죠." 그의 주된 연구 주제는 신체의 내부감각^{Interoception}(뇌가 체온이나 허기, 혈중산소농도 등 인체 내부의 신호를 수용하는 감각)이 중독이나 불안장애에 미치는 영향이다. 불안한 사람들은 외부의 부정적인 자극을 남들보다 크게 받아들이고, 그 결과 특정한 뇌 활동을 유발한다. 하지만 엘리트 운동선수들은 이와 정반대의 반응을 보인다. 폴러스는 불안장애 환자들의 뇌 활동 패턴을 뛰어난 선수들에 가깝게 변화시키는 방법을 찾고 있었다.

　　어느 청명한 가을날, 이사코비치는 UCSD의 한 건물에 위치한 폴러스의 연구소로 나를 안내했다. 그곳에는 실험 참가자들이 뇌 영상 촬영을 기다리고 있었다. 연구진은 보다 선명한 영상을 얻기 위해 뇌 속의 미묘한 산소 변화까지 감지하여 현재 활성화된 부분을 정확히 추적하는 fMRI 기술을 활용할 예정이었다. 실험 참가자들은 폐소공포증을 유발하는 fMRI의 원통형 구멍에 들어간 뒤 특별 제작된 튜브를 통해 숨을 쉬면서 마코라가 활용했던 것과 비슷한 인지능력 테스트를 받았다. 참가자들이 미처 몰랐던 반전은 실험 도중 튜브를 통해 공급되는 산소의 양이 주기적으로, 그리고 예고 없이 숨을 쉬기 힘들 정도로(그러나 불가능하지는 않을 정도로) 줄어든다는 사실이었다. 내가 방문한 날에 실험 대상이 된 참가자들은 10대 마약중독자 그룹으로, 연구진은 그들의 뇌가 스트레스를 유발하는 이 '혐오자극Aversive Stimulus' 실험에 반응하여 특정한 패턴을 보이길 기대하고 있었다.

　　실험 결과, 폴러스 연구팀은 참가자들의 뇌에서 신체 내부의 감각 신호를 받아들이는 부분인 섬피질Insular Cortex이 일반인들과 다른 방식으로 활성화된다는 사실을 확인했다. 그들은 2012년부터 평범한 일반인은 물론이고 고도의 훈련을 받은 해군과 정상급 초장거리

선수 등을 대상으로 fMRI 실험을 진행해 왔다. 일반인 그룹 중에서는 산소 부족을 느낀 순간 공황을 일으켜 실험을 중단시키는 참가자들이 종종 나왔지만, 훈련으로 육체와 정신을 단련한 참가자들은 하나같이 당황하지 않고 주어진 상황을 잘 이겨 냈다. 더 정확히 말하면, 산소 부족이라는 역경은 일반인들의 인지능력을 저하시킨 반면 엘리트 그룹의 인지능력은 오히려 **향상시키는** 결과를 가져왔다. 불볕더위 속에서 받은 전투 훈련이나 며칠에 걸쳐 달리는 혹독한 경기 경험이 극한의 상황에서 인지능력을 보다 잘 활용할 수 있는 능력을 길러 준 것이다.

산소 공급을 제한하기 전에도 엘리트 그룹의 섬피질은 일반인 그룹에 비해 더 월등하게 활성화되었다. 이는 단련된 사람들의 뇌가 내부의 감각 신호를 보다 민감하게 받아들이리라는 가설을 입증하는 결과였다. "그중에서도 운동선수들의 뇌는 작은 변화에도 가장 능숙하게 대처했죠." 폴러스 연구팀의 일원인 로리 하제Lori Haase는 말했다. 선수들의 뇌는 언제나 변화에 대비하고 있으며, 작은 문제가 발생해도 즉시 해결 모드로 들어갈 준비를 갖추고 있다. 하지만 실제로 산소가 제한되고 몸이 불편함을 느끼기 시작하면 이 패턴은 완전히 역전된다. 엘리트 그룹의 섬피질은 발생한 문제에 크게 동요하지 않는 데 비해, 일반인 그룹이나 불안장애를 앓는 그룹의 섬피질은 상황을 통제하지 못하고 오작동을 일으키는 것이다.

폴러스는 자신의 발견이 팀 녹스나 다른 과학자들이 강조했던 노력의 감각과 지구력의 관계에 직접적으로 연결된다고 보았다. 우선, 엘리트 선수들은 뛰어난 내부감각 인지능력을 활용하여 불편한 상황에 능숙하게 대처할 수 있고, 덕분에 터커가 주장한 '현재 시점에서 느껴지리라고 예상한 노력의 감각과 실제 느끼는 노력의 감각' 사이의 괴리 또한 상대적으로 수월하게 메울 수 있다. 이처럼 본능적인 반응 혹은 과장된 반응을 다스림으로써(마코라는 이 능력을 반응 억제라고 불렀다), 그들은 남들이 멈출 만한 순간에도 계속해서 달릴 수 있다.

마음챙김 기반 뇌 훈련법의 등장

그렇다면 어떻게 해야 섬피질을 단련시킬 수 있는 것일까? 폴러스가 내놓은 방법은 오랫동안 불교 수행을 받아 온 본인의 경험과도 무관하지 않다. 사실 엘리트 선수들의 뛰어난 내부감각 인지능력은 최근 우울증부터 감기까지 온갖 정신적, 육체적 질병에 효과를 발휘한다는 주장을 등에 업고 열풍을 일으킨 불교의 '마음챙김Mindfulness' 수련과 유사한 점이 많다. 불교의 여러 가르침 중에서 마음챙김이 유독 이목을 끌기 시작한 것은 1970년대 매사추세츠대학교의 연구원이자 선종Zen 수련자였던 존 카밧진Jon Kabat-Zinn이 오늘날 해당 분야의 정석으로 인정받는 8주짜리 '마음챙김을 통한 스트레스 해소' 코스를 개발하면서부터였다. 폴러스의 설명에 따르면, 이 수련의 목적은 '현재 몸의 상태를 판단하지 않고 객관적으로 인지할 수 있게 되는 것'이다. 가령 마라토너가 경기 중 발생한 근육통이나 산소 부족을 감정적인 동요 혹은 공황 발작의 원인으로 만들지 않고 현재 상황을 알려 주는 중립적인 지표로 활용할 수 있다면 그는 마음챙김 수련을 성공적으로 완수한 것이다. "판단은 잠시 접어 두고, 우선은 지금 당장 느껴지는 몸의 상태를 객관적으로 받아들일 수 있게 되는 거죠." 그는 말한다.

마코라의 뇌 지구력 훈련과 마찬가지로, 폴러스의 연구 계획 또한 군 당국의 이해관계와 깊이 연관되어 있다. 샌디에이고에 자리 잡은 그의 연구소는 해군건강연구소Naval Health Research Center나 펜들턴해군신병훈련소Camp Pendleton, 해군 특수부대를 포함한 해군상륙전기지Naval Amphibious Base Coronado의 특수부대와 협업하기에 더없이 좋은 입지를 자랑한다. 폴러스와 하제의 동료이자 USCD 및 해군건강연구소의 전투병력연구팀에 동시에 소속된 과학자 더글러스 존슨Douglas Johnson은 2016년 아프가니스탄 파병을 앞둔 소대원 여덟 명의 특별 훈련 결과[331]를 발표했다. 존슨 연구팀은 소대원 중 절반을 군대 상황에 맞게 살짝 개조한 존 카밧진의 마음챙김 수련 프로그램에 투입했고, 이 신참 병사들의 평범한 뇌 활동이 해군 특수부대원들이나 숙련된 장거리선수들과 비슷한 패턴으로 바뀔 수 있는지 8주에 걸쳐 관찰했다.[332] 실험 결과, 산소 공급 제한과 동시에 패닉을 일으킨 대조군 병사들과 달리 마음챙김 수련을 받은 병사들의 섬피질 활동은 같은 상황에서 오히려 안정된다는 사실이 확인되었다. 아직 완벽하다고는 할 수 없지만, 이 같은 결과는 병사들의 정신적 회복력을 향상시킴으로써 전투 중에 필연적으로 맞닥뜨릴 혼돈을 통제하고 스트레스장애의 위험성을 줄일 수 있다는 희망을 안겨 주었다.

하지만 군인과 운동선수가 극복해야 할 조건은 엄연히 다르다. 따라서 폴러스와 하제는 UCSD의 마음챙김센터와 협업하여 오직 운동선수들을 위한 특별 수련법을 개발하기로 마음먹었다. 그 결과 세상에 나온 것이 바로 카밧진의 스트레스 해소 코스를 응용한 8주 길이의 mPEAK^{Mindful Performance Enhancement, Awareness & Knowledge} 프로그램이었다. 이 프로그램은 기존 수련법에 비해 집중력이나 통증내성처럼 선수들에게 꼭 필요한 정신적 능력을 기르는 데 특화되어 있었다. 선수들은 지나친 완벽주의를 예방하기 위해 자신에게 관대해지는 법을 배웠고, 빨대를 통해 숨을 쉬거나 얼음이 가득찬 양동이에 최대한 오랫동안 손을 담그는 등 하제가 '경험적 운동^{Experiential Exercise}'이라고 부르는 훈련을 받기도 했다.

새로 개발한 훈련법을 테스트하기 위해, 연구진은 올림픽에도 출전한 경험이 있는 사이클모터크로스팀 선수 일곱 명을 섭외했다.[333] 그들은 자전거를 탄 채 한 치의 실수도 용납하지 않는 위험한 코스에서 거칠고 치열한 경쟁을 벌이는 데 익숙했다. 뇌 영상 촬영 결과는 그들의 뇌가 산소 공급 제한과 같은 불편한 상황에 최적화된 반응을 보인다는 사실을 보여 주었다. 이후 mPEAK 프로그램에 참여한 그들은 산소가 부족하다는 사실을 깨달았을 때 어떤 생각이 들었는지 되돌아볼 기회를 얻었다. 표면적인 생각 자체는 특별할 것이 없었다. "'숨을 쉴 수가 없어', '산소가 더 필요해', '이 상태가 계속된다면 의식을 잃고 말 거야' 대개는 이런 생각들이었죠." 하제는 말한다. 하지만 그 이면에는 상황에 대한 진짜 반응을 결정하는 긍정적 혹은 부정적 의식이 자리 잡고 있었다. 8주의 프로그램이 끝난 후 진행한 심리적 테스트 결과는 선수들의 내부감각 인지능력이 향상되었다는 사실을 보여 주었고, 국가대표팀 헤드 코치 또한 팀의 경기력이 향상되었다는 사실을 인정했다. "경기 중에 보이는 움직임이 더 차분해졌고, 핸들을 조정하는 횟수도 줄어들었으며, 결과적으로 기록 자체가 단축되었어요."[334]

이쯤 되면 마코라나 하제-폴러스팀의 뇌 훈련 연구가 단순히 흥미로운 가설에 불과하다고 말하기는 어렵다. 하지만 이론을 실전에 적용하기 위해서는 아직 확인되지 않은 수많은 세부 사항들을 일일이 검증해야 한다. 우리의 역할은 인내심을 가지고 기다리는 것이다. 현재 마코라는 웹 개발자와 함께 뇌 지구력 훈련을 좀 더 쉽고 편하게 받을 수 있는 애플리케이션을 개발 중이다. 하제 연구팀은 고등학교 라크로스팀 선수들을 대상으로 더 구체적인 실험을 진행하는 동시에, 자신들이 개발한 프로그램을 지구에서 가장 뛰어난 지구력 집단에게 선보이기 위해 노력하고 있다. mPEAK를 나사[NASA]의 화성 탐사 우주인 후보들의 훈련에 사용해 달라는 제안서를 제출한 것이다.

'최고의 자질'을 반드시 갖고 태어날 필요가 없다는 주장은 정말이지 매력적으로 들린다. 적절한 훈련법과 최선의 노력이 함께라면 어쩌면 당신 또한 이러한 능력을 손에 넣을 수 있을지 모른다.

게다가, 어쩌면 더 손쉬운 지름길이 존재할 수도 있다.

12장

뇌 기능 활성화 실험

마치 라이플 총소리를 연상시키는 커다란 파열음이 개조된 창고 벽을 울렸다.[335] 충격을 머금은 잠깐의 정적이 지나간 뒤, 창고에 있던 사람들은 허둥지둥 누구의 자전거 바퀴에 펑크가 났는지 확인하느라 분주히 움직였다. 그러나 나는 그들보다 멀찍이 떨어진 치과 치료용 의자에 누워 수십 개의 전선에 연결된 채 쉴 새 없이 땀을 흘리고 있는 남성이 더 걱정되었다. 그는 탁구채처럼 생긴 판 두 개가 연결된 뇌 자극 장치를 통해 전기 자극을 받는 중이었다. 나는 온갖 메모를 갈겨쓰고 있던 노트를 가방에 집어넣고 무슨 일이 일어난 것인지 확인하기 위해 그쪽으로 다가갔다. 만약 펑크가 난 것이 팀 존슨^{Tim Johnson}의 머리라면, 더 이상 이 기사를 쓰고 싶지 않았다.

나는 캘리포니아주 샌타모니카의 산업 단지 인근에 위치한 레드불 본사에서 일명 '지구력 프로젝트^{Project Endurance}'라고 불리는, 인간의 한계를 넓히는 실험 겸 훈련 캠프를 지켜보고 있었다. 세계 정상급 사이클 선수와 철인 3종 경기 선수로 구성된 다섯 명의 참 가자들은 몸에 주삿바늘을 꽂거나 전기 충격을 가하는 실험에 (내가 아는 한) 자발적으로 참여했다. 수십 명의 연구진은 인간을 한계까지 밀어붙이는 온갖 종류의 테스트에 그들을 투입한 뒤 경련 하나, 박 동 하나까지 놓치지 않고 기록하는 중이었다. 그들의 연구 주제는 단순했다. 뇌가 우리 몸의 한계 설정에 미치는 영향은 무엇일까? 운 동피질에 흘려 넣은 약간의 전류를 통해 이미 설정된 한계를 바꿀 (넓힐) 수 있을까?

이러한 가설을 확인하기 위해, 레드불은 뉴욕의 버크재활센터 Burke Rehabilitation Center와 웨일코넬 의과대학Weill Cornell Medical College 에서 일하는 호주 출신 신경과학자 딜런 에드워드Dylan Edwards와 데 이비드 푸트리노David Putrino를 초빙하여 실험을 설계했다. 이번 실 험은 샌타모니카의 레드불 본사에서 3일, 32킬로미터 떨어진 카슨 의 스텁허브 벨로드롬StubHub Velodrome에서 2일에 걸쳐 총 5일 동안 진행될 예정이었다. 전류와 자력을 이용한 뇌 자극, 말초신경 자극, EMG, EEG를 포함한 여러 가지 기술과 다양한 측정 장비를 활용하 여 운동선수들을 한계까지 밀어붙이고 또 밀어붙였을 때 나타나는 중심적인(뇌의) 피로와 말초적인(근육의) 피로를 분리하는 것이 그들 의 계획이었다.

"저는 뇌가 일종의 도구라고 생각해요." 미국 사이클로크로스

대회에서 여섯 차례나 우승을 거머쥔 팀 존슨은 파열음이 들리기 몇 분 전에 나눈 대화에서 이렇게 말했다. 그는 레이싱을 경쟁자 뿐 아니라 자신의 마음이 설정한 한계와 벌이는 전투라고 생각했다. 다행히도 그 커다란 소음은 그의 '도구'에 아무런 해를 입히지 않은 것 같았다. 정확히 말하면 존슨은 해를 입은 쪽보다 입힌 쪽에 가까웠다. 무슨 마법을 부렸는지, 그의 뇌가 전류 자극 장치의 회로 하나를 망가뜨려 버린 것이다. 실험은 잠시 중단되었고, 스태프들이 새 기계를 가지러 황급히 달려 나가는 동안 나는 페퍼다인대학교의 스포츠의학과 교수이자 레드불 소속 생리학자팀의 최고 책임자인 홀든 매크레이Holden MacRae에게 이 실험의 궁극적인 목표를 물어볼 수 있었다.

"우리의 목적은 결국 피로의 본질을 알아내는 거예요." 깔끔한 차림새가 인상적인 남아프리카공화국 출신 생리학자 매크레이는 이렇게 대답했다. "달리던 선수의 속도가 느려지는 이유는 무엇일까요? 그 선수는 왜 속도를 늦추기로 **결정**하는 걸까요?" 그는 1980년 케이프타운대학교에서 박사과정을 밟던 당시 (다름 아닌) 팀 녹스와 함께 일했다. 지구력 운동의 젖산염 생성 과정을 연구 중이던 그는 녹스의 뇌가 운동에 미치는 영향에 대한 아이디어에 큰 영향을 받았다. 그러나 더 넓은 한계와 더 빠른 기록을 원하는 레드불의 요구를 충족시키기 위해서는 녹스의 중앙통제자 이론도, 녹스와 마코라 사이의 미묘한 논쟁도 그 자체만으로는 직접적인 도움이 되지 못했다. "뇌에 경기력을 지배하는 시스템이 존재하고 있다는 것 정도는 이제 모두가 알고 있어요." 매크레이가 덤덤한 어조로 말했다. "우리가 알고 싶은 것은 그 시스템을 바꿀 수 있는지 없는지 그 여부예요."

뇌 전기 자극

인류는 전기가 정확히 무엇인지 알지 못할 때부터 특정한 목적을 가지고 뇌에 전기 충격을 가해 왔다. 2,000년도 더 전에 로마 황제 클라우디우스^{Claudius}의 궁정 주치의를 지냈던 스크리보니우스 라르구스^{Scribonius Largus}는 한 번에 최대 200볼트의 전력을 생산하는 전기가오리^{Torpedo Fish}를 산 채로 이마에 가져다 댐으로써 두통을 치료할 수 있다고 믿었고,[336] 이 외에도 간질 치료부터 악령 퇴치까지 서로 다른 목적을 가지고 전기가오리를 활용한 문화권은 한둘이 아니다. 1800년대 후반에 벌어진 루이지 갈바니^{Luigi Galvani}와 알레산드로 볼타^{Alessandro Volta} 사이의 그 유명한 논쟁은 '동물 전기 Animal Electrictiry'의 존재를 세상에 알리는 계기가 되었다. 얼마 후 갈바니의 조카인 지오바니 알디니^{Giovanni Aldini}는 이탈리아 볼로냐 지방에서 '갈바니즘^{Galvanism}'이라고 불리는 직류 전기 요법을 사용하여 우울증 환자들을 치료하기 시작했다(그는 막 참수당한 죄수들의 머리에 같은 요법을 적용하여 기괴한 표정을 이끌어 내기도[337] 했다). 그로부터 두 세기가 지나는 동안 온갖 종류의 뇌 전기 자극술이 개발되어 정신 건강을 포함한 여러 분야에 두루 활용되었고, 때에 따라 성공과 실패를 거듭하며 다양한 유행을 만들어 냈다.

요즘도 '뇌에 전기 자극을 가한다'는 표현은 소설 『프랑켄슈타인』이나 『뻐꾸기 둥지 위로 날아간 새』 같은 으스스한 분위기를 연상시킨다(실제로 『프랑켄슈타인』은 지오바니 알디니의 실험을 모티브로 삼은 작품으로 알려져 있기도 하다). "제가 가장 먼저 받은 인상은 '대체 이 실험이 1950년대의 전기충격요법과 다를 게 뭐지?'였어요." 초장거리 산악 사이클 선수이자 그날 아침 팀 존슨보다 먼저 치과용 의자에 누웠던 레베카 러쉬Rebecca Rusch가 전한 감상이다. "'이 사람들이 대체 내 머리에 **무슨 짓**을 하려는 걸까?'라는 생각이 들었죠." 하지만 실제로 에드워드와 푸트리노가 사용할 경두개직류자극tDCS은 단순한 전기충격요법과 전혀 달랐다. 새로운 기술에 대한 설명과 경기에서 사용할 수 있는 에너지의 한계가 더 넓어질 것이라는 설득에 넘어간 러쉬는 스스로 실험 대상이 되는 데 동의했다. "사자가 뒤쫓아 오거나 아이가 차에 깔린 상황에서는 누구나 평소보다 큰 힘을 발휘할 수 있을 거예요." 그녀는 말했다. "우리의 목적은 그런 힘을 훈련으로 이끌어 낼 수 있는지 확인하는 거죠."

기능적인 관점에서 보자면 뇌는 하나의 거대한 전기회로와 같다. 그 속에는 방대한 수의 뉴런이 거미줄처럼 연결되어 전기신호를 이용해 소통하고 있다. 상대적으로 강한 전류를 적용하는 전기충격요법(혹은 요즘 사용하는 말로 전기경련요법Electroconvulsive Therapy)은 전기 자극이 닿는 곳에 있는 모든 뉴런의 신호를 동시에 활성화시켜 발작을 유도한다. 반면 tDCS에 활용되는 전류는 이보다 500~1,000배가량 약하며, 정도로 따지면 뉴런의 전기신호를 직접적으로 유발하지도 못할 만큼 미약한 수준이다. 하지만 이렇게 약한 전류를 10~20분 동안 계속해서 흘려보내면 뉴런의 민감도가 약간 올라감으로써 결과적으로 전기신호를 더 활발히 방사하게 된다(전류를 반대 방향으로 흘려서 신호의 활성도를 조금 떨어뜨리는 것도 가능하다). 전류 자체가 직접적인 역할을 하는 것은 아니지만, 뇌가 앞으로 닥쳐올 일에 지금까지와 다른 방식으로 대처하도록 유도하는 것이다.

tDCS 기술의 적용 방법은 불안할 정도로 간단하다. 전압원(9볼트짜리 건전지면 충분하다)을 두 개의 전극에 연결한 뒤 머리의 양쪽에 갖다 대면 그만인 것이다. 전극의 구체적인 위치는 전류를 흘려 넣을 뇌의 부위에 따라 달라진다. tDCS에 실질적인 효과가 있다는 사실에는 의심할 여지가 없다. 이 기술을 활용하여 학습 능력을 향상시키고, 중독과 우울증을 치료하고, 신경질환 환자의 보행 능력을 키울 수 있다는 취지의 연구 보고가 2013년부터 2016년 사이에만 2,000건 이상 발표되었다. 그중 한 연구진은 파킨슨병을 앓는 79세의 아르헨티나 남성이 치료의 일환으로 탱고를 추는 동안 tDCS를 적용한 결과 근육의 움직임이 크게 향상되었다는 사실을 확인했고,[338] 또 다른 연구진은 가상현실 테스트에서 군인들의 적군 저격수 색출 빈도가 크게 올라갔다고 밝혔다.[339]

하지만 과학자들이(혹은 활발히 활동 중인 DIY tDCS 커뮤니티의 회원들이) 광고하는 이 기술의 효능이 실제보다 과장되어 있다는 사실 또한 의심의 여지가 없으며, 이런 현실은 많은 회의론자들의 비판을 불러일으키고 있다. 2016년에 열린 한 학회에서, 뉴욕대학교의 신경과학자 죄르지 버사키Gyӧrgy Buzsáki는 tDCS를 통해 주입된 전류 중에 두개골을 통과하여 뇌에 닿는 전류의 양은 전체의 10퍼센트 정도밖에 안 된다는 해부용 시체 실험 결과를 발표했다. 그의 발표를 들은 한 과학자는 tDCS가 "헛소리와 악의가 넘쳐 나는 연구 분야"[340]라는 반응을 보이기도 했다.

사실 레드불의 프로젝트를 지켜보는 내 시선에도 비슷한 종류의 회의감이 깃들어 있었다. 전기가 뇌의 기능에 영향을 미칠 수 있다는 사실은 인정한다 해도, 지구력을 향상시킨다는 구체적 목표를 달성하려면 우선 뇌에서 몸의 한계를 관장하는 부분이 어디인지 정확히 알아야 하는 것 아닐까?

뇌 속의 중앙통제자

2012년 런던 올림픽이 끝나고 몇 주 뒤, 나는 벨트클라세 육상대회Weltklasse Track Meet를 취재하기 위해 취리히를 방문했다. 한 해의 경기 시즌이 마감될 즈음에 열리는 이 경기는 현재까지 스무 개이상의 세계신기록을 배출한 유서 깊은 대회였다. 나는 우사인 볼트를 포함해 육상 스타들이 대거 참여한 취재진용 행사에 참석하지 않고 아침부터 트램에 올라타 도시의 북부 교외 지역에 위치한 취리히대학교로 향했다.

그곳에서 만날 신경심리학자 카이 러츠Kai Lutz는 지구력 연구의 새로운 지평을 열었다고 평가받는 인물이었다. 녹스와 같은 연구자들은 인간이 탈진한 순간 뇌에 어떤 변화가 일어날지 추론하며 긴 세월을 보냈다. 반면, 신경촬영법Neuroimaging이라는 선진 기술을 15년 동안 연구하며 그 분야의 권위자가 된 러츠의 접근은 다소 급진적이었다. '그냥 인간의 머릿속을 들여다보면 되잖아?'

물론 운동을 하는 동안 뇌를 촬영하는 것은 엄청나게 어려울 뿐더러 현재의 기술로는 매우 제한된(비판론자들이 '부자연스럽다'고 부르는) 상황에서나 겨우 가능할까 말까 한 도전이다. 녹스가 내게 영상으로 보여 주었던, MRI 장치 안에 들어간 피실험자가 기다란 구동축을 통해 자전거 페달을 밟는 실험만 해도 유의미한 결론을 전혀 이끌어 내지 못했다. 그러나 애초에 치통과 뇌의 관계를 밝히는 뇌 촬영 기술을 연구하다가 우연히 지구력의 한계 분야에 발을 들이게 된 러츠의 접근은 보다 신중하고 체계적이었다. 사근사근한 성격의 이 섬세한 독일 과학자가 박사과정을 마치고 스위스로 건너와서 가장 먼저 진행한 실험은 악력을 활용한 상대적으로 간단한 테스트[341]였다. 실험 참가자들은 13초 동안 악력기를 쥔 채 손 근육을 있는 힘껏 수축시키라고 요청받았지만, 사실 그들에게 지급된 악력기의 강도는 요청받은 시간의 절반 정도만 쥘 수 있을 정도로 세심하게 조정된 상태였다. fMRI 결과, 그들이 더 이상 참지 못하고 근육을 이완시킨 순간 활성화된 뇌의 부위는 섬피질과 시상부Thalamus였다.

마틴 폴러스의 정신적 회복력 실험에서도 밝혀졌듯, 섬피질은 몸 전체에서 들어오는 신호를 관장하는 부위이다. 따라서 러츠의 이번 fMRI 결과는 충분히 납득할 만했다. "섬피질은 근육의 신호뿐 아니라 심장 박동과 같은 감정적인 반응에도 관여하고 있었다." 그는 기록했다.

MRI 스캔은 특정한 활동을 할 때 활성화되는 뇌의 부위를 정확하게 잡아내지만, 안타깝게도 그 부위가 어떤 일을 하는지까지는 확인해 주지 못한다. 가장 큰 문제는 선명한 이미지를 얻기 위해 1회 촬영당 2~3초가 소요되는 느린 속도일 것이다. 게다가 MRI는 뇌의 특정 부분이 사용된 **이후** 그 부위에서 발생한 혈류의 변화를 측정하는 기술이기 때문에 뇌의 반응을 실시간으로 추적한다고 볼 수 없다. 반면 EEG라는 약칭으로 더 익숙한 뇌파 검사는 뇌의 전기신호를 그때그때 잡아낼 수 있지만, 데이터가 너무 복잡하고 해석하기 어렵다는 단점이 있다. "그렇기 때문에 먼저 MRI로 관찰할 부분을 특정한 다음, EEG를 통해 그 부분을 집중적으로 관찰해야 합니다"라는 것이 러츠의 설명이다.

EEG 실험의 참가자들은 128개의 은빛 전극이 연결된 샤워캡 모양의 기구를 쓰고 탈진 상태에 이를 때까지 30~40분간 고정식 사이클을 탔다.[342] EEG는 눈동자의 움직임에 큰 영향을 받는 기술이기 때문에 그들은 실험 내내 머리를 가능한 한 움직이지 않은 채 정면에 붙은 종이에 그려진 X표를 똑바로 바라보아야 했다. 시간 민감도가 아주 높은 EEG의 데이터는 실험 내내 참가자들의 뇌 변화를 실시간으로 보여 주었고, 그들이 페달 밟기를 포기한 순간 몸 내부의 상태를 점검하는 섬피질과 다리근육의 움직임을 통제하는 운동피질 사이의 신호 교환이 활발해진다는 사실을 확인해 주었다. 다시 말해서, 우리의 뇌는 다리근육이 실제로 탈진 상태에 이르기 **전에** 한계가 가까워졌다는 사실을 먼저 인지하는 것이다. 이 같은 결과는 팀 녹스의 선행규제 가설을 뒷받침하는 것처럼 보였다. 러츠 연구팀에 있던 한 박사과정 학생은 실험 직후 녹스에게 이메일을 보냈다. "우리가 드디어 중앙통제자를 찾아냈어요!"

2011년 발표된 러츠의 실험 결과는 뇌 자극을 통해 운동 능력을 향상시키고자 하는 사람들에게 섬피질과 운동피질이라는 두 개의 정확한 공략 대상을 지정해 주었다. 러츠가 진정한 중앙통제자라고 생각한 섬피질 뉴런의 민감도를 약간 떨어뜨리면 섬피질에서 운동피질로 보내는 브레이크 신호가 줄어들고, 그만큼 더 오랫동안 근육을 사용할 수 있게 되는 것이다. 혹은 운동피질 자체의 민감도를 높임으로써 섬피질에서 들어오는 브레이크 신호를 무시하고 근육을 계속 움직이도록 만들 수도 있었다.

사실 운동피질을 자극한다는 두 번째 접근은 그보다 4년 전 밀라노대학교 교수이자 tDCS 연구의 선구자 중 한 명인 알베르토 프리오리Alberto Priori가 발표한 상대적으로 덜 알려진 논문[343]에 이미 실려 있었다. 프리오리는 실험 참가자들에게 10분간 tDCS를 적용하면 플라세보용 가짜 자극을 주었을 때보다 지구력이 향상되고, 그 결과 상완근(이두근 운동을 할 때 사용되는 팔근육) 수축 시간이 최대 15퍼센트까지 길어진다는 사실을 확인했다. 이 결과는 뇌 자극을 통해 운동피질의 활성도를 증가시킴으로써 피로의 형태로 나타나는 한계 신호를 늦출 수 있다는 방향으로 해석될 수 있었다.

러츠의 논문이 발표된 직후부터는 많은 과학자들이 섬피질 자극을 시도하기 시작했다. 2015년 리우그란데도노르데 연방대학교의 알렉상드르 오카노Alexandre Okano가 이끄는 브라질 연구팀은 국가대표급 사이클 선수 열 명을 데리고 진행한 뇌 자극 연구 결과를 보고했다.[344] 그들은 선수들의 측두엽과 섬피질에 20분 동안 tDCS를 적용했다. 측두엽 아래에 위치한 섬피질의 구조 때문에 측두엽을 피해서 전류를 흘려 넣는 것이 불가능했기 때문이다. 속도를 조금씩 올리며 탈진할 때까지 페달을 밟은 선수들은 플라세보 효과를 노린 가짜 자극 대신 진짜 tDCS 자극을 받았을 때 지구력이 약 4퍼센트 향상되었다. 가장 놀라운 사실은 선수들의 운동자각도가 처음부터 끝까지 비교군 실험보다 낮게 나타났다는 것이다. 이는 섬피질이 몸 곳곳에서 들어오는 신호를 감지하고 중요도를 판단한다는 기존 가설과 일치하는 결과였다.

이러한 실험 결과를 보며 뇌가 지구력을 관장하는 원리가 완전히 밝혀졌다고 생각하면 참으로 편리할 것이다. 어쨌든 관련 연구들이 섬피질이 큰 역할을 한다는 사실을 지속적으로 증명해 주고 있으니까. 하지만 전체 그림은 이보다 훨씬 복잡하다. 예를 들면, 오카노의 실험 참가자들이 보인 심장 박동 수의 변화는 뇌 자극이 중추

신경계까지 영향을 미칠 가능성을 암시했다. 사실 tDCS는 섬세한 기술이라고 보기 어려웠다. 전류가 전극의 한쪽에서 반대쪽으로 흐르는 동안 필연적으로 뇌의 여러 부위를 건드릴 수밖에 없기 때문이다. 내게 본인의 실험 결과를 어떻게 해석하느냐는 질문을 받은 프리오리조차 tDCS의 효과를 꼭 집어 정의하지 못했다. 그는 뇌의 각 부위가 발산하는 신호의 강도를 줄이거나 늘리는 작용이 복합적으로 일어나는 것 같다는 애매한 대답을 내놓았다.

그러니 지금으로서는 중앙통제자로 추정되는 부분에 대한 결론을 섣불리 내리지 않는 것이 현명할 것 같다. 뇌 영상 촬영 기술과 전기 자극 기술은 앞으로 점점 더 발전할 것이고, 과학자들은 현재까지 진행된 초기 연구와 발달된 기술을 합쳐 더 나은 결과를 내놓을 것이다. 개중에는 이미 섬피질 외에도 지구력의 한계에 관여하는 것으로 보이는 뇌의 부위들을 찾아낸 학자들도 있다. 가령 전전두피질Prefrontal Cortex은 탈진이 가까워 옴에 따라 산소 부족 증세를 보였고,[345] 대상피질Cingulate Cortex은 노력의 감각과 밀접한 연관을 맺고 있는 것으로 확인되었다. EEG 실험을 통해 섬피질을 중앙통제자로 지목한 카이 러츠 또한 이러한 추가적 발견들이 상호 배타적인 것은 아니라고 보았다. 그는 동기와 노력, 고통과 같은 개별적인 요소들이 뇌의 각 부분이 담당하는 '처리 루프'를 통해 지구력에 복합적인 영향을 미칠 것이라고 인정했다. 이 모든 사정을 감안할 때 우리는 프리오리와 오카노가 진행한 실험에서 '지구력을 강화시키려는 목적으로 뇌에 자극을 가하면 어떤 경로를 통해 무슨 일인가 일어난다'는, 보다 더 간단하고 덜 강력한 결론을 도출할 수 있다. 그리고 이 정도의 결론이면 운동계의 주목을 끌기에 충분했다.

tDCS 기술의 상업화 시도

"제가 정확히 셌다면, 지금 제 몸에 총 열일곱 개의 기계가 달려 있는 것 같은데요." 레드불의 실험에 참여하기 위해 오리건에서 캘리포니아까지 날아온 초장거리 트라이애슬론 선수 제시 토머스가 말했다. "그것도 뇌 어쩌고 하는 기계를 빼고요. 그것까지 포함하면 전선을 서른 개는 더 추가해야 할 거예요." 한 떼의 과학자들과 온갖 장치에 둘러싸인 그는 고정식 사이클에서 진행하는 4킬로미터 전력 질주를 포함한 최대 운동 능력 테스트를 받을 예정이었다. 레드불은 선수들의 뇌에 전기 자극을 가하는 동시에 혈액검사, 소변검사, 다리 각도 측정, 근육세포 내 산소 농도 측정 등 상상할 수 있는 모든 방식을 동원하여 그들의 몸을 샅샅이 조사했다. "실험에서 한 걸음 떨어져서 이 상황을 객관적으로 바라본다면 상당히 웃길 거예요. 굳이 저렇게까지 할 필요가 있나 싶어서요"라는 것이 토머스의 평이었다.

인간을 한계까지 밀어붙이는 도전과 극단적인 모험을 향한 레드불의 정신은 광고나 스폰서 활동뿐 아니라 연구 프로그램에도 그대로 적용된다(물론 이 모든 활동들이 서로 밀접하게 연결되어 있긴 하다). 스카이다이빙의 높이 기록을 경신하기 위해 펠릭스 바움가르트너^{Felix} Baumgartner를 데리고 성층권으로 날아간 것만 봐도 이 회사가 스턴트와 과학을 같은 맥락에서 본다는 사실을 잘 알 수 있다. 당시 바움가르트너가 도달한 최고 속도는 초음속비행에 맞먹는 시속 1,342킬로미터에 달했다. 레드불은 다양한 종목의 선수들을 데려다가 특이한 실험을 시도하는 것으로도 유명하다. 가령 얼마 전에는 서핑과 스키, 스노보드 선수들을 하와이에 데려가서 프리다이빙과 호흡 참기 훈련을 시키기도 했다. 지금 진행 중인 뇌 자극 프로젝트에서도 우리가 흔히 생각하는 과학의 영역을 훨씬 뛰어넘는 작업들이 이루어지고 있었다.

호주 출신 신경과학자 콤비인 에드워즈와 푸트리노는 이번 실험에서 수집된 특수한 데이터들을 가지고 운동선수들을 위한 훈련 프로그램과 뇌 혹은 척추 손상을 입은 환자들을 위한 재활 프로그램 사이의 연관성을 찾아낼 계획이었다. "고강도의 훈련과 재활 프로그램은 사람들이 생각하는 것처럼 동떨어진 영역이 아니에요." 푸트리노가 설명했다. "세계적인 운동선수든 락트인증후군^{Locked-in} Syndrome(뇌 줄기세포가 파괴되어 의식은 있지만 전신 마비로 외부 자극에 반응하지 못하는 상태 – 옮긴이)환자든 근육 피로의 한계에 도전한다는 점에서는 다를 게 없거든요." 마비 환자들의 길고 고된 재활 치료에 tDCS가 활용되기 시작한 것은 부분적으로나마 2007년 발표된 프리오리의 운동피질 자극 실험 덕분이었고, 에드워즈와 푸트리노가 운동선수들에게 유사한 자극을 적용해 보기로 마음먹은 것도 같은 이유에서였다. "우리의 뇌는 근육으로 신호를 보내고 그 신호의 강도는 피로가 쌓일수록 약해져요. 한계가 어디인지 결정하는 것은 뇌의 역할이죠. 하지만 뇌가 언제나 옳은 판단만을 내리는 것은 아니에요."

이번 실험의 핵심은 선수들이 받는 뇌 자극 중 절반만이 진짜라는 사실이었다. 그들은 온갖 테스트를 받은 뒤 나흘에 걸쳐 4킬로미터 전력 질주를 총 6회 실시했다. 모든 환경이 섬세하게 조정된 레드불 본사의 연구실과 실제 경륜장에서 이틀씩 진행된 타임 트라이얼 중 절반의 경우에서는 선수들이 착용한 tDCS 장치가 초반에만 잠깐 켜졌다가 곧 꺼졌다. 에드워즈는 직접 체험해 보라며 내게 여덟 개의 전극이 연결된 네오프렌 소재의 모자를 씌워 준 뒤 전류 장치를 켰다. 처음에는 수천 마리의 개미가 두피를 기어 다니는 느낌이 들었지만, 이내 적응이 되어 잠시 후에는 진짜로 전류가 흐르고 있는 것인지 분간할 수 없는 상태가 되었다(더 정확히 말하면 모자를 벗은 뒤에도 개미가 기어 다니는 것 같은 가짜 감각을 떨칠 수 없었다). 따라서 선수들은 현재 자신들의 뇌가 자극을 받고 있는 상태인지 아닌지 정확히 모르는 상태에서 운동에 임했다. 진실은 그들이 멈춘 후 스톱워치가 알려 줄 터였다.

2016년 3월, 골든스테이트 워리어스팀의 파워포워드 제임스 마이클 맥아두James Michael Ray McAdoo 선수는 매끈하고 커다란 헤드폰을 끼고 트레이닝룸에 있는 자신의 모습을 트위터에 올렸다.[346] 이 사진만 가지고는 정확하게 판단할 수 없지만, 그가 낀 헤드폰에는 마치 못처럼 생긴 작고 부드러운 플라스틱 돌기들이 촘촘히 돋아 있어 뇌에 전류를 흘려 넣는 역할을 한다. 실리콘밸리의 스타트업 헤일로 뉴로사이언스Halo Neuroscience가 개발한 이 헤드폰은 tDCS를 살짝 변형한 '뉴로프라이밍Neuropriming' 기술을 통해 체력과 순발력, 민첩성을 길러 준다고 알려져 있다. "저와 우리 팀원들에게 이 신제품을 체험할 기회를 주신 헤일로 뉴로사이언스에게 감사드립니다. 결과를 기대해 볼게요!" 그가 사진과 함께 남긴 멘션이었다.

얼마 후 NBA 시즌이 시작되었고, 골든스테이트 워리어스는 전례 없이 가뿐하게 승리를 이어 가며 마침내 73승 9패라는 정규 시즌 최다 승리 기록을 세웠다. 그들의 성공이 헤일로사의 tDCS 헤드폰 덕분이라고 말하는 사람은 없었지만(팀 트레이너는 정확히 몇 명의 선수들이 그 헤드폰을 사용했는지 특정할 수 없다고 밝혔다) 적어도 기술지상주의자들의 귀를 쫑긋하게 만들 만한 이야기임에는 분명했다. 한때 휘청거리던 워리어스팀은 2010년 실리콘밸리의 벤처투자가 집단에 매각되었고, 근면 성실하고 기술 지향적인 소유주의 성향에 따라 일명 '테크팀'이라는 별칭까지 얻게 되었다. 시차 적응을 도와준다는 '인텔리전트 슬립 마스크Intelligent Sleep Mask'부터 발목과 무릎이 받는 압력을 측정해 주는 부착 센서까지, 새로운 기술을 누구보다 빨리 받아들이는 팀이 바로 워리어스였다. 이번에도 그들은 뇌 자극 기술을 실전에 활용한 최초의 스포츠팀 중 하나가 되었고, 파죽지세로 승기를 이어 가며 라이벌팀 선수들(그리고 이를 지켜보는 전 세계의 팬들과 아마추어 선수들)에게 뭔가 다르다는 사실을 분명히 보여 주었다.

헤일로 뉴로사이언스는 2013년 대니얼 차오$^{Daniel\ Chao}$와 브렛 윙가이어$^{Bret\ Wingeier}$의 손에 의해 설립되었다. 두 사람은 한때 같은 회사에서 간질 치료용 뇌 자극 기술을 연구하던 사이였다. 그들이 개발한 헤드폰에 적용된 기술은 기본적으로 레드불이 사이클 선수들에게 사용하는 것과 크게 다르지 않았다(레드불의 인적성과팀 총 책임자인 앤디 월셔$^{Andy\ Walshe}$가 헤일로의 홈페이지에 고문으로 등재되어 있는 것은 결코 우연이 아니다). 헤드폰에 달린 전극들은 운동피질에 전류를 흘리도록 설계되어 있었으며, 사용자의 목적에 따라 상반신근육이나 하반신근육, 혹은 둘 다를 관장하는 뇌 부위를 선택할 수 있었다. 워밍업 도중 20분간 이 헤드폰을 끼고 연동된 애플리케이션을 실행하면 뇌에서 근육으로 보내는 신호가 '더 활발하고 동시다발적으로' 변한다는 것이 회사의 주장이었다.

프리오리와 오카노의 실험이 스포츠 분야의 tDCS 활용에 엄청난 관심을 불러일으킨 이후 다양한 후속 연구들이 진행되었다. 2017년 초반, 알렉시스 모저가 이끄는 켄트대학교 지구력연구소는 tDCS가 지구력에 미치는 영향을 다룬 기존 자료들을 분석했다(그들의 관심사는 75초 이상 지속되는 운동에 대한 연구로 한정되었다).[347] 그들은 프리오리와 오카노의 연구 외에도 2013년 이후 발표된 열 개의 연구 보고서를 추가로 분석했고, 그 결과 다양한 자극 시간, 전류의 양, 전극의 위치, 운동의 종류에 대한 데이터를 종합적으로 확인할 수 있었다. 총 열두 개의 연구 중 실험 참가자들의 지구력이 향상된 경우는 여덟 건이었으며 그중에는 헤일로 뉴로사이언스가 미국 국가대표 스키팀을 대상으로 진행한 비공개 파일럿 실험도 포함되어 있었다. 그들은 뇌 자극을 지속적으로 적용했을 때 스키점프 선수들의 추진력이 상당 부분 향상되었다고 주장했다. 하지만 모저 연구팀은 그들의 실험에 제대로 된 통제군이나 플라세보 효과를 차단하는 블라인드 테스트가 없었다는 점을 꼬집었다. 헤일로 측은 앞으로 상호 심사 학술지에 논문을 게재할 예정이라고 밝혔지만, 사실 그들의 초창기 전략은 맥아두와 같은 유명 선수에게 상품을 제공하면서 바이럴 마케팅에 의존하는 것이었다.

따라서 현재로서는 헤일로의 헤드폰에 대해 과학적인 판단을 내릴 만한 근거가 없는 실정이다.《뉴요커》에서 관련 기사를 요청해 왔을 때, 나는 최악의 경우 이 헤드폰이 정확한 과학적 근거 대신 그럴듯한 **추론**에만 의존한 상업적 플라세보 기계로 전락할지도 모른다는 결론을 내렸다. 결과적으로 골든스테이트 워리어스는 르브론 제임스가 이끄는 클리블랜드 캐벌리어스에 패배했다. 그러나 헤일로가 1개월간 헤드폰 체험 기회를 준다고 제안해왔을 때, 나는 (상업적 제품 리뷰를 받지 않는다는 오랜 철학을 깨고) 그 물건을 직접 사용해 봐야겠다고 마음먹었다. GPS 손목시계와 심장 박동 수 측정기, 그리고 보폭을 분석해 주는 최첨단 가속도계를 활용한다면 과연 뇌 자극이 내 달리기 능력에 실질적인 영향을 미치는지 확인할 수 있을 것 같았다.

이쯤에서 설명하고 넘어가야 할 것 같은데, 사실 나는 스포츠과학과 기술을 다루는 저널리스트라는 직업 덕분에 매일같이 엄청나게 많은 협찬 제의를 받는다. 그중에는 맛있게 생긴 에너지바부터 이해할 수 없을 정도로 복잡한 기술이 적용된 티셔츠나 보폭 분석 장치까지 다양한 제품들이 포함되어 있다. 내가 그 제의를 전부 거절하는 이유는 내 직업적 소명이 개인적인 취향이 아니라 객관적인 사실에 대해 글을 쓰는 것이고, 제품을 직업 사용하기 시작하면 아무래도 주관적인 의견이 끼어들 수밖에 없다고 생각하기 때문이다. 나는 감상이 아니라 데이터를 원했다. 그런 의미에서 헤일로의 헤드폰을 써 보기로 마음먹은 것은 내 나름대로 엄청난 결단이었다. 나는 그만큼 뇌 자극이라는 분야에 큰 관심을 갖고 있다. 대단한 노력도 고통도 없이, 그저 세심하게 선별된 뇌 부위에 전류를 흘려 넣는 것만으로 숨겨져 있던 지구력을 이끌어 낼 수 있다는 주장은 내 마음을 사정없이 흔들어 놓았다. 나는 20년 전 셔브룩 경기장에서 시간 기록원의 사소한 실수 덕분에 1,500미터 종목에서 그때까지 한 번도 내지 못했던 실력을 발휘한 적이 있었다. 어쩌면 뇌 자극은 내가 그날 이후 줄곧 찾아 헤매던 비밀에 대한 열쇠를 쥐고 있을지도 몰랐다.

고통이 없을 것이라는 내 추측은 틀렸다. 헤드폰에는 각각 스물네 개의 부드러운 돌기가 돋은 세 개의 전극판이 달려 있었고, 설명서에 따르면 전류의 흐름을 더 활발히 하기 위해 착용 전 식염수에 한 번 담가야 했다. 일단 나는 대머리였고, 나도 모르는 사이에 내 두피는 캐나다의 혹독한 기후에 적응하느라 남들보다 훨씬 단단해진 모양이다. 전극이 머리에 제대로 장치되었다는 신호인 초록색 불빛이 들어오게 하려면 매번 두개골이 빠개질 만큼 세게 헤드폰을 머리에 대고 짓눌러야 했다. 때로는 아무리 노력해도 초록색 불빛을 볼 수 없었고, 어쩌다 연결이 되어도 전류의 강도를 가장 낮은 단계로 설정한 상태에서도 타는 듯한 통증이 느껴졌다. 아주 드물게 20분의 뉴로프라이밍을 버텨 낸 경우에는 너무 아프고 짜증이 난 나머지 훈련을 하러 나가는 컨디션이 평소보다 훨씬 안 좋았다. 분명히 말하지만, 이것은 지극히 주관적인 의견이며 개인에 따라 효과가 다르게 나타날 수 있다. 하지만 적어도 나는 이 기계를 사는 데 750달러를 지불하지 않았다는 사실에 안도감을 느꼈다.

뇌 전기 자극에 대한 논란

만약 뇌 전기 자극이 실제로 효과를 발휘한다면 어떤 일이 일어날까? 한 가지 분명한 사실은 알렉상드르 오카노가 본인 연구의 잠재적 활용 가능성을 묻는 내 질문에 직접 답변했듯이, 뇌 도핑이 가능해지리라는 것이다. "이 기술은 마약에 비견될 만한 결과를 가져올 겁니다." 그는 말했다. "게다가 현존하는 기술로는 어떤 사람이 최근에 뇌 자극을 받았는지 여부를 확인할 수 없어요." 현재까지 알려진 tDCS의 의료적 위험성은 크지 않다(물론 일부 과학자들은 이 기술에 대한 장기적인 추적 조사가 이루어지지 않았다고 비판하며, 특히 학습 능력 향상을 목적으로 청소년들에게 tDCS를 적용했을 때 나타날 부작용을 주의 깊게 살펴야 한다고 주장한다). 그러나 인위적으로 뇌 기능을 활성화시키는 이 시도는 당연히 첨예한 윤리적 논쟁을 불러일으킬 것이다. 개인적으로, 나는 이 기술이 지금보다 확산되기 전에 도핑방지위원회가 나서서 금지 규정을 만들어야 한다고 생각한다. 열여섯 살의 내가 기록 향상에 목을 맨 나머지 머리에 전극을 꽂고 달렸을지도 모른다는 상상을 하면 마음이 불편하기 때문이다. 하지만 안전상의 위험도 전혀 없고[348] 수술도 필요하지 않는 방법으로 경기력을 향상시키는 기술을 금지하면 안 된다고 주장하는 이들의 입장 또한 충분히 이해할 수 있다.

알렉시스 모저와 같은 과학자들에게 tDCS는 기록을 단축시켜 줄 보조 수단이 아니라 흥미로운 연구 대상일 뿐이다. 타이레놀을 활용하여 통증이 지구력에 미치는 영향력을 확인하고자 했던 초창기 연구와 마찬가지로, 그는 tDCS를 통해 뇌의 각 부위와 우리 몸의 서로 다른 감각이 지구력에 미치는 영향을 확인할 수 있길 기대하고 있다. 실제로 그의 최근 연구는 겉보기에 모순투성이인 기존 연구들 사이에 공통적인 시사점을 찾아낸 동시에 혁신적인 방법론에 대한 힌트를 제공했다는 평을 받았다. 지금까지 대부분의 tDCS 실험은 참가자의 머리에 전극의 양쪽을 모두 갖다 대는 방식으로 이루어졌다. 이런 식으로 전류를 흘리면 음극 아래에 있는 뉴런의 민감도는 올라가고, 양극 아래에 있는 뉴런은 오히려 둔해지게 된다. 다시 말해, 전극의 한쪽에서는 선물을 주고 다른 한쪽에서는 빼앗아 가는 형식인 것이다. 모저는 이 문제를 해결하기 위해 음극으로 운동피질을 활성화시키는 동안 양극을 머리 대신 어깨에 부착했다.[349] 실험 결과는 즉시 개선되었다. 양극을 어깨에 붙인 실험에서 고정식 사이클을 탄 참가자들이 탈진하기까지 걸린 시간이 23퍼센트 늘어나고 노력의 감각은 줄어든 반면, 두 전극을 모두 머리에 붙인 실험에서는 탈진 시간 및 노력의 감각에 큰 변화가 일어나지 않았다.

그러나 실험실에서 얻은 결과를 실제 경기에 적용하기 위해서는 만만치 않은 장애물을 극복해야 했다. 레드불에게 선택된 선수들이 마지막 테스트를 치르기 위해 한 무리의 연구진을 이끌고 스텁허브 벨로드롬으로 향하던 실험 4일차, 내 머릿속에도 같은 의문이 들어 있었다. 모든 환경이 완벽하게 통제된 실험실 안에서 바보 같은 고정식 사이클에 앉아 얻은 결과가 치열하고 온갖 변수가 난무하는 실제 경기에서 그대로 나오리라는 보장은 어디에도 없었다. 그날 첫 번째로 진행된 팀 존슨의 4킬로미터 타임 트라이얼 기록은 지금까지 나온 최고 기록인 5분20초였다. 뒤이어 달린 초장거리 트라이애슬론 선수 제시 토머스는 그의 기록을 2초 차이로 앞섰고, 몇 시간 후에 진행된 두 번째 시도에서는 이전 기록을 8초나 단축하며 5분10초로 결승선을 통과했다. 이제 그는 까다로운 곡선 구간에서 완벽한 포물선을 그리며 왕좌 재탈환을 노리는 존슨을 지켜보고 있었다.

존슨이 골인한 순간 스톱워치의 기록은 5분17초였다. "제가 토머스를 잡았나요?" 사이클에서 내려온 그는 숨을 헐떡이며 물었다. 하지만 돌아온 것은 승리를 만끽하는 경쟁자의 웃음소리였다. "저도 내리자마자 똑같은 질문을 했어요. 정확히 같은 마음가짐이었던 거죠." 토머스는 자신을 둘러싼 많은 노트북과 송신기, 각종 센서 들과 그의 운동복 반바지 아래에 연결된 전선들을 비롯해 경륜장 안에 있는 수십만 달러짜리 기계들을 바라보며 말했다. "이런 난리 법석에도 무슨 효과가 있긴 있겠죠. 하지만 결국 남는 건 서로를 이기기 위해 전력 질주하는 두 명의 경쟁자뿐이에요."

나는 오랜 기간에 걸쳐 뇌 자극의 다양한 면을 고찰해 왔다. tDCS가 연구 대상으로서 갖는 의미, 성급하고 시기상조인(적어도 내 두피는 그렇게 느꼈다) 상업화 시도, 이 기술이 선수들의 경기력 향상에 미칠 영향……. 그러나 그 모든 생각을 뚫고 토머스의 말은 내 마음을 울렸다. 두 선수의 경쟁이 끝난 다음 날, 공항으로 떠나기 전에 레드불의 연구진 중 한 명을 만나 어제 실험의 결과를 물었다. 그는 두 번의 시도 모두 진짜 tDCS 자극을 받은 사람은 패배한 선수였다고 대답했다. 결국 승리자는 가짜 자극을 받은 쪽이었던 것이다. 이 한 번의 사례만 가지고 뇌 자극의 효과를 속단할 수는 없다. 하지만 이번 결과가 지금까지의 과열된 분위기에 찬물을 끼얹은 것만은 분명한 사실이다.

어쩌면 선수들의 머리에 연결된 전극은 진짜 본질이 아니었을 수도 있다. 레드불의 관점에서 볼 때, 중요한 것은 뇌 자극 혹은 뇌 훈련이 아니라 선수들에게 그들의 한계가 자신이 생각하는 것보다 더 넓다는 사실을 알려 주는 것이었을 테니까. 뇌 자극이 우리 몸의

412

숨겨진 지구력 저장고에 **접근**할 수 있게 해 주는 기술인지 아닌지는 조금 더 두고 봐야 알 것이다. 하지만 이번 경험이 선수들에게 지구력 저장고의 존재를 믿게 해 주었음에는 의심의 여지가 없다. 그런 의미에서 보면 안장 위에 앉은 두 명의 경쟁자에게 진정으로 의미 있는 무기는 자신이 더 나은 기술로 무장하고 있다는 **믿음**일지도 모른다.

13장

믿음의 힘

2003년의 어느 날, 벚꽃 10마일 경주^{Cherry Blossom 10-Mile Run} 출전을 하루 앞둔 나는 참가자 명단에 올라온 엘리트 선수들의 이름을 뚫어지게 바라보고 있었다. 눈에 띄는 이름은 대략 스무 명 정도였다. 대부분 케냐 출신인 그들은 워싱턴 D. C.에서 열리는 이번 대회에 30,000달러의 상금을 노리고 출전했을 터였다. 트랙과 크로스컨트리 종목에서 적지 않은 출전 경험을 갖고 있는 나였지만, 큰돈이 걸린 레이스에 참가한 것은 처음이었다. 상금을 거머쥘 선수는 상위 열두 명이었고, 경쟁자들의 수준으로 볼 때 내가 그 명단에 이름을 올릴 가능성은 거의 없었다.

다음 날 아침, 나는 벚꽃 잎이 흩뿌려진 내셔널몰^{National Mall} 앞에서 15,000명의 선수들과 함께 달리기 시작했다. 엘리트 선수들은 재빨리 치고 나가 선두 그룹을 형성했지만, 아직 진짜 경쟁은 시작도 되지 않았다. 첫 2마일 구간에서는 모두들 보폭을 조절하고 경쟁자들의 호흡 소리에 귀를 기울이며 때를 기다렸다. 드디어 이 대회의 최근 세 번의 경기에서 우승을 차지한 존 코리르^{John Korir}와 루벤 체루이요트^{Reuben Cheruiyot}가 선두로 치고 나왔다. 그 순간 선수들의 페이스는 급상승했다. 지금까지 아껴 왔던 에너지가 일시에 분출되자 비로소 진짜 경기가 시작된 것이다.

어떻게 보면 달리기 선수들이 내딛는 한 걸음 한 걸음은 크고 작은 결정의 결과물이다. 여기서 속도를 올릴 것인가? 늦출 것인가? 아니면 지금 페이스를 유지할 것인가? 물론 그중에는 유달리 중대한 의미를 지닌 결정들이 있다. 코리르와 체루이요트가 폭발적인 추진력을 발휘하며 저 멀리 앞서가 버렸을 때, 나는 그들을 따라잡을 가능성이 얼마나 되는지 판단해야 했다. 페이스나 스플릿 따위를 따지는 것이 아니었다. 지난 10년간 스스로의 한계에 아슬아슬하게 도전해 온 결과, 나는 내가 견딜 수 있는 페이스와 견딜 수 없는 페이스를 본능적으로 구분할 수 있게 되었다. 그날 내 컨디션은 평소와 다름없이 좋았고, 솔직히 말하면 상금도 탐이 났다. 하지만 나는 이성적이고 현실적인 결정을 내려야 했다. 주변 선수들은 거의 전력 질주에 가까운 수준으로 속도를 올렸지만, 나는 남은 8마일 내내 최적의 페이스를 유지할 수 있을 정도로만 가속을 붙였다. 얼마 안 가 스무 명의 엘리트 선수들은 내 시선조차 닿지 않는 먼 곳으로 사라졌다. 나는 경기가 끝나기 전에 그들 중 몇 명의 모습이라도 다시 볼 수 있길 희망하며 묵묵히 달렸다.

　그날 경기의 중반 이후는 지금까지도 생생한 기억으로 남아 있다. 나는 마치 사냥꾼이 된 듯한 스릴을 느끼며 낙오자들을 한 명씩 따라잡아 제쳤다. 일부 사냥감은 끝까지 저항하는 용기를 냈지만, 거의 조깅만도 못한 속도로 뛰고 있던 대부분은 힘없이 뒤처졌다. 지나치게 과열된 그들의 엔진에서 검은 연기가 뭉게뭉게 피어오르는 장면이 눈에 선했다. 경기가 후반에 이를 무렵, 나는 몇 년 전 이 경기에서 역대 2위의 기록으로 우승을 차지한 사이먼 로노^{Simon Rono}를 제치며 12위로 올라섰다. 드디어 상금의 획득 순위에 들어온 것이다! 이제 남은 거리는 수백 미터 정도였다. 얼마 후 응원객들 사이에 서 있던 내 친구가 결승선을 향해 달리고 있는 케냐 선수를 가리키는 모습이 보였다. 나는 머리를 바짝 숙인 채 전력을 다해 달렸고, 골인 직전에 그를 제치며 상금을 200~250달러 정도 올렸다.

　그 경기는 그로부터 몇 년 동안 내 자랑거리가 되었다. 아주 대단한 성과는 아니라고 해도, 끝까지 최상의 페이스를 지켰다는 것은 긍지를 느끼기에 충분한 일이었다. 내가 엘리트 선수들 중 절반을 제칠 수 있던 것은 스스로의 한계를 충분히 인지한 상태에서 달린 덕분이었고, 나보다 일찍 골인한 나머지 절반은 기본 실력이 워낙 출중하기 때문에 무슨 짓을 해도 따라잡을 수 없었을 것이다. 그러나 그로부터 거의 10년이 지난 후에 나는 이 생각에 의문을 품게 되었다.

초반부터 선두 그룹에서 달리는 이유

호텔 침대에 누워 있던 리드 쿨샛Reid Coolsaet은 잠이 오지 않았다.[350] 그는 몸을 반대로 돌려서 침대 머리맡의 나무판에 다리를 올렸다. 창밖의 호수 도로로 강한 바람이 몰아치던 그날은 2011년 토론토 워터프런트마라톤Toronto Waterfront Marathon이 열리기 하루 전날이었다. 그는 이번 경기에서 런던 올림픽 출전 자격을 확정 지을 생각이었다. 그의 머릿속은 구간별 스플릿이며 온갖 시나리오에 따른 예상 기록을 계산하느라 잠시도 쉴 틈이 없었다. 2시간11분29초 이하로 골인하면 올림픽 출전이 확정되었고, 2시간10분09초 이하, 혹은 1킬로미터당 3분05초의 페이스로 결승선을 넘으면 36년 동안 깨지지 않고 있는 제롬 드레이턴Jerome Drayton의 캐나다 기록을 넘을 수 있었다. 지금껏 그는 기계처럼 정확하게 3분05초 페이스를 찍기 위해 수없는 훈련과 이미지 트레이닝을 반복해 왔다.

벚꽃 10마일 경주에서 순위권을 독점하다시피 하는 케냐와 에티오피아 선수들은 드레이턴보다 약간 빠른 기록을 목표로 삼을 터였다. 하지만 지금 이 순간 그들의 존재는 중요하지 않았다. 올림픽 출전 자격과 국내 신기록을 달성했을 때 주어질 36,000달러의 상금을 따내기 위해 그가 싸워야 할 유일한 적수는 시간뿐이었다.

그러나 그는 무언가 부족하다는 생각을 떨칠 수 없었다. 마침내 쿨샛은 귀에 꽂고 있던 이어폰을 빼고 침대를 나선 뒤 그의 오랜 코치 데이브 스콧-토머스Dave Scott-Thomas가 맥주를 즐기고 있던 호텔 바로 내려갔다. "저 내일 초반부터 선두 그룹에서 달리려고요." 그가 말했다. "이거, 완전히 정신 나간 소리인가요?" 1998년부터 쿨샛의 코치를 맡았던 스콧-토머스는 별 볼 일 없는 대학생 선수였던 그를 세계 정상급 장거리 주자로 키운 장본인이었다. 지금껏 두 사람이 세운 전략은 지극히 현실적인 상황 판단과 면밀한 계획을 기반으로 세워졌다. 하지만 스콧-토머스는 제자의 불안한 목소리 아래서 단단한 자신감을 읽어 냈다. "안 될 거 없지. 한 번 도전해 보자!" 그가 대답했다. 쿨샛은 몇 개월에 걸쳐 세운 꼼꼼한 계획을 휴지통에 던져 버린 뒤 침대로 기어들어 가 평화롭게 잠이 들었다.

다음 날 아침, 드디어 경기가 시작되었다. 언제나 그랬듯이 유니버시티애비뉴University Avenue의 출발선을 넘어 달리는 수천 명의 선수들에게서는 오랜 세월 땅 밑에서 끓고 있다가 마침내 분출된 용암처럼 뜨거운 투지가 뿜어져 나왔다. 나는 선수들보다 40~50미터 앞에서 달리는 보도용 차량에 탄 채 선수들이 눈에 띄는 몇 개의 그룹으로 점차 분리되는 모습을 지켜보고 있었다. 이런 대회에서는 보통 동아프리카 출신 선수들, 캐나다의 올림픽 유망주들, 정상급 여성 주자들, 그 외에 각 지역에서 가장 뛰어난 선수들 순서로 그룹이 형성되는 것이 일반적이었다. 하지만 초반 몇 킬로미터가 지날 무렵, 나는 함께 탄 리포터와 당혹스러운 눈빛을 교환할 수밖에 없었다. 맨 앞에서 달리던 열한 명의 선수들이 슬슬 화살촉 모양의 대형으로 자리를 잡아 가는 중이었는데 열 명의 케냐와 에티오피아 선수들 사이에 어울리지 않는 빨간 머리가 시선을 사로잡았던 것이다. 5킬로미터 사인을 지날 무렵, 쿨샛은 전자식 손목시계를 확인하고 버튼을 누른 뒤 계속해서 선두 그룹을 지켰다. 우리는 그의 초반 질주가 계산된 행동이라는 사실을 깨달았다. 그는 며칠 전 기자회견에서 설명했던 섬세한 페이스 전략을 거부한 채 오직 우승을 위해 달리고 있었다.

그 즈음 나는 야외 장거리 경기의 패턴에 완전히 익숙해져 있었다. 선두를 점령하는 것은 대개 앞뒤를 재지 않고 달리는 동아프리카 선수들이었고, 신중하고 계산적인 북아메리카 선수들은 그 뒤를 바짝 쫓는 신세를 벗어나지 못했다. 나는(그리고 100퍼센트는 아니지만 꽤 많은 사람들이) 이러한 현상의 원인 중 하나가 아주 단순한 경제 논리에 있다고 생각했다. 내가 예전에 알고 지내던 선수 중에 조셉 은데리투Joseph Nderitu라는 육체노동자 출신 장거리 주자가 있었다.[351] 그는 북아메리카 대륙으로 건너온 첫해에 600달러를 벌어서 송아지 두 마리를 샀고, 다음 해에는 2,500달러를 벌어서 1,012제곱미터의 땅과 방 다섯 개짜리 집 그리고 젖소 한 마리를 샀다고 말했다. "우리 가족이 처음 가져 보는 젖소였어요." 그의 목소리에는 자부심이 배어났다. 나 같은 사람에게는 5위까지 상금을 주는 대회에서 개인 최고기록과 함께 6위를 달성하는 것이 충분한 성취가 될 수 있지만, 은데리투에게 상금 없는 개인 최고기록이란 아무런 의미를 가질 수 없었다.

하지만 막상 케냐에 가서 뛰어난 선수들이 득실대는 환경을 직접 본 사람은 이런 무성의한 추론이 완전한 정답이 될 수 없다는 것을 금세 알게 된다. 멀리 갈 것도 없이, 쿨샛은 정기적으로 케냐를 방문하여 희박한 공기와 출중한 경쟁자들 사이에서 훈련을 받고 있었다. 그는 단순한 연습용 시합에서조차 케냐 선수들과 서양인 선수들의 마음가짐이 완전히 다르다는 것을 깨달았다.[352] 케냐의 젊은 선수들은 경기 후반에 걷거나 나가떨어지는 한이 있어도 최대한 빨리, 가능한 한 오래 선두 그룹에 끼려고 노력했다. 세계 챔피언과 함께 달릴 때도 마찬가지였다. 반면 쿨샛을 포함한 외국인들은 일정하게 유지할 수 있는 페이스를 벗어나지 않았다. 어느 날, 그는 동료 선수 몇 명과 함께 아이튼Iten 근교의 언덕에서 열리는 그 유명한 파틀렉Fartlek(선수의 속도와 노면의 거리를 달리 하면서 받는 육상 훈련법 –옮긴이) 훈련을 지켜보기로 했다. 얼마 후 200명 이상의 주자들이 붉은 흙먼지를 흩날리며 그들을 스쳐 지나갔고, 그중 3분의 1은 코스를 절반도 채우기 전에 지쳐서 나가떨어졌다.

이런 일화가 몇 번이나 들려오자 마침내 내 마음도 움직이기 시작했다. 케냐 선수들이 얼마나 뛰어난지 아는 사람이라면 이런 훈련법을 비웃는 대신 모방해야 하지 않을까? 생각해 보면 '일정한 페이스'에 집착하는 전략에는 근본적인 한계가 있었다. 완벽하게 일정한 페이스를 유지한다는 것은 초반 몇 걸음이 경기 전체의 속도와 기록을 결정한다는 뜻이었다. 다시 말해, 우리는 출발을 알리는 총성이 울리자마자 자신의 한계를 스스로 정해 놓고 기분 좋은 반전이 일어날 가능성을 원천 차단해 버리고 있었다. 이러한 접근은 평균적으로 좋은 결과를 보장해 줄지언정 눈알이 튀어나올 만큼 빠른

(혹은 느린) 결과가 일어날 확률을 현저히 떨어뜨렸다.

나는 지난 벚꽃 경주에서 그 경기의 전 챔피언 출신인 사이먼 로노를 비롯한 일부 엘리트 선수들보다 좋은 결과를 냈다. 만약 그들이 페이스를 따지며 보수적으로 달렸다면 나 같은 사람에게 추월당할 일이 없을지도 모른다. 하지만 그날 나보다 훨씬 빨랐던 선수들 중에는 프랜시스 코무Francis Komu처럼 평균 기록이 나와 크게 다르지 않은 선수들도 있다. 전투적인 달리기 스타일에 힘입어 나를 1분 30초 차이로 제쳤던 코무는 그날 이후로도 한 번씩 깜짝 놀랄 만한 기록을 세우곤 했다. 그는 꽤 괜찮은 기록을 연달아 세우는 대신 그저 그런 기록들 사이에 이따금씩 아주 뛰어난 기록을 집어넣었다. 물론 개중에는 실망스러운 경기도 있었지만, 그 정도면 나쁘지 않은 대가였다. 이것이 바로 2011년 토론토 워터프런트마라톤에서 쿨샛이 택한 전략이었다. 선두 그룹의 초반 페이스는 2분08초 미만이었고, 이는 같은 구간의 캐나다 최고기록보다 2분 이상 빠르고 쿨샛의 개인 최고기록보다는 거의 3분30초 빨랐다. 하지만 그는 이를 악물고 따라붙었다.

돈 때문이 아니라면, 케냐 선수들이 이런 식으로 달리는 까닭은 대체 무엇일까? 한때 엘리트 육상 선수였던 영화감독 마이클 델 몬테Michael Del Monte는 케냐의 마라토너 출신 정치인인 웨슬리 코리르Wesley Korir를 다룬 다큐멘터리 〈초월Transcend〉을 찍기 위해 케냐로 향했다. 달리기 문화의 심장부에서 몇 개월을 보내는 동안 그는 계산 없이 질주하는 그들의 스타일이 자신을 향한 믿음에서 나온다는 결론을 내렸다. 그곳에서는 가장 느린 선수조차 매일 아침 '오늘은 나의 날이 될 것'이라는 확신과 함께 하루를 시작했다. 그들이 선두 그룹에서 달리는 이유는 최고의 선수들도 이길 수 있다는 자신감 덕분이었고, 가혹한 현실이 그 확신을 꺾어도 다음 날 또다시 같은 각오로 달렸다. 이러한 믿음은 세계 마라톤 기록의 대부분을 점령하고 있는 것이 바로 케냐 선수들이라는 현실과 어우러지면서 일종의 자기 충족적 예언이 되었다.

플라세보 효과와 믿음 효과

학계에 몸담고 있는 스포츠과학자들에게 **플라세보**란 욕설에 버금가는 상스러운 단어이다. 플라세보 효과는 그들의 연구 결과를 왜곡시키고, 사기꾼들이 효과도 없는 상품을 팔아 치우도록 힘을 실어 주는 주범이었다. 그러나 2013년 호주 스포츠선수촌의 생리학자 쇼나 할슨Shona Halson과 데이비드 마틴David Martin은 《국제 운동생리학 및 경기력 저널》에 실은 사설을 통해 플라세보와 '믿음 효과Belief Effect'를 구분해야 한다고 주장했다.[353] 그들은 믿음 효과가 경기력을 향상시키는 귀중한 요소이며, 억압하는 대신 장려하고 강화해야 한다고 보았다. 만약 아무런 약효도 없는 가짜 약을 먹고도 기록을 단축시키거나 경쟁에서 승리한다면, 누가 그 사람의 성과를 헛되다고 비난하겠는가?

할슨과 마틴은 '진짜' 운동보조제와 '가짜' 믿음 효과 사이의 경계가 일반인은 물론이고 과학자들이 생각하는 것보다 훨씬 더 애매하다고 말한다. 그들은 스포츠과학자인 동시에 1,500미터 올림픽에 두 번이나 출전한 자신의 아내를 포함해 여러 운동선수들의 코치를 맡고 있는 트렌트 스텔링워프Trent Stellingwerff의 연구를 인용하고 있다. 스텔링워프는 2013년에 열린 한 학회에서 카페인부터 비트 주스, 고지 훈련에 이르기까지 선수들의 운동 능력을 1~3퍼센트 향상시키는 것으로 확인된 여러 가지 보충제나 훈련 방법을 다룬 연구 결과를 발표했다. 이론상으로 볼 때 한 선수에게 이런 보조 수단을 모두 적용하면 슈퍼맨급의 신체 능력이 생겨야 했다. 하지만 현실에서는 엘리트 선수들에게 다수의 보조 수단을 동시에 제공해도 전반적인 향상 정도가 1~3퍼센트를 넘지 않았다. 만약 여러 가지 '검증된' 보충제나 훈련 방법이 1+1+1=1의 속성을 나타낸다면, 그 모든 수단들이 결국 하나의 타깃에 작용할 가능성을 생각해 볼 수 있다. 스텔링워프가 생각할 때 그 공통의 타깃은 바로 뇌였다.

물론 그의 주장이 플라세보를 옹호하는 것은 아니다. "저는 플라세보가 대놓고 저지르는 사기라고 생각합니다. 아무런 효과가 없는 약을 주고는 특별한 일이 일어날 거라고 믿게 만드는 거죠. 저는 실험을 제외하고는 결코 그런 짓을 한 적이 없습니다." 하지만 믿음 효과는 거짓을 동반하지 않는다. "오히려 선수와 코치 사이에 시간과 노력을 충분히 투자하여 신뢰와 확신, 그리고 믿을 만한 근거들을 최대로 쌓아 나가는 과정에 가깝죠." 그가 생각하는 가장 이상적인 시나리오는 진짜 생리학적 근거에 기반을 둔 조언을 제공하되 '단어와 표현, 전달 방식에 따라 실제 경기 결과가 달라질 수 있다'는 사실을 언제나 염두에 두는 것이다.

훈련 후에 얼음 욕조에 몸을 담그면 염증이 예방되고 근육 회복이 빨라진다는 속설을 떠올려 보자.[354] 운동선수들은 하나같이 그 효과를 찬양하지만, 과학자들이 발표한 수백 개의 실험 결과는 이러한 민간요법의 효과가 기껏해야 미미한 수준이라고 말한다. 선수들이 훈련 다음 날 느낄 어마어마한 근육통을 생각하면 얼음 목욕이 효과적이라는 그들의 주장을 충분히 납득할 수 있다. 하지만 혈액검사 결과만 놓고 보면 근육 손상이 줄어든다는 신호를 거의 확인할 수 없다.

물론 얼음 욕조의 효과를 두고 플라세보 '통제' 실험을 진행하는 것은 거의 불가능하다.[355] 몸이 차갑지 않은데 차갑다고 느끼게 만들 수는 없으니까. 하지만 2014년 호주의 빅토리아대학교 연구팀은 이 문제를 우회할 수 있는 실험 방법을 설계했다. 그들은 15분간의 사이클을 마친 선수들에게 차가운 목욕물과 그냥 미지근한 목욕물, 미지근한 물에 특별한 '회복 오일'을 떨어뜨린 목욕물을 각각 제공했다. "우리는 선수들이 보는 앞에서 회복 오일을 물에 넣었어요." 논문의 수석 저자였던 데이비드 비숍David Bishop은 당시를 이렇게 회상한다. "그 후에는 과학적으로 입증된 그 오일의 효과를 그럴 듯하게 요약해서 들려주었죠."

연구진은 목욕 후 이틀에 걸쳐 선수들의 다리 근력 검사를 실시했고, 그 결과 근육 회복과 관련된 가장 중요한 연구 성과를 얻었다. 모두가 예상한 것과 마찬가지로, 찬물은 이틀 내내 미지근한 물보다 큰 회복 효과를 나타냈다. 하지만 회복 오일의 효과도 찬물 못지않았고, 근소한 차이까지 따지면 찬물보다 더 큰 효과를 보였다. 그러나 그 오일의 진짜 정체는 '세타필 젠틀 스킨 클렌저Cetaphil Gentle Skin Cleanser'라는 이름의 평범한 액체 비누였다. 어쩌면 당신은 이 실험의 결과가 얼음 욕조의 효과에 대한 믿음을 완전히 부수어 버렸다고 생각할지도 모른다. 하지만 찬물 목욕이나 오일 목욕을 한 선수들의 다음 날과 다다음 날 경기력이 실제로 상승했다는 것만은 부인할 수 없는 사실이다. 스텔링워프와 마찬가지로, 비숍은 믿음 효과가 스포츠과학자와 코치들이 반드시 익혀야 할 기술이라고 주장한다. 액체 비누는 장기적인 효과를 발휘하지 못하겠지만(언젠가는 동료들이 실험 참가 선수들의 몸에서 나는 지나치게 향기로운 체취를 눈치 챌 것이다), 욕조에 담긴 얼음은 실제로 염증을 완화하는 효과가 있는 만큼 굳이 선수를 속이지 않더라도 충분히 추천할 수 있는 방법이다.

이 모든 얘기가 대체의학을 내세우는 사기꾼의 입에서나 나올 만한 합리화처럼 들릴 수 있다는 사실은 충분히 이해한다. 나 또한 불편함을 느끼는 부분이 있으니까. 지금까지 얼음 욕조 연구에 관한 기사를 열 개도 넘게 썼지만, 여전히 가장 적절한 메시지가 무엇인지 고민할 때가 있다. 최근 내 의견은 '얼음 욕조가 도움이 된다고 느낀다면 기꺼이 활용하라'는 쪽으로 기울었다. 물론 당신이 그런 방법을 시도해 본 적이 없거나 신뢰하지 않는다면 굳이 도전할 필요는 없다. 반면, 선수를 커다란 통 안에 넣은 뒤 차가운 질소 증기를 몇 초간 쏘이는 냉각 요법에 대해서는 조금 더 부정적인 의견을 갖고 있다. 모순된 태도처럼 보일지도 모르지만, 어차피 과학적으로 규명되지 않기는 매한가지인데 굳이 저렴한 얼음 욕조 대신 수만 달러가 드는 냉각 요법을 선택하는 것은 불합리하다고 생각한다.

'진짜' 효과와 '가짜' 효과를 무 자르듯 나누지 말아야 할 또 다른 이유는 플라세보가 이따금씩 진짜 화학 변화를 유도할 때도 있기 때문이다. 1978년 캘리포니아대학교 연구팀은 치과 치료를 받는 환자들을 대상으로 진행한 실험에서 기존 패러다임을 바꿀 만한 결과를 내놓았다.[356] 그들은 두 그룹으로 나눈 환자들에게 각각 모르핀과 식염수를 링거로 투여했고, 모두가 예상하듯이 식염수를 투여받은 환자들 중 일부가 실제로 고통을 덜 느낀다는 사실을 확인했다. 심지어 식염수 그룹의 진통 효과는 날록손Naloxone(인체의 아편 수용체를 차단함으로써 모르핀이나 헤로인 같은 마약의 약효를 없애는 길항제)을 추가로 투여한 순간 즉시 사라졌다. 연구팀은 현상의 원인을 식염수를 투여할 때 우리 몸에서 자연적 진통제인 엔도르핀이 다량 분비되었기 때문인 것으로 해석했다.

게다가 후속으로 진행된 연구들은 플라세보가 대마초와 비슷한 효과를 내는 엔도카나비노이드 분비를 촉진시키거나 면역 시스템을 변화시키는 등 엔도르핀 이외의 화학 작용에도 얼마든지 관여할 수 있다는 사실을 밝혀냈다.[357] 이 모든 반응을 관장하는 것은 신경전달물질인 도파민에 의존하는 뇌의 예측과 보상회로다. 우리 몸에는 전전두피질에 영향을 줘서 도파민 분비량을 결정하는 콤 트[COMT] 유전자가 존재하고, 특정한 형태의 콤트 유전자를 가진 사람은 그렇지 못한 사람에 비해 최대 3~4배 많은 도파민을 분비할 수 있다. 하버드대학교 의과대학이 과민대장증후군 환자들을 대상으로 진행한 실험 결과를 보면 똑같이 가짜 침 시술을 받았을 때 도파민을 많이 분비하는 유전자를 가진 환자들이 더 강력한 플라세보 효과를 얻는다는 사실을 알 수 있다.[358] 플라세보가 단순한 심리적 효과가 아니라는 사실이 다시 한 번 입증된 것이다.

더 좋은 기록을 위한 속임수들

그렇다면 이 모든 사실은 지구력의 한계와 어떻게 연결될까? 가장 단순하게 보자면, 가짜 약을 먹고도 그 약의 효과를 강하게 믿는다면 실제로 믿음이 현실로 바뀔 수 있다. 영국 캔터베리크라이스트처치대학교[Canterbury Christ Church University]의 크리스 비디[Chris Beedie]는 사이클 선수들을 데리고 플라세보 효과를 스포츠에 적용한 실험을 설계했다. 선수들은 서로 다른 강도의 카페인 알약을 섭취한 뒤 10킬로미터 타임 트라이얼을 할 것이라는 설명을 들었지만 본인의 정확한 카페인 섭취량은 알지 못한 채 실험에 임했다. 그 결과, 전체적인 기록은 중간 강도의 알약을 섭취했다고 생각했을 때 1.3퍼센트, 높은 강도의 알약을 섭취했다고 생각했을 때 3.1퍼센트 향상되었으며 플라세보용 가짜 약을 먹었다고 생각했을 때는 오히려 1.4 퍼센트 떨어졌다.[359] 하지만 실제로 그들에게 제공된 약은 전부 가짜였다. 통증과 노력의 감각이 감소하면서 나타난 경기력 향상은 온전히 그들의 기대치가 만들어 낸 효과였다.

물론 믿음 효과가 반드시 약을 먹을 때만 일어나는 것은 아니다. 예를 들어, 과학자들은 스포츠에 대한 열정이 클수록 미신에 의존할 확률이 높다고 보고 있다. 독일 쾰른대학교의 린 디미쉬Lynn Dimisch는 경기 때마다 유니폼 아래에 대학 시절 입던 낡은 운동복 반바지를 입었다고 알려진 농구 스타 마이클 조던Michael Jordan의 일화에서 영감을 얻어 징크스가 기록에 미치는 영향을 연구했다.[360] 그녀는 골프 선수들에게 공을 지급하면서 "이 공을 사용하세요. 지금까지 이 공을 친 선수들은 모두 좋은 성적을 냈거든요"라고 말할 때 "이 공을 사용하세요. 지금까지 다른 선수들도 모두 이 공을 쳤거든요"라고 말할 때보다 경기력이 33퍼센트나 향상된다는 사실을 발견했다. 또 다른 실험에서도 참가자들은 저마다의 행운의 상징을 지녔을 때 초반부터 더 높은 목표를 세우고 더 오랫동안 포기하지 않는 것으로 드러났다. 이는 심리학자들이 '자기효능감Self-Efficacy'라고 부르는, 자기 자신의 능력과 성공을 믿는 마음이 실제 성공의 가능성을 높여 준다는 가설을 증명하는 근거이자 초반부터 공격적으로 달리는 케냐 선수들에게서 나타나는 바로 그 현상이었다.

자신감은 단순히 의지를 북돋아 주는 것 외에도 보다 섬세한 방식으로 영향력을 발휘한다. 가령, 운동선수들에게 편안해 보인다고 격려를 하면 실제로 경기에서 소비되는 에너지가 훨씬 줄어든다.[361] 지난 경기를 분석할 때 칭찬을 들은 럭비 선수들은 질타를 받은 선수들에 비해 다음 경기에서 높은 테스토스테론 수치와 월등한 경기력을 보이며,[362] 이 효과는 일주일이나 지속된다. 심지어 남에게 작은 선의를 베푸는(혹은 베풀겠다고 생각하는) 것만으로도 활력이 솟는다는 느낌을 받으며 지구력이 향상[363]된다. 한 실험 결과에 따르면, 같은 사람이라도 자선단체에 1달러를 기부한 직후에는 2킬로그램짜리 아령을 들고 버티는 시간이 평소보다 20퍼센트가량 더 늘어나는 것으로 나타났다.

하지만 이 실험의 연구진은 사람들이 좋은 생각보다 나쁜 생각을 할 때 오히려 더 나은 지구력을 보인다는 우려스러운 결과 또한 발표했다. 어쩌면 온라인 달리기 게시판에 '800미터 기록을 향상시키는 최고의 방법은 순수한 증오'[364]라는 글을 올리는 사람들의 주장이 이론적으로 증명된 것일지도 모른다. 그렇다고 해서 경기 전날 편의점에 들어가 강도짓을 하라는 것은 아니다. 지금까지 제시한 예시들의 효과는 잔재주보다 조금 나을까 말까 한 수준이니까. 하지만 한 걸음 물러서서 바라보면 좀 더 큰 그림이 보인다.

케이프타운에서 팀 녹스의 연구실을 방문했을 때, 나는 뇌가 지구력에 미치는 영향에 대한 그의 이론이 실제 훈련에 어떻게 적용될 수 있는지 물었다. "만약 중앙통제자가 존재한다면, 그 성능을 훈련으로 강화하는 것도 가능할까요?" 그는 내게 자신의 경험담을 들려주었다. 그가 대학생 조정 선수로 활동하던 1970년대 초반, 그의 팀은 노를 저어 500미터를 최대한 빨리 완주하는 훈련을 한 번에 6회씩 실시했다. "어느 날 오후, 우리가 여섯 번째 노 젓기를 마치고 창고에 보트를 대러 갔을 때 코치님이 이렇게 말씀하셨어요. '아직 안 끝났어. 훈련을 한 번 더 실시할 테니 출발 위치로 가도록.' 그렇게 일곱 번째 훈련을 마치고 왔을 때도 코치님은 휴식을 허락하지 않았죠. 우리는 그런 식으로 네 차례나 더 노를 저었어요. 솔직히 말해서 코치님이 처음부터 훈련을 10회나 할 거라고 얘기했다면, 아무도 그게 가능하다고 생각하지 않았을 거예요." 그는 그날의 경험이 처음에는 운동선수로서, 그다음에는 과학자로서 그의 신념이 되었다고 말했다. "운동선수를 지도하는 사람이라면, 어느 시점에는 선수가 본인의 생각보다 더 큰 능력을 가지고 있다는 사실을 가르쳐 주어야 합니다."

녹스의 이야기는 보스턴 마라톤의 우승자 출신이자《러너스 월드》의 베테랑 편집자인 앰비 버풋이 기사를 통해 공유한 '단언하건대, 한 선수가 받을 수 있는 세계 최고의 훈련'[365] 경험담과도 닮았다. 당시 버풋이 쓴 기사의 주제는 예일대학교 연구팀의 식욕 호르몬 관련 실험이었다. 연구진은 참가자들에게 '후덕한' 고칼로리 셰이크와 '가벼운' 저칼로리 셰이크를 나눠 주었고, 연구 결과 고칼로리 음료를 마셨을 때는 식욕 호르몬이 급감하지만 저칼로리 음료는 식욕 호르몬에 큰 영향을 미치지 못한다는 사실을 확인했다. 그러나 사실 두 음료는 완전히 똑같은 셰이크였다. 버풋은 이 결과가 몸이 뇌의 지배를 받는다는 뜻이라고 해석하며, 선수 시절 1마일 전력 질주 다섯 세트를 마친 뒤 코치의 명령에 따라 똑같은 페이스로 같은 훈련을 한 번 더 반복했던 자신의 경험을 언급했다. "이러한 훈련은 선수에게 스스로 그어 놓은 한계선보다 더 큰 힘이 있다는 사실을 일깨워 준다. 이것은 한 인간이 달리기를 통해 얻을 수 있는 가장 큰 교훈이다."

상당수의 스포츠 관련 실험에서는 선수들에게 평소보다 길거나 고된 운동을 시키기 위해 온갖 종류의 속임수를 동원한다.[366] 과학자들은 열이 지구력을 떨어뜨린다는 이론에 따라 실제보다 온도가 더 낮은 것처럼 온도계를 조작하고, 시계를 더 빠르거나 느리게 조정하고, 지금까지 달린 거리를 속여서 알려 준다. 이런 방법은 분명히 어느 정도 효과를 발휘한다. 실제로 가상현실 기술을 동원하여 선수들을 본인의 과거 경기 영상과 경쟁시킨 수차례의 실험에서 참가자들은 자기 자신을 이길 수 있다는 강한 자신감과 함께 실험에 임했고, 그 결과 연구진이 선수 모르게 과거 영상의 속도를 올렸음에도 불구하고 승리를 거두었다. 물론 이러한 효과에도 한계는 있었다. 2017년 프랑스에서 진행된 연구에 따르면, 속도를 2퍼센트 올렸을 때는 많은 선수들이 좋은 성과를 거뒀지만 5퍼센트 올렸을 때는 얼마 가지 않아 자신의 한계를 깨닫고 오히려 자신감을 잃었다.[367]

거짓의 효과에는 분명히 한계가 있다. 만약 어떤 코치가 선수의 한계를 넓히기 위해 매번 속임수를 사용한다면, 그 선수는 곧 훈련 때마다 혹시 모를 상황에 대비해 힘을 아끼게 될 것이다. 버풋이 전하고자 하는 진짜 메시지는 좀 더 일반론에 가깝다. "속임수는 이러한 현상의 본질이 아니라 반전을 돋보이게 해 주는 조연에 불과하다. 진짜 주인공은 바로 강한 믿음이다."

'할 수 있다'는 믿음의 힘

쿨샛은 중간 지점을 막 지날 무렵부터 선두 그룹 뒤쪽으로 처지기 시작했다. 이윽고 그가 보도용 차량의 시야가 닿지 않는 곳까지 뒤처지자 이 상황을 충분히 예상했던 나와 리포터는 안타까움에 고개를 저었다. 자신감은 귀중한 자산이지만 마라톤은 과도한 자신감을 구약성서만큼이나 가차 없이 벌하는 종목이다. 그러나 쿨샛은 몇 킬로미터 후 다시 모습을 드러내며 우리를 깜짝 놀라게 했다. 그는 고개를 숙이고 이를 악문 채 30킬로미터 구간에 맨 먼저 진입한 여섯 명의 무리에 합류했다. 텔레비전 화면에 등장한 그의 코치는 쿨샛이 중간 지점에서 잠시 뒤처졌던 이유를 묻는 생방송 진행자의 질문에 무뚝뚝하게 대답하고 있었다. "쿨샛은 22킬로미터 지점에서 대변을 보려고 잠시 화장실에 다녀왔을 뿐입니다."

케냐 선수들과 나란히 달릴 수 있다는 쿨샛의 자신감은 그들과 직접 훈련한 경험에서 나왔다. 토론토 마라톤이 끝나고 몇 달 후, 그는 또다시 그레이트리프트밸리의 고산지대이자 달리기의 메카인 아이튼으로 돌아가 육상 스타부터 무명 선수까지 수백 명의 케냐 선수들과 함께 일주일 일정의 파틀렉 훈련에 참가했다. 훈련 조건은 지극히 단순했다. 그들은 2분의 전력 질주와 1분의 가벼운 달리기로 구성된 3분짜리 세트를 20회 반복하라는 지시를 받았다. 모든 참가자들은 실전 경기와 마찬가지로 최선을 다해 달렸다. 어울리지 않게 끼어든 백인 선수에게 지고 싶어 하는 선수는 한 명도 없었지만, 쿨샛은 끝까지 선두 그룹에서 경기를 마칠 수 있었다. 그가 땀과 붉은 먼지를 뒤집어 쓴 채 마을을 향해 조깅을 시작했을 때, 몇몇 선수들은 그에게 박수를 보냈다. 그가 마라톤을 2시간05분대에 뛸 준비를 갖추었다는 케냐 선수들의 평가[368]는 그에게 카페인 알약 한 수레에 맞먹는 활력과 자신감을 심어 주었다.

'저 선수가 할 수 있다면 나도 할 수 있어' 식의 후천적이고 전이 가능한 믿음은 세계 최정상 선수들 사이에서도 일어난다. 어떻게 인간의 지구력을 시험하는 모든 종목의 세계신기록은 끝없이 경신될 수 있는 것일까? 누군가는 훈련이나 회복, 영양 공급, 수분 보충 관련 지식의 진보와 냉각 요법 같은 최첨단 기술의 개발 덕분이라고 말한다. 하지만 지식이나 기술이라면 경마나 도그 레이싱처럼 동물들이 뛰는 경기 분야에서도 충분히 발전하고 있다. 엄밀히 말하면 합법적으로 베팅을 할 수 있는 경마에 투입되는 자본은 인간 스포츠를 훨씬 뛰어넘는 수준이다. 물론 20세기 중반까지 인간과 말의 기록이 같은 수준으로 향상되었다는 것은 분명한 사실이다. 그러나 2006년 노팅엄대학교의 데이비드 가드너David Gardner가 발표한 보고서에 따르면 가장 큰 경마 대회인 켄터키 더비Kentucky Derby나 엡섬

더비^{Epsom Derby}의 신기록은 1950년대 이후 정체기를 벗어나지 못하고 있다.³⁶⁹ 반면, 같은 기간 올림픽을 포함한 주요 마라톤 대회의 기록은 약 15퍼센트까지 지속적으로 단축되었다.

마라톤 챔피언과 경마 우승마는 모두 경이로운 신체 조건을 가지고 있다. 이 둘의 차이가 있다면 인간 쪽은 현재를 너머 미래를 내다본다는 점이다. 현재 켄터키 더비의 최고기록은 경주마 세크리테리엇^{Secretariat}이 1973년에 세운 1분59초40이다. 그로부터 근 30년이 지난 2001년, 마너코스^{Monarchos}는 2위를 5마신(경마나 보트 경주에서 말이나 배의 길이를 기준으로 측정하는 길이의 단위-옮긴이) 차이로 제치고 우승을 차지하며 2분의 벽을 깬 유일한 후계자가 되었다. 마너코스가 세크리테리엇의 기록을 깰 가능성도 있었을까? 만약 그 두 마리가 함께 달렸다면 가능했을지도 모른다. 하지만 눈에 보이지 않는 라이벌의 추상적인 기록에 경쟁심을 불태우는 것은 오직 인간뿐이다. 당신의 라이벌이 1분59초40의 기록을 세웠다면 당신은 스스로 1분59초30 안에 결승선을 넘는 것이 **가능하다고** 생각할 테고, 훈련 계획이나 경기 전략을 그 기록에 맞춰서 세울 것이다.

물론 마라톤을 2시간05분 안에 뛸 수 있다고 믿는 것과 실제로 그런 기록을 세우는 것은 별개의 문제다. 철학자들은 정당화된 믿음^{Justified Belief}과 참된 믿음^{True Belief}을 구별해야 한다고 말한다.³⁷⁰ 당신에게 어떤 믿음이 사실일 것이라고 생각할 만한 정당한 이유가 있을 때에도(가령 당신의 차가 늘 있던 차고에 있으리라 믿는다 해도) 그 믿음은 참이 아니라고 판명될 수 있다(누군가 그 차를 훔쳐가 버렸을 수도 있다). 이와 반대로, 당신은 특별히 논리적인 이유가 없는 상황에서도 어떤 일(가령 당신이 경기에서 우승하리라는 기대)이 사실이라고 믿을 수 있다. 철학의 한 분파에서는 지식의 필수 요건으로 정당화된 참된 믿음Justified True Belief을 꼽는다. 운동선수가 자신의 능력에 대한 정당화된 참된 믿음을 얻는 가장 명확한 방법은 직접 달려 보는 것이다. 과거의 자신이 세운 기록은 얼마든지 다시 세울 수 있고, 노력에 따라 약간 경신하는 것도 가능하기 때문이다. 하지만 녹스와 마코라를 포함한 과학자들은 이런 식으로 얻은 정당화된 믿음이 인간의 진정한 능력을 제대로 표현하지 못한다는 의혹을 품고 있다. 미지의 영역에 도달하기 위해서는, 다시 말해 엘리우드 킵초게가 직면한 도전처럼 마라톤 기록을 3초가 아니라 3분씩 단축시키기 위해서는 상상력을 동원해야 한다는 것이 그들의 주장이다.

쿨샛은 짧은 언덕 구간으로 이루어진 35킬로미터 지점을 통과하기 직전에 선두 자리로 치고 나왔다. 이 시점에는 선두 경쟁을 하는 선수가 고작 네 명뿐이었다. 상승세를 탄 쿨샛과 반대로, 2시간 08분대의 기록을 가진 닉슨 마키침Nixon Machichim 선수는 선두 그룹을 벗어나 점점 뒤로 처지더니 얼마 후 중도 포기를 선언했다. 강풍이 몰아치던 경기 당일의 날씨 때문에 선수들은 맞바람과 싸우며 달려야 했다. 쿨샛은 대퇴사두근에서 타는 듯한 통증을 느꼈고, 시간이 갈수록 느리고 불규칙한 보폭을 보였다. 결국 그는 결승선까지 고작 3킬로미터를 앞둔 지점에서 2시간 07분과 2시간 05분대의 기록을 가진 두 경쟁자에게 뒤처지고 말았다. 현재 페이스로는 국내 신기록도 기대하기 어려웠다. 하지만 경기장 주변의 취재진은 그의 놀라운 성과를 목청 높여 전하고 있었다. 막판의 컨디션 난조에도 불구하고, 그는 최종 3위로 2시간10분55초의 기록을 세우며 캐나다 역대 2위의 마라톤 기록과 올림픽 출전권을 한 번에 손에 넣었다. 하지만 내게는 기록 자체보다 그의 결단이 더 깊은 인상을 남겼다.

지구력 저장고의 빗장을 풀기 위하여

이 책은 훈련법에 관한 책이 아니다. 하지만 한계를 뛰어넘는 최선의 방법에 대해 논하지 않고 한계의 본질을 살펴보는 것은 말이 되지 않는다. 사실 한계를 극복하는 가장 효과적인 방법은 무척 단순하다. 너무나 단순해서 지금껏 거의 언급조차 되지 않았을 정도로. 기록을 단축시키고자 하는 달리기 선수에게 메이요 클리닉의 생리학자이자 1991년에 마라톤 2시간의 벽이 무너지리라는 예언을 한 당사자인 마이클 조이너가 쓴 하이쿠(5·7·5의 17음 형식으로 된 일본 고유의 짧은 시 – 옮긴이)보다 더 직관적인 조언은 없을 것이다.

아주 긴 거리를 달려라
때로는 원래보다 빨리 달려라
가끔은 쉬어 가며 달려라[371]

조이너는 생리학자 중에서도 최고의 권위를 자랑하는 지구력 연구자이지만, 종종 자신을 '기술 거부자'라고 장난스럽게 소개하곤 한다. 한번은 '스포츠 기술과 경기력 향상의 미래'를 주제로 삼은 한 학회에 참석하면서 1972년에 생산된 복싱 선수용 줄넘기를 발표 소품으로 들고 온 일화도 있었다. 고도 텐트부터 심장 박동 추적 장치, 생체공학적 음료에 이르기까지 현대 스포츠과학의 기술력을 증명하는 수많은 제품들도 결국에는 며칠, 몇 달, 몇 년에 걸쳐 몸과 마음을 꾸준히 단련하는 기본 훈련의 보조 수단에 지나지 않는다.

사실 현대 기술이 자랑스럽게 내세우던 객관적 효과는 같은 맥락에서 오히려 한계를 고정시키는 요인인 것으로 드러났다. 특정한 심장 박동 수나 페이스를 목표로 페달을 밟는다는 것은 실패의 위험을 줄여 줄지언정 기적이 일어날 가능성을 처음부터 차단해 버리기 때문이다. 일류 육상 코치인 스티브 매그네스Steve Magness는 "GPS 손목시계 같은 기술적 진보는 선수들의 인지와 행동 사이에 괴리를 만들어 냈다"라고 평했다.[372] 생태심리학자들은 이 같은 현상을 설명하면서 오토바이 레이서가 직면한 선택을 예로 든다. 선수는 핸들에서 느껴지는 감각과 스쳐 가는 풍경의 리듬을 통해 속도를 가늠할 수도 있고, 달리는 내내 속도계에 코를 박고 있을 수도 있다. 후자가 아무리 정확한 정보를 제공한다 해도, 적어도 프로들에게는 자신이 제대로 달리고 있는지 판단하는 근거로 전자보다 더 낫다고 보기 어렵다. 사이클 선수들 또한 속도를 올리거나 줄이려는 판단을 할 때 오직 출력 측정 장치의 숫자에만 의존하는 대신 불완전하더라도 현재 느끼는 감각을 통해 판단되는 인지적 정보를 추가로 활용한다.

최고의 훈련법이 이토록 쉽고 단순하다면, 뇌에 숨겨진 지구력 저장고를 파헤치는 그 수많은 연구가 우리에게 줄 수 있는 추가적 이익이 있을까? "제가 볼 때, 위대한 코치들은 어떤 식으로든 선수들의 뇌를 자극합니다." 팀 녹스는 내게 말했다. 하지만 모든 선수들이 위대한 코치에게 훈련받을 수 있는 건 아니며, 현실에는 코치 자체를 갖지 못한 사람들도 많다. 이 '숨겨진 저장고'에 접근할 수만 있다면 대부분의 사람들이 평소보다 나은 기록을 낼 수 있다는 것이 내 생각이다. 게다가 이미 최고 수준의 훈련을 통해 잠재력을 최대치까지 발휘하고 있는 일류 선수들이 지구력의 한계를 넘어설 때 어떤 일이 일어날지는 더 큰 미지의 영역으로 남아 있다. 뇌 훈련이나 뇌 자극 같은 기술들이 계속해서 발전한다면 언젠가는 반복적이고 예측 가능한 경기력 향상이 실현될 수도 있다. 어쩌면 기술적으로는 다소 저차원적이라도, 자신과의 대화처럼 개인의 신념을 직접적으로 자극하는 방법이 더 큰 효과를 발휘할지도 모른다.

로저 배니스터가 1마일을 4분 안에 주파한 순간 4분의 벽이 확 낮아졌다는 자기계발서의 허풍만 봐도 알 수 있듯이, 믿음의 힘은 종종 지나치게 과대 포장되는 경향이 있다. 솔직히 말하자면 믿음은 훈련이라는 케이크 위에 얹는 크림 아이싱icing(케이크나 과자 따위의 표면에 발린 당분 성분의 얇은 막 - 옮긴이) 정도의 역할밖에 하지 못한다. 하지만 때로는 똑같은 케이크에 달콤한 크림을 범벅해서 결과물을 완전히 바꿔 놓을 수도 있다. 2014년 새뮤얼 마코라는 간단한 실험을 통해 자기 자신과 긍정적인 대화를 나누는 것만으로도 실험 참가자들의 탈진 테스트 기록이 눈에 띄게 향상된다는 사실을 증명했다. 이후에 진행된 여러 후속 연구는 자신과의 대화가 페이스 조절이나 노력의 감각에도 영향을 미친다는 사실을 확인시켜 주었다. 영국의 한 연구팀은 같은 원리를 활용하여 혹독한 60마일 울트라마라톤에서 평소보다 향상된 기록을 얻었고,[373] 8장에서 살펴본 스티븐 청은 사이클 선수들을 데리고 35도의 실험실에서 '자기와의 동기부여 대화' 실험을 진행함으로써 이 방법이 더위와 싸우는 데에도 효과적이라는 결론을 내렸다. 나는 지난 수십 년간 지구력 훈련의 최신 기법을 다루는 글을 써 왔다. 만약 내가 이 지식을 그대로 가지고 한창 달리기 훈련에 매진하던 청년 시절로 돌아간다면, 내게 일어날 가장 큰 변화는 의심과 비웃음을 버리고 자신과의 대화 훈련에 기쁜 마음으로 참여하리라는 것이다.

그러나 따지고 보면 내가 뇌 지구력 연구에 매료된 가장 큰 이유는 경기력이 향상될지도 모른다는 기대 때문이 아니다. 오늘날 전 세계 수백만 명의 사람들이 건강과 전혀 무관한 이유로 지구력 종목에 도전한다. 그들은 이를 악물고 지구력의 한계를 시험하는 일에서 취미와 중독 사이 어디쯤에 있는 즐거움을 찾는다. 만약 달리기가 단순한 수도관 연결 콘테스트라면, 다시 말해 혈관을 통해 가장 많은 혈액을 운반하고 가장 많은 산소를 실어 나르는 사람을 가리는 경기라면, 그 결과는 지루할 만큼 뻔할 것이다. 단 한 번만 달려 보면 자신의 한계를 분명히 알 수 있을 테니까. 그러나 지구력의 한계는 그렇게 알 수 있는 것이 아니다.

육상부에서 활동하던 대학 신입생 시절, 나는 당시 관심을 가지고 있던 여자 농구팀 부원과 가슴 아픈 대화를 나눈 적이 있다. 각자 경기를 앞두고 있던 우리는 서로 마음속에 품고 있던 초조함을 털어놓았다. "네가 왜 초조한데?" 그녀가 내게 물었다. "함성을 지르는 수많은 관중 앞에서 3점 슛을 쏘는 것도 아니잖아. 달리기는 그저 출발 신호가 떨어지면 냅다 달리고, 그중에서 제일 빠른 사람이 우승하는 단순한 시합 아니야?" 나는 달리기 선수에게 좋은 경기란 자신의 육체적 한계라고 느껴지는 지점을 뛰어넘는 것이라고 설명했다. 연습에서는 아무리 열심히 뛰어도 2분10초에 머물던 800미터 기록이 실전 경기에서는 1분55초가 될 수도 있으며, 내 몸 어딘가에 분명히 존재하는 지구력 저장고에 얼마나 가까이 다가갈 수 있을지 상상하는 일은 흥분되는 동시에 두려운 일이라고. (그녀는 내 데이트 신청을 받아 주지 않았다.)

요즘은 그때 느끼던 두려움을 완전히는 아니라도 상당 부분 극복했다. 나는 출발선에 설 때마다 가장 큰 적이 내 두뇌의 잘 정비된 보호 메커니즘이라는 사실을 떠올린다. 내가 처음으로 한계를 뛰어넘은 셔브룩의 1,500미터 경기에서 얻은 이 교훈은 20년이 지난 지금 생각해도 놀랄 만큼 중요한 통찰이었다. 나는 앞으로도 더 많은 것들을 배우고 싶다. 뇌가 몸의 신호를 어떻게 받아들이는지에 대해, 어떻게 처리하는지에 대해, 그리고 그 처리 과정을 변화시킬 수 있는 방법에 대해. 하지만 현재로서는 진실의 순간이 찾아올 때마다 과학이 운동선수들의 믿음을 확인해 준다는 사실을 아는 것만으로도 충분하다.

인간의 한계는 여기서 끝이 아니다. 우리에게 믿고자 하는 의지만 있다면.

2시간의 벽

2017년 5월 6일

나이키가 철저하게 조율한 온갖 조건 아래서 진행되는 2시간 마라톤은 사실 우스울 만큼 지루할 수밖에 없었다. 휴식도, 속도 조절도, 막판 스퍼트도 없이 처음부터 끝까지 똑같은 페이스로 달린다는 것이 바로 그들의 계획이었으니까. 그 2시간 안에는 오직 선수 세 명과 화살촉 대형의 페이스메이커, 시계밖에 없었다. 하지만 〈브레이킹2〉 도전 당일의 관람권은 일반 판매를 진행하지 않았음에도 불구하고 모든 비공식 경기 티켓 중에서 가장 뜨거운 인기를 구가했다. 그 무렵 안식년을 얻은 새뮤얼 마코라는 몬차 지역에서 약 40킬로미터 떨어진 고향 부스토 아르시치오 지역에서 어머니를 간호하며 지내는 중이었다. 나는 그를 미디어 해설자로 승인해 달라고 온 힘을 다해 나이키를 설득했다. 지구력의 궁극적인 한계에 도전하

442

는 이번 경기에 대한 그의 실시간 의견을 듣고 싶어 안달이 났기 때문이다. 나이키에서 최종 승인이 떨어진 것은 이벤트를 한 시간 45분 앞둔 도전 당일 새벽 4시였다. 내 메시지를 받은 마코라는 즉각 답장을 보내왔다. "한숨도 못자고 기다리고 있었어요!!!"

동트기 직전의 어둠 속에서 마지막 준비로 분주한 F1 경기장은 긴장으로 가득했고, 어딘지 초현실적인 분위기마저 풍겼다. 뜬눈으로 지샌 장거리 비행 후 하루 종일 기사를 쓰고, 휴식을 취할 새도 없이 경기장으로 달려온 내 컨디션은 이미 피로의 단계를 지나 아드레날린과 초콜릿 크루아상으로 범벅된 흥분 상태에 도달해 있었다. 나는 트위터를 통해 이번 도전의 전망을 묻는 사람들에게 '나이키 혹은 킵초게에게 1~10퍼센트 사이의 성공 가능성이 있다'고 대답해왔다. 이따금씩 영화 〈록키3Rocky III〉에 나온 조연 클러버 랭Clubber Lang의 명대사인 "전망? 그야 고통스럽겠지" 동영상을 대답 대신 올릴 때도 있었고. 출발 시간이 다가올수록 명치에서 너무나 익숙한 긴장이 느껴졌고, 다리는 납덩어리를 매단 듯 무거워졌다. 오랜 세월의 경험상, 이러한 느낌은 육체보다는 정신적인 것에 가까웠다. 나는 이제 곧 깊이를 알 수 없는 미지의 구멍으로 몸을 던질 킵초게가 겪을 고통을 함께 느끼고 있었다.

출발 신호가 울리자 모든 상황은 사전에 계획된 리듬에 맞춰 물 흐르듯 흘러갔다. 테슬라는 하프 마라톤 리허설에서 겪은 낭패를 교훈삼아 페이스 카의 6미터 뒤에 녹색 레이저로 화살촉 모양의 대형을 표시했다. 이제 페이스메이커들은 우왕좌왕할 필요 없이 바닥에 표시된 대형에 따라 달리기만 하면 되었다. 세계 정상급 선수들로 구성된 서른 명의 페이스메이커팀은 지난 한 주 내내 대형과 교대 연습을 했다. 페이스메이커는 한 번에 여섯 명씩 달렸고 매 2.4킬로미터마다 그중 세 명이 서서히 빠져나가고 새로운 인원이 들어오는 식이었다. 어떻게 보면 무감각한 표정과 일정한 페이스로 그저 달리기만 하는 킵초게와 타데세, 데시사보다 그토록 빠른 속도에서 아슬아슬하고 정교한 교대 작업을 펼치는 페이스메이커팀이 훨씬 큰 볼거리로 느껴지기도 했다. 그들의 움직임은 보는 사람을 빠져들게 만드는 절제된 발레 동작 같았다.

하지만 모두의 기대와 달리 변화는 너무 빨리 찾아왔다. 고작 16킬로미터가 지난 시점에서 데시사가 다시 한 번 뒤로 처진 것이다. 게다가 중간 지점에 이르러서는 타데세마저 페이스를 잃기 시작했다. 이렇게 초를 다투는 경기에서는 한 번의 기복이 돌이킬 수 없는 실패를 의미했다. 나이키가 준비한 온갖 마법들이 순식간에 빛을 잃었다. 만약 킵초게가 혼자라도 성공하지 못한다면 이 게임은 끝이었고, 확률로 따지면 말 할 필요도 없이 성공 가능성보다는 실패 가능성이 훨씬 높았다. 나는 최근 몇 주간 마라톤에서 2시간의 벽을 깨는 것이 얼마나 터무니없는 발상인지, 무리한 페이스로 달린 선수들이 얼마나 큰 대가를 치르게 될 것인지 예측하는 기사를 수도 없이 많이 읽었다. 이 도전이 실패로 끝난 순간 "내가 그럴 줄 알았어"라는 반응이 빗발치리라는 것은 불 보듯 뻔했다.

하지만 페이스메이커팀과 유일하게 남은 도전자가 중간 지점을 59분54초에 통과하자, 희망적인 기분이 다시 머리를 들었다. 나는 휴대폰의 트위터 앱을 켰다. "현재 킵초게가 내딛는 한 걸음 한 걸음은 역사상 같은 거리를 달린 그 어떤 인간보다도 빠르다."

　그 시점부터 경기가 끝날 때까지 나는 수첩에 거의 아무것도 기록하지 못했다. 내 시선은 관중석의 모든 응원객들, 그리고 생중계로 경기를 지켜보는 수백만 명의 시청자들과 마찬가지로 킵초게 한 사람에게 고정되어 있었다. 보이지도 않을 만큼 빠르게 움직이는 다리, 긴장이라곤 찾아볼 수 없는 두 뺨, 이해할 수 없을 정도로 침착한 시선을 유지한 채 달리는 그에게서 눈을 뗄 수 있는 사람은 없었다. 맨 처음 우리의 바람은 그가 이 도전을 웃음거리로 만들지 않을 정도로만 오래 버텨 주는 것이었다. 하지만 시간이 흐르고 남은 거리가 줄어들수록 관중들 사이에는 지금 우리가 엄청난 장면을 목격하고 있다는 확연한 공감대가 형성되었다. 결과가 어떻게 나올지는 알 수 없지만, 킵초게는 이미 인간의 한계에 대한 모두의 예상을 한참 뛰어넘고 있었다. 90분이 지날 무렵, 나는 결승선의 인파 옆에 서 있는 마코라와 눈이 마주쳤다. 그의 눈썹은 놀라움에 한껏 치켜올려진 상태였다. 나는 대답 대신 그와 똑같이 눈썹을 치켜 올렸다. 아무 말도 필요 없는 순간이었다. 우리는 침묵 속에 다시 트랙으로 시선을 돌렸다.

　중계석에서 게스트 인터뷰를 하던 나는 마침내 머릿속을 스멀스멀 맴도는 생각을 인정하기로 했다. **그래, 어쩌면 그가 정말로 해낼지도 몰라.**

내가 미로처럼 얽힌 복도를 지나 트랙 옆으로 달려 나갈 무렵, 이제 남은 거리는 2.4킬로미터 트랙 두 바퀴뿐이었다. 킵초게의 페이스가 미묘하게 흔들리기 시작한 것은 바로 그 즈음이었다. 그의 표정은 딱딱하게 굳어갔고, 멀리서 봤을 땐 미소인가 싶던 얼굴 근육의 움직임은 간헐적인 찌푸림으로 확인되었다. 일정하게 움직이는 페이스 카와 간격을 맞춰야 할지, 점점 느려지는 킵초게를 위해 천천히 달려야 할지 결정하지 못한 페이스메이커팀의 대형 또한 흐트러지기 시작했다. 이제 킵초게의 페이스는 원래 목표보다 10초 이상 뒤떨어졌다.

'최고의 장거리선수들은 보통 도미닉 미클라이트^{Dominic} ^{Micklewright}가 11년 전에 발표한 페이스 조절 패턴을 따르잖아. 우리에겐 아직 막판 스퍼트가 남아 있다고.' 나는 되뇌었다. 현재 킵초게는 다리가 점점 무거워지고 대사산물 분비량이 치솟으며 연료마저 떨어져가고 있는 상태였다. 그의 몸은 온갖 방법을 통해 그가 이제 한계에 다다랐으며 더 이상 지금과 같은 페이스를 유지할 수 없다는 메시지를 보내고 있을 것이다. 과연 그의 뇌는 결승선이 눈에 들어온 순간 아껴두었던 지구력 저장고를 해제하는 호의를 베풀어 줄 것인가?

킵초게의 몸은 아직 탈진 상태에 이르지 않았다. 목표 페이스보다 각각 6분과 14분씩 뒤처진 타데세와 데시사에 비하면 특별히 한계에 부딪쳤다고 볼 수도 없었다. 하지만 그의 몸은 끝까지 속도를 올리지 못했다. 2시간00분25초로 결승선을 통과한 그는 아주 잠깐 멈춰선 뒤 오랜 코치인 패트릭 생^{Patrick Sang}을 향해 가볍게 달리기 시작했다. 스승은 아무 말 없이 제자를 꼭 안아 주었다. 이윽고 킵초게는 조심스럽게 몸을 숙여 땅에 눕더니 가만히 눈을 감았다. 내 주변의 모든 사람들은 감정을 주체하지 못하고 서로 얼싸안고 하이파이브를 하며 소리를 지르고 있었다. 비록 2시간의 벽은 깨지지 않았고, 페이스메이커팀의 존재 때문에 세계신기록으로 인정되지도 않겠지만, 지금 내가 목격한 장면이 한계를 극복하려는 도전의 분수령이 되리라는 것만은 분명했다. 방금 킵초게가 세운 기록 덕분에 앞으로 세워질 마라톤 기록들은 우리에게 전혀 다른 **느낌**으로 다가올 것이다.

그로부터 몇 주 동안 킵초게가 거둔 성과의 열쇠가 무엇인지 논쟁이 벌어졌다. 그가 신은 신소재 운동화가 얼마간이라도 효과를 발휘했던 것일까? 그가 도전 막바지에 섭취했던, 탄수화물을 젤 타입으로 만들어 흡수를 돕는다는 실험적인 스웨덴산 스포츠 드링크 ³⁷⁴가 연료 고갈을 막거나 늦춰 주었을까? 뚜껑에 커다란 시계를 달고 앞서 달린 페이스 카의 존재가 그의 저력에 도움을 주었을까? "모두들 비밀을 알고 싶어 했다." 존 파커 주니어의 소설 『달리기의 추억』에 등장하는 육상 스타는 한탄스러운 목소리로 읊조린다. "그들은 온갖 방법을 동원해서 **비밀**을 캐내려고 했다."

하지만 나이키는 대답을 들려주지 않았다. 꼭 기밀이라서가 아니라(물론 기밀이지만) 딱 떨어지는 대답이 존재하지 않았기 때문이었다. 몇 주 후 열린 덴버의 한 학회에서, 콜로라도대학교의 바우터 후

카머^{Wouter Hoogkamer}와 로저 크램^{Rodger Kram}은 베이퍼플라이 운동화의 외부 실험 결과를 발표했다.[375] 그 신발이 실제로 달리기 효율을 평균 4퍼센트 향상시켜 주는 것이 확인되었다. 물론 킵초게가 일반 신발을 신고도 마라톤을 2시간05분대에 뛰는 선수라는 사실을 감안하면 4퍼센트 향상된 효율이 그대로 기록에 반영된다고 보기는 어려웠다. 과학자들은 저마다 신소재 운동화가 실제 경기력에 미치는 영향에 대해 다양한 관점의 의견을 제시했다. 나는 개인적으로 그 신발이 킵초게의 기록을 1분가량 단축시켜 주었을 것으로 보고 있다. 그 1분에는 최첨단 기술을 등에 업었다는 정신적인 자신감의 몫도 포함되어 있다.

하지만 경기 직후부터 내 머릿속을 떠나지 않는 의문은 기술과는 전혀 무관했다. 만약 그가 마지막 두 바퀴를 라이벌과 함께 달렸다면 어떤 결과가 나왔을까? 실제 선수든 VR기술이 만들어 낸 가상의 선수든 경쟁자와 함께 달리는 시합이 오직 자신과의 싸움인 타임 트라이얼보다 경기력을 1~2퍼센트 향상시킨다는 사실을 우리는 알고 있다. 만약 다른 선수와 나란히 달렸다면, 킵초게는 일반적인 경기 패턴과 같이 막판 스퍼트를 할 수 있었을까? 내가 내린 결론은 그렇지 못했을 가능성 또한 높다는 것이었다. 개인적인 전략을 세우는 대신 상대적으로 짧은 트랙에서 미리 정해진 페이스대로 달린다는 〈브레이킹2〉의 특수한 환경은 아마도 그의 잠재력을 마지막한 방울까지 끌어냈을 것이다. 그가 다리근육이 움직이지 않을 때까지 묵묵히 달릴 수 있었던 이유 중 하나도 경쟁에 대한 부담이 없었기 때문이다. 3월에 열린 하프 마라톤에서 가진 에너지의 60퍼센트만 사용했다고 말했던 그였지만, 이번에는 상황이 달랐다.

"오늘은 100퍼센트 다 썼어요." 결승선을 넘고 몇 분 후, 그가 미소를 띤 얼굴로 내게 말했다. "하지만 뭐, 우리는 사람이잖아요."

바로 그 인간적인 결함이야말로 오밤중에 침대를 박차고 나와 그의 경기를 지켜본 수많은 사람들을 깊이 감동시킨 요소였고, 세계 곳곳에서 등산로와 자전거 도로를 누비며 자신의 한계를 시험하는 사람들을 하나로 엮어 주는 매개체였다. 우리는 결국 인간이라는 종의 한계를 넓힌다는 공통의 도전을 하고 있는 것이다. 계산기만 두드려서는 절대 그 도전의 결과를 예측할 수 없다. 킵초게는 방금 인간이 가진 육체적 한계에 조금 더 가까이 다가갔고, 이 사실은 그 자체로 미래에 대한 기대를 한층 부풀려 주었다. 아직 열기가 가라앉지 않은 몬차의 F1 트랙에서 그가 말했듯이, 이번 도전의 성과는 그 혼자만의 것이 아니었다.

"이제 **인류**가 단축시켜야 할 기록은 딱 25초밖에 안 남았어요."

감사의 말

이 책의 중심에는 지구력이라는 주제를 탐구하는 과학자들이 있다. 본문에 대부분 등장하긴 하지만, 이메일과 전화를 통해 내 질문에 일일이 답해 주고 때로는 연구실 문을 활짝 열어 준 과학자들의 수는 일일이 열거하기 어려울 정도로 많다. 그들 모두에게 진심 어린 감사를 전하고 싶다. 로스 터커는 3장에 등장하는 그래프의 데이터 원본을 공유해 주었다. 가장 열정적인 도움을 준 마크 번리를 비롯하여 팀 녹스와 새뮤얼 마코라, 알렉시스 모저, 기욤 밀레, 스티븐 청, 존 홀리, 로리 하제, 마틴 폴러스, 카이 러츠, 로저 크램 등은 정확성을 위해 원고를 감수해 주었다. 혹시라도 남아 있을지 모르는 오류는 모두 내 탓이며, 그나마 이들의 호의가 아니었다면 더 많았을 것이다.

저작권 에이전시의 릭 브로드헤드Rick Broadhead와 피터 허버드 Peter Hubbard, 윌리엄 모로William Morrow는 내 원고가 길고 장황한 블로그 포스트에서 책다운 책으로 거듭나는 데 없어서는 안 될 도움을 주었다. 내게 기사를 맡김으로써 이 책에 등장하는 여러 이야기의 소재를 얻게 해 준 잡지사의 편집자들에게도 감사를 전하며, 그 중에서도 크리스틴 페네시Christine Fennessy, 제레미 킨Jeremy Keehn, 앤서니 리드게이트Anthony Lydgate, 스콧 로젠필드Scott Rosenfield의 도움을 특별히 강조하고 싶다. 본문에 실린 내용의 일부가 《러너스 월드》, 《아웃사이드》, 《뉴요커》, 《월러스Walrus》, 《글로브 앤 메일Globe and Mail》 등을 통해 미리 공개된 것 또한 같은 이유에서다. 대부분의 경우에는 글의 내용을 상당히 바꿨지만, 주제를 잘 표현하거나 가장 완성도가 높다고 판단한 문장 몇 개는 그대로 살렸다.

텍사스대학교 오스틴캠퍼스의 운동체육연구소H. J. Luther Stark Center for Physical Culture & Sports에서 일하는 신디 슬레이터Cindy Slater는 나를 위해 소비에트 연방의 잘 알려지지 않은 자료들을 찾아 주었고, 게나디 셰이너Gennady Sheyner는 러시아어로 된 문서들을 영어로 번역해 주었다. 볼프 라스무센Wolf Rasmussen 삼촌은 전화로 19세기 독일 문서를 번역해 주었고, 플로라 추이Flora Tsui는 멋진 저자용 프로필 사진을 찍어 주었다(내가 내 사진을 이렇게 평가해도 되는 것인지 모르겠지만).

지구력에 대한 내 생각은(다른 모든 것들에 대한 생각과 마찬가지로) 언론계 안팎의 수많은 동료들, 멘토들과 나눈 대화를 통해 형성되었다. 그중에서도 에이미 버풋, 마이클 조이너, 크리스티 애쉬완든 Christie Aschwanden, 스티브 매그네스, 브래더 스털버그Brad Stulberg, 조너선 와이Jonathan Wai, 테리 라플린Terry Laughlin, 스콧 더글라스Scott Douglas에게 특별히 감사한 마음을 표현하고 싶다. 이들의 잔소리가 없었다면 원고를 좀 더 빨리 마감할 수 있었을지도 모르지만, 내용이 이만큼 충실하지는 못했을 것이다.

마지막으로 이 책을 쓰는 데 필수적인 도움을 준 우리 가족에게 가장 큰 감사를 전한다. 어머니 모이라와 아버지 로저는 육아를 분담해 준 동시에 지칠 줄 모르는 열정으로 리서치 작업까지 도와주었다. 무엇보다, 내가 기자라는 꿈을 좇을 수 있었던 것은 지금까지도 이어지고 있는 그분들의 무한한 격려 덕분이다. 내 아내이자 가장 친한 친구인 로렌, 그리고 사랑하는 우리 딸 엘라와 나탈리에게도 언제나 감사하고 사랑한다는 말을 전하고 싶다.

2시간의 벽 – 2017년 5월 6일

1 어느 정도 가감해서 들을 필요가 있겠지만, 나이키는 트위터와 페이스북, 유튜브의 실시간 시청자가 1310만 명에 육박했다고 공식 집계했다. 경기가 끝난 후 일주일 동안 동영상 서비스에 접속한 시청자는 약 670만 명이며, 이 외에도 집계에 포함되지 않은 중국 시청자들이 상당수 있었을 것으로 추정된다.

2 "Modeling: Optimal marathon Performance on the Basis of Physiological Factors", *Journal of Applied Physiology* 70, no. 2(1991).

3 이 책에 실린 조이너의 발언들은 그와 수차례에 걸쳐 나눈 대화에서 가져온 것이나, 그는 이 문장을 '러너스월드닷컴'에 게재한 기고문에서도 반복한다. Michael Joyner, "Believe It: A Sub-2 Marathon Is Coming", Runnersworld.com, May 6, 2017.

4 Michael Joyner et al., "The Two-Hour Marathon: Who and When?", *Journal of Applied Physiology* 110 (2011): 275-77; 그의 논문 뒤에는 같은 주제를 다룬 38개의 후속 답변이 달려 있다.

5   《러너스 월드》는 내게 다음 질문에 대한 답변을 요청했다. "마라톤을 2시간 안에 완주하려면 어떤 조건이 필요한가?", *Runner's World*, November 2014.

6   나이키는 포브스가 선정한 40대 회사 목록에서 150억 달러의 가치를 자랑하며, 2위를 차지한 이에스피엔(ESPN)을 큰 폭으로 따돌렸다.

1장 견디기 힘든 1분의 시간

7   『선물과 요정(Rewards and Fairies)』(London: Macmillan, 1910)에 실린 러디어드 키플링의 시 〈만약에(If—)〉에서 발췌.

8   Sebastian Coe, "Landy the Nearly Man", *Telegraph*, January 26, 2004.

9   닐 배스컴의 저서 『퍼펙트 마일(The Perfect Mile)』(London: CollinsWillow, 2004)에 인용된 문장이다. 이 확정적인 발언은 향후 랜디가 보여 준 레이스에 대해 많은 것을 설명해 준다. [닐 배스컴, 『퍼펙트 마일』, 생각의나무, 2004.]

10   Alfred Lansing, *Endurance*(New York: Basic Books, 1959)[알프레드 랜싱, 『섀클턴의 위대한 항해』, 뜨인돌출판사, 2001.]

11   마코라는 '노력에 수반되는 인지 과정(Effortful Cognitive Process)'을 정의하면서 이런 표현을 사용했으며, 이 표현 또한 '체력(Stamina)'에 대한 다음 논문의 정의를 빌려온 것이다. Roy Baumeister et al., "The Strength Model of Self-Control", *Current Directions in Phychological Science* 16, no. 6(2007).

12   Cork Gaines, "LeBron James Has Played More Minutes Than Anyone in the NBA Since 2010, and It Isn't Even Close", *Business Insider*, June 4, 2015; Tom Withers, "LeBron James Pushes Himself to Total Exhaustion in Win Over Hawks", Associated Press, May 25, 2015; Chris Mannix, "Do LeBron, Cavaliers Have Enough Left in the Tank to Survive NBA Finals?", *Sports Illustrated*, June 12, 2015.

13   Jimson Lee, "From the Archives: Maximal Speed and Deceleration", March 17, 2010, and "Usain Bolt 200 Meter Splits, Speed Reserve

and Speed Endurance", August 21, 2009, SpeedEndurance.com; Rolf Graubner and Eberhard Nixdorf, "Biomechanical Analysis of the Sprint and Hurdles Events at the 2009 IAAF World Championships in Athletics,: *New Studies in Athletics* 1, no. 2(2011).

14 볼트의 레이스 후반부 속도가 압도적인 이유 중 하나는 그의 최고 속도 자체가 남들보다 빠르기 때문이다. 다시 말해, 그는 80~100미터 구간 속도가 상대적으로 감소하더라도 여전히 다른 어떤 선수보다 빨리 달릴 수 있는 것이다. 하지만 전문가들은 대부분 그가 레이스 후반부의 '속도 유지(Speed Maintenance)'에도 뛰어난 기량을 발휘한다는 데 동의한다.

15 I. Halperin et al., "Pacing Strategies During Repeated Maximal Voluntary Contractions", *European Journal of Applied Physiology* 114, no 7(2014).

16 1마일 4분의 벽과 비교한 시각을 확인하고 싶다면 다음 기고문을 참조하기 바란다. Claire Dorotic-Nana, "The Four Minute Mile, the Two Hour Marathon, and the Danger of Glass Ceilings", PhychCentral.com, May 5, 2017. 회의적인 관점을 확인하고 싶다면 다음 두 기고문을 참조하라. Robert Johnson, "The Myth of the Sub-2 Hour Marathon", LetsRun.com, May 6, 2013; Ross Tucker, "The 2-Hour Marathon and the 4-Min Mile", *Science of Sport*, December 16, 2014.

17 트랙통계학자연맹(National Union of Track Statisticians)이 관리하는 명단을 참고하였다. https://nuts.org.uk/sub-4/sub4-dat.htm.

18 1996년 국가대표 선발전이 담긴 영상은 다음 유튜브 링크에서 확인할 수 있다. YouTube: https://www.youtube.com/watch?v=8dSLUVmK1Ik (하지만 찾아보지 않길 부탁한다. 당시 나는 그다지 멋진 모습을 보이지 못했다.)

19 Michael Heald, "It Should Be Mathematical", *Propeller*, Summer 2012.

2장 인체의 작동 원리

20 워슬리의 2009년 원정과 섀클턴의 1909년 원정에 대한 정보는 특별한 출처

표기가 없는 한 워슬리가 2011년 발간한 저서 『섀클턴의 발자취 안에서(In Shackleton's Footsteps)』에서 가져온 것이다.

21 종종 이 거리를 112마일이 아닌 97마일로 표기하는 자료들이 있는데, 이는 섀클턴과 워슬리가 마일(Mile) 대신 해리(Nautical Mile) 단위를 사용했기 때문이다. 보통 바닷길의 거리를 잴 때 사용하는 해리는 우리에게 친숙한 보통 마일보다 약 15퍼센트 길다.

22 이 발언의 출처는 2016년 1월 16일 BBC 방송국의 〈뉴스나이트(News night)〉에서 방영된 옛 인터뷰다. https://www.youtube.com/watch?v=O3SMkxA08T8

23 Timothy Noakes, "The Limits of Endurance Exercise", *Basic Research in Cardiology* 101 (2006): 408-17. 다음 책에 실린 녹스의 의견 또한 참조하기 바란다. *Hypoxia and the Circulation*, ed. R. C. Roach et al. (New York: Springer, 2007).

24 W. M. Fletcher and F. G. Hopkins, "Lactic Acid in Amphibian Muscle", *Journal of Physiology* 35, no. 4 (1907).

25 L. B. Gladden, "Lactate Metabolism: A New Paradigm for the Third Millennium", *Journal of Physiology* 558, no. 1 (2004).

26 이 일화는 많은 현대 교과서에 실려 있으나(예: *The History of Exercise Physiology*, ed. Charles M. Tipton, 2014) 이 실험을 추적하는 것은 예상 외로 힘든 작업이었다. 베르셀리우스는 1808년 도살당한 동물의 근육에서 젖산을 추출하였다는 취지의 논문을 최초로 발표하였으나(이 내용은 스웨덴어로 쓰인 다음 책에 기록되어 있다. *Föreläsningar i Djurkemien*, p. 176) 대부분의 화학자들은 그의 주장을 믿지 않았다. 1846년 독일의 화학자 유스투스 폰 리비히(Justus von Liebig)가 스스로 이 분야의 선구자임을 자처했을 때, 베르셀리우스는 분개하며 자신이 1807년에 최초로 실험을 했다고 주장했다(*Jahresbericht über die Fortschritte der Chemie und Mineralogie*, 1848, p. 586). 하지만 사실 베르셀리우스 본인이 '젖산의 양은 동물이 죽기 전에 얼마나 격렬한 운동을 했는지에 따라 달라진다'는 취지의 발언을 한 적은 없다. 이러한 주장이 최초로 등장하는 것은 칼 레만(Carl Lehmann)이 베르셀리우스의 영향을 받아 1842년에 출간한 교과서(*Lehrbuch der physiologischen Chemie*, p. 285.)에서다. 1859년 생리학자

에밀 뒤 브와 레이몽(Emil du Bois-Reymond)은 레만에게 해당 주장의 출처를 물었고, 레만은 베르셀리우스와 개인적으로 주고받은 편지를 통해 '묶여 있다가 도살당한 동물보다 격렬하게 뛰다 사냥당한 동물의 다리근육에서 더 많은 젖산이 검출되었다'는 사실을 알게 되었다고 답변했다(이 문답의 출처는 다음과 같다. *Journal für praktische Chemie*, 1859, p. 240. 1877년에 발간된 다음 책에도 같은 내용이 실려 있다. *Gesammelte Abhandlungen zur allgemeinen Muskel- und Nervenphysik* 이 책의 32페이지에는 레만과 베르셀리우스가 주고받은 편지 내용이 각주로 달려 있다.)

27 '산'에 대한 정의로 가장 자주 인용되는 기준을 세운 과학자는 스반테 아레니우스(Svante Arrhenius)다. 그는 이 연구의 확장 작업으로 1903년 노벨 화학상을 수상했다.

28 '생기론'에 대한 베르셀리우스의 믿음이 상당히 미묘했으며 시간이 지날수록 변했다. 이 사실은 다음 논문에서 확인할 수 있다. Bent Søren Jørgensen, "More on Berzelius and the Vital Force", *Journal of Chemical Education* 42, no. 7 (1965).

29 Dorothy Needham, *Machina Carnis* (Cambridge: Cambridge University Press, 1972).

30 Linda Geddes, "Wearable Sweat Sensor Paves Way for Real-Time Analysis of Body Chemistry", *Nature*, January 27, 2016. 하지만 땀에서 검출된 젖산염 수치가 실제 혈중 젖산염 농도를 반영하는지 여부는 아직 불분명하다.

31 Christopher Thorne, "Trinity Great Court Run: The Facts", *Track Stats* 27, no. 3 (1989). 안뜰을 도는 '정석' 코스가 어디인지에 대해서는 학생들마다 의견이 분분하므로, 그가 지름길을 이용했다는 소문이 그의 정직함을 부정하는 근거라고 보기는 어렵다.

32 Leonard Hill, "Oxygen And Muscular Exercise as a Form of Treatment", *British Medical Journal* 2, no. 2492 (1908).

33 "Jabez Wolffe Dead: English Swimmer, 66", *New York Times*, October 23, 1943.

34 T. S. Clouson, "Female Education from a Medical Point of View",

Popular Science Monthly, December 1883, p. 215. 이 책에서는 *Athletic Enhancement, Human Nature, and Ethics*(New York: Springer, 2013)의 263쪽에서 John Hoberman가 인용한 내용을 참고했다.

35 William Van der Kloot, "Mirrors and Smoke: A. V. Hill, His Brigands, and the Science of Anti-Aircraft Gunnery in World War I", *Notes & Records of the Royal Society* 65 (2011): 393 – 410.

36 A. V. Hill and Hartley Lupton, "Muscular Exercise, Lactic Acid, and the Supply and Utilization of Oxygen", *Quarterly Journal of Medicine* 16, no. 62 (1923). 뒤이은 문단들 또한 별도 표기가 없는 한 이 논문을 참고한 것이다.

37 A. V. Hill, *Muscular Activity* (Baltimore: Williams & Wilkins, 1925).

38 힐은 1923년에 발표한 'QMJ' 논문에서 이 실험을 이렇게 묘사했다. "92.5야드(약 84.5미터) 길이의 원형 잔디 트랙에서 진행되었다." 공동 연구자인 동시에 그의 실험에 피실험자로 참여하기도 했던 휴 롱(Hugh Long)은 당시를 이렇게 회상한다. "나는 교수님 댁의 계단을 오르내리거나 잔디가 깔린 정원을 돌았으며, 휴식 시간마다 팔에서 신선한 혈액 샘플을 채취했다." 롱이 한 발언의 출처는 다음과 같다. "Archibald Vivian Hill. 26 September 1886 – 3 June 1977", *Biographical Memoirs of Fellows of the Royal Society* 24 (1978): 71 – 149.

39 Hill, *Muscular Activity*, p. 98.

40 A. V. Hill, "The Physiological Basis of Athletic Records", *Nature*, October 10, 1925. 근육 점성도에 대한 힐의 생각은 다음 자료를 참조 바란다. *Muscular Movement in Man*(New York: McGraw-Hill, 1927). 톱날로 만든 타이머의 구체적인 작동 원리는 힐이 쓴 다음 기고문에서 확인할 수 있다. "Are Athletes Machines?", *Scientific American*, August 1927.

41 Stefano Hatfield, "This Is the Side of Antarctic Explorer Henry Worsley That the Media Shies Away From", *Independent*, January 31, 2016.

42 Edward Evans, *South with Scott* (London: Collins, 1921).

43 Lewis Halsey and Mike Stroud, "Could Scott Have Survived with Today's Physiological Knowledge?", *Current Biology* 21, no. 12 (2011).

44	헨리 워슬리의 단독 스키 탐험에 대한 구체적인 내용은 그가 직접 녹음하여 올린 음성 일지를 통해 확인할 수 있다. https://soundcloud.com/ shackletonsolo (마지막 5일에 해당하는 부분은 삭제된 상태다) 더 자세한 사항이 궁금하다면 다음 홈페이지를 참조 바란다. shackletonsolo.org.

45	Hill, *Muscular Movement in Man*.

46	다음 자료의 주석을 참조하기 바란다. A. V. Hill, C.N.H. Long, and H. Lupton, "Muscular Exercise, Lactic Acid, and the Supply and Utilization of Oxygen", *Proceedings of the Royal Society B* 96 (1924): 438 – 75.

47	Charles Tipton, ed., *History of Exercise Physiology* (Champaign, IL: Human Kinetics, 2014).

48	David Bassett Jr., "Scientific Contributions of A. V. Hill: Exercise Physiology Pioneer", *Journal of Applied Physiology* 93, no. 5 (2002).

49	Alison Wrynn, "The Athlete in the Making: The Scientific Study of American Athletic Performance, 1920 – 1932", *Sport in History* 30, no. 1 (2010).

50	S. Robinson et al., "New Records in Human Power", *Science* 85, no. 2208 (1937).

51	"The Power of Exercise and the Exercise of Power: The Harvard Fatigue Laboratory, Distance Running, and the Disappearance of Work, 1919 – 1947", *Journal of the History of Biology* 48 (2015): 391 – 423.

52	A. D. Hopkins, "Hoover Dam: The Legend Builders", *Nevada*, May/ June 1985; Andrew Dunbar and Dennis McBride, *Building Hoover Dam: An Oral History of the Great Depression*(Las Vegas: University of Nevada Press, 2001).

53	Todd Tucker, *The Great Starvation Experiment*(Minneapolis: University of Minnesota Press, 2006).

54	Henry Longstreet Taylor et al., "Maximal Oxygen Intake as an Objective Measure of Cardio-Respiratory Performance", *Journal of Applied Physiology* 8, no. 1 (1955).

55   W. P. Leary and C. H. Wyndham, "The Capacity for Maximum Physical Effort of Caucasian and Bantu Athletes of International Class", *South African Medical Journal* 39, no. 29 (1965).

56   Hill, *Muscular Movement in Man*.

57   A. V. Hill, C.N.H. Long, and H. Lupton, "Muscular Exercise, Lactic Acid, and the Supply and Utilization of Oxygen – Parts IV – VI", *Proceedings of the Royal Society B* 97 (1924): 84 – 138.

58   마이클 조이너와의 인터뷰를 통해 확인한 내용이다. 다음 자료 또한 참조하길 바란다. Ed Caesar, *Two Hours*(New York: Penguin, 2015).

59   헨리 워슬리의 부인인 조아나 워슬리(Joanna Worsley)는 남편을 죽음으로 내몬 감염이 파열된 궤양 때문이었다고 주장했다. Tom Rowley, "Explorer Henry Worsley's Widow Plans Antarctic Voyage to Say a 'Final Goodbye'", *Telegraph*, January 7, 2017.

60   Jill Homer, "Henry Worsley and the Psychology of Endurance in Life or Death Situations", *Guardian*, January 26, 2016.

61   Hill, *Muscular Movement in Man*.

62   2010년 케이프타운대학교에 방문했을 때 녹스의 실험실에서 직접 들은 발언을 인용한 것이다.

3장   무의식의 중앙통제자

63   산과 바다를 넘나드는 그녀의 여정에 대한 자세한 이야기는 다음 자료를 참조하기 바란다. Mackenzie Lobby Havey, "Running from the Seizures", *Atlantic*, December 12, 2014; Chris Gragtmans, "Diane Van Deren's Record-Setting MST Run", *Blue Ridge Outdoors*. 그녀의 배경은 다음 자료들에 자세히 소개되어 있다. Bill Donahue, "Fixing Diane's Brain", *Runner's World*, February 2011; John Branch, "Brain Surgery Frees Runner, but Raises Barriers", *New York Times*, July 8, 2009; Hoda Kotb, *Ten Years Later*(New York: Simon & Schuster, 2013).

64 그의 과거 경력에 대한 대부분의 기록은 녹스와의 인터뷰에서 발췌한 것이지만, 2012년 발간된 그의 자서전 『도전적인 신념(Challenging Beliefs)』(마이클 브리즈마즈Michael Vlismas 공저)에서 참고한 내용도 있다.

65 '마라톤에 대한 생리학적, 의학적, 역학적, 심리학적 연구(The Marathon: Physiological, Medical, Epidemiological, and Psychological Studies)'라는 주제로 열린 이 학회의 회보는 1977년 발간된 《뉴욕 과학아카데미 연감(Annals of the New York Academy of Sciences)》 301권에 실렸다.

66 이 사례를 다룬 녹스의 최초 보고서 〈또다시 바뀐 의학의 역사(Comrades Makes Medical History – Again)〉는 1981년에 발간된 『에스에이 러너(SA Runner)』에 실렸다. 새들러의 사례가 최초로 등장한 학술 자료는 다음과 같다. T. D. Noakes et al., "Water Intoxication: A Possible Complication During Endurance Exercise", *Medicine & Science in Sports & Exercise* 17, no. 3 (1985).

67 지구력을 필요로 하는 운동을 하던 중에 저나트륨혈증으로 사망한 사람의 숫자를 정확히 특정하긴 어렵지만, 2007년 발표된 다음 자료는 관련 사망자를 총 여덟 명, 의심 사례를 두 명으로 집계하였다. Mitchell Rosner and Justin Kirven, "Exercise-Associated Hyponatremia", *Clinical Journal of the American Society of Nephrology* 2, no. 1 (2007).

68 T. D. Noakes, "Implications of Exercise Testing for Prediction of Athletic Performance: A Contemporary Perspective", *Medicine & Science in Sports & Exercise* 20, no. 4 (1988).

69 이 책은 다양한 판으로 출간되었으며, 그중 2002년에 나온 4판이 944쪽이다.

70 "Challenging Beliefs: Ex Africa Semper Aliquid Novi", *Medicine & Science in Sports & Exercise* 29, no. 5 (1997).

71 "Recovery from the Passage of an Iron Bar through the Head", *Publications of the Massachusetts Medical Society* 2, no. 3 (1868).

72 《애틀랜틱(The Athlantic)》에 실린 매킨지 로비 하비(Mackenzie Lobby Havey)의 기사 〈발작을 딛고 달리다(Running from the Seizures)〉에서 발췌.

73 greatoutdoorprovision.com에 실린 2012년 기고문 〈900마일 완주 후 자키스 릿지 주립공원을 찾은 반 데런(900+ Miles Later, Diane Van Deren Reaches

Jockey's Ridge)〉에서 발췌하였다.

74 호다 콧브(Hoda Kotb)의 저서『10년 후(Ten Years Later)』에서 발췌하였다.

75 《내셔널지오그래픽》 2009년 12월/2010년 1월호에 실린 안드레아 미나르세크(Andrea Minarcek)의 기사 〈먼 곳으로 나아가기(Going to the Distance)〉에서 발췌.

76 1921년에 처음 개최된 컴래드 마라톤은 2010년에 16,480명의 참가자 중 14,343명이 제한 시간 12시간 안에 완주한 경기로 기네스북에 올랐다. www.comrades.com에 등재된 공식 집계에 따르면 공식 기네스 기록으로 등록되기 전인 2000년에도 20,000명 이상의 완주자가 나왔다고 한다.

77 팀 녹스는 1998년 발간된《운동과 스포츠의 의학과 과학》9호 30페이지에 실린 〈최대산소섭취량에 대한 '전통적' 관점과 '현대적' 관점의 대립에 대한 반박(Maximal Oxygen Uptake: 'Classical' versus 'Contemporary' Viewpoints: A Rebuttal)〉에서 이렇게 밝혔다. "골격근을 통제하는 주체가 중앙'통제'자이며, 그 메커니즘의 주된 목적이 몸을 고강도 운동이 동반하는 골격근의 무산소 작용이 야기할 수 있는 심근허혈(Myocardial Ischemia)을 예방하기 위한 것이라는 새로운 생리학 모델이 제기되었다."

78 다음 논문을 참조하기 바란다. T. D. Noakes, A. St. Clair Gibson, and E. V. Lambert, "From Catastrophe to Complexity: A Novel Model of Integrative Central Neural Regulation of Effort and Fatigue During Exercise in Humans", *British Journal of Sports Medicine* 38, no. 4 (2004).

79 다음 논문을 참조하기 바란다. "Anticipatory Regulation and Avoidance of Catastrophe During Exercise-Induced Hyperthermia", *Comparative Biochemistry and Physiology – Part B* 139, no. 4 (2004).

80 B. Nielsen et al., "Human Circulatory and Thermoregulatory Adaptations with Heat Acclimation and Exercise in a Hot, Dry Environment", *Journal of Physiology* 460 (1993): 467 –85; J. Gonzalez-Alonso et al., "Influence of Body Temperature on the Development of Fatigue During Prolonged Exercise in the Heat", *Journal of Applied Physiology* 86, no. 3 (1999).

81 R. Tucker et al., "Impaired Exercise Performance in the Heat Is Associated with an Anticipatory Reduction in Skeletal Muscle Recruitment", *Pflügers Archiv* 448, no. 4 (2004).

82 T. D. Noakes, "Evidence That Reduced Skeletal Muscle Recruitment Explains the Lactate Paradox During Exercise at High Altitude", *Journal of Applied Physiology* 106 (2009): 737-38.

83 J. M. Carter et al., "The Effect of Carbohydrate Mouth Rinse on 1-h Cycle Time Trial Performance", *Medicine & Science in Sports & Exercise* 36, no. 12 (2004).

84 A. R. Mauger et al., "Influence of Acetaminophen on Performance During Time Trial Cycling", *Journal of Applied Physiology* 108, no. 1 (2010).

85 Lukas Beis et al., "Drinking Behaviors of Elite Male Runners During Marathon Competition", *Clinical Journal of Sports Medicine* 22, no. 3.

86 R. Tucker et al., "An Analysis of Pacing Strategies During Men's World-Record Performances in Track Athletics", *International Journal of Sports Physiology and Performance* 1, no. 3 (2006).

87 이 발언을 포함한 미클라이트 관련 내용은 2015년 9월에 켄트대학교에서 열린 지구력연구학회(Endurance Research Conference)의 강연 내용에서 인용한 것이다.

88 D. Micklewright et al., "Pacing Strategy in Schoolchildren Differs with Age and Cognitive Development", *Medicine & Science in Sports & Exercise* 44, no. 2 (2012).

89 Eric Allen et al., "Reference-Dependent Preferences: Evidence from Marathon Runners", *Management Science* 63, no. 6 (2016).

90 T. D. Noakes, "Testing for Maximum Oxygen Consumption Has Produced a Brainless Model of Human Exercise Performance", *British Journal of Sports Medicine* 42, no. 7 (2008).

91 Shephard, "The Author's Reply", *Sports Medicine* 40, no. 1 (2010).

92 Bill Gifford, "The Silencing of a Low-Carb Rebel", *Outside*, December 8, 2016.

93   https://www.youtube.com/watch ?v=L8SghDfyo-8; E. B. Fontes et al.,
     "Brain Activity and Perceived Exertion During Cycling Exercise: An
     fMRI Study", *British Journal of Sports Medicine* 49, no. 8 (2015).

94   L. Hilty et al., "Fatigue-Induced Increase in Intracortical
     Communication Between Mid/Anterior Insular and Motor Cortex
     During Cycling Exercise", *European Journal of Neuroscience* 34, no.
     12 (2011).

4장   자발적인 포기

95   이 아찔한 모험에 대한 마코라 본인의 코멘트를 듣고 싶다면, 그가 게스트로
     출연한 팟캐스트 채널 〈어드벤쳐 라이더 라디오 모터사이클 팟캐스트
     (Adventure Rider Radio Motorcycle Podcast)〉의 5월 15일 방송분을 참조하기
     바란다. https://adventureriderpodcast.libsyn.com/.

96   이 자동차 여행과 뒤이어 참가한 마코라의 뇌 지구력 훈련에 대한 자세한
     경험담은《러너스 월드》2013년 10월호에 실려 있다.

97   Nicholas Bakalar, "Behavior: Mental Fatigue Can Lead to Physical
     Kind", *New York Times*, March 9, 2009. 연구 자체에 대해서는 다음 자료를
     참조하기 바란다. S. M. Marcora et al., "Mental Fatigue Impairs Physical
     Performance in Humans", *Journal of Applied Physiology* 106, no. 3
     (2009).

98   Gunnar Borg, "Psychophysical Bases of Perceived Exertion", *Medicine
     & Science in Sports & Exercise* 14, no. 5 (1982).

99   Michel Cabanac: "Money Versus Pain: Experimental Study of a Conflict
     in Humans", *Journal of the Experimental Analysis of Behavior* 46, no.
     1 (1986).

100 S. M. Marcora and W. Staiano, "The Limits to Exercise Tolerance in
     Humans: Mind over Muscle?", *European Journal of Applied Physiology*
     109, no. 4 (2010).

101 Chris Abbiss and Paul Laursen, "Models to Explain Fatigue During Prolonged Cycling", *Sports Medicine* 35, no. 10 (2005).

102 1904년에 작성된 〈피로〉 논문의 번역본은 다음 웹사이트에서 확인할 수 있다. https://archive.org/details/fatigue01drumgoog 보다 자세한 내용은 다음 자료를 참조하기 바란다. Camillo Di Giulio et al., "Angelo Mosso and Muscular Fatigue: 116 years After the First Congress of Physiologists: IUPS Commemoration", *Advances in Physiology Education* 30, no. 2 (2006).

103 팀 녹스 다음 논문에서 모소의 아이디어가 A.V.힐의 가설로 대체되었다고 주장했다. "Fatigue Is a Brain-Derived Emotion That Regulates the Exercise Behavior to Ensure the Protection of Whole Body Homeostasis", *Frontiers in Physiology*, April 11, 2012.

104 Nick Joyce and David Baker, "The Early Days of Sports Psychology", *Monitor on Psychology*, July/August 2008.

105 "The Dynamogenic Factors in Pacemaking and Competition", *American Journal of Psychology* 9, no. 4 (1898).

106 Fritz Strack et al., "Inhibiting and Facilitating Conditions of the Human Smile: A Nonobtrusive Test of the Facial Feedback Hypothesis", *Journal of Personality and Social Psychology* 54, no. 5 (1988).

107 H. M. de Morree and S. M. Marcora, "The Face of Effort: Frowning Muscle Activity Reflects Effort During a Physical Task", *Biological Psychology* 85, no. 3 (2010) 그리고 "Frowning Muscle Activity and Perception of Effort During Constant-Workload Cycling", *European Journal of Applied Psychology* 112, no. 5 (2012).

108 D. H. Huang et al., "Frowning and Jaw Clenching Muscle Activity Reflects the Perception of Effort During Incremental Workload Cycling", *Journal of Sports Science and Medicine* 13, no. 4 (2014).

109 Tex Maule, "It's Agony, Upsets and Hopes", *Sports Illustrated*, June 15, 1959.

110 A. Blanchfield et al., "Non-Conscious Visual Cues Related to Affect

and Action Alter Perception of Effort and Endurance Performance",
Frontiers in Human Neuroscience, December 11, 2014.

111 A. Blanchfield et al., "Talking Yourself Out of Exhaustion: The Effects
of Self-Talk on Endurance Performance", *Medicine & Science in
Sports & Exercise 46*, no. 5 (2014).

112 F. C. Wardenaar et al., "Nutritional Supplement Use by Dutch Elite
and Sub-Elite Athletes: Does Receiving Dietary Counseling Make a
Difference?", *International Journal of Sport Nutrition and Exercise
Metabolism* 2, no. 1 (2017).

113 Walter Mischel et al., "Delay of Gratification in Children", *Science*
244, no. 4907 (1989); also B. J. Casey et al., "Behavioral and Neural
Correlates of Delay of Gratification 40 Years Later", *PNAS* 108, no. 36
(2011).

114 B. Pageaux et al., "Response Inhibition Impairs Subsequent Self-Paced
Endurance Performance", *European Journal of Applied Physiology*
114, no. 5 (2014).

115 K. Martin et al., "Superior Inhibitory Control and Resistance to Mental
Fatigue in Professional Road Cyclists", *PLoS One* 11, no. 7 (2016).

2시간의 벽 – 2016년 11월 30일

116 〈브레이킹2〉 프로젝트의 준비 과정에 대한 경험담은《러너스 월드》 2017년
6월호에 실린 기사 〈달 탐사(moonshot)〉에 자세히 나와 있다. 보다 구체적인
코멘트와 일지를 확인하고 싶다면 다음 웹페이지를 참조하기 바란다.
www.runnersworld.com/2-hour-marathon.

117 이 실험은 로저 크램 연구팀의 주도 아래 진행되었다. Wouter Hoogkamer
et al., "New Running Shoe Reduces the Energetic Cost of Running",
presented at the American College of Sports Medicine annual meeting
in Denver, May 31, 2017.

118 C. T. Davies, "Effects of Wind Assistance and Resistance on the Forward Motion of a Runner", *Journal of Applied Physiology* 48, no. 4 (1980).

119 L.G.C.E. Pugh, "The Influence of Wind Resistance in Running and Walking and the Mechanical Efficiency of Work Against Horizontal or Vertical Forces", *Journal of Physiology* 213 (1971): 255-76.

120 데이비드 엡스타인의 저서 『스포츠 유전자』에는 어린 시절을 고지대에서 보낸 플래너건과 홀의 배경이 자세히 소개되어 있다.[데이비드 엡스타인, 『스포츠 유전자』, 열린책들, 2015.]

121 www.iaaf.org에 게재된 IAAF의 로드 러닝 매뉴얼에는 '식수대는 선수들이 무리 없이 경기를 지속할 수 있는 간격인 5킬로미터를 전후로 설치되어야 한다'고 되어 있다.

5장 통증

122 "Marcel Kittel Wins Opening Stage of Tour de France", *Cycling Weekly*, July 5, 2014; Mike Fogarty, " 'Now I Am Officially the Biggest Climber in the Tour de France'—Jens Voigt", firstendurance.com, July 6, 2014.

123 "The Origin of 'Shut Up, Legs!'", *Bicycling*, http://www.bicycling.com/video/origin-shut-legs.

124 "Jens Voigt: The Man Behind the Hour Attempt", *Cycling Weekly*, September 17, 2014

125 Wolfgang Freund et al., "Ultra-Marathon Runners Are Different: Investigations into Pain Tolerance and Personality Traits of Participants of the TransEurope FootRace 2009", *Pain Practice* 13, no. 7 (2013).

126 옌스 보이트의 저서 『다리야, 닥쳐!(Shut Up, Legs!)』(London: Ebury Press, 2016)에서 발췌한 문장이다.

127   Michael Hutchinson, "Hour Record: The Tangled History of an Iconic Feat", Cycling Weekly, April 15, 2015. 마이클 허친슨이 본인의 아워 레코드 경험을 기록한 저서 『디 아워The Hour』(London: Yellow Jersey, 2006) 또한 도움이 될 것이다.

128   Owen Mulholland, "Eddy and the Hour", *Bicycle Guide*, March 1991; William Fotheringham, *Merckx: Half Man, Half Bike*(Chicago: Chicago Review Press, 2012); Patrick Brady, "The Greatest Season Ever", *Peloton*, February/March 2011.

129   Simon Usborne, "As Sir Bradley Wiggins Attempts to Smash the Hour Record—Our Man Takes On the World's Toughest Track Challenge", *Independent*, May 30, 2015.

130   Vivien Scott and Karel Gijsbers, "Pain Perception in Competitive Swimmers", *British Medical Journal* 283 (1981): 91 - 93.

131   마틴 모리스 등은 2017년 6월 2일 덴버에서 열린 미국대학스포츠의학회에서 '고통을 받아들이는 법(Learning to Suffer: High- But Not Moderate-intensity Training Increases Pain Tolerance: Results from a Randomised Study)'이라는 주제로 강연을 진행했다.

132   Jesse Thomas, "Damage Control", *Triathlete*, August 12, 2015.

133   A. R. Mauger et al., "Influence of Acetaminophen on Performance During Time Trial Cycling", *Journal of Applied Physiology* 108, no. 1 (2010).

134   담 반 리스(Daam Van Reeth)와 조셉 라슨이 편집한 『프로페셔널 로드 사이클링의 경제학(The Economics of Professional Road Cycling)』(Cham: Springer International, 2016)에서 인용한 것이다.

135   리비에르의 비극에 대해서는 다양한 설이 존재하며, 그 중 하나가 바로 닉 브라운리(Nick Brownlee)의 저서 『투르 드 프랑스에 얽힌 놀라운 이야기들(Vive le Tour! Amazing Tales of the Tour de France)』(London: Portico, 2010)에 담긴 버전이다.

136   M. Amann et al., "Opioid-Mediated Muscle Afferents Inhibit Central Motor Drive and Limit Peripheral Muscle Fatigue Development in

Humans", *Journal of Physiology* 587, no. 1 (2009).

137 "Fatigue is a pain—the use of novel neurophysiological techniques to understand the fatigue-pain relationship" (May 13, 2013).

138 A. H. Astokorki et al., "Transcutaneous Electrical Nerve Stimulation Reduces Exercise-Induced Perceived Pain and Improves Endurance Exercise Performance", *European Journal of Applied Physiology* 117, no. 3 (2017); A. H. 에스토코르키 등은 2015년 열린 켄트대학교 지구력연구학회에서 'TENS와 IFC가 운동 유발 통증에 미치는 진통 효과(An Investigation into the Analgesic Effects of Transcutaneous Electrical Nerve Stimulation and Interferential Current on Exercise-Induced Pain and Performance)'라는 주제로 강연을 진행하기도 했다.

139 월터 스타이아노 등이 2015년 켄트대학교 지구력연구학회에서 진행한 '운동 내성의 감각적 한계 요인은 통증인가, 노력인가?(The Sensory Limit to Exercise Tolerance: Pain or Effort?)' 발표를 참고하였다.

140 L. Angius et al., "The Effect of Transcranial Direct Current Stimulation of the Motor Cortex on Exercise-Induced Pain", *European Journal of Applied Physiology* 115, no. 11 (2015).

141 David Epstein, "The Truth About Pain: It's in Your Head", *Sports Illustrated*, August 8, 2011

142 당시 '신체 절단과 신경 손상을 입은' 부상병들을 위한 특별 병동에서 일하던 의사 사일러스 미첼(Silas Weir Mitchell)은 환상지증후군과 신경 관련 통증에 관한 중요한 관찰 결과를 발표했다. 미국 생리학회에 등록된 그의 프로필을 확인하고 싶다면 다음 웹사이트를 참조하기 바란다. http://www.the-aps.org/fm/presidents/SWMitchell.html.

6장 근육

143 Alexis Huicochea, "Man Lifts Car off Pinned Cyclist", *Arizona Daily Star*, July 28, 2006; 더 자세한 내용을 확인하고 싶다면 제프 와이즈의 저서

『위험의 과학(Extreme Fear: The Science of Your Mind in Danger)』(Newyok; Palgrave Macmillan, 2009)을 참고하기 바란다.

144   이 부분에 대한 역사적인 관점은 다음 자료를 참조하기 바란다. S. C. Gandevia, "Spinal and Supraspinal Factors in Human Muscle Fatigue", *Physiological Reviews* 81, no. 4 (2001).

145   Michio Ikai and Arthur Steinhaus, "Some Factors Modifying the Expression of Human Strength", *Journal of Applied Physiology* 16, no. 1 (1961).

146   Fabienne Hurst, "The German Granddaddy of Crystal Meth", *Der Spiegel*, May 30, 2013; Andreas Ulrich, "Hitler's Drugged Soldiers", *Der Spiegel*, May 6, 2005.

147   I. Halperin et al., "Pacing Strategies During Repeated Maximal Voluntary Contractions", *European Journal of Applied Physiology* 114, no. 7 (2014).

148   세계에서 가장 힘센 사나이 대회 동영상은 다음 유튜브 링크에서 확인할 수 있다. https://www.youtube.com/watch?v=u8DECs72W4E

149   현재 바벨 세계 기록에 대해서는 다양한 기준이 존재하지만, 그 어떤 것도 톰 마지의 기록을 넘어서지 못한다. 가장 최근에 세워진 국제파워리프팅연맹(International Powerlifting Federation) 공인 세계신기록은 영국의 에디 홀(Eddie Hall) 선수가 세계 데드리프팅 챔피언십에서 2016년 들어 올린 500킬로그램이다. 심지어 그는 이 기록을 세운 직후 머리 혈관이 파열되어 의식을 잃었다.

150   1967년 최초로 출시된 카마로의 무게는 1,324킬로그램이었지만, 2010년에는 1,695킬로그램까지 늘어났다. 보다 자세한 변천사는 다음 자료에서 확인할 수 있다. Murilee Martin, "Model Bloat: How the Camaro Gained 827 Pounds Over 37 Model Years", *Jalopnik*, January 28, 2009.

151   V. M. Zatsiorsky, "Intensity of Strength Training Facts and Theory: Russian and Eastern European Approach", *National Strength and Conditioning Association Journal* 14, no. 5 (1992).

152   T. E. Hansen and J. Lindhard, "On the Maximum Work of Human

Muscles Especially the Flexors of the Elbow", *Journal of Physiology* 57, no. 5 (1923).

153 P. A. Merton, "Voluntary Strength and Fatigue", *Journal of Physiology* 123, no. 3 (1954); Alan J. McComas, "The Neuromuscular System", *Exercise Physiology: People and Ideas*, ed. Charles Tipton(Oxford and New York: Oxford University Press, 2003); John Rothwell and Ian Glynn, "Patrick Anthony Merton. 8 October 1920-13 June 2: Elected FRS 1979", *Biographical Memoirs of Fellows of the Royal Society* 52 (2006): 189-201.

154 토르 데 지앙에서 겪은 쿨로의 아찔한 경험담은 쿨로 본인이 블로그 stephanecouleaud.blogspot.com에 게시한 '2011년 토르 데 지앙의 기록(Tor de Geants 2001-Edizione 2-11/14 sept)' 포스팅에서, 그날 그의 몸 상태 데이터는 기욤 밀레가 2015년 켄트대학교 지구력연구학회에서 진행한 '초장거리 경기와 피로(Fatigue and Ultra-Endurance Performance)' 발표에서 가져온 것이다. 기욤 밀레 본인의 토르 데 지앙 경험담 또한 같은 발표에서 인용했다. 관련 연구의 구체적인 결과와 전체 내용을 확인하고 싶다면 다음 자료를 참조하기 바란다. Jonas Saugy et al., "Alterations of Neuromuscular Function after the World's Most Challenging Mountain Ultra-Marathon", *PLoS One* 8, no. 6 (2013).

155 C. Froyd et al., "Central Regulation and Neuromuscular Fatigue During Exercise of Different Durations", *Medicine & Science in Sports & Exercise* 48, no. 6 (2016).

156 "Men's 800m: Anyone's Race and a Discussion of 800m Pacing Physiology", *Science of Sport*, August 22, 2008.

157 Simeon P. Cairns, "Lactic Acid and Exercise Performance", *Sports Medicine* 36, no. 4 (2006). 보다 정확히 말하면, 젖산염 수치가 최고조에 달하는 것은 30초에서 120초 사이로 전력을 다해 운동한 뒤 몇 초가 지난 시점이다. 이 내용에 관해서는 다음 자료를 참조하기 바란다. Matthew Goodwin et al., "Blood Lactate Measurements and Analysis During Exercise: A Guide for Clinicians", *Journal of Diabetes Science and*

Technology 1, no. 4 (2007). 물론 선수들은 경기가 끝난 다음에 일어나는 일에는 큰 관심이 없다.

158 Gina Kolata, "Lactic Acid Is Not Muscles' Foe, It's Fuel", *New York Times*, May 16, 2006.

159 K. A. Pollak et al., "Exogenously Applied Muscle Metabolites Synergistically Evoke Sensations of Muscle Fatigue and Pain in Human Subjects", *Experimental Physiology* 99, no. 2 (2014).

160 "Distance Runner Rhiannon Hull", *Sports Illustrated*, March 12, 2012.

7장 산소

161 TVNZ 방송국을 통해 전파를 탔던 이날 도전의 영상은 다음 링크에서도 확인할 수 있다. https://www.tvnz.co.nz/one-news/sport/other/full-divewatch-kiwi-william-trubridge-set-new-free-diving-world-record. 기사로 된 보도는 다음 자료를 확인하기 바란다. "Trubridge Breaks World Free Diving Record", *Radio New Zealand*, July 22, 2016.

162 Liam Hyslop, "Kiwi Freediver William Trubridge Fails Record Attempt", Stuff.co.nz, December 3, 2014.

163 Michele Hewitson, "Michele Hewitson Interview: William Trubridge", *New Zealand Herald*, October 25, 2014; Nicolas Rossier, "One Breath: The Story of William Trubridge", *Huffington Post*, September 6, 2012.

164 2012년 니콜라스 로시어(Nicolas Rossier)가 촬영한 영상 〈한 번의 호흡(One Breath-The Story of William Trubridge)〉에서 인용한 것이다.

165 제임스 네스터(James Nestor)의 2014년 저서 『깊이(Deep: Freediving, Renegade Science, and What the Ocean Tells Us About Ourselves)』에는 프리다이빙에 대한 역사적, 생리학적, 문화적 관점이 제대로 정리되어 있다.

166 이 일화에 대해서는 다양한 버전이 존재하지만, 이 책에서는 네스터의 『깊이』에 등장하는 이야기를 인용하였다.

167 Stephan Whelan, "Herbert Nitsch Talks About His Fateful Dive and

Recovery", DeeperBlue.com, June 6, 2013.

168   Christophe Leray, "New World Record Static Apnea(STA)", Freedive-Earth, http://www.freedive-earth.com/blog/new-world-recordstatic-apnea-sta.

169   Stephan Whelan, "Incredible New Guinness World Record—24 Minute O2 Assisted Breath-Hold", DeeperBlue.com, March 3, 2016.

170   Charles Richet, "De la resistance des canard a l'asphyxie", *Journal de physiologie et de pathologie générale* (1899): 641 - 50.

171   Jan Dirk Blom, *A Dictionary of Hallucinations* (New York: Springer, 2010).

172   P. F. Scholander, "The Master Switch of Life", *Scientific American* 209 (1963): 92 - 106.

173   한 연구팀은 총 87마리의 웨델 바다표범을 관찰한 결과 그 중 86마리가 대략 45분 정도를 잠수할 수 있는 것으로 확인하였다. 나머지 한 마리는 (확실히) 82분을 물 밖으로 나오지 않고 버텼다. Michael Castellini et al., "Metabolic Rates of Freely Diving Weddell Seals: Correlations with Oxygen Stores, Swim Velocity and Diving Duration", *Journal of Experimental Biology* 165 (1992): 181 - 94.

174   C. Robert Olsen, "Some Effects of Breath Holding and Apneic Underwater Diving on Cardiac Rhythm in Man", *Journal of Applied Physiology* 17, no. 3 (1962).

175   육지에서 그가 기록한 심장 박동 수는 1분에 27회였으나, 나와 나눈 개인적인 대화에서 물속에서는 그 정도의 측정값을 보인 적이 없다고 밝혔다.

176   W. Michael Panneton, "The Mammalian Diving Response: An Enigmatic Reflex to Preserve Life?", *Physiology* 28, no. 5 (2013).

177   Darija Baković et al., "Spleen Volume and Blood Flow Response to Repeated Breath-Hold Apneas", *Journal of Applied Physiology* 95, no. 4 (2003).

178   Panneton, "The Mammalian Diving Response."

179   고산병에 대한 역사적인 기록은 다음 자료를 참조하기 바란다. John West, *High Life: A History of High-Altitude Physiology and Medicine* (New

York: Oxford University Press, 1998).

180 당시 노튼의 경험담은 1979년 하벨러와의 등반 경험을 바탕으로 출간한 라인홀트 메스너의 저서 『에베레스트(Everest: Expedition to the Ultimate)』에도 등장한다.

181 "Climbing Mount Everest Is Work for Supermen", *New York Times*, March 18, 1923.

182 메스너의 저서 『에베레스트』에서 인용한 문장이다.

183 에베레스트 정복에 성공한 등반가가 몇 명인지는 당신이 누구의 말을 믿느냐에 따라 달라질 수 있다. 총 62명이라는 숫자에는 1960년에 에베레스트에 오른 중국 등반가 세 명(하지만 당시에는 이들의 성공 사실을 믿지 않는 사람도 많았다)이 포함되었고, 1975년 정상에서 불과 수백 미터 떨어진 지점에서 마지막으로 목격된 후 실종된 믹 버크(Mick Burke)가 포함되어 있지 않다.

184 존 웨스트(John B. West)의 저서 『고도의 과학(High Life)』에서 인용한 것이다.

185 "Reinhold Don't Care What You Think", *Outside*, October 2002.

186 Raymond A. Sokolov, "The Lonely Victory", *New York Times*, October 7, 1979.

187 Alan Arnette, "Everest by the Numbers: 2017 Edition", AlanArnette.com, December 30, 2016.

188 "Human Limits for Hypoxia: The Physiological Challenge of Climbing Mt. Everest", *Annals of the New York Academy of Sciences* 889 (2000): 15–27.

189 이러한 분류의 대표적인 예로는 다음 논문을 들 수 있다. Christoph Siebenmann et al., "'Live High–Train Low' Using Normobaric Hypoxia: A Double-Blinded, Placebo-Controlled Study", *Journal of Applied Physiology* 112, no. 1 (2012).

190 C. J. Gore et al., "Increased Arterial Desaturation in Trained Cyclists During Maximal Exercise at 580 m Altitude", *Journal of Applied Physiology* 80, no. 6 (1996).

191 K. Constantini et al., "Prevalence of Exercise-Induced Arterial Hypoxemia in Distance Runners at Sea Level", *Medicine & Science in*

Sports & Exercise 49, no. 5 (2017).

192   Ben Londeree, "The Use of Laboratory Test Results with Long Distance Runners", *Sports Medicine* 3 (1986): 201 – 13.

193   Niels Vollaard et al., "Systematic Analysis of Adaptations in Aerobic Capacity and Submaximal Energy Metabolism Provides a Unique Insight into Determinants of Human Aerobic Performance", *Journal of Applied Physiology* 106, no. 5 (2009).

194   "Aerobic Capacity and Fractional Utilisation of Aerobic Capacity in Elite and Non-elite Male and Female Marathon Runners", *European Journal of Applied Physiology and Occupational Physiology* 52, no. 1 (1983).

195   Thomas Haugen et al., *International Journal of Sports Physiology and Performance*, September 5, 2017.

196   "If All Goes to Plan, Big Future Predicted for Junior World Champion Oskar Svendsen", Velonation.com, September 25, 2012; Jarle Fredagsvik, "Oskar Svendsen tar pause fra syklingen", Procycling.no, September 18, 2014.

197   C. J. Gore et al., "Reduced Performance of Male and Female Athletes at 580 m Altitude", *European Journal of Applied Physiology and Occupational Physiology* 75, no. 2 (1997).

198   Jere Longman, "Man vs. Marathon: One Scientist's Quixotic Quest to Propel a Runner Past the Two-Hour Barrier", *New York Times*, May 11, 2016.

199   F. Billaut et al., "Cerebral Oxygenation Decreases but Does Not Impair Performance During Self-Paced, Strenuous Exercise", *Acta Physiologica* 198, no. 4 (2010); J. Santos-Concejero et al., "Maintained Cerebral Oxygenation During Maximal Self-Paced Exercise in Elite Kenyan Runners", *Journal of Applied Physiology* 118, no. 2 (2015).

200   G. Y. Millet et al., "Severe Hypoxia Affects Exercise Performance Independently of Afferent Feedback and Peripheral Fatigue", *Journal*

of Applied Physiology 112, no. 8 (2012).

201   D. B. Dill, *Life, Heat, and Altitude* (Cambridge, MA: Harvard University Press, 1938); West, High Life; Sarah W. Tracy, "The Physiology of Extremes: Ancel Keys and the International High Altitude Expedition of 1935", *Bulletin of the History of Medicine* 86 (2012): 627‒60.

202   "Evidence That Reduced Skeletal Muscle Recruitment Explains the Lactate Paradox During Exercise at High Altitude", *Journal of Applied Physiology* 106 (2009): 737‒38.

203   M. J. MacInnis and M. S. Koehle, "Evidence for and Against Genetic Predispositions to Acute and Chronic Altitude Illnesses", *High Altitude Medicine & Biology* 17, no. 4 (2016).

8장 더위

204   맥스 길핀 사망과 그에 따른 제이슨 스틴슨의 공판에 대한 언론의 태도는 대개 과장되고 논란을 유도하는 경향이 짙었다. 내가 이 책을 집필하면서 주로 참고한 자료들은 다음과 같다. Rodney Daugherty, *Factors Unknown: The Tragedy That Put a Coach and Football on Trial* (Morley, MO: Acclaim Press, 2011); Thomas Lake, "The Boy Who Died of Football", *Sports Illustrated*, December 6, 2010; 당시 법정에 제출된 문서의 경우에는 길핀의 죽음과 이후 동향에 대한 보도를 주도했던 《루이빌 쿠리어 저널(Louisville Courier-Journal)》에서 공개한 온라인 자료를 참고하였다.

205   토머스 레이크의 기사에서 인용한 것이다.

206   토머스 레이크의 기사에서 인용한 것이다.

207   로드니 도허티의 책에서 인용한 것이다.

208   "2009‒10 High School Athletics Participation Survey", National Federation of State High School Associations

209   Joe Schwarcz, *Monkeys, Myths, and Molecules* (Toronto: ECW Press, 2015).

210   Francis Benedict and Edward Cathcart, *Muscular Work: A Metabolic*

Study with Special Reference to the Efficiency of the Human Body as a Machine (Washington, DC, 1913).

211 "Deaths from Exposure on Four Inns Walking Competition, March 14 – 15, 1964", *Lancet* 283, no. 7344 (1964).

212 Andrew Young and John Castellani, "Exertional Fatigue and Cold Exposure: Mechanisms of Hiker's Hypothermia", *Applied Physiology, Nutrition, and Metabolism* 32 (2007): 793 – 98.

213 Nisha Charkoudian, "Skin Blood Flow in Adult Human Thermoregulation: How It Works, When It Does Not, and Why", *Mayo Clinic Proceedings* 78 (2003): 603 – 12.

214 보다 심도 있는 설명을 확인하고 싶다면 다음 자료를 참조하기 바란다. Matthew Cramer and Ollie Jay, "Biophysical Aspects of Human Thermoregulation During Heat Stress", *Autonomic Neuroscience: Basic and Clinical* 196 (2016): 3 – 13.

215 J. D. Periard et al., "Adaptations and Mechanisms of Human Heat Acclimation: Applications for Competitive Athletes and Sports", *Scandinavian Journal of Medicine and Science in Sports* 25, no. S1 (2015).

216 이 논의에 대한 역사적인 설명은 다음 자료에 잘 정리되어 있다. Charles Tipton, *History of Exercise Physiology* (Champaign, IL: Human Kinetics, 2014).

217 Aldo Dreosti, "The Results of Some Investigations into the Medical Aspect of Deep Mining on the Witwatersrand", *Journal of the Chemical, Metallurgical and Mining Society of South Africa*, November 1935.

218 Sid Robinson et al., "Rapid Acclimatization to Work in Hot Climates", *American Journal of Physiology* 140 (1943): 168 – 76.

219 J. Gonzalez-Alonso et al., "Influence of Body Temperature on the Development of Fatigue During Prolonged Exercise in the Heat", *Journal of Applied Physiology* 86, no. 3 (1999).

220 Alex Hutchinson, "Faster, Higher, Sneakier", *Walrus*, January 12, 2010.

221 Rodney Siegel et al., "Ice Slurry Ingestion Increases Core Temperature Capacity and Running Time in the Heat", *Medicine & Science in Sports & Exercise* 42, no. 4 (2010).

222 N. B. Morris et al., "Evidence That Transient Changes in Sudomotor Output with Cold and Warm Fluid Ingestion Are Independently Modulated by Abdominal, but Not Oral Thermoreceptors", *Journal of Applied Physiology* 116, no. 8 (2014).

223 P. C. Castle et al., "Deception of Ambient and Body Core Temperature Improves Self Paced Cycling in Hot, Humid Conditions", *European Journal of Applied Physiology* 112, no. 1 (2012).

224 R. Tucker et al., "Impaired Exercise Performance in the Heat Is Associated with an Anticipatory Reduction in Skeletal Muscle Recruitment", *Pflügers Archiv* 448, no. 4 (2004).

225 A. Marc et al., "Marathon Progress: Demography, Morphology and Environment", *Journal of Sports Sciences* 32, no. 6 (2014).

226 "Advantages of Smaller Body Mass During Distance Running in Warm, Humid Environments", *Pflügers Archiv* 441, nos. 2 – 3 (2000).

227 A. J. Grundstein et al., "A Retrospective Analysis of American Football Hyperthermia Deaths in the United States", *International Journal of Biometeorology* 56, no. 1 (2012).

228 Stephen Cheung and Tom McLellan, "Heat Acclimation, Aerobic Fitness, and Hydration Effects on Tolerance During Uncompensable Heat Stress", *Journal of Applied Physiology* 84, no. 5 (1998); P. J. Wallace et al., "Effects of Motivational Self-Talk on Endurance and Cognitive Performance in the Heat", *Medicine & Science in Sports & Exercise* 49, no. 1 (2017).

229 Abderrezak Bouchama and James Knochel, "Heat Stroke", *New England Journal of Medicine* 346, no. 25 (2002).

230 "Heat Stroke: Role of the Systemic Inflammatory Response", *Journal*

of Applied Physiology 109, no. 6 (2010).

231 William Fotheringham, *Put Me Back on My Bike* (London: Yellow Jersey Press, 2002).

232 1967년 7월 31일 《데일리메일》에 J. L 매닝(J. L Manning)이 보도한 내용을 같은 해 8월 2일 《호주 연합 통신(Austalian Associated Press)》에서 인용 보도한 것이다.

233 Lindy Castell, "Obituary for Professor Eric Arthur Newsholme, MA, Dsc, (PhD, ScD Camb)", BJSM Blog, April 7, 2011; Bart Roelands and Romain Meeusen, "Alterations in Central Fatigue by Pharmacological Manipulations of Neurotransmitters in Normal and High Ambient Temperature", *Sports Medicine* 40, no. 3 (2010).

234 Romain Meeusen at the Nestle Nutrition Institute Sport Nutrition Conference, Canberra, Australia, 2010.

235 "PRP Player Who Died Wasn't Dehydrated, Experts Say", *Louisville Courier-Journal*, March 8, 2009.

236 Grundstein, "A Retrospective Analysis"; Samuel Zuvekas and Benedetto Vitiello, "Stimulant Medication Use among U.S. Children: A Twelve-Year Perspective", *American Journal of Psychiatry* 169, no. 2 (2012).

237 토머스 레이크의 기사에서 인용한 것이다.

9장 갈증

238 1906년 〈사막의 갈증이 초래한 위험(Desert Thirst in Disease)〉이라는 제목으로 《주간(州間) 의학 저널(Interstate Medical Journal)》의 1~23페이지에 걸쳐 실렸던 이 논문은 1988년 빌 브로일즈(Bill Broyles)의 코멘트를 덧붙여 1988년 《사우스웨스트 저널(Journal of Southwest)》 2호에 다시 게재된다. 팀 녹스의 저서 『물에 빠진 선수들』(Champaign,IL; Human Kinetics, 2012)에도 이 일화가 등장한다.

239 Robert Kenefick et al., "Dehydration and Rehydration", in *Wilderness Medicine*, ed. Paul Auerbach(Philadelphia: Mosby Elsevier, 2011); Samuel Cheuvront et al., "Physiologic Basis for Understanding Quantitative Dehydration Assessment", *American Journal of Clinical Nutrition* 97, no. 3 (2013).

240 "Beamte vergasen Haftling in der Zelle: Verurteilt", *Hamburger Abendblatt*, November 6, 1979; Guinness World Records, 2003.

241 팀 녹스의 다음 논문에 인용된 발언이다. Tim Noakes, "Hyperthermia, Hypothermia and Problems of Hydration", in *Endurance in Sport*, ed. R. J. Shephard and P.-O. Astrand (Oxford: Blackwell, 2000).

242 Amby Burfoot, "Running Scared", *Runner's World*, May 2008.

243 다음 자료에서 로버트 케이드가 옮겨 적은 그날의 대화를 인용한 것이다. Richard Burnett, "Gatorade Inventor: My Success Based on Luck and Sweat", *Orlando Sentinel*, April 16, 1994.

244 Darren Rovell, *First in Thirst: How Gatorade Turned the Science of Sweat into a Cultural Phenomenon*(New York: American Management Association, 2005).

245 V.A. Convertino et al., "American College of Sports Medicine Position Stand. Exercise and Fluid Replacement", *Medicine & Science in Sports & Exercise* 28, no. 1 (1996).

246 녹스의 저서 『물에 빠진 선수들』에서 인용한 문장이다.

247 Gina Kolata, "New Advice to Runners: Don't Drink the Water", *New York Times*, May 6, 2003.

248 A. Rothstein et al., "Voluntary Dehydration", *Physiology of Man in the Desert*, ed. E. F. Adolph (New York: Hafner, 1948).

249 C. H. Wyndham and N. B. Strydom, "The Danger of an Inadequate Water Intake During Marathon Running", *South African Medical Journal* 43, no. 29 (1969); D. L. Costill et al., "Fluid Ingestion During Distance Running", *Archives of Environmental Health* 21, no. 4 (1970).

250 E. N. Craig and E. G. Cummings, "Dehydration and Muscular Work",

Journal of Applied Physiology 21, no. 2 (1966).

251 David Epstein, "Off Track: Former Team Members Accuse Famed Coach Alberto Salazar of Breaking Drug Rules", *ProPublica*, June 3, 2015.

252 Alberto Salazar and John Brant, *14 Minutes: A Running Legend's Life and Death and Life* (Emmaus, PA: Rodale, 2013).

253 John Brant, *Duel in the Sun: Alberto Salazar, Dick Beardsley, and America's Greatest Marathon* (Emmaus, PA: Rodale, 2006). 이 문구는 본래 1982년 4월 20일 《뉴욕 타임스》에 닐 암두르(Neil Amdur)가 실은 기사 〈가장 치열한 보스턴 마라톤에서 우승한 살라자르(Salazar Wins Fastest Boston Marathon)〉의 첫 문장으로 맨 처음 등장했다.

254 L. E. Armstrong et al., "Preparing Alberto Salazar for the Heat of the 1984 Olympic Marathon", *Physician and Sportsmedicine* 14, no. 3 (1986).

255 Thomas Boswell, "Salazar Sets Record in Boston Marathon", *Washington Post*, April 20, 1982.

256 다음 논문에 인용된 내용을 참고하였다. Heyward Nash, "Treating Thermal Injury: Disagreement Heats Up", *Physician and Sportsmedicine* 13, no. 7 (1985).

257 The Colin McEnroe Show, WNPR, May 26, 2016. 음성은 다음 사이트에서 들을 수 있다. http://wnpr.org/post/how-much-water-do-you-need.

258 Lukas Beis et al., "Drinking Behaviors of Elite Male Runners During Marathon Competition", *Clinical Journal of Sports Medicine* 22, no. 3 (2012).

259 Hassane Zouhal et al., "Inverse Relationship Between Percentage Body Weight Change and Finishing Time in 643 Forty-Two-Kilometre Marathon Runners", *British Journal of Sports Medicine* 45, no. 14 (2011).

260 "A Comparison of Two Treatment Protocols in the Management of Exercise-Associated Postural Hypotension: A Randomised Clinical

Trial", *British Journal of Sports Medicine* 45 (2010): 1113 – 18.

261 M. N. Sawka and T. D. Noakes, "Does Hydration Impair Exercise Performance?", *Medicine & Science in Sports & Exercise* 39, no. 8 (2007).

262 Cheuvront, "Physiologic Basis."

263 Heinrich Nolte et al., "Trained Humans Can Exercise Safely in Extreme Dry Heat When Drinking Water Ad Libitum", *Journal of Sports Sciences* 29, no. 12 (2011).

264 다음 자료들에 인용된 내용을 참고한 것이다. Nolte, "Trained Humans."

265 Martin Hoffman et al., "Don't Lose More than 2% of Body Mass During Ultra-Endurance Running. Really?", *International Journal of Sports Physiology and Performance* 12, no. S1 (2017).

266 J. P. Dugas et al., "Rates of Fluid Ingestion Alter Pacing but Not Thermoregulatory Responses During Prolonged Exercise in Hot and Humid Conditions with Appropriate Convective Cooling", *European Journal of Applied Physiology* 105, no. 1 (2009).

267 E. D. Goulet, "Effect of Exercise-Induced Dehydration on Endurance Performance: Evaluating the Impact of Exercise Protocols on Outcomes Using a Meta-Analytic Procedure", *British Journal of Sports Medicine* 47, no. 11 (2013).

268 S. S. Cheung et al., "Separate and Combined Effects of Dehydration and Thirst Sensation on Exercise Performance in the Heat", *Scandinavian Journal of Medicine & Science in Sports* 25 (2015): 104 – 11.

269 M. Kathleen Figaro and Gary W. Mack, "Regulation of Fluid Intake in Dehydrated Humans: Role of Oropharyngeal Stimulation", *American Journal of Physiology* 272, no. 41 (1997).

270 G. Arnaoutis et al., "Water ingestion improves performance compared with mouth rinse in dehydrated subjects", *Medicine & Science in Sports & Exercise* 44, no. 1 (2012).

271 Alex Hutchinson, "How Much Water Should You Drink? Research Is Changing What We Know About Our Fluid Needs", *Globe and Mail*, May 31, 2015.

272 Alex Hutchinson, "Haile Gebrselassie's World Record Marathon Fueling Plan", *Runner's World*, November 8, 2013.

273 Gregor Brown, "'Dehydration Could Make You Climb Faster' Says Top Team Medical Consultant", *Cycling Weekly*, December 5, 2016.

10장 연료

274 Alex Hutchinson, "The Latest on Low-Carb, High-Fat Diets", *Outside*, March 9, 2016; Alex Hutchinson, "Canadian Race Walker Evan Dunfee Taking Part in Study on High-Fat Diets", *Globe and Mail*, January 26, 2017.

275 Joe Friel, *Fast After 50* (Boulder, CO: VeloPress, 2015).

276 Louise Burke et al., "Low Carbohydrate, High Fat Diet Impairs Exercise Economy and Negates the Performance Benefit from Intensified Training in Elite Race Walkers", *Journal of Physiology* 595, no. 9 (2017).

277 Jessica Hamzelou, "Maxed Out: How Long Could You Survive Without Food or Drink?", *New Scientist*, April 14, 2010.

278 W. K. Stewart and Laura W. Fleming, "Features of a Successful Therapeutic Fast of 382 Days' Duration", *Postgraduate Medical Journal* 49 (1973): 203–9.

279 D. J. Clayton et al., "Effect of Breakfast Omission on Energy Intake and Evening Exercise Performance", *Medicine & Science in Sports & Exercise* 47, no. 12 (2015).

280 Tucker, *The Great Starvation Experiment*.

281 Hiroyuki Kato et al., "Protein Requirements Are Elevated in Endurance Athletes After Exercise as Determined by the Indicator Amino Acid

Oxidation Method", *PLoS One* 11, no. 6 (2016).

282 Andrew Coggan, "Metabolic Systems: Substrate Utilization", *History of Exercise Physiology*, ed. Tipton.

283 M. J. O'Brien et al., "Carbohydrate Dependence During Marathon Running", *Medicine & Science in Sports & Exercise* 25, no. 9 (1993).

284 Jonas Bergstrom and Eric Hultman, "Muscle Glycogen after Exercise: an Enhancing Factor localized to the Muscle Cells in Man", *Nature* 210, no. 5033 (1966); see also John Hawley et al., "Exercise Metabolism: Historical Perspective", *Cell Metabolism* 22, no. 1 (2015).

285 Benjamin Rapoport, "Metabolic Factors Limiting Performance in Marathon Runners", *PLoS Computational Biology* 6, no. 10 (2010).

286 "Food and Macronutrient Intake of Elite Kenyan Distance Runners", *International Journal of Sport Nutrition and Exercise Metabolism* 14, no. 6 (2005).

287 Lukas Beis et al., "Food and Macronutrient Intake of Elite Ethiopian Distance Runners", *Journal of the International Society of Sports Nutrition* 8, no. 7 (2011).

288 William Gilder, *Schwatka's Search: Sledging in the Arctic in Quest of the Franklin Records*, 1881; Ronald Savitt, "Frederick Schwatka and the Search for the Franklin Expedition Records, 1878–1880", *Polar Record* 44, no. 230 (2008).

289 Bill Bryson, *In a Sunburned Country* (New York: Random House, 2001).[빌 브라이슨, 『빌 브라이슨의 대단한 호주 여행기』, 알에이치코리아, 2012.]

290 Gilder, *Schwatka's Search*.

291 F. Schwatka, *The Long Arctic Search*, ed. E. Stackpole, reprinted 1965, quoted in Stephen Phinney, "Ketogenic Diets and Physical Performance", *Nutrition & Metabolism* 1, no. 2 (2004).

292 Vilhjalmur Stefansson, "Adventures in Diet (Part II)", *Harper's Magazine*, December 1935.

293 Walter S. McClellan and Eugene F. Du Bois, "Prolonged Meat Diets

with a Study of Kidney Function and Ketosis", *Journal of Biological Chemistry* 87 (1930): 651 - 68.

294 R. M. Kark, "Defects of Pemmican as an Emergency Ration for Infantry Troops", June 1945. 이 책에 실린 내용은 1945년 《뉴트리션리뷰(Nutrition Reviews)》에 실린 요약을 인용한 것이다.

295 S. D. Phinney et al., "The Human Metabolic Response to Chronic Ketosis Without Caloric Restriction: Preservation of Submaximal Exercise Capability with Reduced Carbohydrate Oxidation", *Metabolism* 32, no. 8 (1983).

296 Rapoport, "Metabolic Factors".

297 Jeff Volek et al., "Rethinking Fat as a Fuel for Endurance Exercise", *European Journal of Sport Science* 15, no. 1 (2014).

298 L. Havemann et al., " Fat Adaptation Followed by Carbohydrate Loading Compromises High-Intensity Sprint Performance", *Journal of Applied Physiology* 100, no. 1 (2006); L. M. Burke and B. Kiens, "'Fat Adaptation' for Athletic Performance: The Nail in the Coffin?", *Journal of Applied Physiology* 100, no. 1 (2006); T. Stellingwerff et al., "Decreased PDH Activation and Glycogenolysis During Exercise Following Fat Adaptation with Carbohydrate Restoration", *American Journal of Physiology - Endocrinology and Metabolism* 290, no. 2 (2006).

299 R. L. Jentjens et al., "Oxidation of Combined Ingestion of Glucose and Fructose During Exercise", *Journal of Applied Physiology* 696, no. 4 (2004).

300 "Muscle glycogen stores and fatigue", N. Ortenblad et al., *Journal of Physiology*, 2013, 591 (18).

301 Ian Rollo et al., "The Influence of Carbohydrate Mouth Rinse on Self-Selected Speeds During a 30-min Treadmill Run", *International Journal of Sport Nutrition and Exercise Metabolism* 18 (2008): 585 - 600.

302 J. M. Carter et al., "The Effect of Carbohydrate Mouth Rinse on 1-h

Cycle Time Trial Performance", *Medicine & Science in Sports & Exercise* 36, no. 12 (2004).

303 E. S. Chambers et al., "Carbohydrate Sensing in the Human Mouth: Effects on Exercise Performance and Brain Activity", *Journal of Physiology* 587, no. 8 (2009).

304 T. Ataide-Silva et al., "CHO Mouth Rinse Ameliorates Neuromuscular Response with Lower Endogenous CHO Stores", *Medicine & Science in Sports & Exercise* 48, no. 9 (2016).

305 Dorsey Kindler, "Paleo's Latest Converts", June 18, 2013.

306 J. S. Volek et al., "Metabolic Characteristics of Keto-Adapted Ultra-Endurance Runners", *Metabolism* 65, no. 3 (2016).

307 Alex Hutchinson, "The High-Fat Diet for Runners", *Outside*, November 2014.

308 "Whitfield: What Do You Eat?", SimonWhitfield.com, August 1, 2008, https://simonwhitfield.blogspot.ca/2008/08/glo.html.

309 Louise Burke, Ben Desbrow, and Lawrence Spriet, *Caffeine and Sports Performance* (Champaign, IL: Human Kinetics, 2013).

310 Burke, "Low Carbohydrate".

311 L. A. Marquet et al., "Enhanced Endurance Performance by Periodization of Carbohydrate Intake: 'Sleep Low' Strategy", *Medicine & Science in Sports & Exercise* 48, no. 4 (2016); L. A. Marquet et al., "Periodization of Carbohydrate Intake: Short-Term Effect on Performance", *Nutrients* 8, no. 12 (2016).

312 Marissa Stephenson, "How Adrian Ballinger Summited Everest Without Oxygen", *Men's Journal*, May 27, 2017; Kyle McCall, "Everest No Filter: The Second Ascent", *Strava Stories*, June 7, 2017.

313 "Have At It", 2000년 슬로바키아인의 길 등정 후 언론에 마크 트와이트가 공개한 내용이다. https://www.marktwight.com/blogs/discourse/84295748 -have-at-it.

2시간의 벽 - 2017년 3월 6일

314 Alex Hutchinson, "Did the Tesla Pace Car Aid Eliud Kipchoge's
     2:00:25 Marathon?", *Runner's World*, May 24, 2017.

315 Roger Bannister, *The Four-Minute Mile* (New York: Dodd, Mead, 1955).

316 Reinhold Messner, *Everest: Expedition to the Ultimate* (New York: Oxford
     University Press, 1979).

317 Jere Longman, "Do Nike's New Shoes Give Runners an Unfair
     Advantage?", *New York Times*, March 8, 2017

318 Peter Njenga, "Marathon King on a Mission to Break 'Impossible'
     Record", *Daily Nation*, February 12, 2017.

319 "Kenyan Star Prepares 'Crazy' Sub-2 Marathon Bid", Agence France-
     Presse, April 3, 2017.

11장 훈련받는 뇌

320 Alan St. Clair Gibson et al., "The Conscious Perception of the Sensation
     of Fatigue", *Sports Medicine* 33, no. 3 (2003).

321 R. Tucker, "The Anticipatory Regulation of Performance: The
     Physiological Basis for Pacing Strategies and the Development of a
     Perception-Based Model for Exercise Performance", *British Journal
     of Sports Medicine* 43, no. 6 (2009).

322 생리학계의 관점에서 보면 충분히 흥미로운 의견이지만, 이 책에서 다루고
     있는 논의와는 현실적으로 약간의 괴리가 있다. 근육이 피로한 상태에서
     운동을 하는 것이 힘든 이유는 근육이 뇌를 향해 조난 신호를 보내거나
     뇌에서 근육으로 더 강한 정지 신호를 보내기 때문이다. 대부분의 경우 두
     신호의 결과는 다르지 않다. 나는 개인적으로 두 신호가 동시에 조금씩 작용할
     것이라고 생각한다. 더 자세한 내용이 궁금하다면 다음 자료들을 참조하기
     바란다. M. Amann and N. H. Secher, "Point: Afferent feedback from
     fatigued locomotor muscles is an important determinant of endurance

exercise performance", *Journal of Applied Physiology* 108, no. 2 (2009);
Helma de Morree and Samuele Marcora, "Psychobiology of Perceived
Effort During Physical Tasks", in Handbook of *Biobehavioral
Approaches to Self-Regulation* (New York: Springer, 2015).

323 "The Best God Joke Ever—and It's Mine!", *Guardian*, September 29,
2005.

324 켄트대학교에서 받은 뇌 지구력 훈련에 대한 내 경험담이 가장 먼저 공개된
것은《러너스 월드》2013년 10월호에 실린 〈마음의 근육을 키우는 법(How to
Build Mental Muscle)〉이라는 기사를 통해서였다.

325 A. R. Mauger and N. Sculthorpe, "A New VO$_2$max Protocol Allowing
Self-Pacing in Maximal Incremental Exercise", *British Journal of
Sports Medicine* 46, no. 1 (2012).

326 F. G. Beltrami et al., "Conventional Testing Methods Produce
Submaximal Values of Maximum Oxygen Consumption", *British
Journal of Sports Medicine* 46, no. 1 (2012).

327 C. R. Wagstaff, "Emotion Regulation and Sport Performance", *Journal
of Sport and Exercise Psychology* 36, no. 4 (2014).

328 Walter Staiano et al., "A Randomized Controlled Trial of Brain
Endurance Training (BET) to Reduce Fatigue During Endurance
Exercise", *Medicine & Science in Sports & Exercise* 47, no. 5S (2015).

329 Daniel Simons et al., "Do 'Brain-Training' Programs Work?",
Psychological Science in the Public Interest 17, no. 3 (2016).

330 내가 맨 처음 이사코비치의 일화와 폴러스의 연구를 다룬 것은《아웃사이드》
2014년 2월호에 실린 〈일류 선수의 뇌 들여다보기(Cracking the Athlete's
Brain)〉라는 기사를 통해서였다.

331 L. Haase et al., "Mindfulness-Based Training Attenuates Insula
Response to an Aversive Interoceptive Challenge", *Social Cognitive
and Affective Neuroscience* 11, no. 1 (2016).

332 M. P. Paulus et al., "Subjecting Elite Athletes to Inspiratory Breathing
Load Reveals Behavioral and Neural Signatures of Optimal Performers

in Extreme Environments", *PLoS One* 7, no. 1 (2012).

333 L. Haase, "A Pilot Study Investigating Changes in Neural Processing After Mindfulness Training in Elite Athletes", *Frontiers in Behavioral Neuroscience* 9, no. 229 (2015); 다음 기사 또한 참조하기 바란다. Alex Hutchinson, "Can Mindfulness Training Make You a Better Athlete?", *Outside*, September 15, 2015.

334 다음 보도에서 인용한 것이다. Christina Johnson, "Mindfulness Training Program May Help Olympic Athletes Reach Peak Performance", UC San Diego News Center, June 5, 2014.

12장 뇌 기능 활성화 실험

335 레드불의 〈지구력 프로젝트〉에 대한 자세한 내용은 《아웃사이드》 2014년 8월 2일자 기사 〈뇌 도핑에 따른 몸의 변화(Your Body on Brain Dopping)〉에 실려 있다.

336 C. I. Sarmiento et al., "Brief History of Transcranial Direct Current Stimulation (tDCS): From Electric Fishes to Microcontrollers", *Psychological Medicine* 46, no. 3259 (2016).

337 Andre Parent, "Giovanni Aldini: From Animal Electricity to Human Brain Stimulation", *Canadian Journal of Neurological Sciences* 31 (2004): 576-84.

338 D. Kaski et al., "Applying Anodal tDCS During Tango Dancing in a Patient with Parkinson's Disease", *Neuroscience Letters* 568 (2014): 39-43.

339 Vincent Clark et al., "TDCS Guided Using fMRI Significantly Accelerates Learning to Identify Concealed Objects", *NeuroImage* 59, no. 1 (2012).

340 Emily Underwood, "Cadaver Study Casts Doubts on How Zapping Brain May Boost Mood, Relieve Pain", *Science*, April 20, 2016.

341 L. Hilty et al., "Limitation of Physical Performance in a Muscle Fatiguing Handgrip Exercise Is Mediated by Thalamo-Insular Activity", *Human Brain Mapping* 32, no. 12 (2011).

342 "Fatigue-Induced Increase in Intracortical Communication Between Mid/Anterior Insular and Motor Cortex During Cycling Exercise", *European Journal of Neuroscience* 34, no. 12 (2011).

343 F. Cogiamanian et al., "Improved Isometric Force Endurance After Transcranial Direct Current Stimulation over the Human Motor Cortical Areas", *European Journal of Neuroscience* 26, no. 1 (2007).

344 Alexandre Okano et al., "Brain Stimulation Modulates the Autonomic Nervous System, Rating of Perceived Exertion and Performance During Maximal Exercise", *British Journal of Sports Medicine* 49, no. 18 (2015).

345 C. V. Robertson and F. E. Marino, "A Role for the Prefrontal Cortex in Exercise Tolerance and Termination", *Journal of Applied Physiology* 120, no. 4 (2016).

346 Alex Hutchinson, "For the Golden State Warriors, Brain Zapping Could Provide an Edge", *New Yorker*, June 15, 2016.

347 Luca Angius et al., "The Ergogenic Effects of Transcranial Direct Current Stimulation on Exercise Performance", *Frontiers in Physiology*, February 14, 2017.

348 A. Antal et al., "Low Intensity Transcranial Electric Stimulation: Safety, Ethical, Legal Regulatory and Application guidelines", *Clinical Neurophysiology*, June 19, 2017.

349 L. Angius et al., "Transcranial Direct Current Stimulation Improves Isometric Time to Exhaustion of the Knee Extensors", *Neuroscience* 339 (2016): 363-75; L. Angius et al., "Transcranial direct current stimulation improves cycling performance in healthy individuals", *Proceedings of The Physiological Society* 35, no. C03.

13장 믿음의 힘

350 나는 쿨샛의 마라톤을 소재로 《월러스》 2012년 7/8월 호에 〈시간을 거스른 경주(The Race Against Time)〉라는 기사를 실었다.

351 Alex Hutchinson, "Any Race, Every Weekend", *Ottawa Citizen*, May 28, 2006.

352 "Trampled Under Foot", www.reidcoolsaet.com, February 9, 2013.

353 Shona Halson and David Martin, "Lying to Win—Placebos and Sport Science", *International Journal of Sports Physiology and Performance* 8 (2013): 597–99.

354 J. Leeder, "Cold Water Immersion and Recovery from Strenuous Exercise: A Meta-Analysis", *British Journal of Sports Medicine* 46, no. 4 (2012).

355 J. R. Broatch et al., "Postexercise Cold Water Immersion Benefits Are Not Greater than the Placebo Effect", *Medicine & Science in Sports & Exercise* 46, no. 11 (2014).

356 J. D. Levine et al., "The Mechanism of Placebo Analgesia", *Lancet* 2, no. 8091 (1978).

357 Sumathi Reddy, "Why Placebos Really Work: The Latest Science", *Wall Street Journal*, July 18, 2016.

358 Kathryn Hall et al., "Catechol-O-Methyltransferase val158met Polymorphism Predicts Placebo Effect in Irritable Bowel Syndrome", *PLoS One* 7, no. 10 (2012).

359 C. J. Beedie et al., "Placebo Effects of Caffeine on Cycling Performance", *Medicine & Science in Sports & Exercise* 38, no. 12 (2006).

360 L. Damisch et al., "Keep Your Fingers Crossed! How Superstition Improves Performance", *Psychological Science* 21, no. 7 (2010).

361 I. Stoate et al., "Enhanced Expectancies Improve Movement Efficiency in Runners", *Journal of Sports Sciences* 30, no. 8 (2012).

362 B. T. Crewther and C. J. Cook, "Effects of Different Post-Match

Recovery Interventions on Subsequent Athlete Hormonal State and Game Performance", *Physiology & Behavior* 106, no. 4 (2012).

363 Kurt Gray, "Moral Transformation: Good and Evil Turn the Weak into the Mighty", *Social Psychological and Personality Science* 1, no. 3 (2010).

364 앞서 말한 것처럼 Letsrun.com의 게시판에서 흔히 볼 수 있는 전형적인 게시글이다. "Running the 800 on Pure Hate", November 17, 2008.

365 Amby Burfoot, "Milkshakes, Mile Repeats, and Your Mind: A Delicious Combination", *Runner's World*, June 12, 2011

366 E. L. Williams, "Deception Studies Manipulating Centrally Acting Performance Modifiers: A Review", *Medicine & Science in Sports & Exercise* 46, no. 7 (2014).

367 G. P. Ducrocq et al., "Increased Fatigue Response to Augmented Deceptive Feedback During Cycling Time Trial", *Medicine & Science in Sports & Exercise* 49, no. 8 (2017).

368 "You Were Springing Like a Gazelle", www.reidcoolsaet.com, January 27, 2012.

369 D. S. Gardner, "Historical Progression of Racing Performance in Thoroughbreds and Man", *Equine Veterinary Journal* 38, no. 6 (2006).

370 Edmund Gettier, "Is Justified True Belief Knowledge?", *Analysis* 23, no. 6 (1963).

371 내가 이 하이쿠를 처음 읽은 것은 조이너가 직접 메일로 보내 주었던 2016년 2월 3일이었지만, 이후에는 어디서나 볼 수 있는 유명한 명언이 되었다.

372 "A Case for Running by Feel—Ditching Your GPS Because of Ecological Psychology", scienceofrunning.com, February 8, 2016.

373 A. 맥코믹(A. McCormick) 등이 2015년 켄트대학교 지구력연구학회에서 진행한 〈자신과의 대화가 울트라마라톤 기록에 미치는 영향(The Effects of Self-Talk on Performance in an Ultramarathon)〉 발표를 참고하였다.

2시간의 벽 - 2017년 5월 6일

374   Alex Hutchinson, "After a Near Sub-2 Marathon, What's Next?",
      Runner's World, May 6, 2017.

375   Hoogkamer, "New Running Shoe."

찾아보기

494

ㅈ

옮긴이 서유라

서강대학교 영미어문학과 및 신문방송학과를 졸업했다. 백화점 의류패션팀과 법률사무소 기획팀을 거쳐 현재 전문 번역가 및 일러스트레이터로 활동 중이다. 글밥 아카데미 수료 후 바른번역 소속 번역가로『이코노미스트 2017 세계경제대전망』,『좋은 권위』,『태도의 품격』등의 도서 및 영상 번역을 담당했으며 계간지《우먼카인 드》,《뉴필로소퍼》번역에 참여하고 있다.

몸에서 마음까지, 인간의 한계를 깨는 위대한 질문

인듀어

초판 1쇄 발행 2018년 9월 10일
초판 4쇄 발행 2022년 4월 22일

지은이 알렉스 허친슨
옮긴이 서유라
펴낸이 김선식

경영총괄 김은영
콘텐츠사업4팀장 김대한 **콘텐츠사업4팀** 황정민, 임소연, 옥다애
편집관리팀 조세현, 백설희 **저작권팀** 한승빈, 김재원, 이슬
마케팅본부장 권장규 **마케팅4팀** 박태준, 문서희
미디어홍보본부장 정명찬 **홍보팀** 안지혜, 김은지, 박재연, 이소영, 김민정, 오수미
뉴미디어팀 허지호, 박지수, 임유나, 송희진, 홍수경
재무관리팀 하미선, 윤이경, 김재경, 오지영, 안혜선
인사총무팀 이우철, 김혜진 **제작관리팀** 박상민, 최완규, 이지우, 김소영, 김진경
물류관리팀 김형기, 김선진, 한유현, 민주홍, 전태환, 전태연, 양문현

펴낸곳 다산북스 **출판등록** 2005년 12월 23일 제313-2005-00277호
주소 경기도 파주시 회동길 490 다산북스 파주사옥 3층
전화 02-702-1724
팩스 02-703-2219 **이메일** dasanbooks@dasanbooks.com
홈페이지 www.dasanbooks.com **블로그** blog.naver.com/dasan_books
종이 (주)한솔피앤에스 **출력·인쇄** 민언프린텍 **후가공** 평창P&G **제본** 정문바인텍

ISBN 979-11-306-1914-9 (03400)